本成果受到中国人民大学中央高校建设世界一流大学（学科）
和特色发展引导专项资金支持

马克思主义哲学的时代探索丛书

中国人民大学哲学院 编
臧峰宇 主编

社会技术化问题研究

王伯鲁 ◎ 著

责任编辑：毕于慧
封面设计：姚　菲
版式设计：严淑芬

图书在版编目（CIP）数据

社会技术化问题研究 / 王伯鲁　著．— 北京：人民出版社，2024.12
ISBN 978 - 7 - 01 - 025735 - 8

I. ①社…　II. ①王…　III. ①科学哲学 - 研究　IV. ① N02

中国国家版本馆 CIP 数据核字（2023）第 097407 号

社会技术化问题研究
SHEHUI JISHUHUA WENTI YANJIU

王伯鲁　著

人民出版社 出版发行
（100706　北京市东城区隆福寺街 99 号）

北京中科印刷有限公司印刷　新华书店经销

2024 年 12 月第 1 版　2024 年 12 月北京第 1 次印刷
开本：710 毫米 ×1000 毫米 1/16　印张：26.5
字数：371 千字

ISBN 978 - 7 - 01 - 025735 - 8　定价：106.00 元

邮购地址 100706　北京市东城区隆福寺街 99 号
人民东方图书销售中心　电话（010）65250042　65289539

作 者 简 介

王伯鲁，哲学博士，中国人民大学哲学院教授、博士生导师，学术委员会委员，中国人民大学人文社会科学发展研究中心主任。兼任中国自然辩证法研究会常务理事、北京市自然辩证法研究会副理事长等职。长期从事马克思主义理论、科学技术哲学的教学与研究工作。出版著作 10 部，发表论文 130 余篇，主持并完成国家社会科学基金项目 5 项。曾获第七届吴玉章人文社会科学奖，省级社会科学成果二等奖、三等奖，铁道部优秀教师等多项荣誉称号。

编者前言

近年来，与很多校友见面时，谈起人大哲学学科的发展历程，都会想起创建并推动学科发展的关键人物和重要时刻，关于人大马克思主义哲学学派的图景愈益清晰，我们在思考如何弘扬人大哲学传统，更好提高哲学研究和人才培养质量时，总会从中汲取精神力量。在此过程中，我们举办的“马克思主义哲学与中国式现代化——纪念萧前先生百年诞辰学术研讨会”“走向历史的深处——陈先达教授从教五十五周年学术研讨会”“新中国哲学教育与马克思主义哲学中国化时代化专题研讨会”等成为讨论此议题的重要场域，很多历史资料的呈现和很多校友的回忆丰富了人大哲学学科发展史的细节，成为我们出版这套丛书的最初动因。

在主编《我们的哲学年轮》与《人大哲学学科发展史》时，我时常将目光投向人大哲学学科发展的历史画卷，站在她的精神故乡，努力读懂她的思想年轮何以与中华民族的现代化进程相伴偕行。鉴往知今，我们方能理解人大哲学学人在多年执着探索中映现和生成的历史逻辑。自人大哲学学科创立以来，马克思主义哲学教学与研究团队逐渐形成了一个学术共同体，在教材编写、人才培养、学术研究等方面对国内学界产生了深远影响。毕业于这里的很多马克思主义哲学学者在国内知名高校和科研机构筚路蓝缕，不断促进我国马克思主义哲学教学与研究彰显时代精神气象，铭刻了人大马克思主义哲学学派的思想印记。

自中国人民大学命名组建伊始，就开设了面向全国高校的马克思主义研究生班，马克思主义哲学教学与研究开始发挥“工作母机”的作用。1956年，首任哲学系主任何思敬教授在《光明日报》发表《祖国为什么需要哲学干部》一文，介绍哲学系的教学规划。1960年，中国人民大学哲学系组织编写了《马克思主义哲学教科书》（内部使用），该教材部分编写人员同时参编了《辩证唯物主义　历史唯物主义》这部次年公开出版发行的哲学教科书。1963年，肖前先生在《人民日报》发表《把哲学变成群众手中的锐利武器》一文，受到毛泽东主席和周恩来总理的赞赏，周恩来总理还将这篇文章推荐给应届大学毕业生。可以说，站在新中国哲学发展前沿，人大哲学学者以思想的方式见证和创造历史，定格了新中国马克思主义哲学教学与研究演进的缩影。

改革开放以来，肖前、李秀林、汪永祥主编的《辩证唯物主义原理》和《历史唯物主义原理》（1983）、李秀林等主编的《辩证唯物主义和历史唯物主义原理》、肖前等主编的《马克思主义哲学原理》、陈先达等编著的《马克思主义哲学原理》先后出版并不断修订，发行逾千万册，哺育了几代大学生的心灵世界。在哲学原理教学与研究取得显著成绩的同时，马克思主义哲学史和经典著作教学与研究稳步开展，乐燕平的《〈路德维希·费尔巴哈和德国古典哲学的终结〉解说》、陈先达等的《马克思早期思想研究》、汪永祥等的《〈家庭、私有制和国家的起源〉讲解》、杨焕章的《〈唯物主义和经验批判主义〉讲义》、安启念的《新编马克思主义哲学发展史》等都给很多读者留下深刻印象，并流传至今。

马克思主义哲学是时代精神的精华与文明活的灵魂，人大马克思主义哲学学派之所以成为为学界认可乃至效仿的思想群像，关键在于对时代问题及其文明内涵的深刻洞察。1978年，马克思主义研究生班哲学分班毕业生胡福明撰写初稿，以《光明日报》“特约评论员”名义发表了《实践是检验真理的唯一标准》，为推动思想解放发挥了重要作用。改革开放以来，人大哲学学者在马克思主义哲学中国化时代化、历史观、认识论、价值论、实践唯物主义、马克思主义哲学体系改革、主体性哲学、公共性哲学、政治哲学、文化哲学、国外马克思主义等研究领域成果颇丰，其中涌现了萧前主编的《马克思主义认识论研究与我国社会主义现代化建设》、李秀林等主编的《中国现代化之哲学探讨》、夏甄陶等主编的《思维世界导论——关于思维的认识论考察》、陈先达的《走向历史的深处》、李德顺的《价值论——一种主体性研究》、郭湛主编的《社会公共性研究》等百余部产生重要影响的力作。

上述成果多年来为人们所津津乐道，在一定程度上代表了人大马克思主义哲学学派不胜枚举的学术著述，这些著述伴随着中国经济社会发展的历史走向。爱智求是，守正创新，以昂扬进取的精神姿态与时代同呼吸共命运，努力实现哲学的改革，不断探究改革的哲学，实现哲学中的问题与问题中的哲学的视域转换，这种锐意改革的精神境界和锲而不舍的执着探索使之迎来欣欣向荣的学术局面。在学术高地上"本于思""造于道"，几代学人共同塑就了人大马克思主义哲学学派的精神品格。今年，我们明确将建设人大马克思主义哲学学派作为学院发展和学科建设的重点，得到很多领导和校友们的肯定与支持，我们知道达此宏愿所要付出的学术艰辛，但也深知这是一种立足现实、告慰历史、面向未来的选择。

新时代新征程，弘扬人大马克思主义哲学学派的优良传统，呈现马克思主义哲学审思现实问题的时代表达，我们努力薪火相传、继往开来，面对世界百年未有之大变局和中华民族伟大复兴战略全局，坚持马克思主义立场、观点和方法，深入探究马克思主义哲学同中国具体实际、同中华优秀传统文化相结合的内在机理，对当代中国马克思主义哲学作出深刻的学理阐释。为此不断拓展理论视野，切实关注时代问题，基于对马克思主义哲学原理、马克思主义哲学经典著作、马克思主义哲学史的深入探赜，以人大马克思主义哲学学派的精神品格提出解析时代问题的哲学思想的内在主张。

首先，回答中国之问、世界之问、人民之问、时代之问，以思想对象化的方式探究我们时代重大的现实问题。2022年4月25日，习近平总书记在中国人民大学考察调研时指出，“哲学社会科学工作者要做到方向明、主义真、学问高、德行正，自觉以回答中国之问、世界之问、人民之问、时代之问为学术已任，以彰显中国之路、中国之治、中国之理为思想追求，在研究解决事关党和国家全局性、根本性、关键性的重大问题上拿出真本事、取得好成果。”今天，马克思主义哲学研究要以此为根本遵循，深入思考中国式现代化进程中的哲学问题，探究建设中华民族现代文明与创造人类文明新形态的内在逻辑。回应时代对哲学研究的现实需要，从思想深处研究我们时代的主要矛盾，将其具体化为时代发展进程中的重大问题，将现实中的问题转化为哲学中的问题，将哲学中的问题转化为问题中的哲学，提出有效解析问题的思路与方法。这反映了人大马克思主义哲学学派的传统，是我们进一步努力秉持的文化态度。

其次，在深入的学术研究中完善马克思主义哲学学科的基本结构，彰显中国马克思主义哲学的风格和气派。在夯实马克思主义哲学基础理论研究的同时，在跨学科对话中深化马克思主义应用哲学研究，呈现一种总体性的学术面向。具言之，要将马克思主义哲学原理研究、马克思主义哲学经典著作研究、马克思主义哲学史研究、马克思主义哲学中国化时代化研究、马克思主义哲学方法论研究、马克思主义政治哲学研究、马克思主义经济哲学研究、马克思主义文化哲学研究、国外马克思主义哲学研究等整合为一个“艺术整体”，以一种体现时代发展的整体性图景“回到马克思”，并不断丰富和发展马克思主义哲学。

再次，研究百余年来马克思主义哲学中国化时代化的探索历程，努力建构中国自主的马克思主义哲学知识体系。马克思主义哲学在中国百年传播，是随其同中国具体实际、同中华优秀传统文化相结合实现的，由此形成了中国马克思主义哲学的基本理论形态。我们知道，一切划时代的体系的真正内容都是由于产生这些体系的时期的需要而形成的。在以中国式现代化全面推进中华民族伟大复兴的历史进程中，马克思主义哲学作为理论先导，必将在“两个结合”的过程中进一步发挥思想的力量。为此，要聚焦马克思主义哲学理论的当代中国建构，深入研究习近平新时代中国特色社会主义思想的世界观和方法论，研究习近平文化思想的哲学境界，对其中的哲理做深入的学理阐释。开展立足中国式现代化的实践经验，面向现代化、面向世界、面向未来的马克思主义哲学研究，形成中国自主的马克思主义哲学学科体系、学术体系、话语体系，彰显中华民族的哲学自我，为世界现代化发展贡献中国方案。这是人大马克思主义哲学学派的自觉追求，也是今天我们传承和弘扬的哲学精神之所系。

摆在读者面前的这套丛书，既有陈先达先生等前辈学人的代表作，亦有张文喜教授等中年学人对前沿问题的沉思，也有青年学者的创新之作，由此呈现了人大马克思主义哲学学派中不同年龄作者的学术书写。而且，这套丛书的作者以马克思主义哲学学者为主体，包括从事马克思主义伦理学、马克思主义科技哲学、国外马克思主义研究的同人，实际彰显了人大马克思主义哲学学派的开阔视域。这套丛书处于丰富和完善的途中，希望她唤起我们的校友和关注人大马克思主义哲学学科建设的同人的一些学术记忆，为促进新时代马克思主义哲学研究贡献人大力量，令广大读者朋友们感到开卷有益。

臧峰宇

2024 年深秋

于中国人民大学人文楼

目　录

插图目录

前　言

技术是一种源远流长的重要文化形态，可理解为围绕目的的有效实现，人类后天不断创造、学习和推广应用的目的性活动序列、方式或机制。技术是人类活动逐步理性化、秩序化、定型化的产物，可视为目的理性与工具理性不断外化的成果。技术活动模式是在本能活动模式基础上生发出来的另一种人类活动的基本格式，也常常被学术界视为人猿揖别的分水岭。

技术是文明的元素和人类活动的基本模式。长期以来，人们身处技术活动模式之中，按照技术原则与规范行事，建构社会生产与生活的众多体制与机制、规范与秩序以及创造众多人工物，习以为常而又不自觉。近代以来，随着与科学的互动融合，技术获得了全面快速发展，以机械化、电气化、信息化、数字化等为标志的技术革命渐次展开，社会技术化进程加速推进，也引发了一系列复杂的衍生效应。以反思技术现象为核心的技术哲学正是在这一历史背景下孕育和发展起来的。

社会技术化是指社会生产与生活按照技术精神、原则和规范，展开构思、设计、建构、改进、运行与扩散的历史进程，可视为人类文明史的“索引”。它既是技术进化与扩张的内在要求，也是社会发展的动力之源和基本态势，更是解开现代社会建构与演进之谜，理解社会体系结构及运行底层逻辑的一把钥匙。伴随着人类文明史演进尤其是科学技术发展，社会技术化进程悄然展开、加速推进。社会技术化既有有形（形而下）的硬件、结构与功能，也有无形（形而上）的软件、原则与规范，像幽灵一样弥漫于社会生产与生活的广阔领域或众多层面，时隐时现，无时无处不在而又不显真容，既能带来独特功效，也会衍生多重祸患，神秘莫测。

社会技术化进程派生的问题大致可以归结为三类：一是描述和说明社会技术化的路径、机理、模式、规则、规律等本原性问题；二是梳理、分析和解释社会技术化的一系列衍生链条及其效应问题；三是预测和应对社会技术化冲击或趋利避害的策略问题。这三类问题按照"是什么、怎么样、如何做"的内在逻辑联为一体，构成了一个彼此关联、渐次递进的问题群。其实，澄清其中的任何一个问题都绝非易事。长期以来，受社会技术化问题群本身的流变性、复杂性与开放性，以及狭义技术观念的束缚和研究者理论视野的局限，学术界对社会技术化问题的讨论多是在人文主义或社会政治批判视野下展开的，相对零散、粗浅。学者们虽然从不同侧面、以不同的进路和话语方式，触及现代社会运行的技术基础、社会技术建构机理、技术的社会运行与扩散等问题；但这些初步分析和讨论的局限性明显，大多缺乏哲学层面的学术自觉和清晰的问题定位，自说自话，交集与争论较少，基本上停留在低层次的、零散的片段性或经验性的描述阶段，系统性、研究深度和理论高度不足，尚处于探究社会技术化问题的感性认识阶段。

不难理解，现代社会技术化是一场涉及领域和层次广泛、途径和环节众多、立体滚动、加速递进的复杂的技术社会运动过程，对这一历史进程的剖析与探究是一个宏大、开放的大规模课题，且派生问题能力极强，难以驾驭，有宏大叙事之嫌。笔者在广泛吸纳国内外相关研究成果的基础上，立足于马克思主义的技术观与历史观，综合运用多学科的理论与研究方法，对社会技术化进程及其相关问题展开多维度、多层面的系统剖析，力图澄清社会技术化的路径、机理、模式、规律、演进态势与衍生效应等问题，给出社会技术化的价值评判和应对之策，初步建构了社会技术化的理论体系。同时，在研究对象、研究视角、研究方法、研究思路、研究内容等方面都做了一些大胆探索和尝试。

由此可见，本书是探究现代社会发展与运行机理的一项基础性、探索性工作，将有利于推进对社会技术化问题认识的深化，丰富和发展技术哲学乃至科学技术哲学体系；也有望冲破众多学科壁垒，实现人文社会科学领域的一次知识大综合。同时，本书也有助于提高人们从事技术实践活动的自觉性，扭转以往社会技术建构、改进与运行的自发、盲目或模仿状态，进而科学、自觉、有计划和高效率地推进各项社会实践活动。

导 论

在千姿百态、变幻莫测的大千世界里，人类是唯一拥有理性与智慧的物种。为此，它才能在地球生态系统的演化进程中后来者居上，快速跃升至食物链顶端，成长为自然界的霸主。人类是社会性的动物，社会运动是比自然运动更为复杂和高级的运动形式，同样社会技术形态往往也比自然技术形态更为复杂和高级。现代社会呈现加速扩张态势，已演变为一个复杂的巨系统，其中的构成性与生成性、确定性与不确定性、生机与危机并存共生。然而，与自然科学的发达程度相比，探究人性、精神、文化、社会现象及其演变的人文社会科学，尚处于发育、分化、拓展和深化的初级阶段，远远落后于现代社会实践的发展进程。笔者对现代社会技术化问题的探讨就是在这一历史背景下展开的。

一、人的技术性

人类是自然界长期进化发展的产物，人的自然性与社会性也处于形成和演进之中。学术界通常把人有别于其他事物的本质规定性称为人性，“整个历史也无非是人类本性的不断改变而已”。[①] 其实，对人性及其演变问题的探究，也是认识人、文化、社会及其发展的基本路径。为此，人性问题才成

① 《马克思恩格斯选集》第1卷，人民出版社2012年版，第252页。

为古今中外人文学科中历久弥新的主要议题之一，进而催生出多种多样的人性理论。对人性善恶的讨论是中国哲学尤其是伦理学中的一个基本问题，此外西方哲学还围绕人的理性、理想、信念、世界观、价值观、审美观等精神文化现象展开了多维度的剖析。历史唯物主义认为，在人性问题上既要探究人的一般本性，又要关注每一个时代历史地发生了变化的人的本性。由于并不存在凝固不变的永恒人性，因此我们应当立足社会物质生活条件及其演变，结合具体的社会历史场景与特定的社会关系来说明和理解人性及其变化。

技术是人类行动逐步理性化、秩序化、定型化的产物，可理解为围绕目的的有效实现，人类后天不断创造、学习和应用的目的性活动序列、方式或机制，亦可视为目的理性与工具理性不断外化或客体化的成果。为此，哈贝马斯才指出："假若我们把能够得到有效控制的活动的功能范围理解成为合理决断和工具活动的统一体，那么我们就能够用目的理性活动的逐步客体化的观点重建技术的历史。"① 一般地说，这里的人类目的性活动既能够在思维领域发生，也可以在自然界和社会领域出现，由此而创建的技术形态即可分别归入思维技术、自然技术和社会技术之列。从技术史的视角看，人们对技术现象的认识主要是从具象化的自然技术形态开始的，这也是狭义技术观念形成的历史根源。

学术界普遍认为，技术现象萌发于人类进化史初期，是在南方古猿本能活动的基础上延伸和生发的，可以追溯至能人（源于纤细型南方古猿的阿法种）使用和制作骨器、木器、石器等工具的创造性活动，后者也被视为人类最古老的文化形态。在原始技术诞生初期，此前南方古猿长期使用天然工具的经验与技能是创造性制作人工工具的直接基础。当然，这一历史进程是在人类进化过程之中逐步展开的，离不开类人猿肢体的灵巧化、感官的感知能

① ［德］尤尔根·哈贝马斯：《作为"意识形态"的技术与科学》，李黎、郭官义译，学林出版社 1999 年版，第 44 页。

力与神经系统的发育和协调，以及理智的预测、筹划、调整与纠错等层面多重进化成果的共同支撑。不难理解，当初类人猿发现、挑选和使用天然工具的经验与技能，可视为技术发育的初级阶段或技术演化的历史起点。[①] 在这里，鉴于个别灵长类动物也拥有挑选和使用天然工具的本领或能力，因而学术界通常并不把后者作为人类或技术诞生的主要标志。

从生物人类学视角看，人类属于灵长目人科动物。其实，将人与其他动物区别开来的“种差”还有很多，思想史上种种有关人类的定义及其分歧就反映了这一特征。例如，使用符号，拥有意识、理性、信仰、审美、精神性、道德性等都是人与动物之间的差异。在这里，我们之所以将技术性也归结为人性的构成要素或基本内容，作为人有别于其他物种的特质，主要是基于以下 5 条理由而做出的：

（一）技术是人类从动物界提升出来的主要标志

学术界普遍认为，制造和使用石器是人猿揖别的分水岭。粗制石器及其制作工艺是一种典型的原始技术形态，标志着人类冲破了生物进化史上形成的封闭的本能活动模式，开始以一种全新的创造性、开放性的技术活动模式及其进化，应对生存环境变迁、自然灾害、外敌入侵、社会竞争等诸多挑战，以实现自己的欲望与梦想。在这里，由于石器技术形态的显示度高、证据特征明显，又容易识别、理解和达成共识，因而适合作为人类与动物划界的依据或人类进化的里程碑。既然原始技术的产生是人与动物之间的分水岭，那么技术性自然也就成为将人与动物区别开来的基本特质或标志。正是从这个意义上说，技术性是人的本质属性，人一开始就是技术的人；社会一开始就是技术的社会，人的社会性又是以人的技术性为基础或构成要素的。

---

① 王伯鲁：《技术究竟是什么——广义技术世界的理论阐释》，科学出版社 2006 年版，第 48—50 页。

（二）技术性是理性的表现形态

萌芽状态的意识、理智或理性是南方古猿大脑长期进化发展的产物，是包括技术发明创造在内的所有文化活动展开的心灵基础或智力“平台”。在技术起源问题上，芒福德的“心灵首位论”（the Primacy of Mind）所要强调的也正在于此。[①] 作为人类目的性活动的序列、方式或机制，技术超越了天赋本能，从属和依附于目的的形成及其自觉，表现为目的的派生物和实现方式；技术性依附于目的性，是目的性的转化形态、具体贯彻或实现样式。因为人类活动的目的性是理性的具体表现，所以技术性也必然以理性为基础或前提，也可视为理性的具体表现或转化形态，通常所谓的目的理性、工具理性、技术理性等便由此而来。正如黑格尔所述：“理性是有机巧的，同时也是有威力的。理性的机巧，一般讲来，表现在一种利用工具的活动里。这种理性的活动一方面让事物按照它们自己的本性，彼此相互影响，互相削弱，而它自己并不直接干预其过程，但同时却正好实现了它自己的目的。”[②] 正是基于技术性与理性的这一内在的历史与逻辑关联，技术才被视为人类活动的基本格式与文明建构的元素，广泛渗入或体现在社会生产与生活的各个领域或层次。在这里，既然理性被认为是人有别于动物的主要标志，那么技术性也应当纳入人的本质属性之中。

（三）技术性以价值观念为基础和导向

人类目的的形成与自觉是以价值或意义的识别、评判、选择和追求为轴心的，因此目的性活动过程中必然伴随着价值评估与追求。不断创造和改进实现某一目的或价值的新路径、新方式，改善目的性活动的效果或提高其效率，是技术活动价值导向的内在要求，也是人的技术性的具体体现。在现实

① Lewis Mumford, *the Myth of the Machine: Technics and Human Development*, New York: Harcourt, Brace & World, Inc., 1967, pp.9–11, 102–105.

② ［德］黑格尔：《小逻辑》，贺麟译，商务印书馆 1980 年版，第 394 页。

生活中，人们趋利避害、以最小的付出获取最大的收益等价值考量与经济追求，最终都是通过技术创造或改进途径实现的。由此可见，技术活动本身既以功利价值的实现、评估或盘算为基础，又是多重高阶文化价值或远大社会目标实现的基本路径或方式。在这里，既然价值性是构成人性的基本维度，那么以价值实现为轴心或指向的技术性也应当归入人性之列。

（四）技术活动模式的基础地位

从精神层面看，技术性以理性、价值性等精神性因素为基础，并从其中分化派生出来，似乎并非人的本质属性。这里且不论技术性与理性、价值性等精神性因素之间的内在逻辑关联与互动机理，单从社会实践角度看，技术的创造性、开放性、扩张性、进化性等特征，进一步强化了技术活动模式的基础地位，业已演变为人类生活与社会运行的隐性结构或基本格式，在人类文明与社会发展进程中发挥着不可替代的基础支撑作用。“在这种人与世界不断前进的相互交换过程中，人的本性起支配作用，他是发动者，是引起这一过程的主体。”①正是从这个意义上说，技术的发明创造是文明演进的原动力，是推动文明发展与社会进步，建构社会体制、机制与运行秩序的基础，塑造着社会生活面貌。由此可见，技术性早已内化和演变为人的本质属性。

（五）技术的社会功能日趋强大

自工业革命以来，技术步入了加速扩张的轨道，尤其是进入知识经济时代以来，技术进步对经济增长的贡献率更是超过了 50%，已成为推动经济社会发展的第一动力。技术参与社会建构与运行的深度和广度空前提高，逐步演变为现代社会生活的轴心或强大基础。现代社会的工业化、信息化、智能化、全球化、生态化等发展趋势，都是在相关技术不断进化的基础上渐次

---

① ［英］戴维·麦克莱伦：《卡尔·马克思传》，王珍译，中国人民大学出版社 2005 年版，第 98 页。

展开的，高新技术研发已成为决定当今各类社会竞争成败得失的关键环节。在深度技术化的现代社会中，“技术成为一切工作、一切行动中人们都必须遵从的秩序，技术对每一件事情的介入，实质上就是把事实、力量、现象、工具等还原为逻辑的方法或图式。在技术这种控制物与人的方法中，有效性原理至高无上、无孔不入，整个世界变成一个巨大的技术集中营。”[①]从观念、思维、意志到认识、方法、工具与技能的诸多层面，技术已全面渗入现代人的物质与精神文化生活的诸领域或层面，发挥着不可或缺的基础支撑功能，技术性已演变为现代性的构成要素和时代标签。新技术的创造、扩散、学习、应用和主动适应已成为人们从事各类社会活动的基础和前提，同时也演变为个体日常生活的重要组成部分，消耗着现代人的主要精力和时间，技术性业已进入现代人性体系的核心部分。

不难理解，诸种类或层次的人性要素构成了一个不断丰富和发展的开放的人性结构体系。工具的制造和使用只是原始技术的一种具体形态，而并非技术的唯一或最终形态。如果说古代技术活动还是人类自发的、偶然的、缓慢的、次要的行为，技术性当年尚难以进入人性体系的核心部分，那么现代技术活动早已成为现代人自觉的、必然的、快速的、主要的活动方式；技术性业已转化为现代人性的核心要素，演变为现代人的基本特征或主要标志，也成为分析、说明和理解现代人性的主要维度或出发点。

二、社会技术化进程

人类自诞生以来就踏上了技术创造与推广应用的道路，形成了有别于动物本能的技术活动模式，开启了人类进化的新纪元。作为人类生存与发展的主要依托或组织方式，社会有利于人们多种目的的有效实现，人们也自觉

① 陈昌曙、远德玉：《技术选择论》，辽宁人民出版社 1990 年版，第 24 页。

或不自觉地按照技术活动模式、原则与规范行事，参与社会生产与生活的技术建构和运行，踏上了社会技术化的道路。在社会基本矛盾运动过程中，伴随着技术活动模式基础地位的确立及其功效的不断提升，各种技术创造、改进、扩散、引进、复制与扩张，随之在社会生活诸领域和层面渐次展开，从无到有、由点及面、由低级到高级演进，逐步形成了复杂多样的社会技术化路径及其机制。正如哈贝马斯在阐释韦伯的合理化概念时所指出的，在资本主义社会的劳动系统中，“诸种传统的联系：劳动和经济交流的组织、交通运输网、情报通讯网、法律允许的私人交往关系以及从财政管理角度出发的国家的官僚体制都将日益屈从于工具合理性或者战略合理性的条件。……(社会的）基本设施一步一步地涉及到了一切生活领域：军事、教育、卫生，以至家庭，并且迫使城市和乡村的生活方式都市化，也就是说，迫使每一个人在其中受到熏陶的集团文化随时都能够从相互作用的联系‘转向’目的理性的活动。”① 其实，这里的“工具合理性”或“目的理性的活动”样式都是社会技术形态的基本特征，这一社会层面的技术创造、建构与扩张的历史进程就是所谓的社会技术化。

社会是人们交互作用的产物，是在共同的物质生产活动基础上结成的人类生活共同体。社会生活是指人们为了生存和发展而在社会场景下展开的各种活动的总称，包括物质生活、精神生活和政治生活等具体样态。因此，社会技术化至少有两重含义：一是生产力层面的技术发明、改进与扩散，多以自然技术形态为核心展开；二是生产关系层面的技术发明、改进与扩散，多以社会技术形态为轴心推进。本书第四章将要讨论的科学、艺术、资本、信息、法制和发展规划等社会生活领域或层面的技术化样态，就是在后一重含义上展开的。“社会技术化”（technicalization of society）就是“社会生活的技术化态势”，即“在社会生产与生活诸领域或层面展开的技术建构、改进、

① ［德］尤尔根·哈贝马斯：《作为“意识形态”的技术与科学》，李黎、郭官义译，学林出版社 1999 年版，第 55—56 页。

运行、扩展与进化趋势”，而并非仅仅指某一先进的高级社会技术形态在社会生活领域或层面的渗透、扩张或推广应用态势，即该社会技术形态的大面积扩散、仿效或复制过程。亦即后者只是前者的特殊表现形态。长期以来，受狭义技术观念的影响，以往人们更多地关注以产业技术为主导的自然技术形态的创新、扩散与推广应用现象，而无视更高层次的社会技术形态的创建与扩散进程。在这里，前者可视为社会技术化的初级形态或基础环节，可转化为后者的构成部分，而后者则是社会技术化的高级形态或一般样式，两者相互依存，难以割裂。

社会技术化是社会演进逻辑的内在要求，即以技术方式或途径追求社会生产与生活的新效果及其高效率。这也是世俗（或传统）社会向现代社会迈进的社会合理化进程的具体表现。在社会技术化进程中，“技术成为了现代社会秩序的决定性力量和终极价值，在现代社会秩序中，效率不再是一种选择，而是一种强加于人类全部活动的必然性。技术变成了普遍的强权，它已经渗透到社会生活的各个方面，不停地征服、吸收、重组，于是，在复杂的现实组织中，技术逐渐取代了能构成环境的那些东西。”① 为此，埃吕尔才“认为不管社会的政治意识形态是什么，‘技术现象’已经变成所有社会的明显特征。”②“的确，在所有文明中，技术都是作为传统而存在的，即通过缓慢成熟甚至更缓慢地修改的遗传机制而世代传递的；与环境压力下的身体的社会性进化相伴随，还同步产生了可遗传的自主性，并被整合到每一种新的技术形式之中。”③

在社会技术化的历史进程中，以往那种单凭经验、直觉、意气拼凑的松散组织与行事方式开始被不断弱化，与此相关的社会事务或领域也在不断缩小，逐步让位于经过多轮预测、筹划、设计、模拟、试验和优化的技术性组

① 梅其君：《技术自主论研究纲领解析》，东北大学出版社 2008 年版，第 42 页。

② 转引自［美］安德鲁·芬伯格：《技术批判理论》，韩连庆、曹观法译，北京大学出版社 2005 年版，第 6 页。

③ Jacques Ellul, *The Technological Society*, Trans，by John Wilkinson, New York: Alfred A. Knopf, Inc. and Random House, Inc., 1964, p.14.

织结构及其高效、有序、理性的行事模式，并相应地同步建构起稳定高效的社会组织技术形态与流程技术形态。今天，以制度创新、机制创新、文化创新为标志的各类社会改革，都是在相关社会技术创新、试验、改进与推广的基础上展开的。

社会技术化是社会演进的历史大趋势，这是由人的技术性、追求美好生活的内在要求以及社会竞争环境等因素共同决定的。同社会技术形态与社会文化生活之间的关系类似，社会技术化与社会演进的历史进程互为表里，相互缠绕，不可分割，在后者中辨识或区分前者是探究社会技术化问题的基础和前提。作为社会演化的内生性基础变量，技术创造是推动社会变迁的原动力。正是基于这一认识，曼海姆（Karl Mannheim）才把社会技术变化列为导致社会生活变迁的第三种原因。① 事实上，无论来自哪一个领域或层面的技术创造成果，都会沿着社会体系的内在关联网络或结构"肌理"扩散，触发相关领域或层面的技术革新与建构，进而促进社会生产与生活的一系列变革。这一历史过程就是所谓的社会技术化进程，已成为分析和描绘社会演进历程的背景、"底色"或"索引"。例如，马尔库塞就是沿着这一思路阐释技术进步如何推动现代西方资本主义社会内部诸多对立面的消解现象的："技术的进步扩展到整个统治和协调制度，创造出种种生活（和权力）形式，这些生活形式似乎调和着反对这一制度的各种势力，并击败和拒斥以摆脱劳役和统治、获得自由的历史前景的名义而提出的所有抗议。当代社会似乎有能力遏制社会变化——将确立根本不同的制度、确立生产发展的新方向和人类生存的新方式的质变。这种遏制社会变化的能力或许是发达工业社会最为突出的成就；在强大的国家范围内，大多数人对民族目标和由两党支持的政策的接受，多元主义的衰落，企业和劳工组织的沟通，都证明了对立面的一体化，这种一体化既是发达工业社会取得成就的结果，又是其取得成就的前

① ［德］卡尔·曼海姆：《重建时代的人与社会：现代社会的结构研究》，张旅平译，生活·读书·新知三联书店 2002 年版，第 232 页。

提。”① 当下流行的“科技强国”“科技改变生活”“知识改变命运”等口号和社会现象，其实也主要是通过社会技术化途径或方式呈现的。

应对时代挑战，解决发展难题，是技术研发实践活动面临的主要任务。从社会技术的外延拓展看，人们总是在回顾历史的基础上，从实际出发预测和筹划未来的，力图通过技术创造或改进方式应对新情况、新问题、新风险。面对社会演进中不断涌现的众多新挑战，人们通常首先采用相关或相近领域的已有技术形态加以应对。但由于这些传统技术当初并非是针对这些新情况、新挑战的特点而专门设计的，因而在应对功效上往往并不理想。同时，基于这些传统技术的普适性、灵活性，常常也能产生一定的积极效果，但效率大多相对低下。例如，面对人工合成毒品泛滥、网络贩毒等新情况，传统的禁毒技术体系已难以给予有效打击；面对恐怖袭击、网络攻击、电信诈骗、技术事故等新型安全威胁，传统的公安、边防、缉毒、情报等技术体系常常力不从心。只有经过一段时间的应对实践摸索和认识深化，在总结多种传统技术形态应对经验教训的基础上，人们便开始谋划和推进针对新情况、新挑战特点的新型社会技术形态的设计与建构，进而改进和拓展了相关社会技术体系，催生出新的社会事务、部门或生活领域。

从社会技术的内涵提升角度看，在社会演进过程中，原有的许多成熟社会技术形态的效果及其效率，往往难以满足社会变迁需要以及人们对美好生活的追求，这也是推动相关社会技术形态更新改造、升级换代的内在驱动力。当然，作为社会技术化的基础部分，以自然事物为研发对象的狭义的科学技术进步尤其是产业技术新成果的不断涌现，以及向社会生产与生活诸领域或层面的广泛渗透或转移，为各级各类社会技术创造与改进提供了基础和条件。例如，20 世纪 80 年代以来，微电子、个人计算机、互联网、浏览器等信息技术的快速发展，为众多社会生产与生活领域的技术创新提供了有力

---

① Herbert Marcuse, *One-Dimensional Man: Studies in the Ideology of Advanced Industrial Society*, Boston: Beacon Press, 2002, p.xlii.

支撑，加快了社会技术领域的信息化进程。电子商务、网上银行、电子政府、智慧城市、网络会议、远程教育等一大批社会技术创新成果，都可以视为相关社会领域传统技术形态的信息化改造，推进了这些领域新型社会技术效果的显现及其效率的大幅提升。

在现实生活中，基于社会矛盾的普遍性、社会竞争的长期性、人类欲望的无限性、生态环境与自然资源的有限性等因素而萌发的新问题、新挑战或新危机层出不穷，而现行社会技术体系又难以有效应对这些问题与挑战，迫切需要不断改进现有技术形态，或者引进与创建新型技术形态。由此可见，社会技术化必然是一个与时俱进的进行时态，与人类社会演进同步展开而且共始终，只有起点而没有终点；分析、描述、评估和调控社会技术化进程，正是探究社会演进机理或奥秘的切入点和重要进路。

三、社会技术化问题群及其研究进路

技术是人类活动的基本格式，技术创造与改进是社会变迁的内生动力，早已演变为塑造社会生产与生活面貌、推动历史发展的强大引擎，同时也嬗变为众多社会现实问题的枢纽或交汇点。近代以来，以提高社会生产力为目标的产业技术进步日趋活跃，从而加快了现代社会的技术化进程。全面加速扩张与深度介入是现代社会技术化的基本特征。众多技术创新成果在社会领域多渠道、多层次、多环节的扩散与转化，推动着现代社会愈来愈按照技术理性、逻辑、原则、规范建构与运行，同时也促使人们更加注重众多社会目标或价值实现方式上的技术创新及其功效性。这就是现代社会的技术化进程和时代发展潮流，由此派生的一系列问题统称为社会技术化问题，需要我们认真研究和积极回应。

社会技术化进程派生的问题群结构与成分复杂，大致可以归结为三大类：一是揭示社会技术化进程的属性与特征问题，包括说明和描述它的路径、机理、模式、规范、规律等，可称为本原性问题。二是探究社会技术化的衍生效应问题，包括说明和解释该进程对社会建构与运行，以及人们的思维方式、价值观念、生活方式、精神文化生活等层面的直接或间接影响，可称为衍生问题。三是预测和应对社会技术化冲击或趋利避害的策略问题，可称为对策问题。不难看出，社会技术化问题并不是一个个孤立的问题，而是彼此关联的一群（组）问题。这三类问题按照“是什么、怎么样、如何做”的内在逻辑联为一体，对该问题群的探究也反映了理论源于实践并服务于实践的基本品格。

任何技术形态总是在一定的社会历史场景下，围绕具体目的的有效实现而创造、引进和应用的，直接或间接地表现为社会生活的技术建构与运行。不难理解，社会技术化与技术创造进化的历史一样悠久，相伴而行。在现实生活中，社会技术化常常与工业化、电气化、自动化、信息化、智能化、现代化、城市化、全球化等过程交织重叠，也容易为后者的光辉所遮蔽。长期以来，学术界对社会技术化现象缺少理论自觉以及系统深入的探究。近代以来，许多思想家都从各自的问题情境、理论视角、知识背景出发，以不同的话语方式触及社会技术化的某一片段或面相，展现出壮观的“家族相似”理论图景。例如，韦伯的“科层制”、埃吕尔的“技术社会”、里茨尔的“社会的麦当劳化”、马尔库塞的“单向度的人”、凡勃伦的“专家治国论”、贝尔的“后工业社会”、麦克卢汉的“大众媒介社会”、福柯的“规训理论”、波兹曼的“技术垄断”、特里司特的“社会技术系统”、现代化理论的六大学派等学说，都从各自视角描述、分析和揭示了社会技术化的许多属性和特点，初步展现出不同的研究进路或范式，为我们深入系统地探究现代社会技术化问题提供了有益的借鉴和丰富的理论素材。

（一）管理学进路

在特定的历史条件下，如何有效地实现社会组织目标始终是社会实践活动的轴心，对组织目标实现效果及其效率的追逐是社会实践活动的价值指向之一。所谓“管理”就是围绕组织目标的有效实现，人们通过计划、组织、指挥、协调和控制所拥有的各种资源，不断优化实践活动的方式、流程与环节，以尽可能少的付出获取更多更大收益的过程。无论哪一个管理学流派都是以组织目标的高效实现为出发点，以优化组织结构与目标实现流程为轴心或抓手的。由此可见，管理过程的技术特征明显，可视为一种典型的社会技术形态。尽管大多数管理学家并没有形成清晰的社会技术概念以及社会技术化观念，但他们却都不自觉地从技术精神、原则、规范或流程出发，分析、讨论和解决多种多样的管理学问题。

纵观管理学的发生和演变历程，不难发现，虽然尚未出现成熟的“社会技术”或“社会技术化”范畴，但是其中的诸多研究却是在“社会技术”或“社会技术化”的下位概念层次上自发展开的。这些研究成果生动具体、丰富多彩，有助于进一步分析和探究社会技术化问题。例如，新公共管理理论认为，企业的目标管理、绩效管理、组织发展、人力资源开发等管理方法同样也适用于政府管理，因此主张公共服务的市场化；强调发挥市场机制在公共服务领域中的资源配置作用，以便更有效地使用公共财政资源等。尽管新公共管理理论的流派众多，但它们都主张通过重新设计或塑造政府组织机构及其运作流程，以提高政府管理能力和效率。其中，哈默（Michael Hammer）和钱皮（James Champy）的“流程再造”理论，就力图通过对政府业务流程的优化设计和改造，建立全新的过程型组织结构，以实现对传统官僚制的改造和超越。而社会治理理论更是主张把治理主体由单一的政府机构，扩展至个人、企业、团体等社会部门，通过科学合理地分配公共管理的决策权、执行权、财权和事权等，以构建新型的社会治理体系；通过协商、沟通、协调的利益合理表达、互动和博弈机制，最终实现不同主体利益诉求之间的有机整合及其最大化，以促进社会的高效运转与平稳健康发展。

（二）社会学进路

以电力技术的创造与推广应用为轴心的第二次技术革命以来，工业技术进步主导下的社会技术化进程明显加快。伴随着社会学、法学、经济学等学科的诞生与发展，逐步形成了探究社会技术化问题的社会学研究进路。发端于 19 世纪末期的社会学，是一门探究社会结构、制度及其变迁问题的社会科学。虽然绝大多数社会学家至今仍未形成清晰的社会技术化观念，但是他们对社会组织及其运行机制合理化、体制化、现代化等问题的分析和描述，都不自觉地揭示了社会技术形态以及社会技术化过程、机制的许多属性、特征和规律。其中，对“科层制”（bureaucracy，又译作“官僚制”）现象的探讨就是一例。

马克斯·韦伯发现，从传统社会向现代社会的演进是一个不断合理化的过程，即现代化就是以工具理性为轴心展开的社会合理化建构过程，对科层制的分析、归纳和讨论就是这一发现的具体化。韦伯认为，随着资本主义的兴起，凭借以往有限经验的传统组织的管理模式已难以适应经济与社会发展的新需求，逐步为经过精心设计的科层制组织结构及其运转流程所代替。科层制的工作效率较高，在稳定性、可靠性、精确性、纪律性等方面都优于其他社会组织形态及其运作机制。韦伯还把分析产业技术的范式类比推演到社会组织及其运转流程上，不自觉地揭示了科层制的技术特点及其优势。“官僚制组织之得以有所进展的决定性因素，永远是其（较之其他形式的组织）纯粹技术上的优越性。拿发展成熟的官僚制机构跟其他形态的组织来比较，其差别正如机器生产方式与非机器生产方式的差别一样。精准、迅速、明确、熟悉档案、持续、谨慎、统一、严格服从、防止摩擦以及物资与人员费用的节省，所有这些在严格的官僚制行政（尤其是一元式支配的情况）里达到最理想状态。”①在韦伯看来，科层制犹如一架高效运转的巨型精密机器一样，是社会组织及其运行机制合理化塑造的产物；如果一个组织机构越接近理想化的科层制，那么就越能稳定高效地实现其组织目标。正是由于人们对

---

① 《韦伯作品集Ⅲ——支配社会学》，康乐、简惠美译，广西师范大学出版社 2004 年版，第 45 页。

最佳效果与最高效率的不懈追求，才促使科层制的组织结构与运转流程更趋合理完善，也更具有技术特征。

此外，里茨尔的《社会的麦当劳化》一书，以案例解剖方式不自觉地探讨了社会技术化问题。在技术进步的推动下，现代社会生活节奏不断加快，麦当劳快餐店的连锁经营模式应运而生，及时响应了现代社会合理化建构的内在要求。里茨尔发现，由于该模式拥有“效率高、可计算性、可预测性以及通过非人技术代替人的控制”四个方面的技术优势，[①] 所以不仅在快餐行业被大量复制，而且在其他社会领域也被大面积地推广和模仿，并快速扩散至世界各地越来越多社会部门的建构与运行之中。“各种迹象表明，麦当劳化已经成为一个无情的过程而横扫世界上那些无法渗透的机构和部门。”[②] 在这里，标准化的麦当劳运营模式就是一种典型的社会技术形态，麦当劳化就是社会技术化、合理化的通俗表述形式。其实，无论是社会的合理化还是麦当劳化，都是在一系列技术不断创造、改进与推广应用的基础上展开的。

（三）哲学进路

近代以来的两次技术革命加快了产业技术进步的步伐，对社会生产与生活的影响领域扩大、程度加深，系统反思和探究技术现象的技术哲学就是在这一历史背景下产生的。人文主义或社会批判主义的技术哲学流派，大多关注产业技术或自然技术演进对人性或精神文化生活的冲击与侵袭，更多地从社会技术化效应视角展开分析和探讨。他们大多持广义技术观念，不同程度地触及社会技术形态以及社会技术化问题。

在 1934 年出版的《技术与文明》一书中，芒福德就讨论了社会技术化的一种重要形式或机制——社会的军团化。“早在西方世界的人们使用机器

---

① ［美］乔治·里茨尔：《社会的麦当劳化——对变化中的当代社会特征的研究》，顾建光译，上海译文出版社 1999 年版，第 16—20 页。

② ［美］乔治·里茨尔：《社会的麦当劳化——对变化中的当代社会特征的研究》，顾建光译，上海译文出版社 1999 年版，第 3 页。

之前，就已经有了军团化机制的存在，它是社会生活的组成部分。在发明家发明发动机代替人劳动之前，领袖人物已将人们大批投入训练并组成军团：他们发现了如何将人转化为机器。”[①] 在1966年出版的《机器的神话》一书中，芒福德又提出了“巨型机器”（Megamachine）概念，用以指称庞大的机械式社会组织体系。他认为，古代的大型社会活动都是以巨型机器的建构与运作为基础的，社会组织结构及其运作机制的技术化先于机械化。巨型机器的内部组织严密、分工明确、有序协作、高效运转，后世诸多复杂的机器技术发明都是以它为原型的。“巨型机器这一发明，正是古文明最重要的功劳：它是一种技术运作方式，为后世一切机械组织提供了基本范式……同时，它也融合在一个无所不包的、更大的制度形式之中。”[②]

埃吕尔则认为，拥有自主性的技术自成系统，构成了人类生存与发展的技术环境，现代社会就是以技术建构与运作为基础的技术社会。技术就是以设计为核心的控制事物和人的方法，现代社会生活越来越按照技术原则与规范建构和运转，创造出工业和商业技术、保险和银行技术、组织技术、心理技术、艺术技术、科学研究技术、规划技术、生命技术、社会管理技术等众多社会技术形态；[③] 以至于“技术渗入国家的第二个后果就是作为一个整体的国家变成了一个巨大的技术有机体”。[④] 在埃吕尔看来，新技术不断嵌入（或楔入）社会体系之中，一方面，技术系统与社会生活之间存在着一些“缝隙”或“孔洞”；另一方面，社会文化生活并没有因为技术的嵌入而变得单调、机械，人也不会因此而蜕变为一颗“螺丝钉”或“单向度的人”状态。埃吕

① ［美］刘易斯·芒福德：《技术与文明》，陈允明、王克仁、李华山译，中国建筑工业出版社2009年版，第38页。

② ［美］刘易斯·芒福德：《机器的神话（上）：技术与人类进化》，宋俊岭译，中国建筑工业出版社2015年版，第258页。

③ Jacques Ellul, *The Technological Society*, Trans.by John Wilkinson, New York: Alfred A. Knopf, Inc. and Random House, Inc., 1964, p.253.

④ Jacques Ellul, *The Technological Society*, Trans.by John Wilkinson, New York: Alfred A. Knopf, Inc. and Random House, Inc., 1964, p.252.

尔虽然已经意识到技术扩张及其在社会文化生活中的功能得以不断强化的趋势，但却并未深入探讨社会技术化的路径、机理与模式等问题，也没有意识到社会技术化挤压精神文化生活或扭曲人性的严重性，乐观主义倾向明显。

法兰克福学派的社会批判理论以分析科学技术的异化问题为切入点。在晚期资本主义社会历史场景下，学者们近乎立体全景式地剖析了科学技术渗入社会机体，影响政治文化生活以及压迫人性的路径与机理，讨论了“工具理性”“单向度的社会”“人的解放”“一体化的社会”“技术代码”“社会加速”等一系列重要问题。尽管他们没有明确引入“社会技术化”概念及其分析框架，但事实上却描述或讨论了社会技术化过程的一些路径、环节及其多重效应，其中不乏远见卓识、真知灼见，也是我们探究社会技术化问题的重要思想资源。

哲学是时代精神的精华，哲学家是人类精神家园的守望者，他们对时代的精神特质及其演变趋势最为敏感。纵观 20 世纪以来的现代哲学流变，不难发现，各主要哲学流派都不同程度地触及社会技术化趋势及其效应问题，出现了所谓的“技术转向”。但由于社会技术化问题群的基元性、复杂性和多面性，相关讨论至今尚未真正进入许多哲学流派研究的中心地带，或者演变为现代哲学关注和讨论的主要问题。此外，政治学、法学、经济学、宗教学、艺术学等人文社会科学学科，也都对社会技术化现象有所觉察或涉猎，但其研究成果多显零散、肤浅，尚未出现轮廓清晰的研究范式或进路。

四、系统综合研究进路的可行性

技术在社会生产与生活中的基础地位，决定了以人类精神文化现象与社会结构及其演进为研究对象的人文社会科学各学科，或早或晚、或自觉或自发、或直接或间接、或多或少都会触及社会技术化问题。因此，对社会技术化问题群的分析和讨论绝不仅仅限于管理学、社会学和哲学等少数学科门类。这些研究进路大多展现出对人性、精神文化生活、社会结构及其运行机制中某一领域、层面或环节具体问题的深入思考，带有管中窥豹或盲人摸象式的视野狭隘缺陷；它们对技术现象的分析或描述尚未冲破学科之间的藩篱，进而从具体学科领域中分化和提升出来。仅仅依靠这些进路对社会技术化问题群的分散式点状探究是不够的。因此，针对社会技术化问题群的横断性、贯通性特点，有必要探索和尝试一条新式的研究进路。

现实事物总是具体的、复杂的、动态的和多层面的，而人们对它的认识却往往是抽象的、分析的、静态的和片面的，因此对事物的完整透彻认识往往离不开多学科之间的沟通、融合、协作与升华。社会技术化问题群构成复杂、演化发展、涉及社会领域或层面众多，以它为对象的研究活动势必将是一种宏大叙事。唯有借鉴多学科的理论与方法开展分析与综合、提炼和概括，才有可能全面深入地揭示该问题群的属性、特征与规律。除过借鉴工程技术各学科的理论与方法外，系统科学方法、生态学方法、生成论方法、谱系学方法等方法论成果，也是分析和描述社会技术系统及其创造、改进与推广应用机理等问题的重要方法论资源。同时，以社会技术化进程为分析轴心，把来自多学科领域的有助于揭示该过程及其效应的多种具体理念、方法与成果加以综合集成，取长补短，协同并进，也应当成为澄清社会技术化问题群的基本思路。

毫无疑问，学科的分化有助于对复杂事物及其过程展开分门别类的精细研究，从而把对事物某一层面的具体认识引向深入，但却容易造成学科之间的分离与隔阂，使人们难以洞察事物的动态性、多样性、内在关联性、整体性以及多层面性。一般地说，单一学科的分析长于某一维度、层面或枝节的精细研究，而短于对事物整体的全面动态把握，因此对事物的全面系统认识离不开多学科之间的沟通、综合与协同。这也是认识过程中的“……分析→综合→再分析→再综合……”“……具体→抽象→再具体→再抽象……”等思维矛盾运动的内在要求。同时，共性寓于个性、一般存在于个别之中，社会技术化及其规律潜在于社会生产与生活的众多具体实践过程之中。人文社会科学各学科都拥有各自相对清晰的研究领域、对象或任务，但它们往往只关注生产实践、人类精神生活或社会运动某一维度、层面或环节的属性、特点和规律，而缺乏与其他维度、领域或层面的认识活动之间进行有效的沟通和融合，以及对其中所蕴含的共性或一般性规律的提炼和概括。这也是导致以往关于社会技术形态及其演化、扩散等广义技术观念迟迟未能成型的认识论根源。

个体既是社会机体的“细胞”，也是建构社会技术系统的“元件”。以人性、人类行为与精神文化现象为研究对象的人文学科，对人的认识相对全面、透彻，这就为全面把握社会技术系统“元件”的属性与特征奠定了基础。例如，心理学对人的知觉、认知、情绪、人格、行为、人际关系、社会关系等层面的探究，伦理学关于道德的发生、发展、本质、作用、评价以及道德修养、道德教育等环节的探讨，都有助于深化对社会技术系统“元件”品性的认识。但由于缺少社会技术观念的统摄与引导，以往人文学科各自为战，分门别类的人性或精神文化现象的研究成果，很少向社会技术系统设计与建构的微观层面转化和汇聚。今天，在社会技术观念的整合与引导下，人文学科各学科将会从社会技术形态或社会技术化视角切入人性或精神文化问题，自觉兼顾对社会技术系统“元件”属性与特征的综合性探究，进而有助于冲破各学科的狭隘视野及其之间的传统壁垒，形成关于社会技术微观基础的综合性、系统性认识成果。这也是探究社会技术化问题的基础性环节。

社会组织结构及其运行机制是社会科学的研究对象，也是社会技术形态的建构与存在方式。一般地说，揭示社会组织及其运行机制、流程、效应的社会科学研究成果，也从不同层面或维度反映了社会技术形态及其运行的属性和特点。正如上一节所述的管理学、社会学、哲学等研究进路的缺陷一样，由于长期受狭义技术观念的束缚以及学科视野的局限，以往社会科学各学科对社会技术化问题的认识也多是不自觉的、片面的和肤浅的，且大多停留在对个别社会技术形态的感性认识阶段，尚未真正进入以一般社会技术形态或社会技术化过程为研究对象的理性认识阶段。事实上，只有从来自不同学科领域的众多具体的技术化认识成果中，才能归纳提炼出社会技术化的一般属性、特点与规律，进而迈向全面探究社会技术化问题群的高级阶段。

社会技术体系的建构与演进是一个涉及因素、层面、利益博弈诸矛盾的复杂的动态演化过程。在社会技术观念的积极引导下，虽然人文社会科学各学科将会自觉地关注社会技术化问题，但是受各自学科视野和中心任务的局限，这些层面或维度的探究不可避免地带有分析性、片面性和临时性的缺陷。因此，有必要按照社会技术化进程的内在逻辑，进一步规划和整合各阶段、层面、环节的研究及其成果，并将微观与宏观、定性与定量、普遍性与特殊性、批判性与建设性等层面或维度的研究相融合和统一。一般地说，社会技术系统的自觉设计、建构与运行，既要广泛吸纳人文社会科学多学科领域的相关研究成果，也要按照有效实现各类社会目标的现实需要，具体探索不同设计方案以及各子技术系统之间的衔接、平衡与优化等问题。例如，为了确保社会的平稳、有序、高效运转，就需要兼顾法治与德治、改革与稳定、公平与效率、经济增长与环境保护等多重价值诉求，进而对相关社会技术系统的设计、建构与运转进行监测、评估、调控、改进和优化。

同样，以社会技术系统及其运转流程的创建为起点的社会技术化进程，既涉及技术系统本身创建与运行的优化问题，又必须观照所引发的一系列复杂的衍生效应。这两个层面的问题都是在社会巨系统中渐次展开的，涉及内外因素与环节多、作用链条与演进周期长，离开了人文社会科学各学科之间的互动协同和综合集成，要准确认识和全面把握这一演进过程几乎是不可能的。例如，随着互联网技术的不断创新及其推广应用，一方面，通讯、金融、教育、新闻、医疗、物流、国防等社会生产与生活，日益建构在互联网技术进步基础之上，衍生出一系列新型社会技术形态及其运行机制；另一方面，新型社会技术系统的建构与运行又会催生出一系列复杂的经济、法律、文化、社会效应，进而改变了人们的生活方式、世界观和价值观等。只有在社会巨系统或社会技术体系的概念框架下，综合来自各学科、领域、层面的认识成果及其研究方法，才有可能全面准确地把握社会技术化进程。本书就是基于这一认识理念而展开尝试和探索的。

总之，社会技术化问题群是复杂的、多侧面的和不断演化的，关涉科学技术、人文社会科学的众多领域或层面，需要广泛吸纳和借鉴这些学科的相关理论及其方法成果。这里给出的系统综合研究进路只是一种初步的构想或探索方向，其中的许多细节还有待于后续研究实践中的进一步拓展、修正和优化，以及在具体研究进程中不断细化、琢磨和完善。因此，现阶段应当鼓励从社会技术化视角与问题情境出发，积极梳理和综合人文社会科学、自然科学、工程技术各学科的相关研究成果；同时，积极引导相关学科在剖析多种案例的基础上，自觉地探究各自领域社会技术系统的基本类型、表现形态、构成要素、运行机制、建构机理与演进轨迹，以及相关社会技术化的路径、机制、模式及其衍生效应等一系列问题，为社会技术化研究范式、路径、方法以及表述形式上的创新奠定基础，进而为中国式现代化道路的探索与拓展创造条件。

第一章　技术及其存在方式

技术自诞生以来就一直处于进化发展之中，人类对技术现象的认识萌芽于文明时代之初，经历了从局部到整体、由个别到一般、从狭义技术观念到广义技术观念的演变。以产业技术为主体的自然技术是人类最早关注和认识的技术类型，也是两种技术观念共同认可的技术形态，通常扮演着社会技术体系的建构基础或构成单元的角色。人类改造自然的实践活动总是在一定的社会关系中展开的，自然技术的创造、改进、扩散与推广应用是社会技术化进程的基本形态或简化形式。因此，追溯自然技术源流，揭示它的发生与存在方式、属性与特点、结构与功能、演进过程与规律等，是探究社会技术形态以及社会技术化问题的理论基础和逻辑前提。

一、技术活动模式的确立

追溯事物历史，厘清事物源流，是人们把握现实、谋划未来的认识论基础与方法论路径之一。技术的产生是人类进化史上的划时代事件，对技术问题的深入探究也应当沿着技术演化的历史轨迹回溯。这就是所谓的历史学方法。然而，事物及其遇境总是处于发展演变之中，常常时过境迁，物是人非，许多重要的历史信息流失，后来者对事物历史源流的追溯或复盘，总是面临着来自主客观方面的多重困难。“先有鸡还是先有蛋”的经典因果循环困境，就从一个侧面折射出追溯事物演变历程的认识难度。同样，对技术起源问题的追溯也会遇到类似的困难，至今仍是一个长期困扰人类理智的未解之谜。学者们只能从古生物学、古人类学、地质学、史前考古学、进化论、神话学等学科的已有研究成果中，给出一些粗线条的推测性说明。

（一）本能活动模式

大千世界纷繁复杂，世间万物多姿多彩，美轮美奂。不同事物的属性、特点及其之间的差异构成了世界的丰富性、多样性。本能是生物先天就拥有的一种生存本领或能力，是在其漫长的进化历程中逐渐形成的，并以基因形式固定下来。本能是个体和种族生存不可或缺的一种复杂的无条件反射活动，通常表现为一种可预见的、相对固定的行为模式，如鸡孵蛋、蜂酿蜜、鸟筑巢、蜘蛛结网等。千奇百怪的生物本能精巧别致，自然天成，与生存环境无缝衔接，融为一体，以至于今天人类的许多技术创造活动都不得不以它们为“样板”或“蓝本”，进而催生了仿生学。本能具有稳定性、遗传性和复杂性等特征，本能活动模式与生俱来，是动植物安身立命之根本，由此也决定了它们在生物进化图谱和生态系统中所处的具体位置。①

本能是技术的历史源头或起点，对技术史的考察也应当追溯至此。事实上，与其他动物相比，人类的天赋本能并无多少优越性可言。例如，人的嗅觉没有狗灵敏，眼睛没有鹰看得远，腿脚没有羚羊跑得快，力气没有大象大等。希腊神话中埃庇米修斯（Epimetheus）给动物分配本能的故事，也间接印证了这一点。然而，也许正是由于人类本能方面的诸多先天缺陷或不足，才使它的本能活动模式没有走向凝固和封闭，反而在生存环境变迁的压力下最终踏上了技术发明创造的道路。

---

① 参见［英］查尔斯·辛格、E. J. 霍姆亚德、A. R. 霍尔：《技术史（第1卷）：远古至古代帝国衰落（史前至公元前500年左右）》，王前、孙希忠译，上海科技教育出版社2004年版，第1—6页。

辩证唯物主义认为，事物的运动变化是绝对的，而静止或凝固只是相对的、暂时的。相对封闭和稳定的本能活动模式潜在于动植物机体之中，与该物种的性状、本能等信息一起被记录在其DNA上，并通过遗传方式世代繁衍、传递。现代分子生物学和遗传学研究表明，一方面，在环境变迁、有性繁殖等因素的影响下，基因也会发生变异，进而导致物种性状、本能等发生相应的改变，而自然选择又促使那些有利于动植物生存的基因变异得以保留，不利的变异则会被淘汰。“环境变迁——基因突变——自然选择——本能完善”是这一本能进化过程的基本图式。另一方面，饱受争议的“获得性遗传”猜想也得到了“逆转录过程”等相关科学事实的支持；动物后天的经常性或习惯性行为的“用进废退”成果，也可能是导致基因变异的一个重要因素，进而通过自然选择与遗传途径传递给下一代。“经常性行为——基因变异——自然选择——本能完善”是这一进化过程的基本图式。总之，基因的变异与自然选择成果的世代累积促使物种不断进化、本能不断完善。

在漫长的生物进化过程中，动物的本能活动模式就是通过这两种复杂机制形成的，并得到不断强化和优化，进而达到了完善和完美的程度。自然选择最终塑造和固化了众多物种的本能活动模式，淘汰的只是那些偶然偏离这一最优本能活动模式的诸多变异。然而，由于类人猿本能方面的种种先天缺陷，自然选择则更多地保留了那些有利于本能改进的基因变异。但与其他物种相比，类人猿的本能活动模式则处于缓慢的开放式进化之中，迄今仍未达到完善、完美的程度。

古人类学研究表明，人是由南方古猿（Australopithecus）进化而来的，后者也是当时动物界的一个普通物种，并无独特能耐。在人类进化历程中，除过直立行走、手足分工、手的灵巧化等方面的进化成果外，作为智慧之府的大脑的进化最为明显。无论是大脑结构、脑容量，还是意识、抽象思维、语言能力等方面，能人的大脑都超越了南方古猿。“随着脑的进一步的发育，脑的最密切的工具，即感觉器官，也进一步发育起来……脑和为它服务的感官、越来越清楚的意识以及抽象能力和推理能力的发展，又反作用于劳动和语言，为这二者的进一步发展不断提供新的推动力。”① 这些进化成果无疑为晚期智人后来制造和使用工具的技术活动奠定了智力基础。芒福德的“心灵首位论”正是基于这一进化事实而提出的。② 这里需要强调的是，人类进化是一个十分复杂的系统演化过程，关涉先民身体内外器官、因素与环节，彼此牵连、互动协同，因而单纯夸大或强调某一器官或因素的决定性作用是不恰当的。但无论如何人类其他本能的进化成果却是有限的，难以支撑或推动后来人类社会的快速发展。

（二）技术的起源

技术是人类特有的一种社会文化现象，它的起源从属于人类的起源，关涉史前考古学、古人类学、宗教学、神话学、技术史、技术哲学等学科领域，还需要借助直观、思辨、猜测、想象、类比等哲学或科学方法，填补和“复原”这一历史过程中的诸多“断环”。正像个体难以回溯自己的出生经历甚至婴儿期的往事一样，人类对技术起源的追溯也面临着类似的认识论难题。

近代以来，围绕着技术起源问题的求解，学术者们先后提出了技术起源于需求、巫术、祭祀（宗教）、劳动、模仿、好奇心（兴趣）、游戏（玩具）、知识（科学）、经验直觉、机遇（机会）等多种多样的猜测或假说。其中，卡普的器官投影说、③ 马克思的器官延长说、④ 恩格斯的劳动说、⑤ 德韶尔的第

① 《马克思恩格斯全集》第 26 卷，人民出版社 2014 年版，第 763 页。

② Lewis Mumford, *the Myth of the Machine: Technics and Human Development*, New York: Harcourt, Brace & World, Inc.1967, pp.9–11, 102–105.

③ Ernst Kapp, *Grundlinieneiner Philosophie der Technik*, Braunschweig: George Westermann, 1877, pp.29–39.

④ 参见《马克思恩格斯全集》第 44 卷，人民出版社 2001 年版，第 209 页。

⑤ 参见《马克思恩格斯全集》第 26 卷，人民出版社 2014 年版，第 759—765 页。

四王国理论、[①] 巴萨拉的仪式说等，[②] 都是探究技术起源问题上的典型代表。

事实上，作为一种社会文化现象，技术的起源以人类的起源为基础或前提，是人类进化历程中内外多重因素风云际会、相互作用的成果。没有生存环境的变迁、肢体和器官的进化、思维与语言能力的提升，以及物质生产与生活需求的牵引、自然分工与原始社会组织的支撑等因素或条件，技术的孕育和产生是难以想象的。恩格斯在《劳动在从猿到人的转变中的作用》、芒福德在《机器的神话（上）：技术与人类进化》、辛格等人在《技术史（第1卷）：远古至古代帝国衰落（史前至公元前500年左右）》中，都曾就此问题进行过多维度的分析和讨论。例如，芒福德指出："假如把人类主要看作是能够制造工具的动物，那就无异于遗漏和忽略了人类发展历史上一个重要篇章……人类首先还是一种创造自己大脑、能自我操控以及能够进行自我设计的动物。而且人类全部活动的主要轨迹，都留存在它自身生物学的构造之中，更留存在他们的社会组织形态之中。"[③] 仓桥重史也指出："只有在社会群体里才能产生语言，群体的力量制造了工具，语言使工具的制造和使用成为可能。通过工具、语言、群体这三者，使人类在和自然对决的同时，也使社会生活丰富起来，使人类从自然的动物中脱离出来。"[④]

制造和使用工具可能是迄今学术界公认的最原始的技术形态，也被视为人类诞生的主要标志。此前，南方古猿主要依靠挑选身边的石块、兽骨、枯枝、藤蔓、坚果等应手的自然物作为天然工具，以便有效地实现食物的采集、渔猎、搬运、加工、盛放等实践活动，尚未走出本能活动模式。在原始本能的基础上，纤细型南方古猿经过后天的世代模仿和学习过程，所积累和

---

① Friedrich Dessauer, *Streit um die Technik*, Frankfurt: Verlag Josef Knecht, 1956, pp.155–165.

② [美]乔治·巴萨拉：《技术发展简史》，周光发译，复旦大学出版社2000年版，第9—11页。

③ Lewis Mumford, *the Myth of the Machine: Technics and Human Development*, New York: Harcourt, Brace & World, Inc.1967, p.9.

④ [日]仓桥重史：《技术社会学》，王秋菊、陈凡译，辽宁人民出版社2008年版，第49页。

掌握的使用天然工具的动作技能、方式、方法、流程等成果，可视为最原始的“准技术”或“前技术”形态。[①] 后来，随着生存环境的变迁或生活场所的迁移，原先唾手可得的熟悉的天然工具不复存在，迫使能人必须根据记忆、以往使用天然工具的经验以及身边的现成材料，模仿天然工具的形状及其成型过程，展开人工创制工具的尝试。为此，有人推测能人最早制作的工具应该是骨器或木器，因为前者源于渔猎、食材或动物遗骸，后者则源于广袤的原始森林。这些天然材料的形状奇特多样，可挑选余地大，且当时易于获取和加工制作。只是由于这些材质的工具上人为加工的痕迹不明显，又容易腐朽，难于长期留存，因而今天人们在考古中发现的原始工具，只能是骨器或木器时代之后制作出来的不易腐朽的石器。

水是生命之源，它与空气、阳光等要素一起构成了维持生命的必要条件。因此，原始人类大多生活在水系周边，这也是为什么今天发现的人类早期文化遗址大多位于江河湖泊流域的原因。崖石崩塌的各种碎石、水流长期冲刷形成的鹅卵石，容易成为南方古猿狩猎、砍砸坚果或骨头等食材的应手工具。至此，作为普通物种的南方古猿并未显现出多少进化上的优越性，因为许多灵长类动物也拥有使用天然工具的类似本领。应手的鹅卵石在砍砸、磕碰过程中容易沿内部的天然纹理解体，形成面、棱、角、尖、刃等形状，使用这些解体后的“天然石器”，有助于增强南方古猿磨、刮、戳、扎、钻、切、割等动作的力度与效果。南方古猿使用鹅卵石的这些经历、经验、范例，在早期可能只是自发的、偶然的、无意识的。后来随着脑容量的增加、理智的萌发、语言的出现、认识能力的提高以及生产实践活动的需要，能人开始有意识地模仿或重复以往鹅卵石的解体过程；尝试定向控制鹅卵石的砍砸或解体过程，打制和挑选具有合适尺度、独特形状及其性能的应手石器。此后，经过不断地总结成功的经验和汲取失败的教训，能人逐步摸索和创造

① 王伯鲁：《技术究竟是什么——广义技术世界的理论阐释》，科学出版社 2006 年版，第 48 页。

出一套相对稳定的石器类型及其打制流程，进而演变为他们生产与生活的新手段、新工具，开创了石器时代。这也许就是原始工具技术形态的由来，标志着技术活动模式正式登上了人类历史舞台。从此，人类便踏上了依靠技术创造这一内生的快变量，去改造世界、改变自身命运的自主发展道路。

这里需要说明的是，技术起源问题依附和从属于技术划界问题，从不同的技术观念、定义出发将会追溯至不同的技术起源，并给出不同的解释。例如，坚持泛技术论观念的凯文·凯利（Kevin Kelly）认为，生命体的本能甚至非生命世界的天然构造或运动机理等都可以视为技术现象或技术形态。“技术是一股延续了40亿年的力量。它追求的，是更多的进化途径。技术元素是（我们已知的）进化发生进化的最佳途径。”① 他还认为，技术世界具有客观性、独立性、自主性，就像生物界一样自我繁衍和进化。凯利参照生物学上的病毒、原核生物、真菌、原生生物、植物、动物的“六界系统”分类方法，把技术元素称为“第七王国”。“我们可以认为技术元素是信息——始于6个生命王国——的进一步重组。从这个角度说，技术元素成为第七个生命王国，它扩展了一个40亿年前开始的进程。”② 笔者虽然既反对泛技术论，也不赞成狭义技术观念，但是却肯定它们对技术起源的这些追溯与探究都是有意义的，有助于拓展和推进对技术起源问题的认识和争论，在学术上是无可厚非的。

（三）技术活动模式的形成

人是一种未完成的存在物，通过技术活动等途径不断创造和重新定义自身。在人类进化史上，随着大脑或心灵的进化，能人的意识或理智得以提升，逐渐将自我与环境区别开来，智力与体力也趋向聚焦和协调。同时，以本能活动模式为轴心的合目的性行为，逐步转化和过渡为以理智为支点

① ［美］凯文·凯利：《技术元素》，张行舟、余倩等译，电子工业出版社2012年版，第57页。

② ［美］凯文·凯利：《科技想要什么》，熊祥译，中信出版社2011年版，第51页。

的目的性行为，先民行为的意向性、开拓性趋于明晰和多元，自觉性、创造性、计划性、预见性也稳步提高。目的性是理智发展到一定阶段的产物，也是人有别于其他动物的主要标志。“技术的缘由、目的不在于它自身，而在于人。人的目的决定着技术的形态与方式……人设置技术的种种目的决定着技术问题的提出与解决。这些目的并非‘本来’如此，也不仅是由人们的生存目的决定的，这些目的更多的是由关于美好生活和关心美好生活的观念，由文化观念共同决定的。文化也决定着选择什么样的目的，而技术便是为此目的而发明并创造出来的。”①

如上所述，本能活动模式是在漫长的物种进化过程中逐步成型和凝固的，契合不同物种所处的生态环境，自发、自动、自然而然地展开，是动植物生存、繁衍的根据和基础。该模式的活动机理、机制达到了近似完善、完美的程度，长期处于封闭、停滞状态，因而常常被人们视为造物主的神奇之作。这一模式的属性与特征以基因形式固化和记录在生物的 DNA 上，以自然遗传的方式在种群中世代延续。与此形成鲜明对照的则是能人早期偶然的技术创造行为，冲破了长期处于封闭、停滞状态的本能活动模式的禁锢或束缚，提升了先民的生存能力与发展潜力，为日后人类欲望的不断膨胀及其实现开辟出新的路径或方式，也大大拓展了人类社会发展的可能性空间。

技术可广义地理解为围绕目的的有效实现，人类后天创建和应用的目的性活动的序列、方式或机制等，反过来它又不断塑造或重构物与物、人与物、人与人、人与社会乃至主观世界与客观世界之间的关系。本能活动模式既是人类生存的自然基础，也是技术创造、建构与应用的出发点或现实基础。卡普的器官投影说、马克思的器官延长说等都充分肯定和说明了这一点。事实上，以工具制造和使用为主导的早期技术形态，都离不开人们肢

① ［德］彼得·科斯洛夫斯基：《后现代文化：技术发展的社会文化后果》，毛怡红译，中央编译出版社 2011 年版，第 3 页。

体、器官本能的操纵和配合；技术活动模式正是在本能活动模式的基础上建构和成长起来的人类活动的新模式。技术形态越原始、落后，对本能的依赖性就越强，其中的本能因素或痕迹也就越明显，反之就越暗淡、隐匿。技术活动模式常常以知识（文字、图画）、实物及其操作技能等要素为基础，以社会遗传途径世代流传延续，通过社会选择方式优胜劣汰，支持和推动着人类社会的持续、快速和加速发展。技术活动模式的出现是人类进化史上的里程碑式事件，开启了人类新进化时代，早已内化为社会加速发展的强大引擎。

技术设计、建构和运行虽然是在动物本能的基础上展开的，但技术与本能之间的界线却相对清晰。前者是理智后天创造和经验积累的产物，呈现为创新、开放、扩张的活跃态势，且不断从人类理智和实践经验中汲取营养，处于快速进化、累积和扩散之中，人工痕迹明显；后者则是大自然的杰作，处于稳定、封闭、完善的停滞状态，自然天成的特色鲜明。技术活动模式自诞生以来就处于快速进化之中，一方面，它被广泛应用于人类改造客观世界的实践活动之中，不断创造出新的人工物及其流程、功能或效果，满足人们日益膨胀的物质文化需求。另一方面，它的发明创造活动又会不断派生新的次级目的或需求，孕育新的技术族系，开辟新的社会实践领域；或者不断提高人类目的性活动效率，降低实践活动成本，推动社会加速发展。就某些性能指标而言，虽然技术活动模式并不一定比本能活动模式更优越，但是它不断创造与改进的特性却为社会文化生活提供了更多新的建构空间和可能路径。

在这里，渊源于本能活动模式的任何一种基本的技术活动模式，都经历了一个漫长的孕育、成长和进化过程。当某一种文化形态处于孕育初期时，其目的、意义与价值尚处于生成或创造之中，本能性的情感流露、模仿、尝试、建构等活动居于主导地位，往往展现为自发、无序、混沌的状态。随着文化目的、意义与价值的逐步明晰，在本能、经验与理性的基础上，人们才逐步创造出一种或多种相对稳定、切实有效和契合自然与社会环境条件的目的性活动序列、方式或机制，即该文化形态的技术表达格式。作为人类活动的基本模式之一，技术早已广泛融入人类追求各种目的、意义与价值的社会文化生活之中，形成了众多稳定、高效、开放、进化的技术活动样式。

从人类活动模式的演变态势看，技术活动模式的确立并没有导致本能活动模式的消亡，而是以后者为建构单元或运行基础，力图将它纳入理智的筹划、设计、创造和统摄之中，从而改变了本能的原有地位和功能，进一步促使两种模式的协同融合、无缝衔接。在技术活动不断扩张的挤压下，一方面，任何技术活动都需要人们直接或间接地建构和操控，离不开人的大脑、肢体、器官本能的参与和支持；另一方面，日趋多样化的技术活动又会促使原有的本能活动模式蜕变、退场，在生产与生活中逐渐退居次要的从属地位。事实上，技术愈发达，人们对本能的依赖性就愈弱，反之则愈强。例如，随着交通技术新成果的不断涌现，主要依靠双腿步行的原始出行方式早已退出了历史舞台。

同时，我们还应当看到，即使原有的本能活动模式也在不断地吸纳新技术成果，在技术创造的推动下得以“升级”或“改造”。例如，在眼睛与观察对象之间放置眼镜、望远镜、显微镜、照相机、X 光机、显示器等技术产品，促使当今人们的观察方式早已超越肉眼裸视万物的原始观察方式。当前学术界关注和讨论的人体增强技术，就是力图通过技术途径增强或提升人类的各种本能。① 这里应当强调的是，长期的职业技术活动也会促使人们的专业技术操作模式化、凝固化，处于习惯成自然的无意识或不自觉状态，逐步演变为一种单调的“类本能”性条件反射，进而转化为技术活动模式的基础环节。这就是唐·伊德所谓的“具身性”或“透明性”的本意，② 或者如德雷福斯所描述的技能获得的“精通”（proficiency）、“专长”（expertise）、“驾

---

① 李河：《从“代理”到“替代”的技术与正在“过时”的人类?》，《中国社会科学》2020 年第 10 期。

② ［美］唐·伊德：《技术与生活世界》，韩连庆译，北京大学出版社 2012 年版，第 72—85 页。

驭”（mastery）、“实践智慧”（practice wisdom）诸阶段的特征。① 例如，老司机驾驶汽车、庖丁解牛、如臂使指等技术性操作都是如此。此处的“类本能”其实就是以肢体、器官本能活动为基础的操作技能的凝固化，也是长期技术活动塑造的产物，切不可误以为就是本能活动的本真状态。

（四）梳理技术史的两条基本线索

追溯技术历史源流是探究现代技术现象的基础性环节。事实上，在回溯和梳理技术历史问题上一直并存着两条相互平行、彼此关联的基本线索：一是各种技术的实际发生和演化过程，二是人类反映或认识各种技术历史现象的演进过程。前者是后者的基础，后者依附和从属于前者。

承认人类技术活动（或现象）经历了一个漫长的发生和发展过程，是探究技术史的逻辑前提。这一历史过程的确曾经客观、真实、唯一地发生过，早已尘埃落定，不以认识者的意志、好恶而改变。众多技术活动所遗留下来的实物材料（或化石）、历史痕迹、图像符号以及人类肢体器官进化成果（如基因）等，是后来者还原和追溯技术史的客观依据。正如福柯所言：“考古学作为一门探究无声的古迹、无生气的印迹、无前后关联之物和过去遗留之物的学科，与历史十分相似，它只有重建某一历史话语才具有意义。”② 这一线索可视为梳理和考察技术史的考古学路线。

与此同时，任何技术形态总是由人发明创造、改进或引进的，并在一定的社会历史场景下应用，必然会产生相应的经济社会影响，进而引起所处时代人们及后代人的关注，并留下记录、评介、反思、转述等方面的相关文献资料（包括著述、绘画、神话、传说等形式）。其中的神话、传说等可视为人们对远古历史的集体记忆或塑造。这些历史记忆中涉及当时人们对早期技

---

① Hubert L. Dreyfus, *On the Internet: Thinking in Action*, New York: Routledge Press, 2001, pp.34–46.

② ［法］米歇尔·福柯：《知识考古学》，谢强、马月译，生活·读书·新知三联书店 2003 年版，第 6—7 页。

术活动或现象的认识与描述。“对历史说来，文献不再是这样一种无生气的材料，即：历史试图通过它重建前人的所作所言，重建过去所发生而如今仅留下印迹的事情；历史力图在文献自身的构成中确定某些单位、某些整体、某些体系和某些关联……历史乃是对文献的物质性的研究和使用（书籍、本文、叙述、记载、条例、建筑、机构、规则、技术、物品、习俗等等），这种物质性无时无地不在整个社会中以某些自发的形式或是由记忆暂留构成的形式表现出来。”① 事实上，人们对技术的认识并不是一成不变的，而是随着技术的进化、时代的变迁、当事人或观察者的更迭等主客观多重因素的变化而演进的。无需多言，反映不同时代人们认识技术现象的众多历史文献，也是回溯和梳理技术史的重要依据。它可以补充、印证或佐证第一条线索的探究，可视为梳理和考察技术史的文献考证路线。

在这里，虽然第一条线索直接、真实、可靠、可信，但由于历史所遗留下来的实物材料散乱、重叠、有限，而且年代越久远实物材料就越稀缺；同时，技术遗迹所传达的当时人类技术活动的历史信息零散、有限，往往难以完整解读和有效还原。因此，这一条线索的技术史追溯常常困难重重，其间出现的断环或片段较多，有时不得不借助猜测、想象或推断加以弥补和解释。同样，由于文字的出现至今也不过 6000 多年，漫长的史前时期的技术认识成果并未直接诉诸文字或图像，留给后世的文献资料几乎是一片空白。人们由此线索对技术起源的追溯几乎走到了尽头，即达到了第二条线索的历史起点（或极限）。加之，前人对技术现象的感知长期停留于不自觉的感性认识阶段，对技术及其功效的零星认识也多为局外人所记述，通常混杂在当时对相关事物的具体认识成果之中，难以明确区分或辨识。还有，时间愈久远，技术史文献资料就愈稀少、零散和笼统，所记录的技术信息也就愈稀缺。因此，第二条线索源近流短，通常研究者所能获得的技术史文献资料极

---

① ［法］米歇尔·福柯：《知识考古学》，谢强、马月译，生活·读书·新知三联书店 2003 年版，第 6 页。

其有限，且多是散乱的和间接的，在追溯、梳理和解读技术史上的局限性也十分明显。

由此可见，在追溯、梳理和探究技术史的过程中，只有将这两条基本线索有机地结合起来，发挥各自的优势或特长，彼此印证，相互支持，互动融合，才有可能实现对技术史的全面梳理和准确把握。例如，作为“九五”国家计划重点科技攻关项目，“夏商周断代工程”是一个由人文社会科学与自然科学相结合、多学科交叉联合攻关的大型科学研究项目，就实现了上述两条基本线索的有机融合，进而给出了较为精确的夏、商、西周三个时期的历史年表。①

二、技术创造及其基本原则

任何技术形态都不是从来就有的，也不是永远如此的，而是经历了一个发生、发展和演化的漫长过程。近代以来，伴随着工业技术成果的持续涌现，技术创造活动也开始从生产实践中分化出来，逐步形成了一个相对独立的设计和研发体系。H. 斯柯列莫夫斯基曾指出：“技术进步是理解技术的关键。不理解技术进步，就无法弄清什么是技术，也就不是好的技术哲学。”②从逻辑的观点看，在目的性活动展开之初，面对阻碍目的有效实现的诸多困难或问题，人们总是在已有知识、经验、技能和各类资源的基础上，凭依智慧禀赋自觉地进行创造性构思、设计与试验，③进而创建或改进支持目的有效实现的具体技术形态。技术自诞生以来就处于进化之中，它的创造、改进、应用与选择都是在一定的社会历史场景下展开的；处于不同环境、持不

① 夏商周断代工程专家组：《夏商周断代工程报告》，科学出版社 2022 年版，第 3—5 页。

② [联邦德国] F. 拉普：《技术科学的思维结构》，刘武等译，吉林人民出版社 1988 年版，第 93 页。

③ 参见傅家骥：《技术创新学》，清华大学出版社 1998 年版。

同价值观念的普罗大众都有机会体验技术应用或功效，参与技术的使用、选择甚至改进或创造。这既是技术社会建构论的基本观点，也是技术进步的社会历史条件或动力机制。

（一）技术创造

任何技术形态或技术族系都会经历从无到有、由简单到复杂、从低级到高级的孕育、发生和进化过程。技术的形成、发展和消亡是在社会历史大潮中展开的一个多阶段、多环节、多侧面的复杂演进过程。技术形态从无到有，效率由低到高，功能由弱到强，一直是技术进步的基本方向。由于技术进化的相对性或历史局限性，任何具体技术形态的效果及其效率总是有限的，不可能一劳永逸地满足不断膨胀的社会文化需求。这就形成了不断翻新的技术目标与相对稳定的现有技术形态功效之间的矛盾。这一基本矛盾又是通过技术创造或改进途径得到逐步消解的，即需要不断地探寻实现新派生的社会发展目标的技术路径或方式。

技术目标就是主体需求或目的在技术语境下的“翻译”或“转化”形式。一般地说，源于主体欲望或需求（包括技术需求）的技术目标常常处于快速演变之中，是技术基本矛盾的主要方面；而技术形态的原理、结构与功能则相对稳定，多处于被动的从属地位。不同类型、层次的技术矛盾或问题是人类智慧或创造力的汇聚点，也是分析技术进步过程的逻辑起点。植根于社会实践与科学研究领域的技术创新活动，不断拓展技术可能性空间，总是力图创造出功能更强、效率更高的新型技术形态，逐步实现新技术目标，使这一对技术基本矛盾得到暂时性的解决。此后，在社会实践、物质文化需求和技术研发演进的推动下，人们又会不断萌生新的技术目标，形成新一轮的新技术目标与现有技术系统功能之间的矛盾。然而，在当代高新技术研发实践中，这一对矛盾的主次方面在许多领域都发生了反转，即相对独立的技术研发实践率先创造出许多新功能或新效果，随后人们才去寻找这些新技术成果的可能用途或应用场所，进而促使人们的潜在需求向现实需求转化，引领时代潮流。由此可见，正是这一对基本矛盾的不断产生和逐步解决，推动着技术的持续快速发展。

从技术史角度看，古代的生产工具、生活器物及其手艺流程技术的发明创造，多是广大工匠在长期经验积累与彼此交流的基础上逐步摸索出来的。近代以来的技术创造开始踏上了自觉自为的科学化、专业化道路，形成了相对稳定的技术研发分工和流程。由于社会实践及其技术领域之间的差异性，不同类型技术形态的发明创造活动各具特色，多姿多彩。其中的生活场景、自然条件、发明者个性、偶然事件触发的灵感等因素或路径各不相同，难于纳入统一的模式进行细致描述。一般而言，技术创造过程都要经过发展预测、目标设定、效果评估、原理构思、方案设计、方案论证、研制、试验、鉴定、推广应用等一系列流程和环节。①

作为社会技术化的源头，技术创造是在社会生产与生活的广阔领域或层面展开的，既可以体现在某一组件、环节上，也可以表现在整个系统或全部流程上，逐步形成了多种多样的模式和类型。依据技术原理是否变更以及技术形态变化幅度的大小，技术创新可以相对地划分为一次创新（或基础创新）与二次创新（或技术改进）两大类。与技术发明创造过程相对应，一次创新是技术进步的飞跃形态或非常性行为。它多是在基础研究领域重大发现或应用研究领域重大发明的基础上展开的，是原有技术演进路线的新“分叉”，体现了基础科学、技术科学与工程科学之间内在的逻辑联动性。

与技术改进过程相对应，二次创新是技术进步的渐变形式或经常性行为。它多是从完善和优化技术方案或技术设计环节入手，重新走完技术一次创新过程的后续环节。二次创新对约束技术要素的突破，以及对相关技术要素所进行的实质性替代或结构优化过程，主要依赖于相关专业技术族系新成果的吸纳与支持。同时，新技术要素或单元的引入也会引发原有技术系统结

① 国家教委社会科学研究与艺术教育司：《自然辩证法概论》，高等教育出版社1991年版，第201页。

构的“连锁反应”或一系列适应性调整。从长过程、大趋势来看，二次创新是在一次创新的基础上展开的技术再创造或再优化，是一次创新过程的延续和完善，常常表现为多轮次小幅度的持续技术改进，直至逼近该技术原理或方案所容许的功能或效率极限。此后的技术创造活动将会转入以探索新技术原理为轴心的新一轮一次创新，甚至孕育出新一轮技术革命。

（二）技术活动的基本原则

人类欲望或需求膨胀的无限性与现有实现手段的有限性之间的对立，是技术演进的基本矛盾和根本动力。在解决这一矛盾的过程中，如何确保需求或目的的顺利实现，以达到预期的技术效果，是技术创造的第一要务。这就是技术活动的效果原则，也是人的目的性、意向性的内在要求。在确保目的顺利实现的前提下，尽可能高地追求技术系统建构与运行效率，是技术改进阶段的一项长期的历史任务。这就是技术活动的效率原则，也是人的功利性、经济性的外在表现。通常人们并不满足于只拥有一种实现某一目的的技术形态，而总是从实际出发，力图探寻和穷尽实现该目的的所有可能的技术原理、路径或方式，从而推动技术族系日趋丰富多样。这就是技术活动的多样化原则，也是人的好奇心、投机心和创造性的具体表现。正如巴萨拉所言，“技术史并不是要记载那些发明出来确保我们生存的物品。相反，它是对不断进取的人们的多才和高产作见证，也是为世界上各种族人民所选择生活方式的多样性作见证。以这种眼光看问题的话，可以说人造物的多样性是人类存在的最高表现之一。”①

在这里，效果原则、效率原则与多样化原则也可以理解为技术进步的方向或范式，业已内化为技术文化的构成要素，但三者在技术研发实践中的地位和作用有所不同。如何创建新的技术原理或实现新的技术目的，是技术一次创新阶段的主要目标，效果原则主导这一阶段的技术创造活动。在实现具

---

① ［美］乔治·巴萨拉：《技术发展简史》，周光发译，复旦大学出版社 2000 年版，第 225 页。

体目的的原理、机制、序列、方式尚未成型的情况下，面对紧迫的形势、需求或挑战，人们的价值目标诉求或目的性要求最为强烈，往往并不十分在意前期的巨额投入或成本付出，而总是千方百计地探寻新的技术原理，不断摸索和尝试新构思、新设计、新方案、新试验，力求尽快实现特定的技术目标或达到预期的技术效果，暂时无暇顾及或计较研发投入或效率指标。

在现有技术原理的基础上，如何高效率地实现目的，是技术二次创新阶段的中心任务。效率原则是这一阶段技术创新的圭臬，发挥着主导或支配作用。在具体目的得以顺利实现的前提下，人们的经济性要求逐渐浮现，开始算计实现目的的投入、成本或收益等因素，力求多、快、好、省地实现目的。为此，在确保技术目标顺利实现的前提下，以最小的付出谋求最大收益的经济要求，开始转变为技术研发的中心任务；人们转而追求技术效率的持续提高，以便尽可能多地缩减技术系统建构与运行的成本。为此，研发者总是致力于不断优化和改进原有技术设计或结构，精打细算，精益求精，进而以更加经济、适用、便捷、安全、舒适、美观的方式实现既定的技术目标或效果，更为精准、精巧地追逐功利及其效率，推动着技术的精致化发展。

效率总是相对于达到某一效果或目的而言的，因而效率原则从属或依附于效果原则。在这里，效果与效率之间的界限分明，但是当提高某一具体效率指标演变为人们直接追求的次级技术目标时，它就转化为新一轮技术改进所追求的新效果，进而派生出达到该“效果”的新效率及其指标体系。正如马克思在论及劳动资料在生产实践中的重要性时所指出的：“各种经济时代的区别，不在于生产什么，而在于怎样生产，用什么劳动资料生产。”[①]这里的“生产什么”是指劳动产品，“怎样生产”则是指使用什么样的工具、机器以及以何种工艺流程进行生产。不同经济时代的劳动产品，尤其是低端产业的产品之间可能并没有多大差别，但是生产技术、劳动资料和生产方式却各不相同，劳动生产率呈现逐步提高的态势。正是从这个意义上说，不断提

① 《马克思恩格斯全集》第44卷，人民出版社2001年版，第210页。

高生产同一种产品的劳动生产率，已演变为各类产业技术研发的基本目标或任务。

在一次创新初期，面对如何实现目的的技术难题，人们往往鼓励探寻实现该目的的多种可能的技术构思、原理、方案等，呈现发散思维状态，即按多样化原则行事。随后再对这些构思、原理、方案等进行可行性评估，从中选择一种相对成熟的稳妥方案，并集中力量进行研制和试验，以确保该目的的快速有效实现，呈现收敛思维状态。在二次创新阶段后期，随着原有技术形态的不断改进，优化空间收窄、边际效应显现，其技术效率提升的空间或幅度逐步缩小。此后，研发者往往会另辟蹊径，转入新的技术构思、原理、方案的探索阶段；通过创建新技术形态的方式或路径，在实现同一技术目标的同时，从根本上同步提高实现该目标的技术效率。正是从这个意义上说，技术的多样化或多元化发展也是提高技术效率的重要途径。不难理解，多样化原则推动了技术的多样化拓展，进入技术演进的高级阶段：一方面为人们有效地实现同一目的提供了更多的技术选择；另一方面也为人们从各自实际出发，建构适用高效的更高层次的技术系统，提供了更多的“子系统”或“元器件”选择。由此不难理解，多样化原则贯穿于技术研发活动全过程的各个阶段，从属于效果原则和效率原则。

概而言之，效果原则是技术创造的核心，奠定了某一族系技术进步的基本格局与逻辑规则，是技术活动的第一原则；效率原则与多样化原则是技术持续进化的轴心或指针，引导着同一技术族系的发育成长、派生演化，是技术活动的第二原则。一般地说，在技术研发初期，人们往往不惜一切代价，全力追求技术目标或效果的尽快实现，以解燃眉之急。随着该技术目标的实现及其技术形态趋于定型，围绕技术效率提升的二次创新便逐步转变为技术进步的轴心。当技术改进趋近于该技术形态的效率极限时，研发者又会探索和尝试新的技术创意、构思或原理，进而转入下一轮一次创新阶段：一方面创造出新型技术形态；另一方面又使实现同一目的的不同技术形态的数量递增，呈现多样化发展态势。例如，当螺旋桨飞机的技术改进趋于速度极限时，人们才创造出喷气式飞机，极大地提高了飞行速度。

应当强调的是，技术活动的效果原则、效率原则与多样化原则之间既有区别，又相互依存、互动转化，共同规范和引导着人们的技术研发实践。不难理解，一定的效率总是相对于特定的效果而言的，离开了特定的效果也就无所谓效率；当一定的效率被当作特定的效果来追逐时，效率原则也就转化为效果原则，技术研发的层次也会随之降低，进入技术的精致化发展阶段。例如，当消除或减轻原有技术形态的某一负效应转变为技术创新的目标时，新技术效果的实现同时也就意味着原有技术形态效率的同步提升。同样，多样化原则是在效果原则与效率原则的基础上延伸或派生出来的次级原则；同一族系的众多技术形态都可以实现同一技术目的，也都在追求各自效率的提升中得到不断改进或完善，可视为技术进化的另一种面相。

三、技术运动的基本形式

静态剖析是认识事物演化发展的基础，反过来，对事物演变过程及其机理的动态还原又会促进对其静态结构认识的深化。因此，从历史与逻辑相统一的视角审视技术演进历程及其未来发展趋势，揭示技术进化的时间结构及其规律，是全面认识技术世界构造以及社会技术化进程不可或缺的基础性环节。

（一）技术吸纳与扩散

与技术创造过程相伴而行的是技术的吸纳与扩散活动。技术吸纳是指在具体技术形态的创建过程中，研发者对外部技术、科学与文化等方面相关成果的综合吸收和借鉴。技术扩散则是指新技术成果向外部世界其他技术体系的传播与转移。其实，此技术的吸纳是以彼技术的扩散或转移为前提条件的，两者是同一技术运动过程的两个侧面，可视为技术横向运动的具体表现。从历史的观点看，与技术扩散相对立的技术保密、专利保护、禁运等措施都是暂时的、相对的，这里不就此做展开讨论。

技术吸纳是新技术发育成长的前提条件，本质上属于技术创造活动的外部因素或起始环节。任何技术创造活动都是在当时的技术实践基础上展开的，以广泛吸纳相关基础科学、技术科学、工程科学的新成就，尤其是所处时代技术世界的众多相关技术成果为条件。技术形态愈复杂，这种吸纳就愈广泛和频繁。事实上，新技术形态既是多重科学技术知识的历史积淀、升华或凝结，也是多领域、多层次技术成果的综合集成。在新技术研发过程中，研发者一直密切关注同行业及相关领域的新成果，技术创造过程中的每一个环节或阶段，通常都是以相关技术与科学成果的筛选、综合、转化为基础的。同时，处于成长阶段的"准"技术研发者，也正是通过广泛吸收以科学技术知识为核心的优秀文化成果的"营养"，才使其定向建构起来的知识与技能结构紧跟时代步伐，更适合于支撑未来的技术创造活动。这也可视为个体以压缩的形式对人类技术史或科学史的重演。

从技术演化的横断面来看，技术研发者始终站在时代所造就的先进技术"平台"上，推进创造新技术形态的预测、构思、设计、论证与试制等工作。作为技术创新主体，研发者正是通过对诸如科学发现、技术理念、工程方法、经济思想甚至美学潮流等新思想、新观念、新时尚的及时吸纳，才能紧跟时代前进的步伐，确保其技术创新源泉不致枯竭，以及创新活动始终行走在时代的前列。此外，技术研发者通过学习与交流等途径，还会把外部的新专利、新材料、新工艺、新设备、新器件等技术进步的新成果，及时综合集成进所创建的新技术系统之中，进而创造出功能更强、效率更高和更具时代特征的新型技术形态。

事实上，在现实的技术演进过程中，真正从事技术研发活动者毕竟是少数，社会的大多数部门或单位则主要是通过直接引进外部技术创新成果的方式，逐步推进自身技术进步、提高技术水准的。这是技术空间发展不平衡条件下的一种必然现象。在社会巨系统中，这些部门或单位局部的技术进步活动，短期内表现为技术的横向运动，而从长期来看则是技术纵向运动的重要环节或阶段。

技术扩散与转移是技术发展不平衡条件下一种重要的技术社会运动形式。前者是指专利文献、设计理念、配方、操作规范、元器件、软件等技术知识、信息、样品或单元性技术成果向外分散传播的过程，具有“要约邀请”特征，可视为技术横向运动的初级形态。“知识——不管是以科学研究的形式还是以人造物和技术认识的形式出现——在从一种文化传播到另一种文化的过程中，一直被认为是创新的源泉之一。”①后者则是指成套技术设备及其相关技术资料的整体转让过程，多以技术转让“合同”约定为基础，可视为技术横向运动的高级形态。技术扩散与转移各有自身的特点，在推进技术进步过程的不同阶段扮演着不同的角色。需要说明的是，由于技术信息与技术实体的关联性，以及单元性技术与成套性技术之间划分的相对性，因而技术扩散与技术转移之间的区分也是相对的、可变的。

技术扩散是以技术知识、技术信息、单元性技术成果的广谱渗透性为主导的一种“轻型”技术运动形式，主要是通过报刊、广播、电视、网络等大众传媒，以及商业广告、专业性技术市场、学术会议、技术培训、展览会、出版物等途径实现的，费用多由技术输出方承担。扩散内容往往只涉及技术原理、效果、特点、性能指标、适用范围等技术形态概况。除基础产业、医疗卫生、社会公共事务等领域的公益性或普及性技术形态外，扩散过程中多不涉及技术实体及其结构、运行机制细节以及技术诀窍等实质性内容。尽管技术扩散具有速度快、辐射面宽、普及性强、成本低等优点，但由于它对技术受体的专业素质与研发能力要求较高，因而在促进社会技术进步过程中的功效往往较低。

技术转移是基于成套性新技术系统对现行旧技术系统的替代性而展开的一种“重型”的技术社会运动形式，是技术扩散阶段的发展和延伸，就技术受体而言可纳入技术引进范畴来分析和讨论。技术转移主要是通过专业性技

---

① [美]乔治·巴萨拉：《技术发展简史》，周光发译，复旦大学出版社 2000 年版，第 227 页。

术市场、同行专家的中介、同行业先进单位的示范等途径实现的，费用多由技术引进方承担，商业特征明显。与技术扩散相比，技术转移的内容更深入、具体和完整，多以技术受体的理解和掌握为原则。技术转移具有针对性强、进步幅度大、速度快，以及对技术受体的专业素质或研发能力要求较低等特点。但由于技术转移的专业性强、辐射面窄、费用较高等原因，在推进社会技术进步过程中的作用也是有限的。

应当指出的是，从技术基本形态角度看，人工物技术形态比流程技术形态拥有更为明显的转移优势。许多人工物技术形态都可以通过产品的批量生产与市场营销渠道大面积快速转移，而其相关应用流程技术形态的后期安装、建构或维护则由购买者自主学习来完成，或由行业设计与施工部门代理或承包。不难理解，人工物技术形态内含于各种具体产品之中，产品的生产就是人工物技术形态的建构，产品的销售或购买就是人工物技术形态的转移或引进，产品的使用或消费就是以人工物技术形态为核心要素的多种生产或消费流程技术形态的建构与运转。同时，产品销售往往伴随着产品说明书、操作规程等技术资料的移交与示范，是通用型技术横向运动的主要形式。相比之下，除部分通用型流程技术形态可以以软件、示范、讲座、培训等形式传播，或者以工程项目承包的方式转移外，多数流程技术形态的"地方性"特色鲜明，难以实现定型化、批量化、商品化，转移数量与转移过程往往受到多重社会文化因素的制约。

（二）技术纵向运动与横向运动的辩证统一

技术的纵向运动与横向运动是从纵（时间）横（空间）两个维度对技术演进过程的简化分析与归纳性描述。前者侧重于从整体上反映技术在时间上的前后继起性，后者则注重从微观机理上揭示技术在空间上的联动性、关联性，两者同步展开，互动并进，融为一体，在本质上是辩证统一的。一般地说，技术的纵向运动通过一次创新与二次创新形式，创造出更多的新型技术形态，推进了所属技术族系的扩张以及原有技术形态的更新与升级，成为技术横向运动的源头。新技术成果通过扩散与转移途径进入众多目的性活动领域，为其他高层次新技术形态的创建所吸纳和利用，进而转化为后者技术纵向运动的基础或条件。事实上，在现实的技术进化历程中，技术的纵向运动与横向运动总是彼此交织、相互缠绕在一起的，两者相互依存，互为条件，协同共进。

一方面，技术的纵向运动与横向运动彼此贯通、相互支持、互动转化。从技术研发过程来看，技术纵向运动是由一系列阶段性技术吸纳、融合与创造活动串连而成的，其中的各环节、阶段都是以众多技术扩散和转移为基础或前提的，内在地包含着技术横向运动。技术创新成果既是具体技术纵向运动的终点，又是以技术扩散与转移为内容的下一轮技术横向运动的起点。一般而言，技术创新成果的单元性、通用性或普适性越强、层次越低，就越容易实现向横向运动的转化。同样，技术横向运动又是以技术创新成果的扩散或转移为内容的，多表现为众多新技术成果的并行或相继推广，其中又内在地包含着技术纵向运动的成分。从社会层面看，技术横向运动有助于加快技术受体的研发进度，促使其技术纵向运动的发展。概而言之，技术扩散与转移的成套性、专业性越强，内容越丰富，越适合技术受体的需要，就越容易为技术受体所吸纳，从而也就越容易促进技术受体向新技术阶段或水平的过渡。

另一方面，技术的纵向运动与横向运动又相互依存、互为条件。技术的纵向运动以横向运动为前提，是多阶段、多路径、多环节技术横向运动成果的累积、融合和创造的结果。没有技术创新过程各个环节的技术扩散与转移、吸纳与综合，就不可能加快技术创新的速度或进程。反过来，技术横向运动又以纵向运动为基础和前提，没有众多相关技术创新成果及其累积，技术扩散、转移或吸纳、引进就是无源之水，也就失去了实质性内容。同时，技术的纵向运动与横向运动之间又互动协同、滚动递进。技术创新拓展了技术可能性空间，创造出大量的先进技术成果，充实了技术扩散与转移的内容。反过来，技术扩散与转移所提供的大量先进技术成果，扩大了众多技术受体选择和吸纳外部先进技术成果的范围，又推动着新一轮的技术综合与创新。正是在技术纵向运动与横向运动之间这种滚动递进的正反馈机制的驱动下，才形成了众多技术族系乃至技术世界演化的历史轨迹。在技术实践过程中，来自不同社会领域或层面的技术纵向运动与横向运动的诸条件、环节及其表现形态丰富多彩，千姿百态，恕不赘述。总之，把握技术运动不同形式的特点及其规律，有助于我们在实践中辨识技术运动形式的丰富性、多面性及其所处阶段，进而按照不同技术运动形式的属性、特点与规律，有针对性地制定和实施技术发展规划，更有效地促进技术创新及其推广应用工作。

四、技术的基本构成与形态

在认识论视野下，技术不仅纷繁复杂、异彩纷呈，遍及人类目的性活动或社会生活的各个领域和层面，而且还处于不断演化之中，影响广泛而深远。不同时代或知识背景的人们通常从各自视域出发审视技术现象，在不同语境、含义上使用“技术”一词，由此导致技术认识上的分歧与争议不断，这里有必要予以剖析和澄清。

（一）技术的构成要素

技术自问世以来就一直处于进化之中，支撑和推动着人类社会的加速发展。不同时代或地域的人们境遇和关注的问题不同，因而所创造出来的技术形态也不尽相同，各具时代和地域特色。正如元素对于认识化合物的重要性一样，分析构成技术形态的基本要素是认识纷繁复杂的技术现象的微观基础。尽管人们所创建的具体技术形态千差万别、复杂多样，但它们都是由实物、操作和知识三类基本要素构成的；[①] 或者说，从任何一种技术形态的建构与运作过程中，我们总能识别和分离出这三类基本要素。这些要素在不同时代或

① 王伯鲁：《技术化时代的文化重塑》，光明日报出版社 2014 年版，第 19—21 页。

社会领域的技术运动过程中扮演着不同的角色，发挥着各自独特的职能。

在技术进化历程中，实物、操作和知识要素的具体表现形态如图1—1所示。位于中心位置的“技能”是技术演变的历史和逻辑起点，大致与原始技术发育初期的动作技能阶段相对应，可视为本能的进化形态。由内向外的三个方框，分别表示古代技术、近代技术与现代技术三个历史演进阶段及其相应的构成要素。其中，实物要素是指技术系统的实物表现形态，棱角清晰，刚性可触，是技术活动得以展开的物质承担者，可视为技术系统的“硬件”部分。操作要素源于操作者的动作技巧、技能或经验，存在于驾驭技术系统运行的流程之中，并随技术系统运行及其作用对象的状况而改变，见机行事，柔性灵活，可视为技术活动的灵魂和操盘手。知识要素是以往技术认识成果的累积与凝聚，表现为有关技术的属性、原理、方案、规范与规律等方面的认识成果，大多内化和凝结于技术的实物形态与运转流程之中，是技术社会遗传的“縻母”（meme）与创建活动展开的知识“平台”。这里的操作要素与知识要素可视为技术系统的“软件”部分。这三类基本要素既相对独立，又彼此有机融合，由此构成了三位一体的现实技术系统。其中，任一要素的革新都会牵动其他要素的相应调整、协同与改进，同时各要素的演进

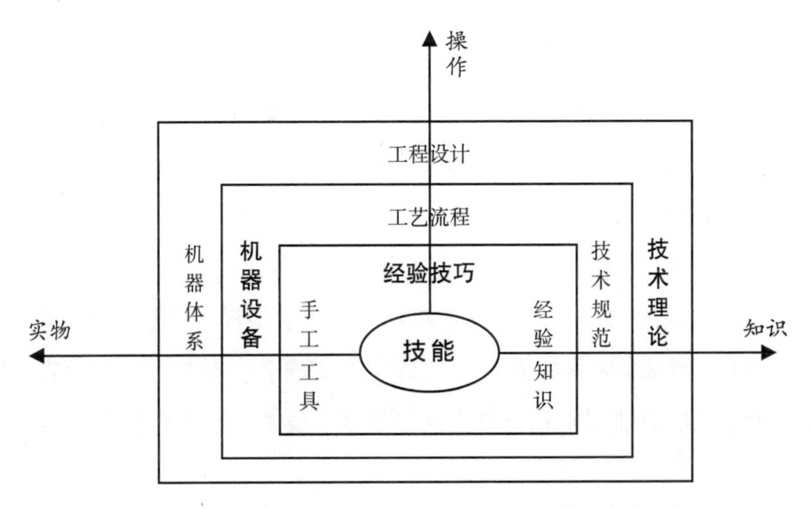

图1—1　技术系统的构成要素及其演进历程示意图

之间又是不平衡的。在一定的历史时期或技术领域，某一种要素往往居于主导地位，规定或牵引着另外两个要素的演进，可称为核心要素；不同历史阶段的核心要素见图 1—1 各方框中的黑体字。

在漫长的采猎文明和农业文明时期，先民们在采集、渔猎、植物栽培、动物驯养、制陶、冶炼、缫丝、建筑等生产实践活动中，创造出了众多古代技术形态。其中，以手工工具为代表的实物要素构造简单、进化迟缓；同时，人们对技术活动的认识也较为肤浅，所获得的知识要素主要表现为秘诀、规则等感性经验。以使用手工工具的技巧或技能为标志的操作因素，是这一时期技术形态的核心要素，直接决定着古代技术形态的实际功效。成语故事“庖丁解牛”中的庖丁、“纪昌学射”中的纪昌、“大匠运斤”中的匠石、“熟能生巧”中的卖油翁等人，都以其精湛高超的操作技能将各自工具技术系统的功效发挥到了极致。

在以机械化、蒸汽化为轴心的近代工业化进程中，技术形态及其构成要素发生了重大变化，形成了以机器为核心要素的近代技术形态。在这一历史时期，原有的经验知识演变为系统化的技术标准、规则、规范等理性认识，经验性操作技巧逐步为相对稳定和有序的标准化机器运作程序、操作流程和精细分工所取代；手工工具也为结构复杂的机器设备所替代，并进一步演变为机器技术体系，大幅度提高了生产技术效率。在技术发明创造过程中，工人的操作技巧被逐步分解、物化、内置和固化到机器设备之中，人力也逐步为自然力（风力、水力、畜力）、蒸汽力或电力所替代以及析出。这一时期的技术进步既改变了传统的手工劳作方式，使生产过程中的操作技能趋于简化、作用日渐弱化，同时也促使技术研发活动从生产实践中逐步分化出来。

以电力应用为标志的第二次技术革命以来，在电气化、自动化、信息化、智能化、数字化潮流的推动下，技术系统的构成要素及其演进又出现了一系列新特征，形成了以技术理论为标志的现代技术形态。其中的工程设计就是对技术系统结构及其建构与运转流程的思维模拟、方案描绘和程序编写，更多地展现为精神层面的智力塑造或模拟，可视为操作要素的现代表现形式。以流水线、机器人、无人机、人工智能为代表的机器体系，是手工工具和机器设备的体系化、智能化拓展，是实物要素的现代表现形态。技术理论则是对技术结构、属性、规范、实践经验等认识成果的提炼和概括，形成了以原理、规律、标准、工法、专利等为核心的系统化的知识体系，是知识要素的现代表现形式。技术构思、设计、模拟、算法、编程的复杂化与应用操作的简单化（傻瓜化）、自动化、智能化，是操作要素演进的历史趋势。当今软件产业、人工智能产业的扩张就是这一趋势在经济领域的具体体现。可见，技术理论或技术科学、工程科学、技性科学（Technoscience）已演变为现代技术系统的核心要素，引领现代高新技术潮流。在技术科学与工程科学先期研究的指引下，按照技术创新方法与流程有方向、有目标、有计划地推进技术研发进程，已成为现代技术演进的基本特征。

有关技术系统的构成要素问题，这里有四个要点需要说明：

一是对技术构成要素的这些分析和讨论，虽然是在狭义技术视野下展开的，但是这一分析框架却容易拓展和过渡到社会技术领域，至于后者与各构成维度上的技术要素如何对应或衔接，尚需做进一步的分析和讨论。

二是尽管具体技术成果或形态都是为实现特定目的而创建的，具有一定的针对性、特殊性或时代性，但由于许多目的、问题、情境等之间的相似性、关联性与层次性，一地域、领域或层面的技术成果或形态，容易扩散和转移到其他地域、领域或层面，或者直接支持和服务于不同目的的实现，或者作为构成单元参与众多高层次新技术系统的建构与运行。这就是技术的通用性与渗透性，也是技术综合与集成创新路径展开的逻辑基础。

三是由于自然语言的模糊性和歧义性，人们通常是在多种语境或多重意义上使用和理解“技术”一词的。其实，汉语中的“技术”一词至少有名词、形容词、副词三种词性。它有时用于指称技术系统或技术世界，有时则指称目的性活动序列、方式或机制中的某一部分或环节，有时也指称关于这些事物或现象的观念、概念等；有时在一般意义上使用，有时则在特殊语境下言说等。这就造成了“技术”一词使用与理解上的诸多混乱。为此，我们有必要借助现代语言学或分析哲学工具，仔细辨别不同文本、句式或语境中“技术”一词的确切含义，以避免在“技术”概念的使用或理解上产生误解、误用或争论。

四是由于自然语言的局限性，人们经常难以用语言说明和描述复杂的技术现象，而陷入“无以言表”“不可言状”“不知所云”等力不从心的尴尬境地。语言是思维的外壳，它所能表达事物的边界远小于人们的感知领域、内容与深度，往往难于涵盖感性认识、非逻辑思维、心理体验等精神活动的范围。这就是语言王国的边界。正如尼采所言：“如果我们拒绝在语言的牢笼里思考，那我们就只好不思考了；因为我们最远也只能走到怀疑我们所见到的极限是否真是极限这一步。”① 为此，人们不得不借助模型、绘图、编程、照相、动画、电影、视频等多种表达形式，对技术设计、结构、机制、流程及其演进过程等进行生动、直观的综合性描述。这些表达形式对于说明和理解复杂的技术活动及其多重衍生效应都是必要的，甚至是不可或缺的。

（二）技术的基本形态及其演变

尽管技术世界的族系众多、枝繁叶茂、错综交织，但我们仍能从中抽象、分离、辨识和提炼出技术的两种基本形态。从动态、联系的观点看，技术总是展现为一个指向目的的多元协同有序或多链条同步运作过程，这是人类行动理性化、秩序化、高效化的产物，可视为流程技术形态。它是以目的的实现过程为组织线索，将目的性活动过程诸阶段或环节所运用的设备、操作技巧与规范等要素联为一体，彼此协同、前后相继、依次动作，主要展现为一种时间结构。手艺流程、工艺流程、园艺流程、施工流程、办事流程等都是它的典型表现形态。流程技术形态处于技术世界的核心地位，是技术世界之网的“网绳”，直接支持和引导着主体目的的有序和有效实现。

---

① 转引自［美］弗雷德里克·杰姆逊：《语言的牢笼：结构主义及俄国形式主义述评》，钱佼汝译，百花洲文艺出版社 1997 年版，扉页。

从静态、分立的观点看，技术则呈现为一个拥有精巧结构与独特功能，服务于人类具体目的实现的人工物系统，可视为人工物技术形态。它是由众多要素或单元构成的具有特定结构、功能、运行机制及其流程的实物体系，主要展现为一种空间结构。手工艺品、工业产品、机器设备、建筑物、组织机构等都是它的典型表现形态。人工物技术形态是人工自然界与人类社会的构成单元，也是技术世界之网的“纽结”以及建构高一层次技术系统的单元或“预制件”。长期以来，包括荷兰技术哲学流派在内的许多学者，只重视对人工物技术形态的设计与建构过程、运作机理、结构与功能的静态分析和讨论，却忽视了对众多人工物技术形态运转及其之间有序衔接、依次动作的流程技术形态的动态剖析与审视，因而他们对技术现象的认识是孤立的、片面的、静态的和有局限的。

在社会实践活动中，流程技术形态与人工物技术形态之间的关系更为复杂，相互包含，彼此交织，互动转化，应当从联系和发展的观点展开具体分析。简单地说，在某一具体的目的性活动过程中，流程技术形态与人工物技术形态之间的区分是绝对的，边界清晰，不容混淆。事实上，流程技术形态多是由众多低层次人工物技术形态有序衔接、串联或并联而成的，后者的性能决定着前者的结构、运行与功能。譬如，机车性能、桥梁承载能力、钢轨焊接质量、信号控制可靠性等技术单元的结构与性能，直接决定着铁路运输技术流程的功效。同样，人工物技术形态也多是通过流程技术形态的运作建构的，后者的水平直接决定着前者的性能及其生产能力。在某种程度上可以说，有什么样的流程技术形态就有什么样的人工物技术形态，后者中往往残留着前者的作用痕迹。例如，以光刻机为核心的芯片工艺流程技术形态，就直接决定着芯片的集成度、加工精度和成品率；从出土的带有镂空结构的青铜器的制作年代，就可以逆向推断出“失蜡法”铸造工艺流程技术形态产生的年代等。因此，通过创造或改进流程技术形态就可以提高人工物技术形态的性能及其生产效率。

然而，超出具体的目的性活动范围，流程技术形态与人工物技术形态之间的界限又是相对的、可变的，与技术体系的层次性、运行节奏以及人们审视技术形态的视角等因素相关。一般地说，从宏观、高层次或分析的视角看，简单、集约、快节奏运行的流程技术形态，也可以视为一体化的人工物技术形态；而从微观、低层次或综合的观点看，复杂、松散、慢节奏运转的人工物技术形态，也可以看作流程技术形态。同样，从微观、局部、短周期的视角看，展开的、分阶段建构或间歇式运转的人工物技术形态，可视为流程技术形态；从宏观、整体、长周期的视角看，压缩的、片段性、一次性建构或连续运转的流程技术形态，也可以看作多个分立的人工物技术形态。此外，一种流程技术形态稍加调整或改进，往往就可以实现多种人工物技术形态的建构或复制；同样，一种人工物技术形态也可以参与多种流程技术形态的建构，进而转化为它们的构成部分。

人工物技术形态是技术结构与功能定型化、集约化、模块化的结果，最终都要为社会需求或不同目的的实现服务。它往往通过人们的使用或消费行为而被并入多种目的性活动序列、方式或机制的建构之中，转化为或催生出不同的流程技术形态。因此，就终极目的而言，人工物技术形态从属于流程技术形态，多是应实践活动尤其是流程技术形态研发的需要而单独创建和改进的，是建构流程技术形态的单元或构件。从这一点上说，流程技术形态更为原始和根本。同样，流程技术形态的专业化、集约化、系列化发展，也体现出向人工物技术形态转化，为更高级、更复杂的人工物技术形态逐步替代的趋势。事实上，伴随着现代技术的集约化、精致化、自动化、数字化、智能化和多功能化发展，流程技术形态与人工物技术形态之间的界限日趋模糊，呈现出多样化、动态性和多面相的时代特征。

不难理解，流程技术形态与人工物技术形态之间衍生出了双向互动的因果联系：一方面，人们所设计的人工物技术形态愈复杂、精密，对建构它的流程技术形态的性能要求也就愈苛刻。这是推动流程技术形态创新的外部因素。同样，单元性的先进人工物技术形态被纳入流程技术形态之中，必然会引发原有流程技术形态的调整、改进和优化，带动它的新陈代谢、升级换代。这是流程技术形态创新的内部因素。另一方面，先进流程技术形态的研发与创建，不仅可以提高原有人工物技术形态的建造精度和生产效率，而且也是原有人工物技术形态改进以及设计更高级人工物技术形态的技术前提，推动着人工物技术形态的更新换代。正是在流程技术形态与人工物技术形态的互动并进、双向生长进程中，不断涌现和翻新的主体需求或目的才能得以及时而有效地实现。例如，今天，作为人工物技术形态的芯片的设计与加工，与以光刻机为核心部件的芯片工艺流程技术形态之间就形成了这种双向互动关系。

总之，正如一枚硬币的正反面一样，流程技术形态与人工物技术形态可视为同一技术运动过程的两种表现形态。同样，正如运动是绝对的、静止是相对的一样，流程技术形态是一个技术运动过程的完整呈现，而人工物技术形态只是现实技术体系中的一个个相对独立的结构或功能单元，或者其运行过程中的一个个构成环节。作为技术存在的两种基本形态，流程技术形态与人工物技术形态之间既相互依存、互动共生，又彼此建构、相互转化，共同编织着社会技术体系或技术世界之“网”，进而衍生出纷繁复杂、不断扩张和快速进化的技术王国。

五、技术世界的网状结构

在社会实践进程中，在确保目的有效实现的前提下，探寻实现同一目的的更多技术路径或方式，以及不断提高实现目的的已有技术流程或模式的效率，日益演变为技术研发实践的主要任务。这一技术研发活动将会衍生出一系列多层级、多链条的次生技术需求或目标，转变为新一轮技术创造或引进的起点或环节，[①] 从而不断刺激、孕育和催生相关技术形态的创新，进一步推动众多技术族系的分化与扩张。

---

① 王伯鲁：《技术需求及其规约问题》，《自然辩证法研究》2016 年第 1 期。

（一）技术族系的生长

如前所述，在功利价值观念与技术活动原则的引导下，追求特定技术效果（或功能）及其实现效率的不断提升，创建尽可能多的实现同一目的的不同技术形态，是技术进化的内生动力与基本方向。在人类欲望或需求膨胀的驱使下，在社会竞争与环境变迁的压力下，技术创造、分化与进化过程是无止境的：一方面将会不断开辟出实现同一目的的众多新路径、新模式；另一方面也会不断改进原有技术形态，拓展其技术功能，提高其技术效率。这两个层面的进化逐步形成了一个开放的、多层次的、不断生长的技术族系，演变为技术世界的主要组成部分。在技术研发实践中，个别新技术成果的创造或引进绝不是一个孤立事件，而只是整个社会技术体系进化过程中的一个环节或片段，容易引发诸多技术链条上下游相关技术形态或环节的一系列创造与改进。

技术族系是众多同类技术孕育、成长与生存的温床。从逻辑推演的角度看，技术问题的提出与技术创新思路的展开或演进都是围绕主体需求或目的的实现，沿着从目的到手段的链条逐级衍生、延伸、转化和摸索的，呈现为由一系列技术需求环节的转化与扩张构成的生长链条，如此就形成了从目的指向手段的多簇、多级技术路径，类似于发散思维状态。“如果你的目标是X，并且你也选择了实现X的适当手段，那么你就必须提供使这一手段起作用的所有条件。换句话说，你不仅必须提供这一手段，而且还必须提供使该手段能发挥作用所需要的全部条件。”① 而技术系统的建构与主体目的的实现，则是沿着从手段到目的、由局部到整体的次序推进的，如此就形成了从手段指向目的的多簇、多级、多环节链条的汇聚或集成式建构，类似于收敛思维状态。“从这里可以看出，那占主导地位的技术的目的，对全部从属的技术的目

① Langdon Winner, *Autonomous Technology: Technics-out-of-control as a Theme in Political Thought*, Cambridge: The MIT Press, 1977, p.101.

的来说是首要的。因为从属的技术以主导技术的目的为自己的目的。”① 这也是下述低层次技术从属于高层次技术、自然技术从属于社会技术的缘由。

例如，要实现往来于河流两岸的目的，就并存着泅渡、造船、架桥、开挖隧道、空中飞越等多条技术路线，其中每一条路线又会派生出多种不同的实现方式及其多环节技术链条。单就造船而言，为了造船（目的），就需要伐木、捻钉、合绳、造锚等（手段）；而为了伐木（目的），就需要造锯、打造斧子、搬运木材等（手段）……就架桥而言，要建设桥梁（目的），就需要在河流中布设桥墩、预制构件、购置架桥器械等（手段）；而要建造桥墩（目的），就必须在河流中构筑围堰、排水、开挖基坑、浇筑钢筋混凝土等（手段）……如此，从原初主体需求或目的的实现出发，就会衍生出了一个由多簇、多级、多环节“目的—手段”衍生转化链条构成的辐射状的复杂技术族系。正如黑格尔所指出的：“在这里我们所看到的，仅是一种从外面提出的、强加在那现成的材料之上的形式，这种形式由于目的的内容受到限制，也同样是一种偶然性的规定。因此那达到了的目的只是一个客体，这客体又成为达到别的目的的手段或材料，如此递进，以至无穷。”② 沿着从手段指向目的的多条多级复杂链条就形成了该人工物建构的流程技术形态，而凝结在人工物中的单元、结构、机制等创造性成果就形成了人工物技术形态。

在技术族系中，实现原初目的的每一条具体技术路线或每一种技术方案，都是这一族系中的一条相对独立的分支，分支上的众多阶段性派生目的或手段就是这一族系的节点或分叉。族系上的分叉或节点大多表现为单元性的人工物技术形态，路径或链条大多表现为彼此联动的流程技术形态及其构成环节。技术族系的分叉越多或链条越长、越密，就表明该族系越发达、越精致，反之亦然。不难理解，不同的原初目的会催生出不同的技术族系，众多技术族系在纵向上既彼此相对独立，在横向上又相互关联、彼此交织、汇

① ［古希腊］亚里士多德：《亚里士多德全集》第 8 卷，苗力田译，中国人民大学出版社 1997 年版，第 3 页。

② ［德］黑格尔：《小逻辑》，贺麟译，商务印书馆 1980 年版，第 395 页。

聚融通，由此就形成了错综复杂的网状技术世界图景。正是这些单元性、分支性技术成果的不断创造与累积，才使得主体众多实践目的的实现越来越方便、快捷。这里主要从“链式”衍生和传导视角描绘了技术族系的生长机理，也可视为技术衍生、扩张的基本模式。技术族系是技术世界的微观结构或“细胞”形态，为众多新技术形态的设计和建构提供了基础和平台。

（二）技术世界的扩张

在技术进化历程中，沿着从高级到低级、由整体到部分的次序，技术系统的建构展现为空间上的层层“嵌套”模式。克兰兹贝格曾将技术建构的这一特征概括为克兰兹贝格第三定律：“技术是配套的，这个‘套’有大有小。”①以综合集成创新为主导的“嵌套”式组装、匹配与优化，是创建新技术系统的一种重要机理，也是技术体系演进的基本模式或微观基础，进而形成了高级的社会技术体系以及技术世界的层级结构。“将技术的构件模块化可以更好地预防不可预知的变动，同时还简化了设计过程。……如果设计者要面对数以万计的零件，那么它们将被淹没在细琐零件的汪洋之中。但是如果能够将技术分割成不同的建构模块(例如，计算机的计算程序、记忆系统、电源系统)，设计者就比较容易加以记忆并分别给予关注，从而也比较容易看清这些大一些的零件如何能够互相匹配、共同服务于整体。”②事实上，如果不考虑技术单元的内部结构，高层次技术系统本身的基本结构并不一定比低层次技术系统的基本结构更复杂，反之亦然。这就使高层次技术系统的建构难度降低，更容易加快建构进度。不难理解，综合集成创新有助于研发者充分利用现有的基础性、单元性技术成果，将主要精力集中于高一层级技术系统的集成设计、综合配套与优化调整上，暂不需要考虑构成单元或功能模

① 转引自中国社会科学院自然辩证法研究室：《国外自然科学哲学问题》，中国社会科学出版社 1991 年版，第 195 页。

② [美] 布莱恩·阿瑟：《技术的本质：技术是什么，它是如何进化的》，曹东溟、王健译，浙江人民出版社 2014 年版，第 35—36 页。

块层面的创新或建构问题，从而提高了技术研发效率。

从创建技术系统的一般过程来看，低层次的技术单元或模块是按照技术原理、设计方案与运行程序等规则，通过“嵌套”的方式被组织、装配、集成到所创建技术系统之中的；反过来，技术系统正是由众多低层次技术单元彼此衔接、综合匹配而成的。在这里，单元与系统之间的区分是相对的、可变的，技术系统本身也可以作为一个技术单元，被嵌套（或组装）到更高层次的技术系统之中。同样，从低层次的微观视角看，技术单元本身往往也是一个复杂的技术系统，它当初也是通过这种嵌套方式由众多更低层次的技术单元组合建构起来的。即使最原始、最简单的技术单元，也是在相关流程技术系统的有序运转过程中被建构起来的，其中凝结着相关技术成就。正是通过这种嵌套式建构模式，低层次的单元性技术成果才被纳入高层次技术系统之中，为高层次技术系统的集成创新提供了基础和便利。这也就是阿奇舒勒所概括的有关自然技术进化的“增加集成度再进行简化法则”的含义。① 一般地说，沿着从原材料到制成品，从思维技术、自然技术到社会技术的逻辑顺序，处于前端的上游技术成果往往会被依次嵌套进后端的下游技术系统之中。由此可见，先前的技术成果就像“滚雪球”似的被吸纳、组织和累积到后发展起来的技术系统之中；新技术系统中总是凝聚着前人的技术成就或技术“糜母”，展现为继承与创新的有机统一。

应当说明的是，这里空间上的“嵌套”式建构与前述时间上的“阶梯”式进化，是同一技术体系演进过程的两个侧面，技术系统结构层次的递增与技术路径的延伸在机理上也是一致的。前者主要是从人工物技术形态角度描述技术系统建构模式的，后者则是从流程技术形态视角刻画技术演化轨迹的。任何技术形态总是处于一定的技术族系之中，反过来，技术族系又是由众多具有“亲缘”关系的具体技术形态衍生或演化类聚而成的。同时，技术

① 杨清亮：《发明是这样诞生的——TRIZ 理论全接触》，机械工业出版社 2006 年版，第 19 页。

形态或技术族系也不是孤立的、封闭的，它们之间犹如丛林中的一棵棵大树一样，彼此枝丫交错，盘根错节，共同植根于人类认识与实践的“沃土”之中，支持着目的性活动的有序展开。“技术具有递归性：结构中包含某种程度的自相似组件，也就是说，技术是由不同等级的技术建构而成的。以这种方式形成的等级呈树形结构：整体的技术是树干，主集成就是枝干，次级集成是枝条等，基本的零件是更小的分枝。当然这不是一株完美的树：枝干和枝条（主集成和次级集成）会在不同的层次交叉勾连、互相作用。树形结构的层级数取决于主干上的枝条，以及那些有代表性的小分枝的数目。……技术越复杂或越模块化，层级就越多。”① 事实上，越是处于技术系统结构的低层次或技术链条上游的单元性技术形态，与该技术系统或技术路径终极目的之间的关联度就越弱、自由度就越大，也就越容易处于“游离”状态，进而被广泛地纳入其他技术系统或技术路径的建构之中。正是这些分支性、单元性、基础性、模块化技术成果的不断创造与累积，才为众多新技术形态的创建奠定了坚实的基础，也才使得后辈人的需求或目的的实现越来越容易、便捷和高效。

今天，不断发展壮大的技术世界形成了一个以众多社会需求或目的的实现为节点的立体辐射状的网络结构，可视为文明世界的“投影”或“骨架”。在技术世界的扩张过程中，围绕人类基本需求或目的的实现，在纵向上派生出多簇技术族系，如农业技术族系、运输技术族系、建筑技术族系、通信技术族系、医疗技术族系、军事技术族系等，如图 1—2 所示。在现代技术研发进程中，沿着从认识到实践、从科学到技术再到工程的方向，依次形成了基础技术、专业技术与工程技术的层级结构。同时，在横向上各技术族系之间又通过相关技术需求环节或构成单元上的同一性而彼此贯通，相互关联。植根于科学研究与理智创造之中的基础技术、专业技术与工程技术成果，为

① ［美］布莱恩·阿瑟：《技术的本质：技术是什么，它是如何进化的》，曹东溟、王健译，浙江人民出版社 2014 年版，第 37—38 页。

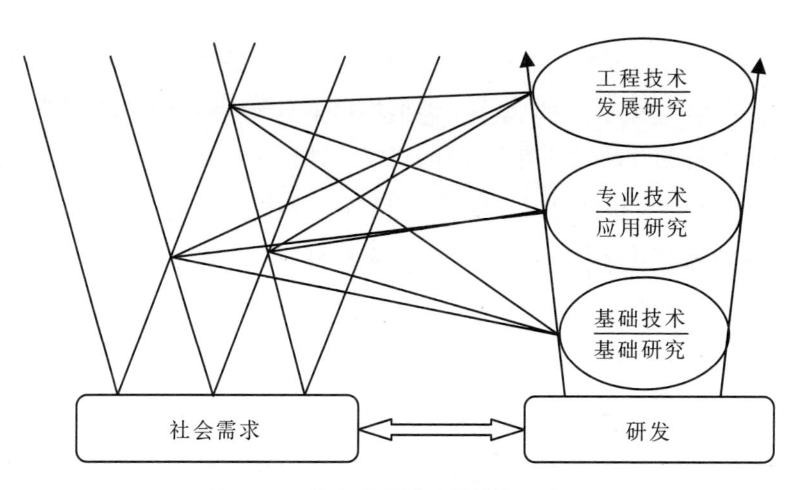

图 1—2　技术世界的网状结构示意图

具体技术问题的解决或技术族系上各环节的技术创新提供了有力的支撑。因此，处于生长扩张之中的技术世界或社会技术体系，呈现为一个众多技术族系纵向上分立并行，横向上彼此贯通，同根同源，错综交织，互动融合，联为一体的立体网络状结构。

在技术世界的演进历程中，各层级的技术成果最终都会创造性地融入社会技术体系的不同层次之中，编织着生活世界的种种“奇迹”或“神话”。作为技术单元或“持存物”，人也被编入这一巨型网络之中。人既是技术之网的设计者和编织者，同时也是技术之网的构成单元或编织材料。如同蜘蛛与蜘蛛网、蜗牛与蜗牛壳之间的关系一样，人与技术系统乃至技术世界也是不可分离的。“网中人”既依赖技术之网生活，也为技术之网所束缚、控制、挤压和塑造。随着技术进化与社会发展，这一张巨大而无形的现代技术之网也被编织得愈来愈细密、愈来愈结实，进而产生了对人类的全面“促逼”，演变为人类的“天命”或历史归宿。这也是海德格尔“座架”（Gestéll）概念的基本含义。①

① ［德］海德格尔：《海德格尔选集》（下），孙周兴译，上海三联书店 1996 年版，第 935—950 页。

由此可见，正如目的与手段结伴而行一样，作为目的性的智慧动物，人类生活愈来愈离不开技术活动模式，也离不开技术创造、改进与运行的支持。作为文明的元素与社会生活的基本格式，技术成果早已全面渗入人类目的性活动的各个领域或层面，在社会生活中发挥着不可或缺的基础支撑功能，进而演变为推动文明进步与社会发展的原动力。正因为如此，在日常生活中，只要我们认真反思和追溯社会生活的基础、模式、流程及其演变，那么就随处可见技术形态及其演进的身影。

（三）技术环境的强化与隐退

技术世界是伴随着人类进化和社会演进而发育成长起来的，已成为人类文明的重要组成部分，直接反映着人类对客观世界的改造、控制和利用的程度，凝结着人的本质力量。就后代人而言，他一开始就生活或沉浸在当时的技术世界之中，后者早已演变为他生活的“先天”环境或背景。所谓的人工自然与社会体系都是以技术世界为建构基础的，埃吕尔也正是在这一意义上使用“技术环境”和“技术社会”范畴的。“事实上，技术是人类生存的环境，其中人们所创造的众多手段和媒介已演变为一个统一体。这些媒介是如此广泛、扩展和倍增，以至于它们已构成了一个新的世界。我们已目睹了‘技术环境’的产生。这意味着人类已经停止了主要在‘自然’环境中的生活（由所谓的‘自然’构成：乡村、森林、山脉、海洋等）。他现在处于一个新的人造环境之中。……一个人只能通过一系列技术体系应对自然因素，这些技术体系是如此完整，以至于他实际上是在与这些技术本身打交道。自然环境本身就消失了。”①

技术环境之所以能够逐步替代人类赖以生存的自然环境，原因就在于技术的不断创新在推动技术世界扩张的同时，也促使技术世界之网越织越

① Jacques Ellul, *the Technological System*, Trans. Joachim Neugroschel. New York: the Continuum Publishing Corporation, 1980, pp.38–39.

细密，将天然自然逐步改造或转化为更适合人类生存和发展的人工自然。技术在不断优化和替代自然环境功能的同时，也给人类带来了愈来愈多的便捷和福利，或者通过技术系统的转化使自然因素更好地满足人们的种种需要。今天，人们对技术环境的依赖远远超过了对自然环境的依赖，已离不开供电、供水、交通、通讯、医疗、金融等社会基础设施技术体系的支持。正是基于对日益膨胀的人类生存与发展需求的基础支撑作用，技术环境才通过技术创新途径得到不断扩张和强化，促使人类社会步入加速发展的轨道。

在现实生活中，人们更多地关注技术形态所提供的新功能或新效用，更在意各自需求或目的能否顺利地实现，而很少关注其背后的具体技术系统结构及其运行机理。在社会分工日趋细密的时代背景下，对于普罗大众而言，技术世界的结构及其运作机理犹如“黑箱”一般，已逐步蜕变为日常生活的底色或背景，自然而然，熟视无睹。除过关注各自专业领域的个别技术创新成果或者现行技术体系运行的故障外，人们通常意识不到技术环境或高层次技术体系的存在。这就是技术环境的泛在性和隐匿性。这里至少可以从两个层面追溯和说明其中的缘由：

一是重目的与轻手段的历史文化传统。从技术进化视角看，新技术成果多是在相关技术族系中不断涌现的，并被及时吸纳或融入众多具体技术系统的建构之中，逐步从人们的关注视野中消逝，遁入技术环境或社会背景之中。也就是说，人们通常更多地关注新技术功能或各自需求的实现状况，而往往无视其实现方式或内部构造。正如伯格曼在论及其“装置范式”的特点时所指出：“装置机器与其功能之间的区别是‘手段—目的’之区别的一个具体实例。与一般的‘手段—目的’之区别相一致，机器或者手段是从属于其功能或目的的。……在技术装置的案例中，机器可以被彻底地改变而不威胁装置功能的统一性和亲缘性。……手段的根本可变性与目的的相对稳定性的共存是第一个突出的特征。第二个特征与第一个密切相关，是手段的隐蔽性、陌生化与目的的同步彰显性和实用性。”①

二是操作技能的类本能化。在个体的社会化进程中，人们对众多技术知识与操作技能的学习、对复杂技术环境的熟悉和适应都经历了一个较长的曲折过程。如第一章“技术活动模式的确立”一节所述，随着操作技能的提升以及对技术环境的熟悉，个体便逐步与具体技术系统、技术环境融为一体，物我两忘，习以为常，出现了所谓的操作技能的类本能化现象，进入了一种忘却后者的“上手”状态或无意识境界。即人们既对经过长期摸索、体验而习得的操作技能熟视无睹，也对所驾驭的技术系统及其相关技术体系缺少关注或无感，使两者都从当前的视野中消逝，遁入或融入技术环境之中。同时，在社会实践活动中，个体多为眼前的紧迫任务或突出问题所吸引或困扰，而作为实践活动展开“平台”的稳定成熟的技术形态与技术环境遂远离其视野，融入其前提条件或实践背景之中。在第三章“个体的技术化”一节中将就此问题再展开分析和讨论。

① Albert Borgmann, *Technology and the Character of Contemporary Life: A Philosophical Inquiry*, Chicago: The University of Chicago Press, 1987, pp.43–44.

第二章　社会技术形态及其特征

技术是文明的元素、麼母（meme）和人类活动的基本模式，它既有有形（形而下）的结构与功能，也有无形（形而上）的观念、原则与规范，像幽灵一样在社会生产与生活的广阔领域或层面游荡，无时无处不在而又不显真容。这也是技术哲学问题的魅力所在，近百年来逐步演变为哲学关注和探讨的对象。长期以来，学者们致力于透过种种零散的镜像或体验，力图揭开技术现象与技术世界的神秘面纱，社会技术形态以及社会技术化现象就是在这一背景下逐步进入学术视野的。韦伯的合理化（科层制）、泰勒的科学管理、芒福德的军团化（巨机器）、凡勃伦的专家治国论、马尔库塞的单向度社会、里茨尔的社会的麦当劳化等理论，都从不同语境、层面、学科视角或话语方式触及社会技术化问题，推进了对社会技术形态及其演进过程、机理、规律等问题的探究。

一、技术的基本类型

狭义技术观念是人们最早形成的一种技术哲学的元概念，这与物质生活资料的生产在当时社会生活体系中的主导地位以及产业技术形态的简单性密切相关。正像物质生活只是社会生活的基础部分一样，在广义技术视野中，以第一、二产业技术为主体的自然技术，也是高层次社会技术体系建构的基础，而直接关涉社会技术形态的第三产业在以往并不发达，影响作用有限。为了便于集中精力分析和解决人与自然之间的矛盾，人们常常将技术活动从复杂、具体的社会生产与生活背景中抽取或剥离开来；在思维活动中暂时割裂了技术与所处自然或社会环境之间错综复杂的多重联系，只专注于产业技术系统本身的创建与运作过程，进而抽象和提炼出思维技术、自然技术、社会技术等概念。这也是从具体到抽象的思维运动过程的基础环节。

技术广泛存在于人类目的性活动的各个领域或层面，可以说有多少种目的性活动就有多少种技术形态。人们往往从不同的依据出发，对技术形态进行分类或者对技术概念的外延展开划分。例如，按照实践活动领域可将技术划分为产业技术、实验技术、水利技术、军事技术、教育技术、医疗技术等类型。在众多技术分类中，思维技术、自然技术与社会技术之间的区分，可视为对技术概念的最高层次划分。这与将客观世界划分为自然、社会和人类思维，以及把人类认识成果划分为自然科学、社会科学和思维科学等之间的思路是一致的。卡尔·米切姆在论及技术的这一分类时曾指出："从功能上来看，技术可以这样划分：一些技术是在人内心进行的；另一些技术是作为人的行为表现出来，因而也是人的社会活动；还有一些技术在某种意义上是一种与自然界的相互作用，而这种作用是通过延长不依赖于人的直接的身体活动的生命的办法进行的。"① 在这里，米切姆所谓的"在人内心进行的"技术，大致与思维技术形态对应；"与自然界的相互作用"的技术就是自然技术形态；"作为人的行为表现出来"的技术，可以理解为社会技术形态。因此，对技术的这三种基本类型属性、特点及其内在关联性的揭示，是技术哲学的基本任务之一。

（一）思维技术

思维是在人的头脑中进行的意识活动，是人类特有的天赋品质，也是人

① 转引自邹珊刚：《技术与技术哲学》，知识出版社 1987 年版，第 249 页。

类认识与实践活动得以展开的理智基础或天然平台。早在人类文明的“历史轴心期”，人们就开始反思和探究思维现象，先后形成了心理学、逻辑学、语言学、认知科学、人工智能等具体学科。从实践视角看，思维活动可以理解为服务于人类目的实现的构想、设计、论证、模拟与流程化过程，该思维运演过程本身就展现出目的性活动序列、方式或机制的特点，可以纳入技术范畴展开讨论。在思维活动中，为了达到某一目的的思路、程序、方法、流程、推理、谋略等都可以理解为流程技术形态。例如，毕达哥拉斯定理的数百种证明方法及其步骤，都可以看作证明该定理的思维流程技术形态；计算机软件就是思维运演过程的程序化、定型化、符号化，也可以视为人们完成某一项任务的特殊思维流程技术形态。事实上，除内省式地反思思维活动及其过程外，对众多外在的思维技术作品的剖析，也是探究思维技术属性与特点的主要路径。

同样，思维活动中所创建或运用的定义、公理、定律、构想、软件、案例、思想实验、寓言故事甚至思想家的著述等知识单元或理论成果，都可以视为思维领域中的人工物技术形态。它们都是人类智能的结晶，其中都蕴含着思维技术成果的结构或机制，对后代人的思维活动也具有规范、引导和启迪作用，可以作为日后思维建构与运演的逻辑基础、构件或理性支点。当今的人工智能技术就可视为思维技术的模拟或外化形态。伴随着人类的进化，迄今的思维技术大致经历了心智思维技术形态、演算思维技术形态与机器思维技术形态三个发展阶段。① 与人们外在的具体目的性活动过程相比，思维技术形态则表现出基元性、泛在性、应对性、精神性等特点，多以抽象的智能技术面目出现，广泛渗透于众多人类目的性活动过程的多个环节。

---

① 王伯鲁：《技术究竟是什么——广义技术世界的理论阐释》，科学出版社 2006 年版，第 72 页。

（二）自然技术

自然界既是孕育和哺育人类的“母体”，也是支撑社会发展的物质基础。“自然界，就它自身不是人的身体而言，是人的无机的身体。人靠自然界生活。这就是说，自然界是人为了不致死亡而必须与之处于持续不断的交互作用过程的、人的身体。”①人类物质生活需求的实现归根结底都离不开自然界。因此，认识、改造和控制自然，拓展人工自然疆域，就成为人类社会发展的基本方向或任务。不难理解，人类对自然界的改造与控制是一项有目的的实践活动，其序列、方式或机制便形成了千姿百态的自然技术谱系尤其是众多产业技术形态。与此同时，由于各个国家或地区的生态、气候、资源、物产等自然条件的不同，以及民族、风俗、习惯、宗教信仰等文化因素的差异，因而人们往往因地制宜、创造出了众多各具地域、民族特色的自然技术形态。这就是技术的地域性特征。②

一般地说，技术层次越低，人类活动对自然条件的依赖性就越强，自然技术的地域特色也就越明显，反之亦然。自然环境的特殊性、差异性是催生自然技术形态地域性、多样性的根源，也是制约自然技术扩散与转移的主要因素。对此以往学术界的关注和讨论较多。例如，富田彻男在考察日本技术引进史的基础上曾指出：“日本在转移外来技术过程中，由于外来技术不适应日本的本土气候、风土，从而导致技术转移失败，这方面的事例也是很多的。”③

（三）社会技术

正如不能只关注木偶的前台表演，而无视它背后的傀儡师、编剧、剧务等人员和组织的活动一样，我们也不能只见眼前的自然技术及其运作，而无

① 《马克思恩格斯全集》第3卷，人民出版社2002年版，第272页。

② 王伯鲁：《技术地域性与技术传播问题探析》，《科学学研究》2002年第4期。

③ ［日］富田彻男：《技术转移与社会文化》，张明国译，商务印书馆2003年版，第73页。

视其背后的社会技术建构及其运作。对技术的这一理解在逻辑上也是不自洽的和前后不统一的。为了保证社会生产与生活的高效、有序展开，人们所构建的社会组织机构、机制、制度及其运作流程等都被赋予了技术属性，以便支持、规约和驾驭自然技术系统的运作。例如，为了传递军情，人们发明了烽燧、旗语、信鸽、密码通讯、间谍卫星等技术形态；为了准确传达调动军队的指令，古人发明了虎符调兵技术形态；为了确保城墙砖块的烧制质量，朱元璋发明了在砖块上标记烧制者身份信息的质量追溯技术体系；为了提高快餐店的经济效益，麦当劳兄弟和雷·克拉克发明了特许加盟和连锁经营模式；等等。这些技术发明关涉社会关系的规范性建构与运作，属于社会技术范畴。社会技术是技术发育的高级形态和现实存在方式，而自然技术多作为单元或子系统而被纳入相应的社会技术体系之中，并转化为后者的有机构成部分。与自然技术形态的刚性可触、棱角分明相比，社会技术形态更显柔性、灵活，往往隐匿无形，不易完整察觉或辨识。从广义技术视角看，以往的自然技术、思维技术不仅离不开高层次社会技术的控制或驾驭，而且多是相关社会技术体系中的重要组成部分。可见，在社会技术视野下，自然技术与思维技术的创造与革新，也是所属社会技术系统进化或局部改进的具体表现。

在社会生活中，一方面，社会技术系统的组织、机构、流程、环节等层面的运作灵活多变，且拥有丰富的社会属性与文化内涵；另一方面，社会组织技术形态或流程技术形态及其不同层面的构成单元、要素之间的边界模糊，彼此关联若即若离、复杂多变，往往处于一个连续统之中。所谓“天网恢恢，疏而不失”，[①] 就反映了社会技术体系内部关联的复杂性、动态性和严密性。人们往往只看到丰富多彩的社会文化形态本身，而无视其背后与之相伴而生的潜在的技术结构及其运作，因而迟迟不愿意承认社会技术形态的存在。

① 《王弼道德经注校释》，楼宇烈校释，中华书局 2008 年版，第 182 页。

在长期的社会实践活动中，人们逐步创造出实现各自目的、促使社会进步和良性运转的众多社会活动的序列、方式或机制，形成了丰富多彩的社会技术谱系及其相关研究成果。① 社会是由拥有主动性、创造性的众多主体（集团、阶级、阶层等）构成的，社会技术的建构与运行总是以多元主体为建构单元，以道德、法律、政权、制度与体制为轴心，由权威意志或公众意愿主导，依赖于多元主体之间的分工协作，是多元主体之间相互依存、互动博弈、协同共生的合理化产物。由于关涉以利益为纽带的现行社会关系的重塑，所以一方面社会技术体系的构思、设计与运行离不开合理性、创造性、平衡性；另一方面还需要具备打破已有利益格局的政治胆略与魄力，敢于破旧立新，迎难而上。这也就是为什么“商鞅变法”成为秦国强盛之基，《法国民法典》被作为拿破仑的主要贡献，《医疗改革法案》被列入奥巴马主要政绩的根本原因。

（四）技术的三种基本类型之间的协同融合关系

思维技术、自然技术与社会技术是构成技术世界的三种要素、单元或层次。一般地说，从思维技术、自然技术到社会技术的层次依次递升，前者是后者的构成单元或基础，支持着后者的建构与运转，同时又受到后者的统摄与调制，其间的互动共生、滚动递进机理如图 2—1 所示。（1）思维技术处于基础地位，它通过人们的构思、设计、模拟与操控等思维运作渗入技术创建与运行的各个环节，支持着自然技术与社会技术的设计、建构和运作。其中①、③分别表示思维技术对自然技术、社会技术创建与运行的谋划和设计。（2）自然技术处于中间层次，它既是思维技术创造和外化的重要成果，也是建构社会技术体系的主要零部件，支持着社会技术形态的建构与运行。其中②表示自然技术成果对社会技术系统建构与运行的基础支持作用，当然

① 关锋、龙柏林：《社会技术概念的历史图谱》，《科学技术哲学研究》2015 年第 1 期；关锋、谢超：《社会技术：一种概念史的考察与梳理》，《洛阳师范学院学报》2016 年第 6 期。

这种支持与建构又是在③的构思和设计框架下展开的。(3) 社会技术处于最高层次，是人类技术活动的现实表现形态，展现为众多思维技术与自然技术成果的综合与集成。其中④表示社会技术系统的创建和运行对自然技术创建与运行的规范、调制和驾驭作用；⑤、⑥分别表示社会技术和自然技术的建构与运行对思维技术的规约、刺激或牵引作用。这就是技术的三种基本类型之间互动并进的内在机理。

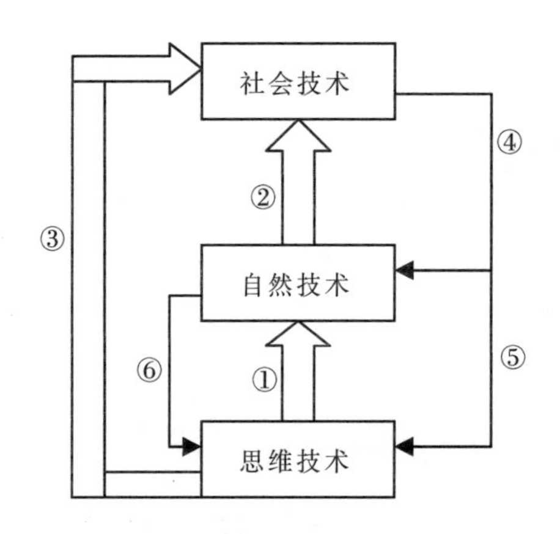

图 2—1　技术的三种基本类型及其互动机理示意图

值得一提的是，尽管社会技术常常以高层次的现实技术形态面目出现，其中包含着作为基础或构件的自然技术和思维技术成果，但是我们却不能以社会技术的包容性、综合性而替代对自然技术、思维技术形态特殊性的分析和探究，更不能忽视后者的相对独立性以及在高层次社会技术形态建构与运作中的基础支撑作用。此外，技术世界并不是无本之木、无源之水，而是植根于社会文化环境之中，众多理论研究成果与实践经验都是新技术成长的沃土。技术研发活动会不断地从生产实践活动以及科学、艺术、哲学、宗教等社会文化活动中汲取营养，集思聚智合力推动技术的不断进步，支撑人类众多目的性活动的有效实现。

事实上，思维技术、自然技术与社会技术之间的区分又是相对的，只在抽象的理论分析层面上才有意义。而在现实生活中，这三种技术形态总是处于互动协同、滚动递进之中，其间水乳交融，密不可分：一方面，思维技术是属人的，体现在人们的认识与实践活动之中；而人又总是社会的人，并处于一定的社会技术体系之中，同时又拥有一定的自然技术资源或驾驭相关自然技术的技能。另一方面，自然技术总是在一定的思维技术支持下设计、建构和运转的，是智能技术成果物化的产物；自然技术又为处于一定社会关系之中的个人或团体所掌控，进而被纳入多种社会技术系统的建构与运转之中，服务于个体、团体或社会目的的有效实现。同样，社会技术的设计、建构、运转与控制总是通过人的实践活动完成的，而人又总是拥有一定思维能力和掌控一定自然技术资源的人，因而也离不开思维技术与自然技术的支撑，其间并存着相互依存、互动共生、协同进化的复杂机理。一般地说，沿着从思维技术、自然技术到社会技术的顺序，技术的稳定性或历史惯性趋于增强，而技术的通用性、游离性或渗透性趋于减弱，也更难于扩散、渗透和推广应用。

这里需要说明的是，区分思维技术、自然技术、社会技术，在各自领域或层面的理论意义不言而喻。这一分门别类的细致分析有助于人们深入认识和全面掌握不同类型技术的属性与特点。鉴于以往学术界对思维技术形态与自然技术形态及其演进问题的探究比较全面深入，接下来笔者主要就社会技术形态的属性、特点以及社会技术化问题群展开全面分析和讨论。

二、社会技术形态及其演进

技术活动模式是社会实践展开的直接基础，技术的创造、扩散或引进既是具体领域技术进化的历史起点，也是分析社会变迁的逻辑原点。事实上，人们对技术活动的自觉和认识经历了一个由现象到本质、从自然技术到社会技术的演进过程。韦伯、杜威、埃吕尔、芒福德、马尔库塞等前辈学者，将工具、机器、工艺等自然技术形态及其演进类比推演到社会生活领域，初步揭示了社会建构与运行过程中的诸多技术属性、特征与规则，进而将狭义技术观念逐步提升和拓展为广义技术观念。在这里，是否承认社会技术形态或社会技术化进程，可以作为判断人们是否接受广义技术观念的主要依据。

在社会实践活动中，技术创造与改进早已演变为人类有效应对时代挑战、解决实际问题、提高社会活动功效的基本路径。如前所述，社会技术形态就是围绕社会目的的有效实现，人们设计和建构起来的具有特定结构、功能的社会组织体系及其运行机制或工作流程，可视为人类社会活动理性化、程序化、定型化的产物。从社会实际需求出发，以个体或组织机构为建构单元，创造独特社会职能，实现特定社会目标，提高社会活动效率，是社会技术形态建构与运行的基本逻辑。在社会生活中，从静态视角看，组织技术形态主要体现为以个体或团体为构成单元，并按照一定理念、规则或章程建构起来的具有特定结构、功能和运行机制的社会组织机构，如幼儿园、学校、银行、海关、医院、消防队、气象站、派出所、戒毒所、监狱等。同时，从动态视角看，流程技术形态主要展现为围绕具体社会目标的实现，不同个体或组织之间彼此协同、依次动作、有序运转的机制、程序或流程，如诉讼、选举、高考、招聘、征兵、评奖、贷款、签证等公共技术运行机制及其工作流程。

在社会技术建构与运行过程中，一个体或组织往往被并入多种组织技术形态或流程技术形态之中，兼具多重社会职能，实现多重社会目标，或者转变为高一级社会技术体系的建构单元或子系统。一个人或团体在社会生活中扮演多重角色的现象，就是这一特征的具体表现，这也是导致社会技术体系各层次之间相互交织、错综复杂的微观机理。一般地说，社会技术是以个体或组织为基本单元建构的，是包括生产关系在内的社会关系的技术呈现形式，也是按照技术原则与规范引导和规约个体或组织社会行为的。作为比自然技术层级更高级的技术形态，社会技术以社会运动方式展开，通过对个体或组织的调节和规训，达到对自然技术建构与运行的控制。

与自然技术系统的构成不同，以个体或社会组织为建构单元的社会技术系统，按照一定的理念、路线、组织规则或制度规范组建和运行。在这里，社会技术层次的结构、运作流程与操控，不一定比作为其构成单元或功能模块的低层次的自然技术系统更复杂、更困难。这也是许多高层次技术系统的建构、运作与控制，反而比其构成单元更简单、更容易的技术根源。在这一过程中，人们通常从经验出发，设想出尽可能多的问题情境或非常状况，以便通过特定体制、机制、方案或流程的设计加以有效应对，以增强社会技术系统的针对性和灵活性。从组织过程和运作方式看，社会技术是以个体的自然与社会属性为基础，以彼此认识与价值观念的统一为前提，以效果与效率追逐为目标，以运作机制、模式、方案或程序设计为轴心，以制度规范、行政命令与信息沟通为协同手段，以时钟为协调彼此动作的基准，而建构起来的一个相对稳定的社会组织体系及其多样化的备选方案或运作流程，具有形态柔软多变、模式灵活多样、博弈应对、潜在无形等特征。古代的晨钟暮鼓、打更报时、击鼓鸣金、举旗吹号等现象，都具有发布指令、协调社会行为的功能，是相关社会技术系统的构成部分或协同行动环节。

事实上，社会技术体现在社会生产与生活的各个领域或层面，与社会生活、组织体系及其运转流程具有同构性或二位一体的同一关系，两者同步建构与运行。因而人们常常只从下位概念的视角看待社会生活内容与形式，迟迟不能自觉或分辨出潜在于其中的社会技术形态，进而形成社会技术观念。技术的社会建构主义者虽然看到了社会文化因素对自然技术创造及其应用过程的调制与塑造作用，但却无视社会文化生活在这一历程中受到的技术设计、塑造或适应性调整，即社会关系层面的技术建构及其深层次影响，从而缺少社会技术或社会技术化的分析视角与理论高度。在这里，源于解决人与自然之间矛盾的自然技术系统的建构与运转，也并非仅仅停留在社会生产实践活动层面，而是必然会牵动其背后或上一层次社会组织、体制乃至社会关系的技术性建构与运作。这是同一技术运行过程的不同层面及其表现形态，两者彼此协调，互动并进，协同进化，具有技术上内在的有机统一性。

正是由于这些有别于自然技术形态的属性与特点，人们往往身处外在的、客观的社会技术系统之中，按照技术原则、规范或准则行事，受到技术系统的调制，而并不自觉社会技术形态的存在及其运作。正如卡尔·曼海姆所言，除过众多人工物技术形态的发明创造之外，人类“还有另外这样一种水平的技术进步，对于把它描述为技术的，我们一开始就踌躇不决，因为与它相关的并非可见的机械，而是社会关系和人本身。然而，组织技术的进步仅仅是把技术观念应用于人类协作形式，被视为社会机器的一部分。人类通过训练和教育而在其反应上达到某种程度的稳定化，他的全部后天新获得的活动都是依据一定的有效原则在组织化的框架内得到协调的。组织技术与我们已描述的任何技术至少是同样重要的，它甚至是更为重要的，因为若不产生相应的社会组织，这些机器便不能在公用事业中得到应用。”①

长期以来，尽管普通大众特别是精英人士缺少社会技术观念，其社会技术活动也大多停留在自发状态，但是他们却不自觉地按照技术的效果原则、效率原则和多样化原则行事，参与创建和灵活运用着众多具有独特职能的社会技术形态，并表现出高超的智慧、创造力与解决实际问题的能力。例如，英国人罗兰·希尔提出的由寄信人以购买邮票的方式支付邮费的构想，就消除了此前由收信人支付邮费方式的弊端，是邮政行业早期的一项重大技术改进，促使邮政技术体系结构及其运作日趋合理，资费下降，惠及民众。此外，虎符调兵、烽燧报警、排兵布阵、密码通讯、金字塔建筑体系等古代社会技术成果，都为相关社会生活领域的发展做出了重要贡献。芒福德正是在这个意义上提出了“巨型机器”概念。② 在社会现实生活中，人们往往为纷繁复杂的社会事务本身所纠缠，大多只关注这些事务层面的利益分配、文化属性及演进历程，而无视潜在于其中的技术设计、运行机制与流程以及所建构起来的社会技术体系等。

如前所述，纯粹的自然技术形态只存在于抽象思维领域，是狭义技术观

① ［德］卡尔·曼海姆：《重建时代的人与社会：现代社会的结构研究》，张旅平译，生活·读书·新知三联书店 2002 年版，第 226 页。

② ［美］刘易斯·芒福德：《技术与文明》，陈允明、王克仁、李华山译，中国建筑工业出版社 2009 年版，第 38 页。

念或分析还原方法的产物，社会现实生活中的众多技术运作大多表现为社会技术现象，离不开个体或组织的参与、建构与操控。因此，在社会技术体系的层次结构中，自然技术与社会技术之间的区分是相对的、有条件的，两者相互包含、相互支持、无缝衔接，呈现出更为复杂的结构关系样式：一方面，就技术系统的实际运作而言，自然技术系统总是隶属于一定的个体或社会组织，或直接或间接地操控在后者的手中，服从于他们的意志或目的的实现。从这个意义上说，自然技术的层次更低，往往表现为高层次社会技术系统的构成单元或子系统，同时也离不开社会技术的驾驭与统摄。另一方面，就某些复杂的大型自然技术形态而言，许多低层次的社会技术系统也可以作为建构单元，被纳入高层次自然技术系统的建构与运行之中，两者呈现犬牙交错、彼此渗透或包含的状态。例如，宇宙飞船的发射、飞行与回收技术体系可视为一种高级的自然技术系统，其中就离不开以专业技术人员及其组织为构成单元的各类伺服或控制子系统的支持与运作，后者比前者的层次更低，可视为前者的构成部分。

与自然技术形态相比，人们对社会技术形态或现象的意识和自觉要晚得多。19 世纪中叶以前，由于社会科学与技术哲学尚处于孕育之中，人们对社会组织、结构与运行机制的认识大多停留在个别领域或感性经验层面上。社会技术体系的设计、建构与运作也多是自发的，主要依赖于经验摸索、借鉴模仿或天才构想。19 世纪末以来，随着社会科学诸多门类的分化和独立以及技术观念的形成，人们对社会结构、属性与运行规律的认识才逐步跃升至理性层次。在广泛吸纳社会科学研究成果的基础上，人们开始自觉或不自觉地从技术观念或维度审视社会生活，按照科学与技术研究成果以及技术原理、原则与规范，筹划、设计、论证、建构和改进各类社会技术系统。例如，“二战”以后，联合国、国际货币基金组织、世界银行、世界贸易组织（关贸总协定）等国际组织机构及其运转机制、流程、章程、条约的建立与改进，就经历了酝酿（构想）、设计、论证、模拟、组建与改革完善的漫长发展历程，相关社会技术系统及其运转流程的创建路径与模式也逐步成型。

正是从这个意义上说，认识是实践的基础，科学研究支持和引导着社会技术形态的创建。

进入 21 世纪以来，随着科学技术与社会的加速发展以及众多社会现实问题的不断涌现，迫切要求现代社会结构与运行机制的相应变革，从而推动社会科学研究与社会技术创新驶入快车道，也同步加快了社会技术化进程。人们开始将社会文化生活及其演变置于科学理性与技术理性的视野下进行审视，按照技术原理、原则和规范自觉地探寻应对各类挑战、实现不同社会目标的最佳组织结构及其最优化运作流程。当今中国的社会主义市场经济体制改革，社会治理体系与治理能力现代化，以及创新驱动发展战略下的制度创新、体制创新、文化创新、组织创新、金融创新，全面深化改革的顶层设计等社会实践活动，无不体现出社会技术体系创建与改进上的自觉性、科学性、功效性与预见性，以及主动适应和积极引导科学技术研究与经济社会快速发展的价值诉求。

三、社会技术观念的流变

技术既是一种古老的文化形态，也是推动社会变迁的动力之源。正如对其他事物的认识一样，随着技术的进化发展，人们对技术现象的认识也经历了一个由点及面、由部分到整体、从个别到一般、由现象到本质的演进过程，逐步实现了从狭义技术观念到广义技术观念的拓展与升华。狭义技术观念是在手工业技术、机器技术以及后来的光机电火一体化技术演进的历史背景下形成的。这些技术主要涉及机械运动、物理运动、化学运动以及生命运动形式，技术形态的结构稳定，边界清晰，人工创造痕迹明显。正是在这一传统技术观念的主导下，人们最早觉察和认识到的主要是生产实践活动中的自然技术现象，即多种多样的产品技术形态或生产流程技术形态，以及科学、教育、卫生、军事等社会实践领域的技术建构与应用。工业革命之后，随着技术研发活动从生产实践过程中的分化和独立以及技术与科学的一体化进程，人们的关注点开始转移到探究技术进化规律、技术科学化、技术创新机理，以及科学技术向现实生产力的转化路径及其环节等理论问题上。同时，受狭义技术视野的束缚，社会文化生活中的许多社会技术形态也往往被分解、还原或识别为低层次的自然技术形态。

第二次技术革命以来，在人文主义技术哲学发展的推动下，学者们不仅关注自然技术活动对人性、精神文化生活和社会发展的深层次影响，而且也看到了社会组织、体制、制度、规范、运转流程等层面的技术设计与建构现象，即社会技术形态及其功能。狭义技术观念也逐步为广义技术观念所取代。在狭义技术视野下，人们往往只关注处理人与自然之间关系层面的自然技术形态，而无视协调人与人、组织与组织、组织与社会之间关系层面的社会技术形态。正如社会运动不能还原为自然运动一样，社会技术也不能简化、分解或还原为自然技术。前者是一种内部各组织单元互动建构的、生长着的、边界模糊的、柔性灵活的、随机应变的高级智能技术形态。社会技术概念的形成是技术哲学史上的一次重大进步，标志着广义技术观念的确立以及对技术现象认识的深化与拓展。在广义技术视野下，社会技术化不仅在思维技术与自然技术层面展开，而且也在社会技术层面推进。因此，我们既要看到低层次、单元性技术成果的持续创新，以及向社会生产与生活诸领域的渗透与转化，也要关注高层次、系统性社会技术成果的创造与转移；既要重视众多自然技术成果的创造与推广应用，也要看到各级各类新型社会技术形态的创造与逐步扩散。

如上一节所述，所谓社会技术形态就是围绕社会目的的有效实现，以个体或组织为建构单元的具有特定结构与功能、运行机制和流程的社会组织及其运作流程，可视为社会生活理性化、规范化、便捷化、高效化的产物。在现实的社会生产与生活中，自然技术系统总是隶属于一定的个体或社会组织，进而被纳入高一级社会技术体系的建构与运行之中，直接或间接地服务于各级各类社会目的的有效实现。从社会实际需求出发，实现一定社会目的，发挥独特社会功能，提高社会活动功效，是社会技术系统建构与运行的基本目标。如同软件对于硬件运作的重要性一样，在技术引进实践中，如果只重视机器设备、工艺流程等自然技术系统的引入，而轻视相关规范或制度等层面的组织、管理、培训、保障与维护技术的学习和引进，常常并不能达到预期的技术引进效果。其实，后者就属于支持和驾驭自然技术系统的社会技术范畴。

在现实生活中，正如没有脱离生产关系的纯粹生产力一样，也没有脱离社会技术支持或驾驭的纯粹自然技术。任何自然技术形态总是在一定的社会场景下建构和运转的，总是隶属于一定的个体或组织，与社会体系有机融合，其间的界限模糊。自然技术形态的建构与运转一方面应当符合法律与道德规范的要求，另一方面也离不开相关社会组织、体制、运转流程的支持与调控。同时，众多新技术、新产品嵌入社会生产与生活之中，必将引起生产关系的调整或社会关系的重塑。自然技术的精致结构与高效有序运转，客观上也要求相应的社会体系必须精心设计、严密组织、严格培训与精准操作或驾驭，与自然技术系统构成无缝衔接的有机的技术统一体，以便提高自然技术体系的运转功效。这就催生了相应的社会组织机构及其运转流程、规范或制度，并将相应的自然技术系统置于其掌控之下，从而建构起更高层次的社会技术形态。正如曼海姆所言：“我们开始更为明确地认识到，这些对人类行之有效的技术不仅是偶然的，而且还构成整个社会和文化系统的一部分。……我将在整体上把这些以塑造人类行为和社会关系为其最终目的的实践和动作看成是社会技术。没有这些技术以及随之而来的机械发明，横扫我们时代的变迁便永远不会成为可能。……正如经济技术可以成为某些渗入整个社会结构的社会变迁的核心一样，非经济领域的技术反过来也趋于散播具有同样深远作用的影响。任何军事技术、群体组织、管理或宣传上的新发明都有助于改变社会。”[①] 在社会技术化进程中，个体、组织连同自然技术系

① [德] 卡尔·曼海姆：《重建时代的人与社会：现代社会的结构研究》，张旅平译，生活·读书·新知三联书店 2002 年版，第 229 页。

统一起被卷入多级多类社会技术系统的建构与运行过程之中，按照技术的节奏、规范和内在要求生活和成长，进而转变为海德格尔所谓的技术“持存物”。①

事实上，任何技术形态都是由人设计、建构和操纵的，并且归属于一定的个体或团体；而人又总是处于一定社会关系之中的社会人，隶属于一定的阶级、民族、集团或单位等，离不开稳定、高效的相关社会组织、体制、机制及其运作流程或规范的规约与支持，后者其实就是社会技术形态。自然技术系统与社会组织体系之间的这种并存共生、互动协同的建构关系，是社会技术演进的基本路径与主要机理。在这里，狭义技术视野下的自然技术形态，只是人们简化和分析技术现象时抽象思维的结果，暂时分离或剔除了建构、操控或驾驭它的相关人员、组织及其社会关系或社会技术形态。可见，狭义技术观念不恰当地割裂或剥离了自然技术与社会体系之间复杂的有机联系，尚处于一种只见物而不见人、只见外在表象而不见内在关联的初级认识阶段。

同样，离开上层建筑的纯粹经济基础也是不存在的。生产方式或生产关系层面的技术建构与运作，必然会牵动社会上层建筑领域或层面的技术化。从表面上看，“国家机器”“利维坦”“巨机器”“公器”“科层制”“体制化”等概念，虽然只是一种修辞学上的隐喻表述形式，但却直观形象地揭示了政治上层建筑的技术属性或特征。此外，随着技术文化形态的独立与扩张，技术精神、功利价值观、技术理性、技术原则与规范等因素，也早已渗入思想上层建筑领域，塑造着人们的世界观、价值观、思维方式和行为规范，以便更为有效地适应和服务于社会技术的建构与运转。“这种技术环境迫使我们将一切问题都视为技术问题，同时又把我们自己封闭起来，锁定在已经变成系统的环境之中。”② 哈贝马斯《作为“意识形态”的技术与科学》的理念，

① ［德］海德格尔：《海德格尔选集》（下），孙周兴译，上海三联书店 1996 年版，第 935 页。

② Jacques Ellul, *the Technological System*, Trans. Joachim Neugroschel, New York: the Continuum Publishing Corporation, 1980, p.48.

以及“技术立国”“科技强军”“科技扶贫”“创新驱动发展战略”等观念或口号都体现了这一特点。

在狭义技术论者看来，技术只存在于人与自然关系层面或维度。他们往往见物而不见人，见要素或子系统而不见其所处大系统或环境；或者注重人工物技术形态而忽视流程技术形态，关注自然技术而无视社会技术与思维技术的存在。受狭义技术观念及其历史局限性的束缚，加之社会技术系统的建构和运行总是与相关社会文化生活融为一体，容易为具体文化形态的价值特征和丰富意蕴所遮蔽，因而常常不容易为人们觉察或辨识。人们往往只重视对社会文化形态构成要素、演进历程、意义与价值等层面问题的探究，而容易忽视其中所隐含的技术结构、机制、流程及其在该文化形态建构与运行过程中所发挥的基础支撑功能或引导作用；或者虽然看到了其中的人工物技术形态、具体的技术关联、技术因素的作用，但却并不把它们归结为一般意义上的技术结构、机制或流程，而是以种种技术的下位概念来指称或述说。

受狭义技术观念的影响，以往人们对众多社会文化形态及其技术基础的认识多是片面的、肤浅的，通常并不自觉或深入探究社会生活的技术之维，或者刻意识别其中所隐含的技术结构、机制或流程，而大多采用技术的下位概念粗略地具体指代或描述社会技术结构或流程，尚停留在自发的就事论事的经验认识层面。例如，在金融生活领域，人们虽然重视金融产品、金融机构、金融业务流程、金融政策法规等在金融活动中的功能与价值，但却并不把它们视为金融技术形态，更看不到它们在整个社会技术体系中所处的地位和作用。同样，在军事斗争领域，人们往往把国防体系、军事体制、兵种协同、力量编成、后勤保障等夺取军事斗争胜利的众多社会技术形态，排斥在军事技术范畴之外。还有，在绘画艺术领域，人们往往只重视绘画作品本身的构图、意境，所刻画的形象、宣泄的情绪或表达的思想情感等艺术价值，却忽视作品主题提炼或创作过程中的技巧、技法、流程以及笔墨纸砚等绘画器械。总之，在狭义技术视野中，众多社会文化生活与技术无涉，其中并不存在成型的技术结构及其运作流程。

自发的、经验性的技术设计、建构与运行是以往社会技术演进的基本特征，但这并不影响人们在社会实践中对技术功效的不懈追求。在广义技术视野下，在现代社会体系建构及其运行过程中，随处可见社会技术形态及其运转流程的身影。正是基于技术观念上的这一重大转变，我们才说技术性是社会的基本属性，技术化是社会演进的主要动力或基本趋势。从技术视角剖析社会体系结构及其运转流程，是认识现代社会及其演进的重要维度。韦伯、马尔库塞、哈贝马斯、埃吕尔、温纳等前辈学者都不自觉地从技术维度，分析和揭示了现代资本主义社会的独特属性及其运行机制。“资本主义生产方式比以往的生产方式优越，可以从以下两个方面加以阐述，即第一，它建立了一种使目的理性活动的子系统能够持续发展的经济机制；第二，它创立了经济的合法性；在这种经济的合法性下面，统治系统能够同这些不断前进的子系统的新的合理性要求相适应。”① 这些论述都反映了资本主义社会技术形态的基本属性或特征。

四、社会技术的矛盾运动

作为人类目的性活动的序列、方式或机制，技术总是与人们的社会实践活动密不可分，构成了社会生活与社会体系运行的基础部分或关键环节。通常人们也按照其中的具体目的、意志指向或实践领域，作为区分或命名这些技术形态的依据。例如，反潜技术、抗震技术、遥感技术、防空技术、水利技术、搜救技术、数据挖掘技术等。同时，技术从属和服务于人们的需求、意志或价值诉求的实现，又往往与目的相呼应，以手段的面目出现。

在社会演进历程中，不同时期社会的多种矛盾最终都是在一定的技术基

① [德] 尤尔根·哈贝马斯：《作为“意识形态”的技术与科学》，李黎、郭官义译，学林出版社 1999 年版，第 55 页。

础上演进和化解的。“不得不经常重复说，人是矛盾的存在物，并处在与自己的冲突之中。”① 人类欲望或需求的扩张与现有技术形态功效低下之间的矛盾是技术活动的基本矛盾，它既是社会多种矛盾的根源或转化形态，也是推动技术进化的根本动力。在社会实践活动中，除通过本能活动模式直接满足部分低层次欲望或需求外，人们的大多数欲望或社会需求都会转化为具体的技术目的，并通过技术创新以及技术活动模式加以实现，新矛盾、新挑战、新危机往往催生新技术。在这里，不同的需求、目的或价值诉求，必然会促使人们创造、建构或引进不同类型甚至对立的技术形态，从而推动技术的多样化、精致化和高级化发展。从这一点来看，技术世界犹如人类社会的“投影”或“底版”一样，可以从中分辨出当时人们的欲望、目的、意志、价值诉求及其之间的差别乃至冲突等特征；反过来，技术世界的多样性、丰富性也反映了人类社会矛盾及其演进的复杂性、多层次性和时代性特征。

如第一章“技术世界的网状结构”一节所述，随着技术创造或改进活动的延伸与拓展，源于人们欲望或需求的原初目的，将沿着“目的 1 →手段 1 →目的 2 →手段 2……”的多簇辐射状衍生链条向外扩张，展现为不同阶段、层级、路径或环节的技术需求或目的，进而转化为技术运动过程中的内部矛盾，派生出众多不同阶段、层级、环节技术创新的聚焦点。在第六章“生成机理”一节再就此展开讨论。从表面上看，这些衍生的技术上的需求或目的与原初目的之间似乎并不相干，而实质上则是后者的多次变形或转化形态。它们都是技术创新过程中的阶段性目标，最终将转变为实现原初目的的技术系统的构成单元或运行过程的组成环节。正是从这个意义上说，原初目的既是人们欲望或需求的理性表达，也是技术创建活动的起点和归宿，支配、引导和规范着人们的技术创新行为。

在技术目的与手段的矛盾运动过程中，我们并不否认手段对于目的的反

① [俄]尼古拉·别尔嘉耶夫：《论人的奴役与自由》，张百春译，中国城市出版社 2002 年版，第 65 页。

向导引作用。事实上，围绕具体技术目的实现手段的探寻、尝试与建构活动，是开放的、发散的和创造性展开的：一方面，新手段的创建有助于最终实现原初技术目的，解决该层面或环节上的技术矛盾。另一方面，这一探索、发现或发明活动又是开放的和不确定的，往往会超越（或溢出）事先确定的技术目标或路线，进而转化为其他技术形态创造的新起点或新路径。有时，研发者意外获得的新技术功效甚至还会超越原初目的或需求，进而刺激或唤醒人们的其他潜在欲望或需求；或者大幅降低其他原初需求或次级技术需求实现的难度与成本，推动经济社会的大幅度跃进。例如，赫兹精心设计的电磁波发生器，既验证了电磁波的存在，也为后来马可尼和波波夫的无线电通信技术开发等奠定了基础，最终孕育出庞大的信息技术族系及其产业，实现了人类拥有"顺风耳"的千年梦想。这一技术创新态势在现代技术进化过程中愈来愈明显，以至于演变为支持技术自主论的新证据；同时，也反映了技术文化的相对独立性，以及对社会现实生活的超越和引领作用。

在技术进化过程中，不同技术形态的创建与运行总是与人们不同需求或目的的实现密切相关，以至于在需求或目的与技术形态及其所处族系之间逐步形成了复杂的呼应关系。一种需求或目的往往可以通过多种技术形态来实现，反过来，一种技术形态稍事调整后也可以用于多种目的的实现。需求或目的的层次性、易变性、多样性，推进了技术的专业化、多元化、体系化发展，进而形成了技术世界复杂的层次结构，也展现了技术创造的多样化原则以及技术扩张的复杂生成机理。马克思很早就发现了机械技术进化的专业化、系列化、多样化趋势："单在伯明翰就生产出约 300 种不同的锤，不但每一种锤只适用于一个特殊的生产过程，而且往往好多种锤只用于同一过程的不同操作。工场手工业时期通过劳动工具适合于局部工人的专门的特殊职能，使劳动工具简化、改进和多样化。"① 在这里，技术族系愈发达，人们实现各自需求或目的时候的选择空间就愈大、功效也更容易稳步提高，实践能

① 《马克思恩格斯全集》第 44 卷，人民出版社 2001 年版，第 396 页。

力也随之持续增强，进而推动了社会的多元化、精致化发展。

社会是一个多重矛盾的复合体，人们的需求、目的或意志上的差异或矛盾俯拾即是，从而催生了社会技术建构与运行上的多重对立或持续博弈。人们总是力图从自己创建和控制的技术体系中获取最大利益，或者促使竞争对手处于不利的境地。目的之间的冲突往往导致技术形态及其功能上的对立，"矛与盾"的寓言故事本身就生动地再现了两种古老的冷兵器技术形态之间的对立性。事实上，放眼当今社会生活的诸领域或层面，有多少种进攻性武器，就有多少种与之抗衡的防御性武器；有什么样的计算机病毒制作技术，就有什么样的病毒查杀技术；有多么高明的盗窃技术，就有多么高超的防盗技术等。在现实生活中，受人们需求的时空变化、认识水平、阶级或集团利益分配方式等多重因素的影响，不同目的之间的差异或冲突时有发生，司空见惯。在社会竞争环境中，对立目的的实现就展现为对立技术形态的创建与对抗。这就是对立技术形态产生的历史文化根源。

在人与自然的矛盾运动过程中，改造、操纵或控制自然是人类目的或意志的集中体现，技术系统中所谓的开关、密码、方向盘、操纵杆、离合器、刹车片等都是该系统的控制机关。人们常常借用对立技术形态之间的这种对抗或制约关系，以实现对某些技术形态的反制或控制。例如，以反导技术制衡导弹技术，以反潜技术对抗深潜技术，以破解密码技术反制加密技术，以防御体系应对种种进攻方式等。从技术进化史角度看，对立技术形态总是相继成对出现的。所谓的"魔高一尺，道高一丈"，就反映了对立技术形态之间频繁轮动、互动共生并进的演化格局。某一技术形态的问世往往会刺激或催生与之对立的多种技术形态，后者主要是针对干扰、削弱、对抗、破坏甚至摧毁前者及其功能而创建的。这可视为技术的"他毁"机制。同样，一技术形态的改进也会引发相关对立技术形态的创新与更新换代，进而形成新一轮的对立技术格局。对立技术形态之间的这种矛盾运动机理，是推动技术世界进化与拓展的内生动力之一，也常常被视为技术自主论的主要论据之一。

当把对立技术形态纳入同一技术系统的设计与建构之中时，这种次级目的之间的对抗或外在制约关系，就转化为新的高层次技术系统的内部控制机制。例如，汽车的制动装置对于牵引动力系统，安全锤对于客运车辆的钢化玻璃窗，高压锅的限压阀对于锅盖和密封填圈，水库的泄洪闸对于蓄水库区，公检法司机关对于种种犯罪行为或手段等之间的对立关系就是如此。在极端情况下，这一内部控制机制甚至还会启动预设的“自毁”程序或机制，以达到保密或不为敌对方所利用的目的。例如，拉卡拉智能 POS 机就内置了多重防破拆的自毁机制。一旦 POS 机丢失或被他人私自破拆时，就会自动触发自毁机关，以达到保护用户信息安全以及自身构造秘密的目的。①

在社会现实生活中，人们往往只看到社会组织机构之间的差异或斗争，而无视其背后社会技术层面上的差异或对立；或者只看到自然技术层面的对立技术形态，而无视以它为构成单元的高层次社会技术形态及其之间的对立。事实上，上述各种对立技术形态都是在具体社会场景中建构和运行的，负载着不同利益群体彼此对立的意志指向或价值诉求，可视为对立社会技术形态的一个侧面或缩影，或者不同社会组织之间的斗争性在技术维度上的具体表现。

五、社会技术的通用性与地方性

一般与个别、普遍与特殊是人们把握事物的基本范畴。其中，从个别性上升到一般性、从特殊性提炼出普遍性是哲学研究的逻辑，即所谓的“为道日损”。但是如果没有限度地一味强调抽象、归纳和提炼的认识论功能，反倒有碍于对事物个别性、特殊性、丰富性的全面深入细致地探究。相对于共相的一般技术而言，社会技术属于殊相或个别，后者比前者更为丰富、多样和具体，需要借助模型、模拟、实验等科学方法进行具体分析、讨论和描

① 《移动支付时代，安全保护要跟上》，《人民日报 · 海外版》2019 年 1 月 2 日。

述。这就是科学研究的逻辑，即所谓的“为学日益”。对于众多具体社会技术形态的科学研究，既是认识社会结构与运行规律的重要维度，也是展开技术哲学理论探讨的基础和前提。

技术系统的创建与运行总是与人们具体需求、目的的实现相关联，不同的需求、目的及其时空条件要求运用不同的技术形态或模式来实现。这就是技术的地方（或个别）性，与所处地理环境、历史境遇、风俗习惯、民族个性等因素相关联。地方性容易演变为阻碍技术扩散与转移的因素，往往需要技术受体结合自身的实际情况，对外来先进技术成果加以本土化改造或适应性磨合。然而，社会生活目的、场景、挑战之间的一致性、相似性，又使得众多技术形态之间呈现出许多共性或同一性。这就是技术的通用（或一般）性。通用性有利于技术的扩散与引进，是社会技术化展开的逻辑基础。一般地说，在社会技术体系中，单元性、基础性的低层次技术成果比复合性、高层次性技术成果的通用性或渗透性更强，自由度更高；或者说单元技术比系统技术、简单技术比复杂技术更容易适应各种应用场合，也更容易扩散、转移或被纳入其他高层次技术系统的建构之中。因此，在技术认识过程中，我们既要善于从众多同类技术的个别性、特殊性中归纳提炼出它们的一般性、普遍性，实现对同类技术共同属性与特征的总体把握，也要重视对众多具体技术形态个别性或特殊性的分析和探讨，以便把对技术现象的探究引向深入精微，拓宽技术认识领域。

如前所述，自然技术观念是对现实技术建构与运行过程的一种简化、降维或分解，是分析性抽象思维的结果。它割裂了自然技术与作为支持背景的社会文化因素及其之间复杂的技术联系，类似于芬伯格所谓的初级工具化。① 这一认识视角只着眼于解决人与自然之间矛盾的自然技术系统的设计与建构，常常因地制宜、因势利导，同时又因气候、物产、资源、海拔等地

① [美]安德鲁·芬伯格：《技术批判理论》，韩连庆、曹观法译，北京大学出版社 2005 年版，第 220—223 页。

理环境的差异而带有各自的地方特色。一方面，不同地域的自然条件会催生出带有不同地域特色的技术形态；另一方面，同一技术形态在不同地域或场景下也会衍生出诸多亚种或变种，以便更好地适应当地不同的自然与社会文化环境或者多种不同的实际用途等。例如，通用的自行车技术在各地或不同使用场景下，就衍生出了名目繁多的山地（变速）车、赛车、坤车、童车、玩具车、折叠车、轻便车、加重车、三轮车、共享单车等多种样式和型号的自行车技术族系。

一般地说，社会技术比自然技术更高级、复杂和隐匿，受到的影响因素也更为复杂。它的设计、建构与运行既要考虑自然因素，也要考虑社会文化因素，从而使社会技术形态的个性特色更为突出，类似于芬伯格所谓的次级工具化。① 例如，作为财务管理技术系统的一个重要环节或子系统，财务报销流程技术形态的目的就在于确保资金的合理、合法、高效使用，以便规范和引导经费的开支行为。一般而言，财务报销流程大致都要经历"发票、凭据归类与报销申请→领导审批、签章→会计审核、记账→出纳付款→财务复核、合规审计"等五个主要环节。但是由于单位类别、财务规章制度、经费来源与使用要求、报销人员身份与标准、报销事项与科目、财务人员素质等方面的差异，各个单位或部门的财务报销流程技术形态的隶属关系、结构布局与运作方式、规模与硬件设施、会计审核细则、人员素质、作息时间等方面的差异却比较明显，被打上了各个单位的印记，个性特色鲜明。

此外，在信息技术革命的推动下，财务报销流程技术正在从以算盘、计算器为标志的人工报销阶段，向以计算机、互联网、人工智能为基础的信息化、智能化报销阶段的转变。由于各单位的财务报销流程技术形态处于信息化、数字化、智能化进程的不同阶段，因而该流程技术形态还带有明显的物

① ［美］安德鲁·芬伯格：《技术批判理论》，韩连庆、曹观法译，北京大学出版社 2005 年版，第 220—223 页。

化装备技术、企业（或单位）文化或时代印记。至于如何应对电子发票、连号发票、假发票、跨境资金结算、汇率变动、政府采购、廉政建设等新问题、新情况的挑战，财务报销流程技术的进化更展现出积极应对新挑战，不断改进，吐故纳新，迭代升级等快速革新的时代特征。这也是社会技术的个别性、地方性或阶段性特色。

不难理解，与自然技术相比，社会技术的层次更高、结构更复杂、地方性与开放性更强、通用性更差，建构与运行更显柔韧性、开放性、灵活性或可塑性，也更容易吸纳外部新技术成果，因而常常被淹没于纷繁复杂的社会事务或时代潮流之中。这也是社会技术形态以及社会技术化进程长期不为人们自觉和接受的认识论根源之一。这里需要说明的是，第一章尤其是其中的“技术运动的基本形式”一节所叙述的自然技术的社会运动，其实也是社会技术化的一条重要路径或基础环节。只是以往人们大多停留在狭义技术观念上，并未从社会技术形态以及社会技术化视角加以审视和论述罢了。因此，在后续的分析和讨论中，我们将主要从社会技术层面或视角出发，就社会技术化的其他路径和环节展开重点论述，不再将自然技术层面的社会运作及其社会技术化问题作为分析和讨论的重点。

六、社会技术体系的开放式建构

具体或个别社会技术形态的创造、改进、扩散与引进，是社会技术化进程中的一个环节或微缩样本，也是分析和理解社会技术化的微观基础或标本。因此，剖析和澄清众多社会技术形态的创建与扩散过程及其机理，有助于推进对社会技术化进程认识的深化。系统是事物存在的基本方式，社会技术形态的创建与扩散也是以系统及其演化的方式展开的。技术创造是以技术系统的建构为基本目标的，展现出时间上的“阶梯”式进化与空间上的“嵌套”式建构之间的辩证统一。

（一）技术系统的建构模式

从技术发展史视角看，新技术系统的创建总是在所处时代的技术“平台”或技术世界演进的基础上展开的，前人的优秀文化遗产尤其是科学技术成果是后人创建新技术系统的现实基础或主要资源。从技术系统内部构成视角看，技术创造是一个吐故纳新的“扬弃”过程，是继承与创新、渐变与突变的有机统一。即在抛弃相关落后技术理念、原理、设计、结构与单元的同时，又继承了其中的优秀和合理的成分；继承之中有抛弃，抛弃之中又有继承。连续性与间断性是同一技术进化过程的两种属性，继承与改进体现了技术演化过程的连续性，抛弃与创造则是技术发展进程间断性的体现。这也就是为什么《专利法》规定撰写专利申请说明书时，必须写明“所属技术领域”和“现有技术（或背景技术）状况”的原因。[①] 不难理解，后发展起来的技术形态往往以“压缩”或“凝结”的方式继承了先前技术形态的多项成果，其中蕴含着该技术族系进化发展“历程”或“阶段”的大量技术“麽母”信息。

人类的技术创造活动总是在一定的历史境遇中展开的，先驱者的成功经验与失败教训多是后来者进行技术创新的现实起点；后来者的技术创造与改进也多是在众多先驱者技术研发成就基础上展开的。新技术形态及其构成要素并不都是崭新的，它往往是按照实现具体目的的技术需求及其投入，对众多现有技术成果的综合集成、优化创造。即使个别环节上的基础创新，也并非“飞来之物”，其中也不乏前人相关技术成就、经验或理念的启迪与借鉴。正如巴萨拉所指出的：“一旦我们积极地寻求延续性的证据，就会发现每一样新颖的人造物都有先祖。……不管何时我们碰到的一种人造物，不论它源自何时何处，我们都敢肯定地说，它是以一种或多种过去已有的人造物为原型造出来的。”[②] 前人的技术成果往往以文献、图纸、照片、规则、秘诀等信

① 甄煜炜：《专利——献给工程技术人员的书》，职工教育出版社 1989 年版，第 131 页。

② [美]乔治·巴萨拉：《技术发展简史》，周光发译，复旦大学出版社 2000 年版，第 226 页。

息形式，以及定型化的人工物技术形态或流程技术形态等实物形式流传于世。这些技术成果易于保存、传播，往往会以技术要素、单元或功能模块形式进入新技术系统的设计与建构之中。如此一来，后来者就不必再纠缠于前人已经解决了的老问题，而只需集中精力应对新出现的技术难题。新一代技术继承和保留了上一代原型技术的优点，改进或弥补了其中的缺陷，进而不断替换或淘汰所属技术族系中的落后技术形态。这就势必促使新技术形态的结构渐趋合理，功能不断拓展，效率逐步提升，从而呈现进化升级态势。由此可见，围绕主体目的的有效实现，技术进化中的累积性主要展现为时间维度上的“阶梯”式递进。

从逻辑的视角看，沿着从低级到高级、由局部到整体的次序，技术系统的建构则展现为以“复合”为特征的建构阶梯或演进层级。自然技术系统源于思维（或智能设计）技术形态（记作技术Ⅰ），技术Ⅰ经过研制和物化制作就转化为实物技术形态（记作技术Ⅱ）。技术Ⅱ为操控者所使用，与操控者的操作经验、技能相结合就转化为现实技术形态（记作技术Ⅲ）。以众多现实技术形态Ⅲ为建构单元和基础，在观念上筹划设计出相应的社会组织机构及其运作机制或流程（记作技术Ⅳ），该设计方案经过实际组建与磨合就转化为现实的基层社会组织机构或流程技术形态（记作技术Ⅴ）。众多技术Ⅴ为领导者所组织、操纵或调度，并与其领导技艺、意志或价值观念相结合，就转化为高一级社会组织体系或流程技术形态（记作技术Ⅵ）。如此就衍生出现实的各级各类社会技术形态。在上述技术系统的建构及其演进过程中，前面的低层次技术系统作为单元被依次组织或融入后面的高层次技术系统之中，自然技术系统也随之被纳入社会技术系统之中。这就是技术系统建构的逻辑阶梯或层级。在这里，低层次技术系统的改进会通过这一阶梯式构成“链条”为高层次技术系统所吸纳，并依次引发高层次技术系统层面的相应革新与优化。同样，高层次技术系统建构对低层次技术系统或单元功能的期盼或预设，也会通过这一阶梯式构成“链条”向下传递，刺激相关低层次技术系统结构与功能的定向改进。

（二）社会技术体系的扩张

技术创造往往是多层面、多路径、全方位展开的，既可以是低层次要素、结构、机制上的局部改进，也可以是高层次上全新技术系统或流程的整体塑造；既可以是人工物上的新发明，也可以是运转流程上的新改良；既可以是思维技术、自然技术层面的革新，也可以是社会技术层面的革新创造。技术形态以社会选择方式优胜劣汰，以社会遗传方式世代传承和累积，支持和推动着人类社会的持续进化和加速发展。同时，无论是技术创造或改进，还是技术扩散与引进，都是在一定的社会历史场景下展开的，都会受到技术体系内外多重因素的影响，其中的因果链条、传导机制、衍生或演进过程复杂多样，仍有待于进一步剖析和揭示。

现实社会技术系统总是以相关问题的解决或社会目标的实现为指向，以社会组织机制及其运行流程的建构为轴心，以现有技术族系尤其是自然技术成果为建构基础，进而使其转变为高层次社会技术体系建构与扩张的子系统。由于目的的层次性以及目的与手段转化衍生链条的开放性、扩张性或生长性，当人们沿着这一链条回溯时就很容易进入社会文化领域，触及社会生活的目的与价值。正是从这个意义上说，自然技术或思维技术只是建构社会技术的要素或基础部分，从属和依附于社会技术体系的创建。当然，社会技术本身也是以“族系”形式存在的，符合第一章“技术世界的网状结构”一节所描述的技术族系的形成机理与演进过程。不同的社会技术族系对应着不同的社会基本需求、目的或领域。例如，交通技术族系、教育技术族系、医疗技术族系、保险技术族系、军事技术族系等，就与社会的交通、教育、医疗、保险、军事等生活领域相呼应，并支持和推动着后者的演进。以下仅以某地汽车运输技术的先期引入为例，粗略地描述社会技术族系的生成机理与演进过程。

A 先生率先从外地购入本地的第一辆汽车，初步实现了快速运输或旅行的目标。但在随后的日子内，他却遇到了一系列影响汽车正常行驶的制约因素，需要逐个加以消除。首先，驾驶汽车是一项专门技能，需要接受专业技术培训并取得驾驶执照，这就离不开驾驶技能培训学校。其次，汽车行驶消耗燃油，需要不断加油，也离不开一定数量且布局合理的加油站。再次，汽车需要定期维护和保养，又离不开汽车维修点、洗车点等。还有，本地道路蜿蜒曲折，且多为土质的狭窄马路，雨天泥泞，坑洼不平；行人、马车、牲畜并行，交通秩序混乱等，导致汽车只能在拥挤颠簸中缓慢行驶，运输效率低下，安全性差。因此，为了发挥汽车潜在的技术性能，提高运输效率，就需要筑路、架桥、凿隧、开办驾驶培训学校、设立加油站、制定交通规则等一系列支撑和保障性技术设施，进而推动该地区道路交通运输技术体系的建构与扩张。这些相关技术单元的建构、改进以及彼此配套协同，将会逐步消除影响汽车行驶的约束技术要素，① 有助于汽车运输技术功效的提高，进而形成了一个以汽车运输技术为中心，向外辐射、链式衍生、开放扩张的交通运输技术族系。这就是温纳所谓的“技术律令”（technology imperative）概念：“技术是这样的结构，它们运作的条件要求对其环境进行重建。……它实质上只是具体说明了一种手段在处于正常运转状态之前需要什么必要条件出现。”② 该技术族系的成长既反映了相关技术单元或子系统对汽车运输技术的基础支撑作用，也反映了汽车运输技术对相关技术单元或子系统建构的刺激和牵引作用。这就是技术扩张中的互动共生并进机理以及技术生态系统的演化。

在技术体系进化过程中，某一层次单元性技术的创建或改进，既会对处于下游或高层次的技术系统构成支撑和推动，也会对处于上游或低层次的技术形态及其要素形成牵引和规约。“一些技术为有效发挥其功能而需要其他技术，不与其他技术和组织结构相连接，有些设备就毫无用处。技术之间的相互依赖形成了一种链式结构，在这种链式结构中，一项特定的技术操作的各个方面相互需要、相互交织。”③ 例如，加油站技术系统的创建将会拉动建

① 王伯鲁：《约束技术与企业技术进步方向》，《科研管理》1997 年第 3 期。

② Langdon Winner, *Autonomous Technology: Technics-out-of-Control as a Theme in Political Thought*, Cambridge: The MIT Press, 1977, p.100.

③ 梅其君：《技术自主论研究纲领解析》，东北大学出版社 2008 年版，第 88 页。

材、建筑、消防、炼油、计量、油料输送、专业培训等上游产业技术创新，也离不开这些领域相关技术形态及其改进的支持，进而生成了一个以加油站技术为核心，呈现汇聚（辐射）、衍生、开放状态的加油站技术族系。如第一章“技术世界的网状结构”一节所述，众多不同社会技术族系之间的这种相互交织、互动派生、生长扩张的发育建构机理，将会进一步生成一个纵横交错、互动共生、吐故纳新、立体开放且带有地域特色和时代印记的社会技术体系网络。其中，任一技术单元的创建、改进与运转都离不开相关技术单元或系统的支持，同样也会辐射、带动或牵引其他相关技术单元或系统的创建、改进或优化。

由于技术上的这种内在关联性、牵连性和衍生性，所以新技术形态的创造或改进总是一个现在进行时态，将会持续不断地进行下去，技术族系也将处于不断生长的开放式演进之中。这也可视为技术自主性的一种具体表现。局部技术革新所引发的一系列相关技术建构与改进过程，反映在生产实践层面上就是产业链、供应（或价值）链的重建或延伸，以及产业结构的形成及其演进。以往人们对技术进步的认识大多停留在这一层面上，未能就产业技术创造或引进所引发的生产关系与社会体制机制层面的社会技术建构或变革等问题展开深入探究，因而缺少社会技术视野或维度。

事实上，人们的技术活动与社会生活是一体两面、并存共生的表里关系，结成了一张“无缝之网”。任何技术创造或引进都是在一定的社会历史场景下展开的，离不开相关社会组织、体制、规范的联动、建构与支撑，即社会技术形态的创建与运作。正是从这个意义上说，纯粹的自然技术只存在于分析性的抽象思维领域，在现实生活中并非真实存在。在上述案例中，要提高汽车运输技术效率，除驾驶员的技能培训外，还需要建立道路勘察、设计、施工、养护队伍，制定道路交通法规，设立维持交通运输秩序的交通警察系统、裁决交通违法行为的法庭，以及政府的交通运输管理部门、财政金融体系等相关社会组织机构及其运作流程等。至于与这些社会组织体系相关联的间接的、衍生的社会技术支持网络，更是开放的、结构复杂的和内容庞杂的。这就是生产关系或社会关系层面的技术建构与运作。

正如生产力与生产关系之间的矛盾运动一样，自然技术层面的创造、改进与引进是推动社会技术建构和演进的基础或动力之源。上述案例中每一个技术单元或系统的建构与运转背后，都必然伴随着相关社会组织的建构、规则制定以及运转流程的塑造，都要求这些社会组织及其成员按照所属技术系统本身的特点、属性与规则行事，依次高效有序联动。例如，作为保障汽车技术正常运转的一个子系统，加油站的建设及其运转必然伴随着营业执照的申领、人员技术培训以及油料采购与销售、加油操作规程、消防安全制度等相关社会管理规范与工作流程的确立。这些相关社会组织机构或部门及其运转流程兼具技术属性与特点，可视为社会技术形态。这一层面的技术建构、演进与推广也是社会技术化的具体表现。但受狭义技术观念的束缚，长期以来，人们"只见社会组织、机制、规则、规范而不见其背后的社会技术形态"，无视生产关系或社会关系层面的技术建构与运作，难以形成或接受社会技术观念，也看不到社会技术对自然技术的统摄与引领作用等。

七、社会技术的价值负荷

所谓"目的"就是人们根据自身需要或价值诉求，凭借观念、理智或思维的凝聚和创造品性，预先设想的行动指向或结果。目的可以源于欲望、灵感、情感等非理性因素，但它的实现过程却愈来愈在认识、评估、设计和建构等环节合理谋划的基础上有序展开，也有赖于相关技术形态的创建与运作。这就是人的技术活动模式，也是人有别于其他物种的基本特征。技术中包含着技术构造和社会文化两重因素，技术形态及其活动意义的解读既需要社会科学的经验主义方法，也需要人文学科的解释学方法。技术活动中所蕴含的价值取向、利益诉求与权力格局，根源于技术的设计者、建构者和操控者的价值自觉与博弈，可以通过解释学、社会学等方法加以揭示和说明，技术的多种可能性也可以通过尝试、转化与设计得以具体实现。因此，在任何具体技术系统的设计、建构与运行过程中，我们总能够分辨出其中的意志指向或价值诉求等因素。

与自然技术形态相比，社会技术的目的更明确、任务更具体、地方性更强。在社会实践活动中，自然技术往往处于“目的—手段”链条延伸、派生与转化的末端，支持和服务于处于该链条前端或高层次的诸多社会目的的有效实现。例如，桥梁技术的直接目的就是跨越江河湖海、沟壑阡陌等障碍物，服务于缩短通行距离、提高出行或运输效率的社会目的，进而演变为当地交通运输技术体系中的一个关键环节。正是从这个意义上说，所谓的自然技术都或直接或间接地服务于各类社会目标的实现，都可视为社会技术体系的建构基础、片段、单元或子系统。人们历来重视技术的功能或价值，然而技术形态中是否隐含或渗透着设计者或创建者的价值诉求或意志指向的问题，直到近几十年来才为学术界所关注和讨论，进而出现了“价值中立论”与“价值负荷论”之争。[①] 事实上，两者之间的分歧根源于技术观念上的对立。一般地说，价值中立论往往与狭义技术观念一脉相承，而价值负荷论则常常与广义技术观念同气连枝。

（一）价值中立论

价值中立论者通常陷于狭义技术视域中，多采用孤立、静止、片面、还原的分析方法审视技术形态与技术活动，割裂了目的与手段、低层次技术系统与高层次技术系统以及相关事物之间的有机联系。他们往往无视技术活动中人的因素与物的因素之间内在的历史联系，误以为操控者并不是技术系统的构成单元，技术系统可以不依赖于创造者或使用者而独立存在；把人工物技术形态从流程技术体系中剥离出来，把技术创建者或操控者及其社会文化背景，从技术系统的设计、建构与运行过程中剔除出去；只看到技术系统中物的

① 刘大椿：《“自然辩证法”研究述评》，中国人民大学出版社 2006 年版，第 328—336 页。

因素或自然技术形态，而看不见其中人的因素、价值诉求、社会关系或社会技术形态。在价值中立论者看来，作为人类活动的工具或手段，技术本身只具有使用价值；技术与目的相分离，一种技术可以为多种目的服务。因此，技术在价值上是中立的，没有善恶好坏之分，只有性能上的优劣高下之别。

价值中立论主张，技术是一种单纯的工具或手段，本身只具有工具属性或功能，在价值上是中立的。所谓的价值负荷其实与技术本身无关，主要取决于使用者的价值选择及其意志倾向，即在技术运作过程中由使用者现场临时注入或转嫁；不同的使用者在不同的场景中会赋予同一技术形态不同的价值指向或利益诉求。因此，从表面上看似乎就造成了技术负荷价值的假象，而技术本质上却是价值中立的。例如，在价值中立论者看来，菜刀具有锋利的属性，使用者可以用它切菜，也可以用它砍杀敌人，还可以用它宰杀牲畜等。因此，不能把菜刀使用者的价值选择或意志指向，误以为就是菜刀本身的价值负荷或内在禀赋。

（二）价值负荷论及其论辩

价值负荷论者从广义技术观念出发，系统、全面、动态地审视技术系统的建构与运行过程；主张作为技术的创造者、操纵者或建构单元的主体，内含于目的性活动序列、方式或机制之中，与物化技术因素融为一体，不容分割。这里的“序列、方式或机制”是“目的性活动过程”所蕴含的，或者说是与“目的性活动过程”合而为一的。该过程的演进总是围绕着“目的”的实现路径与方向展开的，或者说内在地包含着目的指向、机制设计、结局预见等意向性结构；而“目的”“意向”又是主体萌发和坚持的，是其意志或价值观的体现，[①] 因而负荷其意向与价值诉求。正如庄子所言：“有机械者必有机事，有机事者必有机心。”[②] 简而言之，现实技术形态与目的不可分割，

---

① Carl Mitcham, *Thinking Through Technology: The Path Between Engineering and Philosophy*, University of Chicago Press, 1994, pp.247–250.

② 《庄子》，孙通海译注，中华书局 2007 年版，第 203—204 页。

目的与主体不可分割，主体与价值诉求不可分割，因而技术必然负荷价值。事实上，任何技术活动无不渗透着人们的智慧、创造、意向或追求，无不体现出人们的目的和愿望，无不蕴含着人们的意志指向和价值追求。在广义技术视野中，技术是主体的创造物，主体参与技术系统的建构与运作，是技术系统不可或缺的构成要素或灵魂。因而技术必然负荷和体现着创造者的价值诉求或意志倾向。这也是技术实体论暗含的重要前提。

价值负荷论者认为，技术在政治、文化、伦理等维度上并不是价值中立的，技术创造者或使用者的价值取向必然会转移、渗透或体现在技术形态之中，因而任何技术形态中必然蕴含或折射着一定的意志、道德、审美、宗教等层面的价值追求，即技术负荷特定的社会集团或个人的价值诉求。在社会实践过程中，技术设计、建构、运行、评估、调控等环节上的观点分歧或利益冲突，就是这一特征的具体表现。该理论主要从三个层面上反驳了价值中立论：

1. 自然物都具有一定的天然属性，这是设计和建构技术系统的物质基础

例如，竹片富有弹性、牛筋柔韧、箭镞锋利等，以三者为原材料可以制作弓箭。作为人工物技术形态的弓箭结构产生了新的功能，即可以将弓弦蓄积的弹性势能转化为箭镞发射的动能，用以杀伤猎物或敌人等。这里不难理解，无论是技术的属性还是结构与功能，对设计者和使用者来说都是有意义的，这就是技术的使用价值。正是从这个意义上说，技术负荷价值。

2. 技术功能并不是完全中性的，其用途、价值或目的指向往往内置于技术系统之中，这也是创建者意向性的体现，以便更容易实现设计者或使用者的价值诉求或意志指向

正如老子所言："夫兵者，不祥之器，物或恶之，故有道者不处。"[①] 国际社会之所以致力于核不扩散，许多国家的法律之所以禁止持有或买卖枪

① 《老子》，饶尚宽译注，中华书局2006年版，第79页。

支，其原因就在于它们都是毁灭生命的武器，潜藏着多重危险或危机。为此，要消除战争的威胁就需要人们化剑为犁，销毁武器。荷兰学派将技术道德化的思想就是基于这一理念而展开的。[①] 正如波兹曼所言："每一种工具里都嵌入了意识形态偏向，也就是它用一种方式而不是用另一种方式构建世界的倾向，或者说它给一种事物赋予更高价值的倾向；也就是放大一种感官、技能或能力，使之超过其他感官、技能或能力的倾向。这就是麦克卢汉的警句'媒介即讯息'的意思。"[②] 因此，要改变或重塑技术的价值负荷，就必须从改变技术的设计、结构与功能入手。当今有关人工智能技术研发的道德自律、道德代码嵌入等举措就是按照这一思路推进的。[③]

3. 人是现实技术系统的构成单元和"灵魂"，离开了人的创造与操纵就没有技术系统的建构与运行

没有人安装子弹、瞄准与扣动扳机的动作序列，就没有射击技术系统的运作；没有司机的驾驶与维护，就没有汽车运输技术系统的正常运转；没有人们事先的程序编写、输入、操纵、监控与维护，也不可能有机器人或无人机的运作。作为人工物技术形态，菜刀、弓箭、步枪、汽车、机器人等都是所处流程技术形态的构成部分或标志，但却并非所属高一层级技术系统的全部。在这里，只见物化技术，而不见智能技术；只见"死的"人工物技术形态，而不见其所从属的"活的"流程技术形态，尤其是其中的主体能动性及其背后潜在无形的思维技术的支撑以及对社会技术系统的操控，是狭义技术观念与价值中立论的通病。其实，"发明的过程不单纯是技术的：抽象的技术要素必须进入社会限制的情境中。因此，技术作为技术要素发展而成的整体，比部分的总和还要多。技术在选择和安排组成它们的技术要素的过程中

---

① ［荷］彼得·保罗·维贝克：《将技术道德化：理解与设计物的道德》，闫宏秀、杨庆峰译，上海交通大学出版社 2016 年版。

② ［美］尼尔·波兹曼：《技术垄断：文化向技术投降》，何道宽译，北京大学出版社 2007 年版，第 7 页。

③ AI at Google: our principles. https://www.googblogs.com/ai-at-google-our-principles/.

满足了目的的社会标准。”① 即由此完成了价值负荷过程。

在这里，技术的价值负荷集中体现在技术设计环节和操控者身上。价值中立论的错误就在于“只见树木而不见森林”，孤立地看待人工物技术形态及其操控者，而没有看到两者共同构成了一个现实的有机的高层级技术系统，在实际运行过程中又展现为一个完整的技术流程。正如陈昌曙所指出的：“如果只把技术或技术手段看作是中性的工具，或强调要把技术本身（无善恶）同技术的社会应用（有善恶）作截然的划分，确也难以充分论证。难道能说植树造林技术本身不是善的，研制化学武器、细菌武器的技术本身不是恶的。而且，把技术同技术应用分开来在道理上也不周密，技术本身就是动态系统，就是活动，就离不开应用，离开了应用就不成其为完整意义上的技术或现实技术。”② 由此可见，“见部分而不见整体”“见表象而不见本质”“见物而不见人”“见静态人工物而不见动态流程”的狭隘技术观念或视角，往往看不到运行中的现实技术形态本身所负荷的价值。因此，价值中立论者才倾向于将技术本身所负荷的价值与技术形态割裂开来，简单地归咎于本该属于技术系统构成要素的操控者身上。

（三）西方学者对价值中立论的批判

作为现代社会的最大内生变量，技术及其演进引起了学界越来越多的关注与讨论。对技术价值中立论的否定或批判也成为许多当代西方哲学流派的特征之一，他们更多的是从社会技术形态或技术的社会应用视角切入的。马尔库塞对技术理性的批判在现代西方学术界产生了广泛影响。他在批评“价值中立论”时指出：“面对着这个社会的极权主义特点，技术‘中立’的传统观念不能再维持下去了。不能把技术本身同它的用处孤立开来；技术的社

① ［美］安德鲁·芬伯格：《技术批判理论》，韩连庆、曹观法译，北京大学出版社2005年版，第94页。

② 陈昌曙：《技术哲学引论》，科学出版社1999年版，第239页。

会是一个统治体系，它已在技术的概念和构造中起作用。”① 在批判韦伯“合理性”概念的基础上，他进一步指出：“技术理性的概念，也许本身就是意识形态。不仅技术理性的应用，而且技术本身就是（对自然和人）统治，就是方法的、科学的、筹划好了的和正在筹划着的统治。统治的既定目的和利益，不是‘后来追加的’和从技术之外强加上的；它们早已包含在技术设备的结构中。技术始终是一种历史和社会的设计；一个社会和这个社会的占统治地位的兴趣企图借助人和物而要做的事情，都要用技术加以设计。统治的这种目的是‘物质的’，因此它属于技术理性的形式本身。”②

芬伯格从他的技术工具化理论和技术代码理论视角出发，也揭示了技术的价值负荷特征。他虽然并不否认技术原理、单元、要素的中立性，但却指出它们只有被纳入实现具体目的的结构或流程体系之中时，才能转化为现实的技术形态，进而完成价值负荷。“技术的社会特点不在于内部运作的逻辑，而在于这种逻辑与社会情境的关系。”③“这些社会目的虽然体现在技术中，但并不因此就仅仅是中性的工具可以满足的外在目的。特殊目的的体现是通过技术与它的社会环境的‘配合’而实现的。结合在技术（technology）中的技术观念（technical ideas）是相对中性的，但是我们可以在技术中发现一种社会决策网络的痕迹，而这种社会决策网络按照一定的利益或价值，预先构造了一个社会活动的领域。”④ 他还进一步分析指出，技术代码就是技术所负荷的多重价值的具体体现。“尽管现代科学、技术和社会组织在目的和制度结构上根本不相同，但是它们共有一种类似的抽象方法和类似的微观技术的基础。由于

---

① Herbert Marcuse, *One-Dimensional Man: Studies in the Ideology of Advanced Industrial Society*, Boston: Beacon Press, 2002, p.xlvi.

② 转引自［德］尤尔根·哈贝马斯：《作为“意识形态”的技术与科学》，李黎、郭官义译，学林出版社 1999 年版，第 39—40 页。

③ ［美］安德鲁·芬伯格：《技术批判理论》，韩连庆、曹观法译，北京大学出版社 2005 年版，第 95 页。

④ ［美］安德鲁·芬伯格：《技术批判理论》，韩连庆、曹观法译，北京大学出版社 2005 年版，第 94 页。

这个原因，科学和技术的规律能够为它们所服务的霸权提供霸权所要求的应用。但是我们越往下接近基础，这些应用得以构成的要素就越不明确。这就是技术的两重性的来源。因此，技术代码需要将应用与霸权的目的结合起来，因为科学和技术可以并入许多不同的霸权秩序。这也就是为什么新技术能够威胁到统治群体的霸权，直到新技术从战略上形成代码，这种威胁才会消除。”①

拉普立足技术应用的社会场景及其多重效应，从三个层面指出了“价值中立论”的缺陷：“第一，技术过程和对象当然并不总是事实上中立，……然而技术并不是独立于物理过程和个人及社会生活的自我封闭的事物。它产生于这些领域，而且不仅是为达到预想目的可自由采用的手段。尽管它从来就是如此，但只是在近来由于生态危机和材料能源短缺，人们才意识到这一点。”“第二，技术不仅会产生物理上的副作用，同样还会产生感情和精神上的影响。……由于技术是日常生活的一个组成部分，因此它必然影响人的思想感情。”“第三，最后如果认为技术手段是社会中立的就错了。……技术条件不能不影响到特定的经济、社会、政治和文化条件。的确没有哪一个生活领域不受技术的直接或间接的影响。”② 因此，在拉普看来，价值中立论是站不住脚的。

概而言之，西方学者对价值中立论的这些批评都是中肯的，切中了它的要害。事实上，现实生活中的人都是知、情、意等多重属性与特征的复合体，并存着多元价值诉求与意义追寻。作为实现这些价值目标的序列、方式或机制，技术的建构与应用必然负荷多重意义、价值或意向；同时，任何一种价值追求及其所依赖的技术形态的运转，也会通过操纵者的观念或社会体系的中介而影响到其他价值形态的实现。在这里，社会矛盾、道德困境以及主体间的利益冲突或价值观念上的对立，也是催生对立技术形态创建及其演进的社会历史根源。

---

① ［美］安德鲁·芬伯格：《技术批判理论》，韩连庆、曹观法译，北京大学出版社 2005 年版，第 96 页。

② ［联邦德国］F. 拉普：《技术哲学导论》，刘武等译，辽宁科学技术出版社 1986 年版，第 47 页。

第三章　社会技术化的发生与发展

社会技术化就是在社会生活诸领域或层面展开的技术创造、扩散、渗透、引进与应用的过程，既关联思维技术形态与自然技术形态，更关涉社会技术形态。事实上，不同时代或地域的技术进步都是通过社会技术化途径或方式实现的。鉴于以往学术界对自然技术层面的社会技术化过程探讨较多、争议较少，人们也最为熟悉，以下主要从社会技术层面入手，分析和讨论社会技术化问题。社会技术形态是技术存在与演化的现实方式，它的创建、改进与推广应用既是技术进化的标本、片段或缩影，也是社会技术化的中间环节、微观基础或表现形态。从历史与逻辑视角剖析社会技术化的起点、路径、环节、构成单元与微观机理等，正是探究社会技术化问题的切入点和理论基础。

一、社会技术化的历史起点

历史、现实与未来是事物演进的三个阶段，历史分析法是人们认识复杂事物及其流变的基本方法。正如马克思所指出的："要了解一个限定的历史时期，必须跳出它的局限性，把它与其他历史时期相比较。"[①]社会现实是由社会历史演变而来的，其间存在着复杂的时间性关联，因此对事物历史的追

---

① 《马克思恩格斯全集》第44卷，人民出版社1982年版，第287页。

溯有助于更全面深入地探究事物的现实与未来。同样，对社会技术化历史源头的追溯，也是分析现代社会技术化、展望其未来发展趋势的切入点。这就是历史主义的研究进路。如第一章“技术活动模式的确立”一节所述，社会技术化在人类社会的历史进程中渐次展开，源于新技术形态在社会生产与生活领域的不断创造、改进和推广应用，社会技术形态在其中扮演着重要角色。

古人类学研究表明，伴随着人猿揖别，类人猿群也进化到了原始人群，原始社会形态开始出现。“躲避自然的威胁、维持人类的生活的第二个方法是，人类形成社会，产生群体。人类所拥有的个人力量是无法对抗自然的。人类有生理、肉体上的局限。要超越这个事实，即超越这个局限与其说是依靠人类向肉体的方向努力来实现，倒不如说是向与社会的结合方向的努力来实现。”①原始社会始于人类的诞生，终于奴隶制的形成，前后经历了长达300多万年的原始人群（蒙昧时代）和氏族公社（野蛮时代）两个历史时期，后者又可划分为母系氏族公社和父系氏族公社两个阶段。原始社会由原来的小群体生活、氏族再到部落、部落联盟，最后部落联盟解体才逐步过渡到奴隶制社会（文明时代）。

在原始社会初期，社会组织主要是从事采集和渔猎以维系生计的原始群体，人数一般不过几十人。先民们居无定所，居住地常常随季节、物产的变化或天然生活资料的有无多寡而迁徙。然而，在向自然界直接索取物质生活资料的过程中，人与人之间的交往和协作活动是必不可少的，从而推动了社会组织建构。“社会——不管其形式如何——是什么呢？是人们交互活动的产物。”②先民们彼此之间交流信息、感受、经验、情感等，协调生产劳动或生活事务，维系群体的生存、繁衍与生活秩序。语言就是在这一时代背景下产生和发展起来的。先民们使用天然工具或粗制石器进行劳作，当时的劳动

① ［日］仓桥重史：《技术社会学》，王秋菊、陈凡译，辽宁人民出版社2008年版，第50页。
② 《马克思恩格斯文集》第10卷，人民出版社2009年版，第42页。

技能与生产效率低下，要想生存下来就只有彼此联合起来，依靠扩大了的群体力量从事采集果实和渔猎等简单劳动，抵御自然灾害以及包括猛兽袭击在内的外族入侵。“我们越往前追溯历史，个人，从而也是进行生产的个人，就越表现为不独立，从属于一个较大的整体：最初还是十分自然地在家庭和扩大成为氏族的家庭中；后来是在由氏族间的冲突和融合而产生的各种形式的公社中。”① 由此可以推断，在原始群体内部最先形成的组织技术形态，可以追溯至原始劳动或日常生活过程中偶然出现的彼此配合或简单协作，即群体成员之间尚未出现稳定明确的社会分工，只是将分散的个体力量偶尔联合起来，临时汇聚成强大的集体力量，合力协同完成一项临时性的艰巨劳动任务或大型事务。

长期以来，人们误以为简单协作起源于资本主义生产方式形成之初。② 其实，简单协作的萌芽却可以追溯至原始社会早期，甚至比自然分工产生的时间还要早，因为后者直到氏族公社时期才开始出现。在原始人群阶段，劳动工具简单，生产力水平低下，尤其是个体的力量或能力十分有限。在当时，个体追逐猎物的狩猎方式应该是仅次于工具制作的生产技术活动，但是单凭个体能力猎获动物的效果差、效率低，难于捕获奔跑速度快的小型动物或体形健硕的大型动物。同样，如果众多猎手齐头并进，共同追击一只或多只猎物的效果也比较差。经常是猎手们先于猎物而精疲力竭，最终使猎物得以逃脱，功亏一篑。在长期狩猎经验教训的基础上，先民们逐渐发明和改进了围猎技术形态。即利用河流沟壑等自然地势，采取埋伏、围追堵截等之间的相互协作方式，众多猎手之间彼此呼应，合力协作围捕猎物，从而使狩猎功效得到明显的提高。不难理解，围猎也是原始社会早期人类技术活动模式的一种典型形态。

事实上，这里的围猎方式就是一种简单协作，已具备了后世社会生产劳

---

① 《马克思恩格斯全集》第 30 卷，人民出版社 1995 年版，第 25 页。

② 《马克思恩格斯全集》第 44 卷，人民出版社 2001 年版，第 374 页。

动中简单协作的雏形和基本特征，创造出众多分散的猎手及其之间简单加和所难以企及的功效。作为一种社会技术的原始形态，机动灵活的围猎方式一方面创造出一种强大的集体合作力量，形成了随猎物奔跑而动态调整的攻击态势，产生了超过众多猎手分散攻击时的简单加和功效；同时，也增强了猎手之间接触、交流与互动的机会，促使猎手们精神亢奋，从而提高了狩猎效果与效率。另一方面在短时间内聚集了大量人力，能快速捕获猎物，也减少了猎物漏网脱逃的概率。此外，还扩大了狩猎活动的地域范围和猎物种类，完成了以往单个猎手难以企及的艰巨狩猎任务，如捕获大象、老虎、狮子等猛兽。这里需要强调的是，狩猎可视为后来战争的萌芽或预演，围猎就是后世兵法、阵法、战术的雏形，也是人们发挥主观能动性和技术创造力的重要场所。北京猿人头盖骨上的裂纹和孔洞，很可能就是被另一族群当作猎物或战俘捕杀的实物证据。①

作为一种原始的简单协作方式，围猎可视为原始人群发育最早和成熟度最高的社会组织技术形态，本质上属于生产力技术范畴。围猎是狩猎方式上的一次重大技术创造，它将以往分散的单个狩猎者组织起来，形成集中精准攻击猎物的强大合围态势；视猎物逃跑或攻击动向、现场地形地势等因素适时灵活发起捕杀行动，进而使猎物惶恐不安，首尾难顾，无处藏身，无路可逃。伴随着语言的出现，在围猎过程中猎手之间通过语言、呼喊声、敲击声、暗号、手势等方式传递信息，实时通报猎物行踪或动向，协调彼此之间的捕杀行动。同时，围猎也可以起到惊扰猎物的作用，使其一直处于惊恐的奔跑逃命状态，消耗体力，以便最终顺利捕获。早期的具体围猎方式（或战术）多是在狩猎实践活动中摸索出来的，不排除借鉴了狼群等动物的天然捕食方式，博弈性、可塑性或灵活性较大。后来，先民们很可能已经能够依据猎物种类、地形、季节、器械、猎手人数等特点，制订不同的围猎方案或战

① 参见《北京猿人是最早的史前食人族》，http://scitech.people.com.cn/GB/53757/ 4336278.html。

术计划；甚至还能够根据猎手特长、狩猎过程的实际需要，临时分化出侦察或监视猎物尤其是猛兽行踪的侦察员，或者发号施令、协调狩猎行动以及搬运和分配猎物的指挥员等职能，在狩猎活动中开始打破猎手之间的同质化的平等状态。这些都可以视为后世劳动分工的萌芽。此后，随着原始人群的迁徙以及彼此之间的交流、融合、分裂、战争等途径，先进的围猎方式（或战术）、狩猎工具等技术成果开始向外传播和扩散，为其他原始人群所借鉴和采用，成为人类历史上最早的一批社会技术化成果。

随着血族群婚、对偶婚、族外婚的出现，先民们开始步入了氏族公社时期。由于个体年龄、性别、体力等生理因素方面的差异，在氏族公社内部逐步出现了最初的社会分工——自然分工技术形态：成年男子外出狩猎、捕鱼、打仗；妇女采集果实，从事原始农业或畜牧业生产，料理家务，制作食物和服饰；老人指导或制作、修理工具和武器；小孩在游戏中模仿生活场景，学习生产与生活技能，辅助妇女或老人劳作。原始氏族公社以血缘为纽带，结构松散，生产效率低下，生活资料匮乏，同一工种或不同工种之间开始萌发简单协作关系。进入氏族公社后期，为了提高劳动效率，先民们开始关注同一工种（或生产过程）的分解以及不同工种之间的协作或配合关系；摸索按照资源禀赋、产品、生产过程或环节配置劳动力与工具的可行方案，孕育了原始农业或畜牧业生产组织的雏形。原始社会后期开始的第一次和第二次社会大分工，就是在自然分工演化和生产力发展的基础上出现的。

从表面上看，自然分工是“自然而然”地发生（即自发形成）的劳动分工，似乎没有人为设计或创建的痕迹，可视为技术自主论的证据。其实，这是由于缺乏历史主义视角而对自然分工产生的一种误解：一方面，自然分工是一种原始的社会技术形态，属于生产力技术形态范畴，但却并不是一种纯粹的自然技术形态。另一方面，自然分工是先民们在长期的生产实践中逐步摸索出来的，是在丰富的生产与生活经验的基础上自发建构的，历经自然选择与数万代人社会选择的双重塑造和不断优化；同时也是符合理性、人性以及当时社会生产力发展实际情况的，更是符合技术的效果原则与效率原则的。同样，当初的粗制石器及其制作技术、自然分工技术、火种的获取和保存技术、劳动经验技能等原始技术成果，通过多种信息交流途径在氏族公社内部，或者从先进的氏族公社向落后的氏族公社传播和扩散，成为那一个时代社会技术化的主要内容。

自然运动是自发过程，而社会运动则是人们广泛参与的自为过程。自然分工技术是社会进化的产物，是有意识、有目的的先民们世代摸索、尝试、优化和选择成果的结晶，并依靠社会遗传方式世代传承。后代人一开始就生活在现行的自然分工体系之中，在社会化过程中逐步接受了这种近乎完美的自然分工方式，容易习以为常而不自觉或自知。因此，我们既要看到自然分工以及后来三次社会大分工的自发性、客观性和历史必然性，也要看到其中的人为设计、创造、建构和改进的痕迹，即先民们的智慧、尝试和经验的历史凝结与自觉选择。正如恩格斯所述："历史是这样创造的：最终的结果总是从许多单个的意志的相互冲突中产生出来的，……而这个结果又可以看做一个作为整体的、不自觉地和不自主地起着作用的力量的产物。……到目前为止的历史总是像一种自然过程一样地进行，而且实质上也是服从于同一运动规律的。"①

二、社会技术化的路径与层次

社会发展史表明，人一开始就是社会的人，任何新技术的创造与应用总是在一定的社会历史场景下展开的。源于个体或组织创造的新技术成果以及以个体或组织为基本单元的社会技术建构，必然会向社会生产与生活诸领域或层面扩散或渗透，进而引发社会体制、运转流程乃至上层建筑领域或层面的一系列变革。"工具性标准和动机主要通过两种机制得以强制推行。首先

① 《马克思恩格斯文集》第10卷，人民出版社2009年版，第592—593页。

是一种心理构成方式，你的个性中适应技术的那一面开始对个性的其余部分施加控制。其次是一种社会环境状态，所有的问题最终都从工具的角度而加以定义，并且只有工具性考量才真正具有影响力。在这两种机制中，技术统治的集权主义性质变得极为明显不过。”① 由此可见，技术建构与运行既是社会生活的基本特征，也是认识社会结构及其演进的重要维度。在社会体系的层次结构中，由于组织、团体与社会之间划分的相对性，一个大型组织也可视为一个小型社会。同样，低层次组织的技术化在一定程度上也能折射出整个社会技术化的基本属性与特征，可以作为研究社会技术化问题的标本或片段。第八章“社会技术化的测度与评估”一节就是在这一认识的基础上展开的。这里对社会技术化属性与特征的讨论就是在组织技术化基础上展开的。

（一）社会技术化的三条路径

社会是人们彼此交往、相互交流的产物和场所。在物质资料生产过程中，人们之间必然发生经济往来，从而形成最基本的生产联系。“他们依着互通有无、物物交换和互相交易的一般倾向，好像把各种才能所生产的各种不同产物，结成一个共同的资源，各个人都可从这个资源随意购取自己需要的别人生产的物品。”② 在经济交往中人们之间会建立起生产关系，进而发生政治交往和思想交流，建立起与生产关系相适应的政治关系和思想意识形态等，由此而结成的生活共同体就是社会。为此马克思才指出：“人的本质不是单个人所固有的抽象物，在其现实性上，它是一切社会关系的总和。”③ 我们不仅要从物质实体视角看待社会，更要从关系实在维度理解社会及其技术属性。正如蒂姆·英戈尔德（Tim Ingold）所指出：“为了把握这种实在，沃

① Langdon Winner, *Autonomous Technology: Technics-out-of-Control as a Theme in Political Thought*, Cambridge: The MIT Press, 1977, p.231.

② [英] 亚当·斯密：《国民财富的性质和原因的研究》（上册），郭大力、王亚南译，商务印书馆 1972 年版，第 16 页。

③ 《马克思恩格斯选集》第 1 卷，人民出版社 2012 年版，第 139 页。

尔夫建议，我们必须从各种关系中去了解社会生活，认真寻找出那些‘既有的、建立的、派生出来的、已经被废止的关系，以及它们的交叉和重叠，而不能把社会生活看成为僵化的、受到限制的和均质的实体’。”①

历史唯物主义认为，生产力与生产关系、经济基础与上层建筑之间的对立统一就是社会运动的基本矛盾。其中，经济基础就是在一定社会中占统治地位的生产关系的总和。由此可见，生产力、生产关系（经济基础）和上层建筑构成了社会体系的三个基本层次。如第一章“技术活动模式的确立”一节所述，技术活动模式是人类生存与发展的基础或支点，是文明建构的元素和社会发展的基本格式，辐射与渗透力极强，如幽灵一般无孔不入。一般地说，在社会实践活动中，局部的、个别性的技术创造与引进将率先在某一社会领域或层面发生，随后按照社会技术体系的肌理或内在关联性依次传导，进而引发连锁反应，推动社会体系多领域、多层面的技术建构、改进与运作。新技术成果由点及面、自下而上或自上而下的传导、融合、衍生和牵引，是社会技术体系建构、进化、迭代、传播的主要机理。这一历史进程就是所谓的社会技术化。新技术成果的这一扩散、传导、衍生与联动效应，既是人们价值选择或利益攸关方博弈的结果，也是追逐功效、秩序或确定性的人的技术性的具体表现，具有不以人的意志为转移的历史必然性，因而也被技术自主论者视为技术自我繁殖、自主进化的主要根据。

技术创造与推广应用是社会技术化的历史源泉与逻辑起点，就某一具体社会形态而言，其技术化的源头可以由此划分为内源型与外源型两大类。简言之，新技术成果主要沿着三个方向扩散或传播，进而形成了社会技术化的三条基本路径：一是在同一层次、领域或行业内部由点及面式的扩散。由于技术上的相似性以及日常业务上的频繁往来，新技术成果在功能、效率等方面的优势或先进性，容易在同行业内部或同一技术层次上产生示范和辐射效应，促使同行以新技术成果直接替换相关技术系统或单元，推动同类落后技术系

① ［英］费比恩：《进化》，王鸣阳译，华夏出版社 2006 年版，第 96—97 页。

统的吐故纳新或更新换代。事实上，同一领域或行业之间的竞争最终都归结为对先进技术功效的追逐，这也可视为新技术研发、扩散或引进的外部动力。

二是向高层次或下游技术领域传递。在社会技术体系的层次结构中，低层次的技术创造或引进成果容易向高层次技术领域渗透或传导；在替换后者中的同类落后技术单元或子系统的同时，也会自下而上地引发高层次或下游技术系统的适应性调整、改进乃至重建，形成社会技术化的上向因果链。例如，互联网技术的不断改进以及向社会生活众多领域的渗透，就催生了电子商务、网上银行、电子政府等新型社会组织形态及其运转流程、规范和制度，加快了社会的信息化改造进程。

三是向低层次或上游技术领域传导。在社会实践活动中，技术创造或改进也可以率先在高层次社会体系层面展开，以便规划、设计、引导和实现宏伟的社会目标。这一新技术成果也会自动向社会技术体系的低层次或上游技术领域传导，刺激相关技术单元或子系统及其运转流程的创造与改进，引领其技术发展方向，形成社会技术化的下向因果链。例如，围绕减少温室气体排放量这一宏伟的环保目标，从《联合国气候变化框架公约》《京都议定书》到《巴黎协定》，国际社会做出了多年的持续努力，并制订了相关路线图与核查机制等。这一高层次的远大社会目标、相关社会技术创造与国际联合行动传导到各国政府和跨国公司，就引发了后者的发展战略、产业政策、社会组织及其制度等层面的一系列技术性变革；传导到产业领域，就引发了产业技术的绿色化或生态化改造等生产技术转型。

（二）社会技术化的三个层次

对新技术成果的引进或吸纳既是技术扩散的结果，也是分析社会技术化的另一个逻辑起点。由于社会体系与社会技术体系存在方式上的一体性、结构上的同构性、演变上的同步性，因而沿着从低到高的顺序，社会技术化及其成果也主要体现在生产力、生产关系（经济基础）和上层建筑三个层次上。一般地说，生产力层面上的技术化最为活跃和明显，且多以自然技术形态出现，因而以往学术界的争议或歧义较少。构成生产力的劳动者、劳动资料和劳动对象三要素之间相互依存、互动共生，三者所形成的具体结合方式、运作机理及其流程就是生产力技术形态。其中，任一要素上的创造、改进或引进都会牵动另外两个要素的变革或适应性调整，从而不断提升生产力技术形态的功效，提高生产力水平。例如，分工协作、泰勒的科学管理模式、生产规划和调度等都是典型的生产力技术形态（即生产力三要素之间的具体结合方式、运作机理及其流程），都致力于提高劳动生产率。受狭义技术观念的束缚，以往学术界只重视对劳动资料技术形态，以及外在的科学技术成果向现实生产力各要素渗透、转化问题的讨论，却忽视了对更高一层次的生产力技术形态本身以及生产力层面社会技术化过程与机理问题的探讨。

生产力主要反映了物质生产过程中人与自然之间的关系，而生产关系则反映了其中人与人之间的关系，即生产活动展开的社会方式或机理。以往生产关系（经济基础）层面上的技术化多是自发的、被动的和悄然展开的，潜在于社会生产实践活动之中。从静态视角看，生产关系包括生产资料的所有制形式，人们在生产活动中所处的地位及其相互关系，以及由这两者决定的生产、分配、交换和消费关系等，这些都是在生产活动中由阶级以及利益攸关方博弈、妥协而形成的。从动态视角看，生产关系主要展现为生产、分配、交换、消费四个环节的依次流转与有机统一。在社会物质生产活动中，按照技术原则与规范建构、表征和改进生产关系的过程就是生产关系的技术化。其实，“现存的生产关系表现为合理化社会的技术上必要的一种组织形式”。[①] 尽管技术不是形成生产关系格局的决定性因素，但却是现存生产关系得以确立、呈现和维系的基础或格式。在以生产资料所有制为主导的生产关系格局中，追求经济利益的高效及有序实现，始终是生产关系各要素、环节技术化的基本方向。尽管当今的生产关系并未发生实质性变革，但是生产

① ［德］尤尔根·哈贝马斯：《作为“意识形态”的技术与科学》，李黎、郭官义译，学林出版社1999年版，第41页。

关系技术体系中却广泛吸纳了信息技术等低层次的新技术成果，进而改变了生产、分配、交换、消费关系的传统表现样式及其运转流程，打上了信息化的时代印记。当前我国农村推行的土地确权、土地流转、三权分置等新政策、新机制，可视为土地所有权、承包权、使用权结构上的重新安排，关涉农村生产关系技术形态上的重大变革；顺应了城镇化、工业化的历史发展趋势，有助于保障农民的土地权益，提高农业生产效率。同样，学术界往往只重视对生产关系形态、属性及其变革问题的探讨，也忽视了对生产关系中所蕴含的技术结构、机制以及技术化趋势问题的分析。

上层建筑层面的技术化更加隐匿无形，若明若暗，程度深浅不一。政治上层建筑领域的技术化主要表现在：社会政治体系与国家权力机关（国家机器）按照技术原则与规范设计、建构和运行的演进过程，以便使上层建筑更加符合统治阶级的价值诉求，更有效地适应经济与社会发展的内在要求。技治主义（technocracy）理念就是对这一历史进程的概括。“国家领导（面临）的实际问题，即战略和行政管理（面临）的实际问题，即使在过去也必须以某种方式，运用技术知识加以解决。……生活实践所要求的反思，超越了技术知识的产生和对传统所作的解释学的说明；它涉及到技术手段在历史状况中的使用；历史状况的客观条件（潜能、制度、兴趣和利益）可以分别在传统所决定的自我理解的框架内加以解释。”[①]在广泛吸纳多层次、多种类先进技术成果的同时，不断推进政治上层建筑的组织、体制、机制革新或流程再造，是政治上层建筑技术化的基本方向。

同时，思想上层建筑领域的技术化则主要表现为技术理性、技术精神或理念的贯彻以及技术文化的扩张。在思想文化领域，功利价值观地位的抬升、技术精神的张扬与技术理性主义的膨胀，使人们更加相信和依赖技术的力量，自觉地按照技术原则与规范分析和解决各种问题，设计、建构和改造

① [德] 尤尔根·哈贝马斯：《作为“意识形态”的技术与科学》，李黎、郭官义译，学林出版社 1999 年版，第 87—88 页。

社会意识形态的呈现或作用方式，使之更加有效地服务于政治上层建筑和经济社会发展的需要。在这里，与生产力技术化或政治上层建筑技术化的刚性可触、有序推进、功效显著相比，思想上层建筑层面的技术化则潜移默化、暗流涌动，更容易触及灵魂和社会历史文化根基。

三、个体的技术化

个体是构成社会机体的最小单元或“细胞”形态，也是认识社会技术建构与运行的逻辑起点。正如列宁所言：“全部历史本来由个人活动构成，而社会科学的任务在于解释这些活动。”① 生物发生律（biogenetic law）表明，个体的发育过程以压缩的形式快速重演生物群体漫长的系统进化历程。与此相类似，个体的社会化、技术化过程也可以视为人类社会技术化历程的缩影或快速重现。同样，个体的技术化程度或使用技术装备的品质和数量等状况，也可以作为衡量社会技术化程度的重要指标。因此，从微观视角入手，剖析个体社会化、技术化过程的机理、属性与特点，是探究复杂的社会技术化过程与态势的一个重要切入点。

（一）个体社会化的技术基础

人类是天然的社会性动物，个体从生至死都是在一定的社会环境（包括技术环境）中度过的。从个体发育的视角看，任何个体的成长都要经历一个从生物人走向社会人或文化人的社会化（socialization）过程。作为社会学的一个重要范畴，社会化是指个体出生和成长于一定的社会文化环境之中，学习和掌握知识、技能、语言、风俗、习惯、行为规范等文明成果，不断强化个体的社会性，逐步成长为一个能够适应一定社会文化环境，参与社会生

① 《列宁全集》第1卷，人民出版社2013年版，第366页。

产与生活，履行一定社会角色行为，拥有健康人格的合格社会成员的成长过程。其中，学习、适应或掌握各类技术形态、规范和技能，也是个体社会化的基础和重要内容。由此可见，个体技术化从属或依附于其社会化。

技术是文明建构的元素，技术活动模式越来越演化为人类生产与生活的基本模式。社会的技术建构与运作是各类社会生产和生活展开的基础或平台，也是个体成长环境的有机构成部分，必然会影响和参与塑造个体的行为与灵魂，促使其潜在的技术属性和才能持续展现。这就是个体的技术化过程。不难理解，人的技术性是个体技术化与社会技术化的天然基础，个体技术化又是社会技术化的最低层次或微观结构，也是分析或理解社会技术化的一个基础层面。在这里，熟悉技术环境、学习技术知识、掌握生活与职业技能也是个体社会化的主要内容。由此可见，个体的社会化进程必然包含着技术化的内容；同时，技术又是社会文化生活的构成要素或建构基础，潜在于众多社会活动之中。因此，除职业技术上的自觉学习和系统的技能培训外，个体对日常生活技术的学习、适应和掌握多是不自觉的和潜移默化的，与其行为规范的学习、生活目标的设立、价值观念的确立等社会化进程同步展开，且往往蕴含于后者之中。

在天然自然和技术发明创造的基础上，人类按照自身需求持续塑造出来的人工自然界，更是人类不可或缺的无机“器官”或“肢体”，早已成为社会生产与生活展开的支点或平台。“自然界没有造出任何机器，没有造出机车、铁路、电报、自动走锭精纺机等等。它们是人的产业劳动的产物，是转化为人的意志驾驭自然界的器官或者说在自然界实现人的意志的器官的自然物质。它们是人的手创造出来的人脑的器官；是对象化的知识力量。”① 环顾四周，我们就生活在由千千万万种人工物及其运转流程构成的技术环境或人工自然之中，从衣、食、住、行、用到物质生产与文化生活的各个领域、过程、环节，无一不是由人工物及其彼此之间的协调有序运转构成的。从自然

① 《马克思恩格斯全集》第31卷，人民出版社1998年版，第102页。

技术层面看，各类人工物技术形态与流程技术形态是人工自然建构和运行的基础，了解、识别、适应、学习和掌握众多自然技术形态的结构及其运转流程，是个体在社会尤其是人工自然界生存与发展的基础和前提，由此也构成了个体社会化的主要内容或基本维度。

在人工自然的基础上，人类建构起了更加宏伟复杂的社会体系大厦。个体要适应社会生活及其运行节奏，仅有对人工自然的认识是不够的，还需要全面认识社会体系结构及其运行规则。如第二章“社会技术形态及其演进”一节所述，从社会技术层面看，社会组织机构总是围绕着一定社会目标或职能的实现而组建的，并按照一定的原则与规范有序运转。一组织与众多他组织之间相互耦合、互动协同，进而建构起更高层级的社会组织形态及其运行机制，展现出鲜明的技术属性与特征。在社会化进程中，个体只有更深入地理解社会结构及其运行流程，认识其中的社会技术属性与特征，才能更快地掌握社会生产与生活技能，更好地适应社会文化生活。但受狭义技术观念的束缚，在社会技术化问题上，以往学术界只关注个体对自然技术或物化技术知识与技能的学习和掌握，却忽视了对社会技术知识与技能的传授和学习；往往将后者与政治、法律、道德、宗教、教育等社会体制、制度、规范或文化形态混为一谈，而看不到个体社会化的技术内容尤其是社会技术维度。

这里需要指出的是，在技术理性的引导下，无论是人工自然还是人类社会都处于加速扩张或演进之中。[①] 与人的自然寿命或世代更迭周期相比，现代技术更新换代的频率更短、速度更快，因此个体在有生之年唯有不断学习和掌握新知识、新技术，才能跟得上时代前进的步伐，才不至于被社会的快速发展提前淘汰出局。正是从这个意义上说，个体的社会化、技术化都是进行时态，而不是完成时态。事实上，个体的社会化、技术化是一个无止境

① [德] 哈特穆特·罗萨：《新异化的诞生：社会加速批判理论大纲》，郑作彧译，上海人民出版社 2018 年版，第 7—64 页。

的历史进程，人们需要活到老学到老，不断学习、理解和接受新理念、新事物、新技术、新规范；否则就会因无知、无能而难以适应新的社会生活环境，进而被时代的快速发展所淘汰。继续教育、终身教育理念就是在这一时代背景下萌发的，有助于人们更好地适应社会的快速发展。当然，以新技术为基础的新事物的推广应用也要因时、因地制宜，渐次推进，以便为不同群体的选择、学习和适应留有余地和时间。①

（二）个体技术化的层面

个体的技术化主要是从以下三个层面展开的：

1. 认识技术环境，掌握职业与生活技能

社会化或技术化是以个体生命起点或者家庭生活为圆心向外逐步扩展的。从衣、食、住、行、用等日常生活细节开始，个体就需要辨识周围事物尤其是人工物与人工自然，认识它们的功能、属性与特征，追问它们的由来、种类、运行机理及其相互关系等，进而适应日常生活环境，构建自己的生活方式与生活世界。一方面，个人只有学习和掌握多方面的生活知识与技能，才能充分利用和享受技术文明成果，顺利实现各种生活目标，提高自己的生活质量；另一方面，他还需要学习安身立命的专业技术知识，掌握职业技能，以便日后以职业方式创造更多的社会财富，为人类文明进步献计出力。这里应当强调的是，在智能技术革命进程中，利用 IT、AI、转基因等先进技术成果提高人类先天能力的人体增强技术已经问世，有可能催生拥有卓越智慧和能力的技术“超人”。②这也是个体技术化的一个新动向、新维度，值得关注和警惕。

---

① 《被互联网抛下的老人，你没看到》，https://www.thepaper.cn/newsDetail_forward_7829049；《我不会用智能手机，你们是不是准备让我去死?》，https://zhuanlan.zhihu.com/p/149827844。

② 《“人体增强”技术问世，人类离成为“超人”还有多远》，https://www.cnbeta.com/articles/science/813605.htm。

2. 熟悉社会组织机构、功能及其运转流程，明确自己所扮演的多重社会角色，尽快融入社会生活之中

与自然界相比，社会是人类生存与发展的第二环境，个体应当由近及远地认识周围的包括自然技术形态在内的各种社会组织体系、结构、功能、属性以及彼此之间的关系，并按照它们的体制、机制和运行规范行事，以便更好地实现自身的各类需求。虽然这些社会组织结构及其运转流程未必都是按照技术原理或原则自觉设计和建构的，但它们往往都自发地兼具技术的属性与特征，即能够高效率地实现特定的社会目的。个体也未必能自觉地意识到社会技术形态的存在，但他却能在以试错法为主导的经验认识基础上，不自觉地熟悉、选择和适应高效率的社会技术形态及其流程。这就是人的技术可塑性或适应性。由此可见，个体只有全面地了解和学习他所处时代的社会结构、功能及其运行机制、流程，并自觉地按照社会技术流程与规范处理各种事务，才能更好地推进自身的社会化，增强适应社会及其快速演变的能力。

3. 塑造技术价值观念，自觉参与技术创造和推广应用

在长期的社会实践活动中，成功的经验与失败的教训，促使个体逐步意识到创造、利用和驾驭先进技术的重要性，以及技术在社会生产与生活中不可或缺的基础支撑作用。为此，他会逐步认识和接纳技术精神、原则与规范，确立功利价值观念，自觉地从技术视角分析和思考问题，并力图通过技术创造、改进或引进途径解决所面临的诸多实际问题。正如温纳在论及“反向适应”现象时所指出：“人们逐渐将技术过程的规范和标准作为其整个生活的中心内容而加以接受。他们思想和动机的形式与实质发生了一种微妙而全面的改变。效率、速度、精确度量、合理性、生产能力和技术改进本身成了目的，它们被过分地应用到那些之前由于不适当而遭到拒绝的生活领域。”① 同时，个体也会按照技术演进的逻辑与内在要求自觉地塑造自我，使

---

① Langdon Winner，*Autonomous Technology: Technics-out-of-Control as a Theme in Political Thought*，Cambridge: The MIT Press, 1977，p.229.

自己定向成长为社会技术系统建构的合格“构件”，即海德格尔所谓的技术“持存物”。①

正是通过上述三个层面的技术化，个体才逐步成长为技术的人、社会的人、时代的人。在现实生活中，围绕个人具体目的的实现，人们总是凭借其所能调动或利用的各种技术资源，建构起实现各自各类目的的多种流程技术形态，更好地融入技术社会之中。例如，他可以根据出行目的地的远近、路况、耗时、费用、便捷程度、环保、健身等因素，选择或建构起以骑车、乘坐公交车或地铁、拼车、打的、租车或驾驶私家车等为标志的多种出行流程技术形态。这些流程技术形态的个性化特色显明，其稳定性随目的、环境等主客观因素的稳定程度而变化。一般地说，目的、环境等因素的变动越小，该流程技术形态的稳定性或定型化特征也就越明显，反之亦然。

（三）个体技术化的反常现象

个体一开始就诞生在前人所建构起来的技术环境之中，并通过社会遗传方式学习、适应、利用和继承各种既有技术文明成果。个体社会化、技术化多是以潜移默化、耳濡目染的方式不自觉地展开的，习惯成自然。正如第一章“技术活动模式的确立”一节所述，人们长期按照流程技术形态的运行节奏、体制或模式生活，为眼前的具体事务所纠缠，大多并未意识到所处高层次流程技术形态的存在。例如，当初人们经过长期摸索或艰苦训练才获得的骑自行车、驾驶汽车、电脑打字、使用手机等日常生活技能，似乎已经部分地内化为无意识的、习惯性的“类本能”“条件反射”或“无表征操作”活动。人们往往并不把它们归入某一技术系统的操作要素之列，而只把自行车、汽车、道路、红绿灯、电脑、手机等实物要素视为技术成果。这也是孤立、静止和片面的狭义技术观念的具体表现。如第一章“技术的基本构成与形态”一节所述，离开了人的组织、操纵和动作技能，离开了流程技术形态及其所

① ［德］海德格尔：《海德格尔选集》（下），孙周兴译，上海三联书店1996年版，第935页。

处社会技术体系的支持与运作，这些人工物并不能自动实现人们的目的。

阿诺德·盖伦曾分析和讨论过这一类“习惯化”的技术现象。“我们在我们的社会身份中，常常是‘格式化地’（schematically）在行动着，也就是我们是在实现那些‘自行’展示的、习惯化的、老掉牙的行为模式。非但对属于实践的、外在性质的行为，而且（同时是主要地）对行为的内在构成部分，也都可以这样说。思想和判断的形成、评价性的情绪和决定的呈现——所有这一切东西大部分都自动化了。”[①] 如第一章“技术活动模式的确立”一节所述，这些凝固了的操作技能、行为或思考方式等并不都是人们与生俱来的天赋本能，而是在先天的本能活动模式的基础上，人们后天建构、选择和长期应用的高效率技术活动模式的构成要素或投影。亦即肢体器官和思维活动主动适应物化技术单元的节奏或特征，与其匹配协调、无缝衔接，最终形成了一个“类本能”的功能整体。这也就是海德格尔所谓的用具由“在手”状态到“上手”状态的转变，[②] 或者德雷福斯所谓“技能获得模型”的高级阶段。[③] 以至于人们习惯成自然，逐步游离当下所处的技术活动状态或领域，而处于不自觉或不反思的“习惯性”行为状态。只要回头看一看当初这些技能的习得过程，或者儿童在成长过程中需要经过较长时间的反复揣摩、磨炼才得以掌握的种种后天操作技能或生活技能，就不难理解它的技术属性了。

在现实生活中，一些个体、团体甚至社会组织拒绝采用先进技术的案例时有发生，这是一种阻碍社会技术化进程的极端情况。我们偶尔也会出于怀旧情结、技术系统残值或更新换代成本等因素的考虑，一时不愿放弃落后过时的人工物或流程技术形态等。后者也是个人自由意志和多元价值追求的具体表现，无可厚非，但是这些一时的个案不可能演变为一种普遍现象或时代

① ［德］阿诺德·盖伦：《技术时代的人类心灵——工业社会的社会心理问题》，何兆武、何冰译，世纪出版集团·上海科技教育出版社 2008 年版，第 131 页。

② ［德］海德格尔：《存在论：实际性的解释学》，何卫平译，人民出版社 2009 年版，第 94 页。

③ Hubert L. Dreyfus, *On the Internet: Thinking in Action*, New York: Routledge Press, 2001, pp.35–46.

潮流，更不能成为否定个体技术化或时代进步的根据：

一是这些案例中的个体都生活在一定的技术环境之中，这也是以往社会技术化成果的具体体现。只是他们正在使用的这些技术形态不够先进或现代，未能及时追赶上社会技术化的潮流而已。庄子欣赏的“抱瓮灌溉”也是一种灌溉技术形态，只是没有“操槔挈水”灌溉技术形态先进罢了。《鲁滨逊漂流记》中的主人公鲁滨逊，正是凭借他所能搜集到的一系列人工物技术形态以及所掌握的种种相关操作技能，才得以在荒岛上生存下来的。因此，放弃或逃避技术活动模式及其操作技能的设想，是不可能实现的浪漫主义幻觉。

二是在多元价值追求中，个体拥有价值选择的自由。在具体社会实践活动中，他可以更看重其他高阶人文价值而轻视低阶的技术价值，拒斥先进技术形态。但社会技术化是不可逆转的历史潮流，离开了先进技术的支持，个体对众多高阶人文价值的追求往往会事倍功半，在社会竞争中也不具备竞争优势、示范效应和发展潜力，更容易为社会发展或时代潮流所淘汰。

三是处于社会技术化浪潮中的个体，在技术上可以暂时抱残守缺，停滞不前，但他很难逆社会技术化的历史潮流而动。除考古复原、电影场景再现、博物馆收藏等特殊场景外，“回到过去”式的复古只是一种不切实际的幻想。因为他所热衷追求或坚守的昔日个别独特技术形态，曾经是当年庞大社会技术体系中的一部分，迟早会被历史潮流所淘汰，难以重新建构、大规模复制或推广应用；即使勉强维持或恢复旧的技术形态，也会因为功效低下、难于维护或与现行社会技术体系相融等原因而失去社会竞争力或生命力，必将随着个体生命或嗜好的终结而衰亡，最终归于历史的尘埃。

四、组织的技术化

在汉语中，“组织”一词既是名词也是动词，具有多重含义，其中名词可视为动词的结果。作为社会学的一个术语，社会组织是指为了实现特定目标，人们依据一定的理念、原则和形式而建构起来的具有特定结构与职能的社会机构，如机关、工厂、学校、医院、军队、社团等。构成社会组织的6个基本要素是：(1) 一定数量的成员。每个成员都必须具备一定的条件和履行一定的手续，在组织中承担一定的责任与义务。(2) 特定的活动目标。任何社会组织都是为了实现一定的社会目标、执行特定的社会职能而建构起来的。(3) 明确的行为规范。为了实现组织目标，必须对成员的行为做出明确的规定，以保证成员行动之间的彼此衔接和密切配合。(4) 严谨的权力结构。社会组织内部存在着一个自上而下的权力结构层次，各级权力都有严格的责任范围和制度安排，以控制成员的行为和指导组织的运作。(5) 特定的物化技术装备。任何社会组织都拥有一定的活动场所、物质设备和工具等。(6) 一定的环境条件。社会组织是一个开放的系统，需要不断地与外部环境进行人员、物资、信息的交换，也离不开所处环境中其他因素的支持，以维持组织的活力。

社会组织的使命、结构、功能、价值追求等属性与特征，使其成为社会学、政治学、管理学、心理学、伦理学等人文社会科学的共同研究对象。然而，对社会组织及其运行机制的多维度剖析，并不能成为遮蔽或替代对其进行技术审视或探讨的理由。在广义技术视野下，社会组织结构及其运行机制和流程带有鲜明的技术特征，本身就是一个相对独立的社会组织技术形态，许多学者的研究工作都触及这一层面的问题。“技术组织的互相关联方面的研究，有一个相当大的由来和发展。这包括亚当·斯密对劳动分工及其与技术的关系的分析，马克思对生产机器发展的分析，巴比奇关于脑力劳动分工的分析。最近，伍德沃德展示了组织结构与所使用的工作流程技术之间的一种强关系。”① 哈贝马斯在论及社会组织的技术化趋势时也指出：“期待技术正确发挥作用的要求也被应用到社会领域上；于是社会领域随着劳动的工业化获得了独立，因此，社会领域同有计划的组织是适应的。科学已经可能使

---

① ［英］约翰·齐曼：《技术创新进化论》，孙喜杰、曾国屏译，上海科技教育出版社2002年版，第280页。Edited by John Ziman, *Technological Innovation as an Evolutionary Process*, Cambridge University Press, 2000, p.257.

技术去支配自然的力量，今天也直接扩展到社会上；任何一个孤立的社会系统，任何一个独立的文化领域——人们可以用一个预先确定的系统目标对其种种联系作内在的分析——仿佛又能产生出一门新的社会科学学科。”①

事实上，从静态的视角看，社会组织都展现为一个组织技术形态，具有独特的技术结构、运行机制及其功能。从动态的视角看，社会组织的运行则是一个围绕组织目标的实现而有序展开的流程技术形态，展现出独特而灵活多样的步骤、方案、规则和模式。经济史学家诺思在论及社会组织与制度对于经济活动的重要性时曾指出：“政治和经济组织的结构决定着一个经济的实绩及知识和技术存量的增长速率。人类发展中的合作与竞争形式以及组织人类活动的规则的执行体制是经济史的核心。”② 其实，这里所谓“组织的技术化”就是在此基础上展开讨论的。我们既要关注社会组织技术形态以及由自发、被动走向自觉、主动的建构和进化过程，又要着力探讨社会组织不断吸纳新技术成果，实现自身技术吐故纳新、更新换代的进化机理。

人是社会性的动物，社会组织是人类生存与发展的基本依托或功能载体，也是建构社会体系的“元器件”。社会组织的形成可以追溯至原始社会早期原始人群的生产活动，即采集果实、狩猎、捕鱼活动中的彼此交流与协作。人的个体存在与社会存在是相辅相成、相互依存的。虽然原始人群结构简单、彼此关联或互动不多，但是他们所从事的狩猎、捕鱼、采集等生产活动多是集体劳动，离不开及时交流信息、协调彼此行动以及拣选或制作工具等，至少需要协调劳动开始和结束的时间，安排劳动果实的搬运、存储、分配等。由此可见，原始的生产劳动也离不开彼此呼应、互动协同，而这种频繁的组织管理活动的结果就促使原始人群，逐步演变为一种结构简单松散的生产与生活组织，后者的结构、运作机制或流程就是一种原始的社会组织技术形态。

---

① ［德］尤尔根·哈贝马斯：《作为“意识形态”的技术与科学》，李黎、郭官义译，学林出版社 1999 年版，第 90 页。

② ［美］道格拉斯·C. 诺思：《经济史中的结构与变迁》，陈郁、罗华平等译，生活·读书·新知三联书店 1994 年版，第 17 页。

人类历史上第一个组织严密、成熟高效的社会组织技术形态可能要首推军队，这与当时狩猎、捕鱼等集体劳动在社会生产与生活中的基础地位，以及抵御自然灾害侵袭、合力抗击外部氏族或部落攻击等因素密不可分。

社会组织是一个结构、功能与运作机制相对稳定，而构成要素却处于新陈代谢、吐故纳新之中的“活”的有机体，这也是各类社会组织得以延续、复制和充满活力的缘由。“铁打的营盘流水的兵”“铁打的衙门流水的官”就揭示了社会组织演替的这一基本特征。所谓组织的技术化，并不只是指组织从无技术属性向拥有技术属性的跃迁，也是指组织技术形态不断生成和进化的复杂过程。组织的建构与运转会自动涌现技术属性和特征，只是以往人们忽视了其中的技术性特征，而长期处于无意识或自发的经验摸索状态或理论盲区。为了有效地实现组织目标，就必须强化组织的结构与功能，优化运转机制和流程，这就势必关涉促进组织技术进步的两条基本路径：一是从优化组织要素及其结构层面入手，提高组织技术功效水平；二是从组织运作机制或实现组织目标的流程入手，优化组织运作的策略、计划、方案、环节等，提升流程技术水平。

第一条路径涉及组织内外的要素或单元众多，大致可以区分为人的因素与物的因素两大类。个体是组织的成员，个体的技术化是组织技术化的基础和前提。进入组织的个体多是按照特定的标准筛选的，具备一定的专业知识和技能；同时，还需要经过一定时期的培训、实习和磨合，才能成长为担负一定岗位职责的正式成员。除过学习本岗位的专业知识与技能外，组织成员还需要不断吸纳以科学技术为核心的新知识、新技能，与时俱进。由于组织成员的流动、新老交替以及科学技术的加速发展，这种学习、培训和演练必将逐步演变为一种经常状态，进而成长为学习型组织。[①] 这是提高组织技术水平的基础，也是保持组织活力之源。同时，随着科学技术的不断进步，组

① [美] 彼得·圣吉：《第五项修炼：学习型组织的艺术与实务》，郭进隆译，上海三联书店 2003 年版，第 4—5 页。

织的物质技术装备也应当适时升级换代、吐故纳新，跟上时代前进的步伐。

第二条路径主要涉及组织应对诸多挑战的机制、流程、对策、方案等层面的创建与优化。在社会实践活动中，组织往往肩负着多重使命：一方面，作为社会机体的一个“器官”，组织需要发挥常规性的社会职能，支撑社会机体的正常运转与健康发展。应按照“结构决定功能、流程决定功效”的思路，设计、建构、调整和改进组织结构，优化运行机制或流程，提高组织的流程技术效能，使组织的职能能够满足时代前进和社会健康发展的需要。另一方面，面对影响社会正常运转的众多不确定因素，社会组织结构及其运转流程还应当富有弹性或伸缩性，兼具应急、应变的非常规功能。例如，许多公共组织部门都制订了抗击地震、洪涝、干旱、台风、疫情等自然灾害或突发事件袭击的预案。面对风险社会及其众多不确定性因素的挑战，各级各类社会组织都应当未雨绸缪，设想多种复杂的可能情况，制订多套应对预案；必要时还需要定期演练，使组织具备应对多种社会危机或突发灾难的超常能力。

此外，组织只是社会机体的一个“器官”，还必须具备与其他组织合作、联动、协调的能力。在纵向上，组织应当协调好与低层次的构成单元、高层次的社会体系之间的关系，形成自下而上和自上而下的互动协同机制。在横向上，组织还需要学习和借鉴其他组织的先进技术与管理经验，力争其他组织的支持与配合，形成互动共生共荣的运行和成长机制。其实，“我们在讨论这些社会技术时所必须考虑的，并非是狭义的社会组织，如泰罗制、商业管理。具有完全标准化行为的理性化组织形式，仅仅是正在发生的变迁的最为突出的典型。任何按照更为富有弹性的组织原则对人类群体的深思熟虑的重建，都写下了社会技术发展的新篇章。”① 当然，组织之间的竞争可视为促使组织技术进步与社会技术化的重要条件，在第六、七章中还会讨论这一

① ［德］卡尔·曼海姆：《重建时代的人与社会：现代社会的结构研究》，张旅平译，生活·读书·新知三联书店 2002 年版，第 226 页。

问题。

犹如机器技术的进化一样，组织技术形态也是与时俱进的，并伴随着社会的演变而不断创新、改进或引进，一直处于进化提升之中。这就是组织的技术化进程。化解组织的内部矛盾及其面临的多种挑战是组织技术进步的驱动力，外部先进技术理念、成果的渗透以及社会竞争挑战则是组织技术进步的外部推动力量。因此，“外推内驱”是组织技术进步的动力模式。事实上，组织技术形态一直沿着功能愈来愈强大、运转效率愈来愈高、形态多样化和专业分化的方向演进。我们可以通过装备、结构、功能、效果、效率、灵敏度等维度的具体指标，衡量或评估组织技术水平或技术化进程。

此外，组织技术的进化与衰落是不对称的，呈现出非线性演变态势，符合“木桶原理”。即只有当组织的各个层次、要素和机制都处于严丝合缝、有机协同之中，并达到优良的匹配状态时，才能保证组织技术功能的正常发挥以及先进性。反之，只要其中的某一重要因素落后、失灵或失控，就会致使组织技术水平快速下降，进而导致该组织在社会竞争中的衰落、瓦解甚至被淘汰。这就是“千里之堤毁于蚁穴”“功亏一篑”的道理。同时，由于社会矛盾的广泛存在，组织技术之间的对立、制约或牵制也是社会演进的一种正常状态。一组织在与他组织的对峙、抗争或较量中，往往也会因结构、机制、规模、观念、策略、时机、装备等方面某一因素的缺陷或异常而衰落。这可视为导致组织技术衰亡的外部因素。

五、社会事务的流程化

个体需求的多样性、膨胀性与自身能力或精力的有限性，以及婴幼期、老年与伤病期的无力性之间的矛盾，是人类之所以选择社会生存方式的原因。所谓“人人为我，我为人人”的生活状态就是通过社会机制实现的，即人们总能在社会体系中找到实现各自需求的供给及其实现路径。如前所述，人是社会性的动物，个体与父母、家庭、家族、社区等之间的联系是先在的、不可选择的。然而，在社会化进程中，伴随着个体主体意识的觉醒、能动性的增强，人与人、人与组织甚至组织与组织之间的联系都呈现开放式创造性建构态势，随机性、应变性、生长性、互动性和选择性特征明显。日久天长，早期的一些松散的偶然性联系就逐步演变为经常性的紧密联系，进而生成相对稳定的社会组织结构及其运行机制。

从动态视角看，社会运行与演进多是围绕社会需求（目的）及其衍生链条展开的，以众多社会事务的实现为主要内容。例如，国际社会层面有贸易、裁军、调解争端、救济难民、减少温室气体排放等方面的事务，国家层面有军事、外交、安全、法律、选举、教育、卫生、邮政、宗教等方面的事务，社会组织层面有主营业务、建章立制、员工招聘、业务拓展、财务、税务、人事等方面的事务。不难理解，社会事务是相对于个体自身或者人与自然关系层面的活动而言的，主要关涉协调人与人、人与组织、组织与组织、人与社会、组织与社会等之间的关系，遍及社会生产与生活的各个领域或层面。从根源上说，社会事务是在社会发展进程中派生和演变的，也是社会各部门、机构职责或职能的具体表现。一方面，它源于众多个体、组织层面需求的汇聚和转化，是一个关涉多元主体利益博弈、平衡和实现顺序的复杂过程；另一方面，它又源于社会机体健康成长和有序运转的内在要求，贯穿着多种社会矛盾运动，往往体现了统治阶级或强势集团的意志或价值诉求。

在社会进化过程中，个体、组织与社会各层次之间会逐步生成以社会事务的实现链条为纽带的协同进化机理，有序运转。伴随着生产力的发展与社会分工的细化，社会事务的种类和数量日渐增多，处理社会事务的流程也逐步生长成型，日趋复杂精致。在社会事务形成初期，人们往往凭借直觉、类比、模仿或尝试等感性经验方式处理和应对新兴的社会事务，情景性、摸索性、个性化特色鲜明，但效果与效率大多差强人意。正如自然技术的进化一样，为了提高处理社会事务的功效，人们在技术理性与功利价值观念的驱使下，开始反思以往的成功经验与失败教训，致力于设计、塑造和不断革新应对各类新兴社会事务的流程技术形态，以提高社会活动的功效。在社会分工日趋细密的背景下，人们总是倾向于将完成社会事务的过程分解为多个部分、阶段或环节，并按照该事务的属性和相关部门之间的隶属关系，构成一个前后相随、彼此并联或串联、环环相扣、相互监督的完整工作流程或序列。这就是社会事务流程技术形态的创建，进而逐步扭转当初应对社会事务上的经验性、盲目性或随意性，提高了处理社会事务的效果与效率。

无论是基于自发的、经验的还是源于自觉的、理性的行为，社会事务流程技术形态的创建或改进无疑都属于技术创新行为，都有助于改善人们处理社会事务的效果或者提高其效率。如第一章“技术的基本构成与形态”一节所述，社会事务处理流程是流程技术形态的具体表现。所谓社会事务的流程化，就是按照技术原则与规范的要求设计、建构、改进和推广应用处理社会事务的先进流程技术形态。作为社会技术化的一个重要环节或维度，社会事务的流程化主要是通过如下三种机制实现的：

1. 多元社会主体之间的博弈与妥协

技术负载着价值，社会事务流程技术形态设计与建构的背后必然伴随着多元利益攸关方之间的博弈。一般地说，处于支配或优势地位的群体容易在博弈中胜出，而处于被支配地位的弱势群体往往难于及时、全面、充分地实现自身的诉求，不得不做出某种妥协或退让。芬伯格的技术代码理论有助于说明和理解这一过程或机理。[①] 在这里，多元社会主体之间博弈的结果主导着社会事务流程技术形态的设计、建构、选择与引进过程。

2. 采用先进理念与技术装备

社会事务流程技术形态的设计与建构是在时代所提供的技术平台上展开的，必然会紧跟时代前进的步伐，广泛吸纳人文社会科学尤其是科学技术领域的众多优秀成果。以人性与精神文化生活为研究对象的人文学科，有助于

① [美]安德鲁·芬伯格：《技术批判理论》，韩连庆、曹观法译，北京大学出版社 2005 年版，第 92—95 页。

深化对人性与精神生活的认识，往往会产生一系列新理念；以社会属性、结构与运行过程为研究对象的社会科学，有助于深化对社会属性及其运行规律的认识，往往会催生一系列新创意；以人工自然开发为轴心的技术科学、工程科学和技性科学，往往会创造出一系列自然技术的新成果。这些新理念、新创意与新成果是设计、建构和改进先进社会事务流程技术形态的基础：一方面，它支持和引导着新的社会事务流程技术形态的设计与建构，创造出新的社会文化生活领域及其技术效果；另一方面，它也推动着原有社会事务流程技术形态的革新与重塑，简化或压缩原有流程技术形态的环节或分支数量，提高社会事务流程技术形态效率。例如，在互联网、人工智能技术成果的支持下，电子政府、电子警察、电子商务、网上银行、网络会议、智慧城市等新型社会事务流程技术形态的涌现，都改变或重塑了原有相关社会事务流程技术形态的面貌，提高了人们应对众多传统与新兴社会事务的功效。

3. 借鉴、引进或吸纳其他社会领域的先进社会事务流程技术形态及其要素或环节

受狭义技术观念的影响，以往人们大多只关注自然技术层面的技术扩散与转移，而无视其背后社会技术成果的学习、借鉴或复制。事实上，除了军事、商业等特殊的竞争性领域外，社会事务流程技术形态的设计与建构都是在开放、流动的社会历史场景下展开的，效果良好或效率较高的先进社会事务流程技术形态，容易成为其他社会建构相同或相似社会事务流程技术形态的标杆或模板：一方面，先进的社会事务流程技术形态的通用性使它具有广泛的适用性、较强的辐射力和推广价值，这是社会事务流程技术形态扩散的前提；另一方面，不同文化、时代或社会领域的地方性、特殊性，又使其社会事务流程技术形态的建构必须从实际出发，在借鉴和吸纳先进的社会事务流程技术形态的理念、体制、机制、规范、装备的同时，还需要按照自身的制度、体制、法律、道德、风俗习惯等特殊要求加以适应性改造或调整。作为社会文化交流的重要内容，学习和借鉴先进社会事务流程技术形态是推进社会革新的基础环节或主要途径。在胡服骑射、明治维新、洋务运动、戊戌

变法、改革开放等古今中外的历次社会变革或改良过程中，先进社会事务流程技术形态的引进与本土化改造，在当时都发挥了不可或缺的支撑或引领作用。

这里需要说明的是，社会事务流程化一方面通过塑造和建构众多流程技术形态的方式，使自发的、无规则的社会生活及其事务处理步入正轨，走向理性化、稳定化、秩序化、高效化；另一方面通过改进和简化原有的社会事务流程，相对降低了进入该流程的门槛，也增强了它的通用性和亲和力，提高了社会运行效率。当然，社会事务流程化也进一步强化了社会分工，推动了社会体系的复杂化、专业化和精细化。隔行如隔山，被社会分工分割和塑造的普罗大众不可能熟悉所有的社会事务流程技术形态，往往需要通过不断学习或专业代理机构代办的途径，才能完成某一项专业性社会事务的处理；反过来，社会分工又进一步推动了众多领域社会事务的专业分化和流程化，其间形成了正向反馈的互动建构机制。

六、社会技术化的基本特征

社会是一个多重矛盾的复合体，人们需求、目的或意志上的种种差异或对立俯拾即是，从而催生了社会技术化问题上的多重冲突或博弈。在社会现实生活中，不同的需求、目的或价值诉求，必然会促使人们创造、建构或引进不同类型甚至对立的技术形态。在社会技术化进程中，由于问题情境、技术类型、建构时机、社会体制、文化环境等内外众多因素之间的差异与演变，利益博弈的“剧情”复杂曲折且各具特色。概而言之，社会技术化进程至少呈现出四个方面的基本特征。

（一）政治的支配作用

政治是指社会生活中的各种权力主体，获取和维护自身利益的特定行为，以及由此结成的特定关系。政治上层建筑处于社会体系结构的顶端，政治的逻辑主宰和支配着各层级社会技术体系的建构与运转，也决定着社会技术化的方向与进程。具体技术形态的创建、改进与运行总是在一定的社会历史场景下展开的，将直接或间接地触及社会多方的现实或长远利益，促使人们关注或参与社会技术形态的设计、建构、评估与选择，最终达成谋求多方利益平衡的技术实施方案。这也是芬伯格等学者技术民主化理论的基本观点。① 一般地说，在社会技术体系中，技术负荷价值，价值引导和规约技术的设计、建构与运转；技术层次越高，价值负荷的特征就越明显，为政治权力操控的可能性也就越大。正如马尔库塞所指出："今天，政治权力的运用突出地表现为它对机器生产程序和国家机构技术组织的操纵。发达工业社会和发展中工业社会的政府，只有当它们能够成功地动员、组织和利用工业文明现有的技术、科学和机械生产率时，才能维持并巩固自己。"② 哈贝马斯也正是在这一层意义上看到了科学技术有助于维护统治阶级的合法性，从而发挥着"意识形态"的独特功能。③

由于新技术的创造、改进或引进带给社会各方的利益或损害程度不同，为此展开的利益争夺势必演变或上升为政治斗争形式。社会各界并非毫无差别或无条件地一贯支持和拥护新技术的推广应用，趋利避害是人们对待新技术成果、社会技术化的基本态度或策略。18 世纪末英国工人阶级捣毁机器的卢德运动，清末地方豪绅抵制修建铁路的社会骚动，当下民众对转基因技术的恐慌以及众多产业技术项目"邻避效应"的案例等，都生动地说明了这一点。概括地说，社会的统治阶级或强势集团凭借其手中的政治权力，有目

① Andrew Feenberg, *Between Reason and Experience: Essays in Technology and Modernity*, Cambridge: The MIT Press, 2010, pp.28–29.

② Herbert Marcuse, *One-Dimensional Man: Studies in the Ideology of Advanced Industrial Society*, Boston: Beacon Press, 2002, p.5.

③ 参见［德］尤尔根·哈贝马斯：《作为"意识形态"的技术与科学》，李黎、郭官义译，学林出版社 1999 年版，第 38—116 页。

标、有计划、有选择地推进社会的技术化进程，以便从中谋取最大的利益；而被统治阶级或弱势群体由于缺乏对新技术及其潜在危害的全面认识，不自觉地被动卷入社会技术化潮流之中，常常使自身的利益受损。美国国家安全局的“棱镜计划”，20 世纪 50—60 年代英国在澳大利亚进行的十余次核试验，互联网访问权限的设置与屏蔽等案例都反映了这一特征。

（二）与资本共舞的技术化

资本与技术是近现代社会演进的两大动力之源。追逐利润的资本与追求功效的技术之间存在着相似的秉性和天然的正向激励关联。只有凭借先进技术的支持，资本才能更快地攫取更多更大的利润；反过来，只有依靠资本的扶持，技术研发才能获得必要的资金支持，从而得到更多的扩张与更快的提升。为此，近代以来，资本与技术很快“联姻”，走上了互动融合、协同并进的一体化道路，进而演变为现代社会图景的浓重“底色”。

资本强大的渗透与整合功能改变了传统技术演进的历史轨迹，把人类带入了工业文明时代，也为众多新技术研发道路的开辟创造了条件。以获取利润或剩余价值为宗旨的资本运作逻辑，要求全面建构适应资本扩张的经济与社会运行体制，从而使新技术研发与社会技术化打上了资本的印记，唯资本马首是瞻。不仅生产领域的技术研发与扩散被纳入了资本运作的轨道，而且其他社会生活领域的技术研发与推广应用也受到了资本的选择、调制与整合，进而转变为资本扩张和运作的基础或推手。当今资本主义社会各领域的技术化无不体现出资本意志主导的基本特征。

（三）技术理性的膨胀

如第一章“技术活动模式的确立”一节所述，理性是人有别于其他物种的基本特征，也是技术活动模式得以产生和发展的必要条件。不同类型的目的、志趣或价值追求往往会催生不同的理性形态，技术理性、价值理性、科学理性、经济理性等之间的分野就根源于此。由于技术在社会生产与生活中的基础支撑地位，任何人类目的、价值或意义的实现，都依赖或伴随着特定技术形态的创建与运作，技术水平决定着社会目的或价值实现的效果及其效率。在人类欲望驱使和社会竞争压力下，众多社会目标与价值的实现愈来愈依赖于新技术形态的创建、改进或引进，进而刺激着技术研发进程，加快了技术更新换代的步伐。正是由于技术在现代社会运行中地位与作用的抬升，才促进了技术理性的膨胀与技术文化的繁荣。

如第一章“技术世界的网状结构”一节所述，由于目的与手段之间区分的相对性，对手段的建构与改进也可以转化为人们技术创新行动的新目标，从而导致技术链条的延伸和技术族系的扩张。这就是技术文化的相对独立性。在社会技术化进程中，技术的创造、设计、建构、引进、操控、学习等活动耗费了人们越来越多的物力、财力、精力与时间，各类技术形态的创造、改进、推广应用与维护已成为一项日趋频繁且繁重的日常工作，逐步演变为现代社会生产与生活的轴心。技术理性的膨胀与社会分工的加剧容易使人们陷入专业“技术阱”之中，疏远甚至忘却对原初目的或高阶价值的追求，进而导致价值理性与精神文化的式微，也促使人性与文化处于畸形嬗变之中。当代科学文化、技术文化与人文文化之间的分裂就是在这一背景下发生的。① 关于这一点将在第九章“技术理性的野蛮生长”一节中再展开论述。

（四）社会的单向度化

与技术理性的膨胀相对应，社会的技术化也带来了价值理性的衰落和社会演进的单向度化。马尔库塞最先觉察到社会技术化的这一严重后果：“在工业社会中，生产装备趋向于变成极权性的，它不仅决定着社会需要的职业、技能和态度，而且还决定着个人的需要和愿望。因此，它消除了私人与公众之间、个人需要与社会需要之间的对立。对现存制度来说，技术成了社

① ［德］C.P. 斯诺：《两种文化》，纪树立译，生活·读书·新知三联书店 1994 年版，第 3—11 页。

会控制和社会团结的新的、更有效的、更令人愉悦的形式。”①既然以生产装备为标志的产业技术拥有如此强大的能耐，那么以国家机器为标志的社会技术体系的极权特性与功能就更不用说了。事实上，随着人们对现代社会技术本质认识的深化以及社会文化生活的合理化，社会技术化已经演变为一种历史的必然选择与基本趋势。新的社会问题的解决、新目标或价值的实现，以及原有社会技术体系效率的提高等历史任务，都愈来愈依赖于新技术的创造、改进、引进与推广应用进程。

技术在现代社会生活中地位的抬升与功能的强化，促使人们将各类社会目的或价值的实现不断转化为技术问题的解决，也加剧了丰富多彩的社会文化生活在技术维度上的投射、简并、归约或转化，进而推动着社会生活的单向度化态势。“需求和愿望上的同化，生活标准上的同化，闲暇活动上的同化，政治上的同化，均来自工厂自身即物质生产过程的一体化。”②同时，社会技术化也是导致人的单向度化与社会生活趋同化的主要根源和外部条件，使现代人逐步丧失了批判性思维与多元化价值追求。正如马尔库塞所言：“在这一过程中，心灵的内在‘向度’被削弱了，而正是在这一向度内才能找到同现状相对立的根子。在这一向度内，否定性思维的力量——理性的批判力量——是运用自如的。这一向度的丧失，是发达工业社会平息并调和矛盾的物质过程在意识形态方面的相应现象。”③由此可见，以追求社会技术效果及其高效率为轴心的社会技术化潮流，势必吞噬人们的个性与社会文化生活的丰富内涵，消解高阶或多元价值追求与意义追寻，祛除人生的无穷魅力与无限可能。这一社会的单向度演化态势不能不引起现代人的高度警觉和深

① Herbert Marcuse, *One-Dimensional Man: Studies in the Ideology of Advanced Industrial Society*, Boston: Beacon Press, 2002, pp.xv–xvi.

② Herbert Marcuse, *One-Dimensional Man: Studies in the Ideology of Advanced Industrial Society*, Boston: Beacon Press, 2002, p.32.

③ Herbert Marcuse, *One-Dimensional Man: Studies in the Ideology of Advanced Industrial Society*, Boston: Beacon Press, 2002, p.13.

刻反省。在第九章“文化生活的趋同化”一节中将就此问题再展开讨论。

总之，无论是作为技术运动的高级形态，还是作为社会发展的历史趋势，社会技术化都展现为一个涉及领域与层面广泛、深刻而复杂的历史演进过程，已演变为现代众多社会问题的枢纽或交汇点。目前，学术界对于社会技术化进程的特点、机理、效应等层面的探讨尚处于初级阶段，其中的许多重大理论问题还有待于进一步澄清和深入探究。

第四章　现代社会技术化的多维形象

社会技术化是在社会生产与生活的广阔领域和众多层面持续展开的，可视为现代社会演进的内生变量与基本特征。尽管不同技术成果渗入社会生产与生活的领域、渠道、深浅程度等各有不同，但是却很难找到几乎不受技术影响的社会领域或层面。对具体事物的案例剖析是认识事物以及运用科学归纳法的基础和前提。为了深化对现代社会技术化的普遍性及其基本规律、机理、模式等问题的理解，本章立足于科学、艺术、资本、信息化、法制化和发展规划等社会生活领域或维度，简要分析和具体描绘现代社会技术化的主要领域和表现形态；力图以点带面，具体展现现代社会技术化的丰富内涵和多维形象，从而使后续对社会技术化问题的讨论能够理论联系实际，植根于活生生的社会发展现实之中。

一、科学的技术化

科学发源于理性传统，脱胎于自然哲学，已成长为当今最重要的社会文化形态。在自然哲学时期，人们采用直观、思辨、猜测、想象等哲学方法，力图在思维中或逻辑上达到对自然现象的认识或理解上的和谐统一。作为一种典型的科学认识活动，近代实验科学研究一开始就是在社会生产与生活实践的基础上展开的，并逐步摆脱了宗教神学的束缚。正如马克思所述："钟表是第一个应用于实际目的的自动机；匀速运动生产的全部理论就是在它的基础上发展起来的。……在磨的基础上建立了关于摩擦的理论，并从而进行了关于轮盘联动装置、齿轮等等的算式的研究；测量动力强度的理论和最好地使用动力的理论等等，最初也是从这里建立起来的。从17世纪中叶以来，几乎所有的大数学家，只要他们研究应用力学并把它从理论上加以阐明，就都是从磨谷物的简单的水磨着手的。”① 各类产业技术、生活技术尤其是后来分化发展起来的观察与实验技术，更是获取科学事实、开展科学实验以及验证科学假说的基本手段。随着近代实验科学的形成与发展，科学研究活动越来越依赖于观察与实验技术上的创新，出现了科学的技术化趋势。

（一）观察与实验技术的支持

从科学史角度看，人类对自然现象的感性认识一开始就是以感觉器官为基础的。然而，感官的固有缺陷犹如一道鸿沟，阻止了人们对微观、宇观等自然现象的直接感知和深入探究。后来，随着显微镜、望远镜等仪器设备的发明，人们才逐步突破了感官的某些局限。以实验方法与数学方法为基础的近现代科学研究，依赖于先进实验技术装备的支持。随着科学研究领域的拓展与深化，这种依赖性也就越来越强。人们不仅开始全面观察自然现象，而且还通过科学实验手段主动干预被研究对象，以便快速获得新发现和新事实，进而不断拓宽和深化对自然界的认识，直接推动着科学研究的发展。事实上，“科学不仅利用技术，而且是从技术当中建构自身的。科学的这种自身建构当然不是来自于桥梁、钢铁或运输这些标准技术，而是从仪器、方法、实验以及它所采用的概念中而来的。这没什么可惊奇的，毕竟科学是一种方法：一种关于理解、探究、解释的方法，一种包含许多次级方法的方法。去除它的核心结构（core structure），科学就是一种

① 《马克思恩格斯选集》第4卷，人民出版社2012年版，第446页。

技术形式。”①

在科学史上，观察或实验技术进步推动科学发展的事例比比皆是。例如，直径500米的球面射电望远镜（FAST）能够接收到137亿光年以外的电磁信号，观测范围几乎可达已知宇宙的边缘。正是凭借这只巨大的“天眼”，天文学家才能够窥探星际的互动信息，观测暗物质，测定黑洞质量，甚至搜寻可能存在的外星文明，为当今天文学的新发现、新进展提供了重要的观察手段。再如，作为探索原子核和粒子性质、内部结构和相互作用机理的重要工具，粒子加速器利用高能粒子“击碎”被测物质粒子，让正负电子等粒子在高速运动中相撞，促使物质的微观结构发生最大程度的改变，以便探究微观世界的奥秘。近几十年来，正是由于受到粒子加速器技术创新迟缓的限制，现有加速器的能量还不足以打开夸克结构层次，所以“夸克幽闭”现象才使物理学家在探索夸克层次上徘徊不前，一直停留在科学假说阶段。这也从反面说明了实验技术对科学研究的重要性。

正是在观察技术与实验技术的不断创造和持续改进的推动下，人们对自然界的认识才得以逐步拓展和深化，开始进入渺观世界（$<10^{-34}$cm）与胀观世界（$>10^{24}$光年）层次，早已超越了人类感官的感知范围。今天，只有通过创造与设计更为先进的观察和实验仪器装备，人们才能感知和发现未知的自然奥秘，验证科学猜测或假说，进而揭示所研究对象的属性、特点和规律。例如，2017年，天文学家集中了位于南极洲、美洲和欧洲6个地方的8台射电望远镜，组成了“事件视界望远镜”（EHT），共同发射能穿透黑洞周围密集星云的窄频无线电波，“对焦”位于银河系中心黑洞SgrA*和近邻射电星系M87的中心黑洞M87*。为了增加探测的灵敏度，EHT所记录的数据量非常庞大，8个台站在5天观测期间共记录了约3500TB数据。经过近两年时间的后期数据处理和分析，人类终于获得了首张黑洞图像，证实了猜

① ［美］布莱恩·阿瑟：《技术的本质：技术是什么，它是如何进化的》，曹东溟、王健译，浙江人民出版社2014年版，第67页。

测中的黑洞的真实存在。正是从这个意义上说，发现新现象、获取新事实、验证新假说等现代科学研究的主要环节，都越来越依赖于先进的观察与实验技术的支持，观察与实验技术及其研发水平已成为制约现代科学发展的关键因素。为此，越来越多性能优异、造价昂贵的大科学装置才不断投入研发和运行。①

事实上，科学研究总是在一定时代的技术“平台”上展开的，除了观察、实验、验证环节明显依赖于技术创新外，新技术成果也直接支持和推动着科学研究过程其他环节的变革。例如，计算机、互联网、数字化、智能化等技术成果就为数据处理、文献检索、资料搜集和学术交流等环节提供了极大的便利；信息捕获、大数据存储、分析与处理技术等都加快了研究结果的提炼和归纳进度等。由此不难理解，植根于技术及其进化“土壤”之中的科学的技术化，是一个全方位、多层次、多渠道、立体推进的演进过程，旨在全面提高科学研究的能力和功效。

（二）科学研究流程的技术塑造

近代以来，随着自然科学的全面快速发展，科学家的职业角色也得以分化和独立，形成了专门从事科学研究工作的科学共同体，个体研究方式也开始让位于集体分工协作研究方式。随着工业文明的兴起，人们对人工物属性及其运作机理的探究活动也进入了科学研究的视野，在基础科学的“土壤”中逐步生长和延伸出了工艺学、技术科学、工程科学与技性科学等科学研究门类。尤其是资本侵入科学领域之后，对科学研究方向与目标的选择以及对研究活动效果与效率的追逐，开始被提上了议事日程。人们也开始注重和追求科学研究的实用价值，逐步远离了以求知欲、好奇心和兴趣为轴心的科学研究的纯真年代。以人工自然为对象，面向技术创新与工程建设中的实

---

① 龚健男：《人类有哪些大科学装置？我国又有哪些？》，https://www.zhihu.com/question/323703676/answer/934131746。

际问题，谋划和开展科学研究活动，是科学实用价值的集中体现。这一价值取向促使科学研究日渐面向生产实践和社会生活现实，促进了技术科学、工程科学、技性科学与社会科学的繁荣。今天，作为一项有明确目标的探索性活动，现代科学研究越来越按照技术精神、原则和规范进行谋划、组织与推进，更加强调科学研究的方向、目标、规划、计划、方法和流程，追求科学研究的实际功效。

科学研究的技术化一方面表现为从功利维度评估科学研究本身的价值，引导科学研究活动聚焦实用价值，把越来越多的社会生产与生活中的实际问题纳入科学研究范围。同时，以技术创造为导向的应用性科学研究也是以探索未知领域或事物为目标的，只是这些认识目的越来越聚焦和服务于技术研发的需要，随技术研发活动的节奏而起舞，科学研究与技术创造融为一体、互动并进。另一方面则表现为围绕如何有效地组织和推进科学研究活动，以达到预期的研究效果或提高科学研究活动的效率而展开。

一是科学研究方法的提炼与推广。在探索未知领域的过程中，科学研究既有有形的实验活动，也有无形的思维活动；既有有规则的逻辑思维，也有无规则的非逻辑思维等。其中的研究进路、实验规则、逻辑分析程序、技巧等都属于研究方法范畴。对成功的科学研究进路、程序、技巧、经验的提炼，以及对失败的研究活动经历和教训的反思与总结，都是形成科学研究方法与流程的基本路径。在这里，提炼和推广科学研究方法，采用先进的科学研究方法开展研究工作，往往容易取得成功，事半功倍，有助于提高科学研究活动的功效。同时，对于创造性思维经验的总结、交流、体验、模仿，也是提高研究活动效率的重要途径。

二是科学研究活动的组织与规划。近代以来，经过三次科学革命的洗礼，现代科学已经实现了从分散的、自由的个体研究方式，向集中的、有规划的、分工协作的集体研究方式的转变，出现了课题组、研究所、R&D 中心、学派、学会、科学院、国家创新系统等学术组织及其相应的学术规范。科学研究活动已不再是以个人兴趣、好奇心、求知欲为轴心的盲目无序的自由探索，而是按照资本或政治的逻辑有目的、有组织、有计划地自觉推进。进入现代以来的“大科学”时代，以分工协作形式展开的科学研究的集体劳动方式得以确立，政府部门、社会组织、企业对科技活动的干预力度越来越大，促使科学研究与技术开发的方向性、目的性、功利性特征更加明显；通过制订科技发展规划或计划、科技政策和法律以及提供研发基金或奖励等方式，充分彰显其意志指向或价值选择，引导科技活动围绕经济社会发展中的现实问题或主要任务展开。

在科学研究不断深化拓展、学科分化越来越细密的时代背景下，个人的专业领域和自由探索空间越来越狭窄。然而，现实的科学问题尤其是应用科学问题却是复杂的、综合的、动态演化甚至是迫切需要尽快解决的，常常涉及多个学科领域。这就要求必须动员多学科领域的专家学者，组成专门的研究队伍，并制订周密的研究计划或路线图，协同攻关，从而催生了知识生产的新模式——模式 2。① 这也是作为通用型社会技术形态的分工协作技术模式，在现代科研活动中的具体体现。

三是科学研究过程的技术塑造。现代科学研究活动越来越具备工程技术的特征，需要动员更多的人力、物力和财力，更强调按照技术理性进行组织（体制化）和运作（规范化）；或者按照技术原则和规范改造传统的科学研究流程，以提升研究活动的效果或效率。从研究计划的制订、经费筹措、人员配备、组织实施到成果鉴定、奖励、推广应用等众多环节，逐步形成了一套合理而完备的制度、体制及其运作流程。事实上，自觉服务于技术开发需要或者主动为技术创新活动探路或铺路，已演变为当代科学研究的核心理念与价值取向；从属于技术研发活动，服从资本或政治权威的意志，已成为现代科学研究的自觉行为和基本特征。许多西方反科学观点或流派也是以此为立足点的。

① ［英］迈克尔·吉本斯等：《知识生产的新模式：当代社会科学与研究的动力学》，陈洪捷、沈文钦等译，北京大学出版社 2011 年版，第 3—8 页。

二、艺术的技术化

艺术是在漫长的人类生产与生活实践过程中产生的，是最为古老的社会文化形态之一。如果从法国东南部阿尔代什省（Ardeche）的肖维特（La Grotte Chauvet）洞穴壁画算起，艺术的起源至少可以追溯至3.6万年以前。审美是人类的基本价值诉求之一，创造和追求美学价值是艺术活动的生命力之源。随着人类文明的持续进步，艺术的门类与表现形式日渐增多。依据主体审美感受、知觉方式的不同，艺术可以划分为造型艺术、表演艺术、综合艺术和语言艺术四大门类。事实上，艺术活动总是在一定时代的技术基础上展开的，艺术创作、传播和欣赏过程的各个环节都离不开技术因素的参与、内嵌和支持。为此，"艺术哲学一方面以关于艺术的审美价值的美学为基础，另一方面又以关于艺术的创作活动的广义技术哲学为依据，是在这两个方面的基地上构筑起来的。"①所谓艺术的技术化，就是指技术成果在艺术领域的广泛渗透、扩散、建构与应用，主要体现在如下三个层面上：

（一）艺术创作的技术化

从根源上说，艺术形象是艺术活动特有的表现方式，也是艺术作品的基本构成要素。每一个艺术形象都必须把生活中的人、事、景、物的外部形态与内在特征或气质真实地表现出来，以有血有肉、有声有色的个别的具体感性形式生动地呈现出来，使欣赏者产生一种身临其境、活灵活现的真实感。在艺术形象的塑造过程中，艺术家的思维活动始终离不开对具体形象的提炼、加工与创作。在漫长的艺术形象创作实践中，不同种类的艺术活动都逐步形成了相对成型、各具特色的"技法"或流程，进而演变为艺术家从事艺术创作的技术活动模式。例如，工笔画的染色法、刘奎龄的"湿地丝毛"技

① ［日］竹内敏雄：《艺术理论》，卞崇道译，中国人民大学出版社1990年版，第23页。

法、范曾的“流水线作画”技法等。只是在传统的手工业时代，这些“技法”多表现为使用特殊材料或工具的手工技巧、创作方法与流程等，其手工技巧的个性特色鲜明，也是其艺术作品的独特标记，其他人需要经过传授、揣摩和长期磨炼才可能掌握。

进入现代社会以来，工业产品、仪器设备、工艺流程的发明创造成果不断渗入艺术创作活动之中，使艺术创作的传统“技法”及其流程得以物化和重塑，提高了艺术创作的效果及其效率。例如，作为一种综合性的艺术门类，动画是一门幻想或夸张的艺术，更容易直观地表达和抒发人们的思想感情，扩展人们的想象力和创造力。动画片采用逐帧拍摄对象并连续播放的技术，以实现流畅影像呈现的动画效果，是集绘画、漫画、电影、数字媒体、摄影、音乐、文学等众多艺术门类于一身的综合性艺术表现形式。在 100 多年的发展历程中，动画艺术经历了由无声动画到有声动画、手工动画到电脑动画、二维动画到三维动画等发展阶段，形成了由总体规划、设计制作、具体创作和拍摄制作四个阶段构成的创作技术流程，每一阶段又包含着若干具体的技术分支及其环节，充分展现了技术进步推动艺术演进的基本特征。

在电影技术基础上诞生的动画艺术之所以能不断发展和完善，除了绘画、造型、音乐等艺术形象与情节创作上的积累外，另一个重要的原因就在于不断吸纳相关技术族系的创新成果，以改进和替代传统动画制作技术流程及其相关环节，甚至不断创造出新型艺术样式及其技术流程。例如，有声电影、彩色电影、立体电影、电视技术等新技术成果的引入，就实现了动画制作技术流程的新陈代谢、升级换代，进而改善了动画创作技术效果，也提高了动画制作技术效率。至于模型制作、声音合成、图像拼接、美图软件等环节上新技术成果的引入更是经常发生，从而全方位地推动了动画艺术的技术化进程。

位于纽约曼哈顿区的自由女神像是一件公认的艺术杰作，它就是由艺术家与工程师合作完成的，实现了艺术灵魂与工程躯体的有机融合。法国雕塑家奥古斯特·巴迪尔托在参加 1851 年法国人民反复辟的斗争中，受一位手持火炬女郎形象的感染而萌发了创作自由女神像的艺术构思。法国工程师斯塔夫·埃菲尔设计了自由女神像的内部钢铁骨架，工程技术人员用了30万根铆钉把全部钢铁预制构件组装在一起，并与艺术家共同完成了外表铜板构件的无缝拼接。从材料、设计、构件制作、运输、拼装施工诸技术环节来看，自由女神像的建造更像是一项复杂的建筑工程技术项目。没有多项工程技术成果与技术人员的分工协作，自由女神像的建构是难以想象的。

（二）艺术传播的技术化

艺术的技术化出现在艺术活动的众多领域或层面，展现出各具特色的不同技术化道路及其演进机制，其中，艺术传播领域的技术化最为突出。艺术的社会价值就在于能为社会大众及时提供精神食粮，满足人们的审美需求。因此，艺术作品的传播就转变为其艺术价值充分实现的重要途径或环节。在印刷机产生之前，传媒技术十分落后。读者只能通过阅读稀少的雕版印刷品或手抄本来欣赏文艺作品；观众或听众只能亲临现场，凭感官直接感受和欣赏艺术作品。因此，艺术作品的传播范围狭小、速度缓慢、持续时间短暂，影响力有限。随着电气时代、电子时代、互联网时代尤其是多媒体时代的到来，一系列信息技术成果的创造和融入，提高了艺术作品的传播速度和品质，扩大了艺术作品的辐射和影响范围。

在手工业时代，戏剧、歌舞、说唱、皮影等传统表演艺术的观众往往以百人为限，否则外围的观众既听不见声音，也看不清演员表演。后来，随着舞台设计、灯光、音响、投影仪、望远镜等声、光、电、机、火等多元新技术成果的引入，舞台艺术的影响力成倍放大，以至于今天的明星演唱会可以在露天体育场举行，观众达数万人之多。现代录音机、录像机、摄影机、电视转播、互联网直播等先进技术成果的引入，实现了表演艺术的记录、直播、回放和随时点播，不仅有助于减轻巡回演出、重复表演的劳顿，而且还能通过CD、DVD、影片、广播、电视、网站、公众号等载体和媒体方式广泛传播，受众可以随时随地随意地选择想欣赏的艺术作品。传媒新技术成果也大幅度降低了艺术作品的记录、存贮、传播与欣赏成本，进而延长了艺术作品的寿命，使其能产生广泛而深远的历史影响。

（三）催生新的艺术样式

如第五章“技术文化及其流变”一节所述，在工业革命之前，作为艺术创作与传播的序列、方式或机制，传统技术与艺术浑然一体，其中的简单技术革新也主要是由艺术家完成的。工业革命之后，技术开始从众多文化活动中逐步分离出来，进入了一个相对独立的专业化发展阶段。艺术创作与技术研发之间也随之分离和转化为外在的互动、共生、并进关系：一方面艺术创作、展示与传播上的技术需求会向技术研发机构传递，进而转化为后者技术创新的方向或目标；另一方面新技术成果也会主动向艺术领域扩散与渗透，有助于改进原有艺术形态的创作与传播方式，还会催生新的艺术形态及其创作方式。在现代社会技术化进程中，由于高新技术的超前发展，新技术研发活动业已转变为艺术发展的外部推动力，成为技术与艺术矛盾的主要方面；反过来，艺术上的技术需求也会演变为技术研发的方向和生长点，往往蜕变为这一对矛盾的次要方面。

艺术发展史表明，新技术成果往往会孕育出艺术的新载体、新生长点、新表现形式，或者衍生出原有艺术形式的新变种或升级版，进而转变为艺术演化历程的分叉点或分支领域。例如，在青铜冶炼和铸造技术基础上产生了青铜器艺术；在照相机、胶卷、冲印等技术发明和改进的基础上产生了摄影艺术形式等。由摄像机、电视制作、微波中继通讯、发射台、电视接收机等单元或子系统构成的电视技术系统，是近 100 年来最重要的技术发明。在电视技术基础上逐步孕育出电视文学、电视艺术片、电视剧艺术、电视综艺、电视纪实艺术等五种电视艺术形式。

这里需要说明的是，以追求技术效果、效率和多样化为轴心的相对独立的现代技术研发活动，为传统艺术活动提供了越来越多的新载体、新手段或新工具。同时，新技术成果的应用也推动着传统艺术活动的一系列变革，降低了人们进入艺术殿堂的门槛，减轻了艺术活动中的重复性劳动，提升了艺术创作和传播的效果与效率。正如本雅明在分析电影艺术的特点和意义时所指出的，由于现代艺术活动技术基础的革新，促使机械复制艺术替代光韵艺术、艺术的展示价值排斥膜拜价值、后审美艺术取代美的艺术、对艺术的消遣性接受挤压凝神专注式接受等。为此，以叙事性为主导的古典艺术走向终结，代之而起的则是以信息传递的瞬间性为特征的新型的“机械复制时代的艺术”。①

还有，这里对艺术技术化机理与过程的描述是粗线条的和简单化的，下一步还应当结合具体艺术形式展开细致分析和讨论。如第二章“社会技术的矛盾运动”一节所述，在技术改进过程中，先进技术成果引入的衍生效应是复杂的，常常会引发原有流程技术形态的一系列匹配性或适应性调整、革新或重塑，也会反作用于艺术活动本身，促使后者的嬗变，甚至改变了原有的艺术观念与思维方式。例如，卡拉 OK 技术可以替代乐队伴奏，录音技术催生了假唱，语音与图像修饰技术降低了现场表演难度，电脑图像制作技术提高了电影艺术的表现力等。

三、资本的技术化

资本的出现是人类历史上的划时代事件，正是在资本扩张的带动下，人类社会才由封建时代迈入了资本主义时代。时至今日，资本与技术仍然是驱动现代社会演进的两大引擎。作为价值增殖的“酵母”，资本在技术身上找到了完成自身使命或实现自己目的的有效途径。在这里，促使资本运作过程不断吸纳新技术成果，并按照技术理念、原则与规范设计、配置和高效运作

① Walter Benjamin, *the Work of Art in the Age of Its Technological Reproducibility, and Other Writings on Media*, Cambridge: Belknap Press of Harvard University Press, 2008, pp.20–42.

的过程就是资本的技术化。正如马克思当年所揭示的，“在正常的积累进程中形成的追加资本，主要是充当利用新发明和新发现的手段，总之，是充当利用工业改良的手段。但是，随着时间的推移，旧资本总有一天也会从头到尾地更新，会脱皮，并且同样会以技术上更加完善的形态再生出来，在这种形态下，用较少量的劳动就足以推动较多量的机器和原料。”①

（一）资本运作的技术性

在社会现实生活中，资本运作往往呈现出复杂多变的具体表现形态，令人眼花缭乱。事实上，资本本质上并不是物，而是在物的外壳掩盖下的一种社会生产关系。即资本家凭借他对生产资料的所有权，剥削失去生产资料的雇佣工人的人与人之间的社会关系。其实，“资本发展成为一种强制关系，迫使工人阶级超出自身生活需要的狭隘范围而从事更多的劳动。作为他人辛勤劳动的制造者，作为剩余劳动的榨取者和劳动力的剥削者，资本在精力、贪婪和效率方面，远远超过了以往一切以直接强制劳动为基础的生产制度。”②

自从资本降临人间，它巨大的扩张、渗透与整合威力就彻底改变了社会生活面貌与历史进程。一事物当被纳入资本体系及其运作过程，充当价值增殖和谋求剩余价值的中介或跳板时，该事物就转化成了资本。“资本只有一种生活本能，这就是增殖自身，创造剩余价值，用自己的不变部分即生产资料吮吸尽可能多的剩余劳动。”③在资本主义社会，包括人、财、物在内的几乎所有事物都卷入了资本运作体系，演变为资本价值增殖或获取剩余价值链条上的一个环节。在现实生活中，以获取剩余价值为目的的资本运作过程，总是展现为一种序列、方式或机制，可视为流程技术形态。尽管现实的资本运作展现出复杂多变的众多具体模式或流程，但它们都是围绕着榨取剩余价

① 《马克思恩格斯全集》第 44 卷，人民出版社 2001 年版，第 724 页。
② 《马克思恩格斯全集》第 44 卷，人民出版社 2001 年版，第 359 页。
③ 《马克思恩格斯全集》第 44 卷，人民出版社 2001 年版，第 269 页。

值这一根本目的而建构和展开的，也是由多链条、多环节构成的目的性活动序列、方式或机制，因而也具备了技术活动的一般属性和特征。

作为一种生产关系技术形态，资本并不是一味地追求先进的产业技术，无条件地支持任何新产业技术的研发或引进，也不是一概排斥落后的产业技术，而总是优先按照剩余价值最大化的原则有条件地选择、引进或研发先进产业技术形态的。“如果只把机器看作使产品便宜的手段，那么使用机器的界限就在于：生产机器所费的劳动要少于使用机器所代替的劳动。可是对资本说来，这个界限表现得更为狭窄。因为资本支付的不是所使用的劳动，而是所使用的劳动力的价值，所以，对资本说来，只有在机器的价值和它所代替的劳动力的价值之间存在差额的情况下，机器才会被使用。”① 由此可见，产业技术是比资本运作技术层次更低的生产力技术形态，从属和服务于资本运作的目的、意志和逻辑。

因此，资本的技术化首先表现在资本运作流程及其环节的技术创新上，以及对相关新技术成果的吸纳方面，体现在社会生产与生活的众多领域或部门的技术进步之中，以服务于资本的高效有序运作。改革开放以来，各级政府围绕引进和利用外资而展开的政府工作流程重塑等方面的改革，就是顺应资本技术化内在要求的具体表现，也反映了低层次技术演进对高层次技术变革的牵引作用。一方面，从社会事务层面看，资本的技术化有助于改善相关社会领域的结构以及运转流程的实际效果，提高处理众多社会事务的效率；另一方面，资本的技术化也改进了资本运作本身的实际效果，进一步提高了获取剩余价值的效率。

（二）剩余价值的新源泉

哈贝马斯在分析晚期资本主义社会的主要特征时曾指出，现代科学与技术已演变为“第一位的生产力”“独立的变数”和“独立的剩余价值来源”，

① 《马克思恩格斯全集》第 44 卷，人民出版社 2001 年版，第 451 页。

因而逐步取代了直接生产者的劳动，成为创造剩余价值的主要源泉。“当科学技术的进步变成了一种独立的剩余价值来源时，在非熟练的（简单的）劳动力的价值基础上来计算研究和发展方面的资产投资总额，是没有多大意义的；而同这种独立的剩余价值来源相比较，马克思本人在考察中所得出的剩余价值来源，即直接的生产者的劳动力，就愈来愈不重要了。”①

事实上，哈贝马斯这里所谓独立的剩余价值来源其实就是马克思视域中的超额剩余价值的当代变种或特殊表现形态。只不过在马克思所处的时代，科学技术的一体化进程才刚刚起步，产业门类及其分工也不够发达，技术研发力度与规模小、成果少、速度慢，超额剩余价值的出现只是个别企业的偶然事件，其实现依附于产业工人劳动，并不构成当时剩余价值来源中稳定的主要部分。在第二次世界大战以来的新科技革命进程中，科学与技术深度融合，逐步走向一体化；产业分工日趋细密，技术研发投入与规模不断扩大，新技术成果持续涌现，且演变为商品形态。加之，受知识产权制度的保护，源于技术研发成果的超额剩余价值已演变为高新技术企业经常性的巨额收益，跃升为高新技术产业利润中的主要部分。

今天，随着科学、技术与生产的一体化发展，技术进步对于社会生产的推动作用持续增强。科技进步对经济增长的贡献率已超过50%，上升为推动经济增长的首要因素，人类已迈入知识经济时代。“正像只要提高劳动力的紧张程度就能加强对自然财富的利用一样，科学和技术使执行职能的资本具有一种不以它的一定量为转移的扩张能力。”②随着资本有机构成的不断提高，相对于雇佣工人创造的超过劳动力价值的价值而言，现代产业技术进步所带来的超额剩余价值在剩余价值总额中所占的比例也越来越大。就高新技术企业而言，研发人员的数量远远超过了产业工人的人数，已跃升为现代高新技术企业的主体。超额剩余价值主要是由研发人员创造的，他们也受雇于资本，

---

① ［德］尤尔根·哈贝马斯：《作为“意识形态”的技术与科学》，李黎、郭官义译，学林出版社1999年版，第62页。

② 《马克思恩格斯全集》第44卷，人民出版社2001年版，第699页。

为资本直接创造剩余价值和超额剩余价值，也受到了资本的剥削。“白领”“码农”“打工人”“社畜”“996”“白 + 黑”等称谓就反映了这一特征。正是在这一时代背景下，哈贝马斯看到了技术创新在创造剩余价值过程中的主导作用，进而发展和完善了马克思的剩余价值理论，而并非彻底否定了该理论。

高新技术在现代经济与社会生活中地位的不断抬升，促使资本越来越青睐和倚重高新技术研发及其成果。谁率先研发和拥有高新技术成果，就意味着谁能够抢占市场先机，进而获取更多更大或更长时间的超额剩余价值。因此，技术竞争已演变为现代企业竞争乃至社会诸领域竞争的关键环节或决定性因素，成为资本角力的主战场。技术研发的超前布局和投入力度的持续增大，导致资本有机构成的持续提高，以及技术资本在整个资本体系及其运作中的比重越来越大，已演变为资本技术化的主要维度与时代特征。

（三）金融资本的技术化运作

货币的出现解决了价值跨时间储存、跨空间转移的经济难题，促进了贸易与商业的快速发展，是经济发展史上的一个划时代事件。近代以来，随着商业和市场经济的发展，逐步分化出了专门从事资金流通、调节和信用活动的金融行业，包括银行业、保险业、信托业、证券业和租赁业等。金融是现代经济体系的血液，关联着社会机体的每一个细胞。现代金融技术（Fintech 是 Financial Technology 的缩写）就是指利用大数据、区块链、云计算、人工智能、数字货币等信息技术成果，在改造传统金融市场、金融产品、业务流程等过程中，创建的一系列新业务模式、新技术应用、新产品服务等，业已演变为现代信息技术的一个重要生长点。作为现代金融业的骨架或灵魂，金融技术及其创新和推广应用可视为当今资本技术化的一个样板或缩影，主要表现在以下三个层面上：

一是金融市场技术体系的建构与运转。货币资本既是社会财富的标志，也是参与经济活动的主要因素。基于调剂资金余缺的需要，金融市场在资金需求者与供给者之间架起了一座桥梁，实现了资金的高效有序流动。为了满足货币资本扩张的多样化需求，人们逐步建构起了精细而复杂的各类专业金融市场体系，包括货币市场(同业拆借市场、回购协议市场、商业票据市场、银行承兑汇票市场、短期政府债券市场、大面额可转让存单市场）和资本市场（中长期银行信贷市场、证券市场、保险市场、融资租赁市场)，形成了多样化的融资渠道或模式。如前所述，作为社会技术形态的金融市场技术体系是金融市场运作的技术基础。有关金融市场的国家法律、法规与体制架构、政府监管部门的法律实施细则、行业规范以及业务流程等，都从不同层面展现和规范了金融市场技术体系的结构及其各种业务运作流程，精密、高效而富有活力，几乎涵盖了每一种交易行为的规则和标准。

二是金融流程技术形态的信息化重塑。金融市场体系的技术属性还体现在各专业市场的运行机制及其资金交易的业务流程等层面。每一种交易模式、每一笔资金交易都有严密的流程、规则和标准，环环相扣，相互制约，可回溯、可核查，几乎达到了严丝合缝、无懈可击、无漏洞可钻的程度。每一种业务流程都严格地按照相关法律、法规和业务规范的要求设计和运作，高效率地实现货币资本的有序流动，服务于经济社会发展的多样化资金需要。例如，储户从银行提取存款的业务流程就包括排序号、查验凭据和证件、核对存根、密码校核、钞票点验、签字确认、拍照存档、钞票交割等前后相继的 8 个环节。随着信息技术尤其是互联网技术、人工智能技术的发展，金融流程技术的信息化进程不断加快，几乎涵盖每一种业务流程技术的信息化或智能化重塑。在确保安全便捷交易的前提下，流程技术的信息化改造扩大了金融市场的边界和容量，节省了交易成本、简化了交易手续、提高了交易速度与效率。例如，手机银行、支付宝、微信等具有金融服务功能的 APP，就可以提供即时支付、透支、转账、理财、炒股、小额贷款、保险、医疗挂号、查看明细等多种金融服务。甚至 1 元人民币即可购买理财、基金、黄金等金融产品，既降低了进入金融市场的门槛，也扩大了传统金融市场的容量和辐射范围，提高了众多分散的小额闲置资金的利用率。

三是金融工具的创新与引进。金融工具是指在金融市场中可以交易的金融资产，是用来证明贷者与借者之间融通货币余缺的书面证明，包括票面金额、发行者（出票人）签章、期限、利息率（单利或复利）等要素，如商业票据、银行存款凭证、股票、债券、期货、外汇、保单等。金融市场供求因素的变化是金融工具创新与引进的动因，以适应多种信用形式的需要，满足资金供需双方的多样化需求。金融工具拥有人工物技术形态的结构与属性，因为它们是在金融市场可以买卖的产品，故称金融产品；因为它们具有不同的功能，能达到不同的目的，如融资、避险等，故又称金融工具。同时，在资产的定性和分类中，它们属于金融资产，故称金融资产；它们是可以证明产权和债权债务关系的法律凭证，故又称有价证券。金融工具的技术创新与推广应用也是当今金融资本技术化的主要表现形态之一。除传统纸币印刷和防伪技术的不断创新外，数字货币、比特币、虚拟货币等货币新形式，更是以信息技术为依托或支撑的新型货币技术形态。

四、社会的信息化

信息与物质、能源一起构成了现代社会的三大支柱，信息技术对社会的政治、经济、文化乃至日常生活的各个领域和层面的运行都产生了广泛而深刻的影响。所谓社会的信息化是指充分利用信息技术成果，开发利用各种信息资源，促进社会的信息交流和知识共享，提高经济增长率与文化生活质量，推动经济社会发展转型的历史进程。社会的信息化展现为一个由物质生产向信息生产、由工业经济向信息经济、由工业社会向信息社会转变的历史过程。

按照从低到高的顺序，社会的信息化主要体现在五个层次上：①产品信息化，即在越来越多的产品或工艺流程中嵌入信息技术元器件，使产品或工艺流程具备越来越强的信息显示、传输、处理、自动运行功能，为万物互联的物联网建设和智能化改造奠定基础。②企业信息化，即在企业的产品研发、设计、生产、管理、经营等各个环节广泛吸纳和采用信息技术成果，加快企业信息系统建设。③产业信息化，即各产业部门广泛吸纳和应用信息技术成果，着力开发和利用信息资源，建立各种类型的数据库和信息网络，加快产业的升级改造。④国民经济信息化，即利用大数据、互联网、区块链、云计算、人工智能等信息技术成果，将来自金融、投资、贸易、规划、海关、营销、税收等方面的多种数据汇集成一个信息大系统，实现信息在国民经济体系内部的自由流动与有效利用，促使生产、流通、分配、交换、消费等经济活动各环节深度融合，联为一体。⑤社会生活信息化，即在经济、科技、文化、教育、医疗、政务、交通等社会生活的各个领域，推广和应用先进的信息技术成果，开发和利用各类信息资源，互联互通，丰富和方便人们的社会生活，拓展人们的文化生活空间。这五个层次的信息化渐次展开，滚动递进，前者是后者的基础或构成部分，后者的发展反过来又刺激和引导着前者的研发、建构与升级。

在这里，信息化是目的、效果或内容，技术化则是手段、路径或格式。无论哪一个层次的信息化，都是以相关信息技术系统的建构或引进为基础的。因此，技术化是信息化展开的基础与前提，两者前后相继，同步展开，互动并进。随着技术结构上的层层嵌套与并联式建构，信息化的层次逐步提升，技术集成度也随之提高。近代以来，从机械化、蒸汽化、电气化、自动化、信息化、数字化、智能化一路走来的社会技术化进程，使每一个时期的产品及其生产流程、社会组织技术形态及其流程技术形态都打上了鲜明的技术时代烙印。如前所述，产品信息化就是运用通用型的信息技术成果，改造传统的生产流程与产品结构，力图使其兼具信息显示、搜集、传输、处理和控制等基本功能，进而改善其技术结构、提高其技术功效。不难理解，如何将信息技术成果融入现代生产技术流程与产品技术系统之中，是产品及其生产工艺流程信息化的基本任务，其中技术的基础地位与建构特征明显。

如果说产品信息化还主要停留在自然技术层面，那么上述其他四个层次的信息化都涉及社会关系层面的技术建构。从技术视角看，社会信息化就是运用信息技术成果，不断推动社会组织结构、管理模式与事务流程的变革，重构或重现传统的社会关系乃至国际交往关系形态，进而改善其技术效果，提高其技术效率。这一过程既离不开信息技术等自然技术层面的改造，也离不开社会技术层面的创造或重塑。例如，传统的铁路客运车票的售卖，要求旅客或代购人必须到火车站或售票点排队购买，耗时费力，效率低下。借助互联网、信息管理系统等技术成果研发的铁路客票发售系统，不仅实现了线上全天候买卖车票，而且还可以随时查询所有列车运营区间或车次的余票状况、各类车票价格、发车和到站时刻等信息，随时办理预订、购买、退票、改签等手续。从购票、乘车到下车的全流程及其各个环节都得以信息化重塑，旅客与铁路公司及其相关部门之间的经济关系也以新的信息技术形态呈现。随着铁路客票发售系统与车站、列车检票系统的联网，又全面取消了传统的纸质车票及其检票环节，旅客凭购票时的身份证件、二维码等即可"刷脸"进站乘车。铁路客票系统的信息化改造也使传统的售票员、检票员、出纳员甚至连"黄牛党"等岗位或职业都随之消失，也改变了售票处、检票处、列车补票、资金流转等客运组织形态及其运转流程。

从方法论视角看，社会的信息化是基于模拟方法等展开的，虚拟的信息世界可视为现实世界及其关系在赛博空间的投影或模拟。针对需要进行信息化改造的社会组织、事务流程等现实对象，研发者首先要对其结构、相互关系、规则、流程或模式等加以分析和梳理、抽象和提炼。然后再运用计算机语言加以描述，进而在虚拟空间建构起现实事物及其运行过程的数学模型，编制成应用软件，全方位模拟社会组织结构、运行机制、相互关系、事务流程等。最后再借助计算机、互联网、芯片等硬件技术的支持，实现对该社会组织结构、事务流程的信息化改造，进而模拟和替代传统的实体性社会组织机构功能及其运转流程，让信息技术系统部分或全面地替代简单与重复性的人类活动。今天的网上银行、电子政府、智慧城市、网上购物、门户网站、监控体系、模拟训练等新兴技术形态及其业态，都是社会信息化成果的具体表现。

这里不难看出，社会的信息化一方面是基于信息的泛在性以及与关联事物的同构性、同步性展开的，另一方面又是基于信息技术的通用性与广泛渗透性而推进的。因此，20世纪70年代以来，在互联网、个人计算机、计算机语言等信息技术成果的基础上推进的社会信息化进程，迅速演变为现代社会技术化的主战场和社会发展大趋势的时代标签。随着信息技术的不断创新、改进和推广应用，社会的信息化进程也在持续向广阔领域和纵深推进，正在向数字化阶段迈进，升级换代。以大数据、机器学习、人工智能、物联网、区块链、量子计算等技术研发与推广应用为轴心的智能技术革命，有望演变为下一轮社会技术化的主角。这是由于社会生产与生活的各个领域或层面都离不开人们的识别、判断、推理、评估、选择、调节与控制等智力支持，而人工智能技术又拥有部分替代人类脑力劳动的潜力，因而拥有广泛的应用前景和发展空间。

总之，由于信息与事物相伴而生、结伴而行，既反映事物实际状况，又可以游离于事物而独立存在，因而容易转变为人们认识、替代、改造和控制事物的重要手段。正是从这一点上说，当今社会信息化的任务远未完成，仍有许多工作需要去做。从理论上说，由于信息的泛在性，只存在尚未信息化或暂时还不值得信息化的事物或领域，而并不存在不能信息化的事物或领域。未来人类将依靠人工智能、大数据、量子通信、会聚技术、人体增强、脑机接口等一系列先进技术成果的支持，进入万物互联的物联网时代以及元宇宙时代，实现人们对事物的远程实时窥视、评估和操控的梦想，创建一个开放、兼容、多元多彩的虚拟与现实融合的新的生活空间。这可视为信息技术革命与社会信息化的高级阶段。

五、社会运行的法制化

“法治”是相对于“人治”而言的一种社会治理理念、理论、原则和方法，它强调社会治理规则的普适性、稳定性和权威性，属于法律文化中的观念层面。“法制”则是法律制度的简称，是一种正式的、相对稳定的、制度化的社会规范体系，属于法律文化中的器物层面。与“人治”的随意性、应激性、博弈性不同，“法治”主张以稳定的法律制度作为国家治理的基础，促使社会的政治、经济、文化诸领域的活动严格按照法律规范运行，不受任何个人意志的干预、阻碍或破坏。历史经验表明，要维护国家的长治久安，最有效、最可靠的办法就是实行法治。法制是法治的基础和前提条件，要实行法治就必须建构完备的法制体系；法治是法制的立足点和归宿，法制的发展前景必然是最终实现法治。“法制化”就是将法律规制的建构与实行制度化、程序化，将人们的社会行为纳入健全的法律规制体系，由相应的制度及其组织体制和运作流程进行规约和引导。这也是第三章“社会事务的流程化”一节所讨论的具体内容。法制化既有利于社会生活的合理化、规范化、秩序化建构，提高社会运行效率与生活质量，也有助于对人们的社会行为进行引导、监督与约束，更有利于保障公民的合法权益。

民族国家的形成以及社会组织机制与运行效率是现代性的主要问题之一。从人治走向法治、从乡规民约或公序良俗走向法律制度体系，是人类社会发展的基本趋势。以往学术界对法治问题的认识大多停留在法学或政治学层面，很少从社会技术视角分析和讨论法律、法治或法制化的技术属性或意蕴。事实上，在广义技术视野下，法制体系可视为一种社会人工物技术形态，法治过程可视为一种社会流程技术形态，法制化则是社会技术化在社会法律生活层面的一种具体表现。它们都可以置于技术哲学视野下展开分析和讨论，进而揭示其技术结构、属性、特点、运作流程与发展态势等。

法律是调整人们社会关系的行为规范，由一系列原则、规则和程序构成，为人们的社会行为提供模式、标准和方向，具体的法律文本是构成法制体系的子系统或“元器件”。正如涂尔干所指出：“法律在社会里所产生的作用同神经系统在有机体里所产生的作用是很类似的。”① 法律的作用主要表现

① ［法］涂尔干：《社会分工论》，渠东译，生活·读书·新知三联书店2000年版，第89页。

为：①明示作用，即以法律条文的形式明确告知人们，什么是可以做的，什么是不可以做的；哪些行为是合法的，哪些行为是非法的，违法者将要受到怎样的处罚等。②矫正作用，即通过法律的强制执行力矫正偏离法律轨道的不法行为，使之回归正常的法律轨道。③预防作用，即促使人们事先知晓法律的具体规定，明辨是非，避免因触犯法律而受到惩罚。④最终作用，即维护社会运行秩序，保障公民的人身安全与各项权益等。由此可见，法律犹如社会“巨机器”或“巨系统”运行的“应用程序”或“行动流程图”一样，给出了人们在社会生活领域或各项具体社会事务上，应当如何合法选择、行动或规避的多种可能情况；同样，也为执法或司法机关裁量和惩治违法犯罪行为，提供了法律“依据”“准绳”或“流程”等。

正如众多元器件构成子系统，众多子系统耦合成大系统一样，法律规范或条款是构成法律体系的基本单元，同类法律规范的总和构成法律部门，若干法律部门又构成法律体系。可见，法律体系是指由一个国家或地区现行的全部法律规范，按照不同的法律部门分类组合而构成的一个多层次、有机联系的统一体。理想化的法律体系应当门类齐全、结构严密、彼此协调、宽严适度：一方面，这些法律自上而下展现为从高到低、由抽象到具体的层次结构；另一方面，在同一层次上各部法律规范之间既各有侧重，又相互配合、彼此衔接，协同发挥全方位规约和引导人们社会行为的功能。由此可见，法律体系可视为确保社会体系健康运行的“系统软件”和“应用软件”，在现代社会生活中发挥着不可或缺的引导和规约功能。

法制是法律和制度的总称，不仅包括所有法律文本、原则、规则和制度，而且还包括法律实施和法律监督等一系列社会运行体制。法制体系是指由法制运转机制和环节构成的社会大系统，包括立法、执法、司法、守法、法律监督等子系统，形成了一个立体的、动态的、实体性的有机整体；这些子系统上下衔接、彼此串联，在纵向上构成了一个垂直的法制运转体系。法律体系展现的是一个静态的法律规范系统结构，而法制体系则既包括众多静态的法律规范系统，又集中再现了动态的法制运转机制及其法治流程。从相互关系视角看，法制体系包含着法律体系，而法律体系则被组合在法制体系之中。

与自然技术体系的发育和成长类似，法制化也是一个由多部门、多层面、立体协同推进的漫长的社会技术进化过程。一方面，按照有利于社会持续健康发展的理念和目标，人们将社会生产与生活中的众多事务以及不断派生的新领域、新事物逐步纳入法制的轨道，使其按照法律规范的要求高效有序运转；另一方面，随着社会的快速发展，原有的法律规范、法治体制机制等难以应对不断涌现的新情况、新问题，需要不断修订、改进和完善，以提升法制体系的功能与运行效率。至于法制体系各层次、环节对包括信息技术在内的众多先进自然技术成果的吸纳，更是不间断或经常化进行的。因此，法制化与社会发展共始终，都是一个进行时态而非完成时态，离不开法制体系的创建、改进与推广应用，需要世世代代持续不断地建构和完善。

从立法流程视角看，除立法社会环境条件的考量外，法律规范的制订与制度的建构流程，都需要经过调研、构思、设计、论证、征求意见、试行与修改完善等多个环节，力图穷尽或涵盖多种复杂的可能情况。这一阶段与技术的一次创新相对应。经过一段时间的实际运行（或试行）后，新法律、新制度或新机制的缺陷或不足才会逐步显现，往往难以适应社会发展中出现的新情况、新挑战，还需要对其进行补充、修订和完善。这一阶段与技术的二次创新相呼应。在这里，法律规范的制订与法制体系的建构都不是凭空而来的，而是扎根于社会发展现实之中，离不开深入细致的调查研究，还需要借鉴发达国家或地区的相关成熟法律或制度体系等。这一阶段与技术的引进、消化吸收、再创造过程相对应。正如自然技术的持续进化一样，法制技术体系也处于发育成长和不断演化之中。

从司法体系的运行看，虽然各国的司法体系有所差别，但都是围绕着各自法律的贯彻执行而建构的。例如，公安、检察、法院、司法行政四大机关构成了我国的司法体系（或政法系统）。它们依照法定职权和程序运转，本着正确、合法、及时、独立、公正、平等的原则运用法律处理具体案件，使国家的法治体系得以正常运转。从纵向构成看，法治体系与行政体系并行，大致形成了县、市（地区）、省、国家四级金字塔形架构；同时，铁路、海事、军事等特殊行业或部门的司法系统则并行设置和运行，相对独立，彼此分工协作，共同推进国家法治体系的正常运转与功能的及时发挥。各个司法机关、单位可视为国家法治技术体系的子系统或“元器件”，它们各司其职，职责与分工明确，体制与机制严密；横向上前后串联、各司其职、协同运作，纵向上下一级接受上一级的业务指导和同一级人民代表大会的领导与监督，成为国家机器的重要组成部分。

从实际运行视角看，法制技术体系可视为社会巨系统的“神经系统”，控制、规训和引导着社会生产与生活有序展开，其边界往往小于或等于后者。依法治国的目标就是要建设法治社会，把社会生活的各个领域或层面尽可能广泛地纳入法治运行的轨道，做到“有法可依、有法必依、执法必严、违法必究”。因此，法制化不仅仅是法治系统的任务，而且也是事关社会生产与生活的各领域、各层次、各环节和各个人的一项长期的历史任务，力图促使人人知法、懂法、守法、用法。作为社会技术化的一种表现形态，法制化进程所追求的理想境界就是按照立法者的意愿，促使社会生产与生活越来越高效地有序运转，各类社会目标的实现也越来越便捷顺畅；同时，社会运行也越来越平稳健康、公平、公正，充满生机活力和发展潜力。

六、发展规划的机制化

立足现实，回顾过去，展望未来，是人类理性与社会合理化的具体表现。小到个人、单位、部门，大到地区、国家乃至国际组织，都对自己的使命与处境有着清醒的认识，都在时常回顾自己的发展历程，总结成败得失与经验教训，同时也在密切关注现实生活中所发生的多种变化，进而展开积极预测，力图谋划、建构和把握未来。人们总是从实际出发，在明确阶段性目标、当前任务与条件，做好短期计划或工作安排的同时，又在展望和预测未来的基础上，瞄准远大目标的实现，积极主动地制订长远发展规划，确定行动路线图和各阶段具体行动目标。这是人类行动理性化、技术化的具体表现。正如“按照曼海姆的意思，‘好的’及‘自由的’计划并不发展任何教条式的模式，而是具有维修的功能。由于它是调节原则，因而也是构造原则：它应该借助积极的‘社会技术’（这种社会技术反过来又为‘先驱们’所设计出）而产生一种对未来总状况持续的、创造性的投射，这种对总状况进行投射的最高原则便是合理性。”① 预测和谋划未来是现代社会生活的基本特征，社会发展规划制订的机制化、常态化也是现代社会技术化的主要表现形式之一。这可视为人们应对社会发展不确定性增多的基本模式，也反映了人们把握各自命运的自觉性、积极性、主动性的持续增强。

（一）预测未来

预知事物未来是人类求知欲望的具体表现。与凝固的历史、充盈而坚实的现实相比，未来尚处于孕育或形成之中，大多表现为一种多种可能性潜在并存的不确定状态，常常扑朔迷离、飘忽不定。同时，一事物的未来又往往与社会多方的利害相关联，潜伏着巨大的利害冲突。预测事物未来有利于人们提前采取干预措施，因势利导，趋利避害，因而越来越受到社会各界的高度重视。每当面对不确定的未来或即将到来的重大事件时，人们常常忐忑不安，有时甚至不得不求助于神灵，占卜问卦，以求得到内心的暂时安宁，定向强化应对措施或者有针对性地制订多种预案。

事实上，受事物内外多重因素的影响，未来既有确定的一面，又有不确定的一面，是确定性与不确定性的统一体。预测事物的未来实质上就是要提前认识尚处于孕育过程之中，还未出现或转变为现实事物的多种可能的萌芽

① ［联邦德国］伊蕾娜·迪克：《社会政策的计划观点——目标的产生及转换》，李路路、朱晓权、林克雷译，浙江人民出版社 1989 年版，第 26 页。

状态或趋势。在这里，除会遇到认识现实事物时的困难外，对事物未来的预测至少还会遇到两个特殊的困难：①反映事物未来状况的信息零散、有限。未来是由历史和现实演变而来的，反映未来的少量间接信息往往隐含于历史和现实之中，既难以发现又难于从中窥探事物未来的真实面貌。②事物未来中并存着多种可能的发展趋势及其萌芽，全面模拟和揭示各种可能样态的任务量将会成倍增加。尽管人们从经验或统计学的角度，可以给出关于事物未来的多种可能状态出现的概率，但某一具体事物将来的演变结果却是唯一的。统计学方法并不能准确预测某一事物最终究竟会演变成哪一种状态，人们仍然需要制订多种预案或规划，对于准确预知和把握该事物并没有多少实际的应用价值。

按照事物的体量、属性以及主体的认识和实践能力的大小，事物的未来大致可以划分为三大类：①难以干预的客观事物。人的能力总是有限的，对许多事物的演变往往无能为力，只得听之任之，所谓“天要下雨娘要嫁人”“听天由命”所要表述的就是这种状况。对此，人们只能规避或被动地接纳，而不能加以扭转或主动改变。②可以影响的事物。人类活动往往参与身边许多事物的演变，他们当下的意志、抉择或行动会影响这些事物的未来发展状况。预测这类事物的未来有助于人们明确当下面临的形势和任务，以及评估应采取何种行动或举措才能促使事物的演变对自己更为有利，进而制订相关行动方案。③可以左右或塑造的事物。尽管事物的发展会受到诸多外部不确定性因素的影响，但对于那些主要由自己选择或决定的事物，它们的未来往往直接取决于人们当下的态度、抉择或行动。因此，就对预测者的实践价值而言，沿着上述三类事物的顺序，预测的意义或价值呈递增态势，所谓的规划和对策也主要是针对后两类事物的发展而言的。

（二）制订发展规划

前瞻性、计划性是人类理性、目的性和价值性的具体表现。预测未来就是为了明确未来可能的处境、形势和任务，有针对性地指导人们制订切实可行的发展规划或行动方案，两者之间存在着滚动递进的互动对标关系。一般地说，规划或计划总是在预测的基础上制订的，是人们依据事物的未来发展态势将要采取的一种积极应对举措或合理行动的方案，也是主体意向性、能动性、创造性建构的具体表现。其中折射出了人们力图因势利导、趋利避害、主动塑造未来的价值诉求以及掌握自己命运的意志或愿望。正如“施特里滕指出，在预测与（政策的）目标确定（用他的话来讲就是纲领）之间有着某种紧密的联系。他确认，‘纲领作为企图行动的计划’及‘预测作为对事件大致或可能过程的预言’，处于某种相互关系之中并相互修正。他认为这一过程是完全值得追求的，因为‘没有预测的纲领是无力的、乌托邦式的梦想’，而‘没有纲领的预测必然是不完整的’。”①

事物的未来是由其历史和现实演变而来的，也是社会多方力量共同塑造的结果，即人们当下的抉择或行动会影响事物的未来状态。关于某一事物的规划或计划的制订与实施，不仅是塑造该事物未来的一个决定性因素，而且也是影响竞争对手、相邻事物乃至整个社会未来发展的一个重要变量。如此就形成了一个众多主体或变量共同参与塑造社会未来的错综复杂、互动并进、持续博弈的演变格局或态势：一方面，人们对某一事物未来的预测总是立足于某一时刻的有限信息而做出的，当时所考虑的众多复杂因素会随着时间的推移而变化，因而预测的结论常常只是相对的、暂时性的；另一方面，众多规划或计划的实施反过来又会转变为影响事物未来的新因素或新变量，改变先前预测时的出发点或所依据的初始条件和边界条件。此外，开放的外部环境以及社会竞争的广泛存在，也增加了事物未来发展的复杂性和不确定性；同时，在社会实践过程中，一方规划或计划的制订与实施有时是针对另一方的计划或行动的，具有鲜明的持续滚动博弈的动态特征，这也是影响事

① ［联邦德国］伊蕾娜·迪克：《社会政策的计划观点——目标的产生及转换》，李路路、朱晓权、林克雷译，浙江人民出版社 1989 年版，第 30 页。

物未来状况的主要变量之一。

（三）修订和调整规划

系统科学研究表明，随机性也是系统演变的重要特征。事物的发展总是处于开放和变化的环境之中，源于事物系统内外的众多随机性因素，使该系统的演变呈现出一定程度的不确定性。人们的预测、规划总是在开放和演进的社会巨系统背景中展开的，其立足点本身就处于变动之中，正可谓“计划赶不上变化”。事实上，未来是人们塑造出来的。“未来不取决于对它的前景的看法，而是取决于集体计划的质量和对计划进行管理的性质。”①随着竞争的展开和社会的演变，先前预测、制订规划时的初始条件或边界条件已经发生了改变；加之各自规划实施过程中出现的新困难、新挫折或新失败，都需要对先前的预测、规划或计划做出适时的修订、补充、调整甚至废止。如此一来，随着时间的推移，在预测与规划的制订、实施和修订之间，就形成了一个开放的多回路反馈滚动式“瞄准”（修正）机制，以便及时有效地引导、调整和校准人们实现各自远大目标的行动，提高塑造和掌控事物未来的效果与效率，如图4—1所示。其中的1、2、3、4……分别表示第一、二、三、四轮……预测、规划的制订或修订。

预测和规划事物未来是人类目的性或行动理性化的具体体现，反馈滚动“瞄准”机制是一种典型的社会技术形态：一方面，规划或计划是远大目标

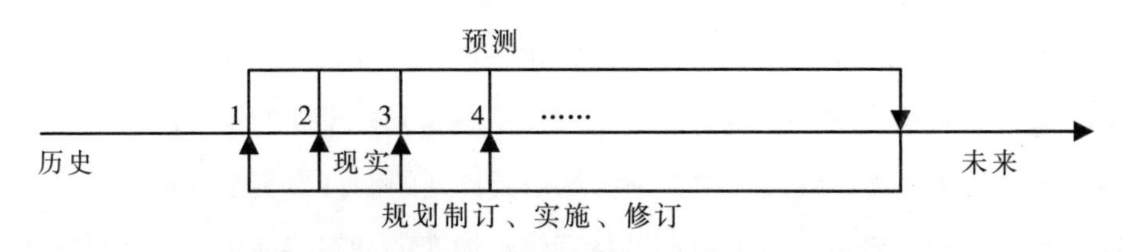

图4—1 预测与规划反馈滚动“瞄准”机制示意图

① ［法］西蒙·诺拉、阿兰·孟克：《社会的信息化》，施以方、迟路译，商务印书馆1985年版，第116页。

的分解形式和阶段性实施流程或步骤，有助于人们分工协作和分阶段完成；另一方面，规划的修订或计划的调整又是一个应对不确定性、以纠偏为轴心的动态优化“瞄准”（调控）过程，力图使目的的实现方案、流程、步骤、措施等更切合实际、更合理、更有效。这一过程可视为一种典型的社会流程技术形态，符合技术活动的效果原则、效率原则和多样化原则：①预测与规划的反馈滚动“瞄准”机制，就是围绕主体目的的有效实现而建构和运转的，是确保人们发展目标有效实现的技术基础，符合效果原则。②在预测与规划的反馈滚动“瞄准”机制中，人们总是追求预测的准确性与规划的可行性、精细性，以提高实现规划目标或实践活动的效率，符合效率原则。③通达规划目标、走向成功的可能路径、环节与时机往往是多种多样的，预测与规划的反馈滚动“瞄准”机制，有助于人们探寻和选择适合各自实际情况的路径及其时机，制订出多种规划方案或行动预案，以便根据环境变化态势或条件，机动灵活地加以选择、实施或操控，符合多样化原则。

思深方益远，谋定而后动。现代社会发展对规划的依赖性越来越突出：一是随着现代社会体系的复杂化以及生活节奏的加快，以往那种单凭经验、直觉、模仿以及先明确发展目标，再临时制订简单粗略的计划草案（或纲要），随后再根据内外条件的变化随机应变地动态调整计划的传统行动模式，已难以适应现代社会发展的需要，迫切要求不同社会主体及时制订各层级、各类别的周密发展规划，有序协同高效地推进社会发展。二是由于社会矛盾与竞争的广泛存在，世界百年未有之大变局加速演进，处于复杂开放的自然环境与社会巨系统之中的各类主体规划的实施，都面临着众多不确定性因素的冲击，需要及时检视、评估、修订、调整和完善各自的发展规划。例如，由国家发展和改革委员会牵头推动的“三规合一”体制（即将国民经济和社会发展规划、城市总体规划、土地利用规划中涉及的相同内容统一起来，并落实到一个共同的空间规划平台上，各规划的其他内容按相关专业要求各自补充完成)，[①] 就致力于促进各地实现“三规”之间的彼此协调和有效衔接，消除各类规划在工作目标、空间范畴、技术标准、运作机制等方面存在的交叉和矛盾，提升规划工作的效能。三是当先前制订规划的主体或前提条件发生重大变化时，该规划将面临被中止实施的命运，需要人们从当下变化了的实际情况出发，重新制订新的发展规划。正是基于这些方面的原因，规划的制订与实施已演变为现代社会各领域或层面的一项常规性工作，发展规划与工作计划业已演变为各类社会主体及其实践活动的“标配”，也成为反映或审视现代社会技术化的一个重要维度。

这里需要强调的是，本章从上述六个领域或维度对不同领域或层面社会技术化过程、机制、特点等问题的具体分析和阐述，难以穷尽社会技术化进程的广泛性、丰富性和多样性，有挂一漏万、管中窥豹之嫌。事实上，每一项社会实践活动或具体事务的背后，都必然伴随着它的技术建构、改进及其运行，都能窥探到蕴含于其中的社会技术化过程、环节或片段。一般寓于个别之中、共性寓于个性之中。只有在系统深入地探究众多领域、层面或维度社会技术化过程属性与特点的基础上，才能更为全面准确地概括和揭示社会技术化进程的一般属性、特点与规律。这也是科学归纳法展开的必要前提或前期准备工作。

---

① 《关于开展市县“多规合一”试点工作的通知》（发改规划〔2014〕1971 号），http://www.ndrc.gov.cn/zcfb/zcfbtz/201412/t20141205_651312.html。

第五章 社会技术化的矛盾运动

一部技术发明史就是一部社会发展史的索引。技术矛盾的不断产生和解决是技术进化与社会技术化的驱动力和表现形态。技术活动模式早已演变为人类的一种基本生存方式，成为当今影响最为广泛而深刻、作用最为强大而持久的文化力量，直接主导和塑造着现代社会生产与生活的面貌。在社会技术化进程中，新技术成果的创造与推广应用将会不断化解和催生政治、经济、军事、文化等社会生活各个领域或层面的多重矛盾。面对来自于众多社会领域的技术研发与推广应用引发的种种挑战，将社会技术化进程置于技术哲学视野下进行审视，探讨其中的多重矛盾运动以及所衍生的种种社会问题，是推动当代技术与社会协调健康发展的理论基础。

一、技术文化及其流变

在社会实践活动中，技术通常以手段的面目出现，从属和服务于人们具体目的的实现过程。它如幽灵一般潜在于众多社会事务及其演变过程之中，长期不为人们自觉、辨识或反思。在广义技术视野下，从具体的社会生产与生活中，我们容易辨识和分离其中的技术形态，进而分析和评价它们的结构、功能、目标指向、价值诉求等属性与特征。

（一）技术的文化存在方式

技术既是一种渗透力极强的文明元素，又是社会文化生活中不可或缺的隐性结构或基本格式：一方面，任何技术形态总是为具体目的的实现而创建和应用的，直接或间接地打上了这些目的及其社会文化场景的烙印，同时也容易为这些目的本身的意义或光辉形象所遮蔽；另一方面，不同的目的催生不同的技术形态，不同的社会实践领域孕育不同的技术族系。例如，产业技术、医疗技术、军事技术、通信技术、运输技术、建筑技术等技术类别，就是基于不同目的或社会实践领域而形成的。由此可见，依附或从属于目的及其实现过程是技术的存在和演化方式。除专业技术人员外，人们往往只关注与自己相关的社会事务及其实物形态、不同目的的意义及其实现价值，而容易忽视或遗忘其背后的技术建构与运作流程。在这里，文化人类学的许多研究成果值得关注和借鉴。①

进入现代以来，随着对技术现象认识的深化，人们开始意识到技术不仅存在于人与自然关系维度，而且还广泛存在于社会文化生活的众多领域或层面，狭义技术观念也逐渐为广义技术观念所替代。人们也从以往只看到分立的实物、操作和知识维度的个别技术要素，逐步转向全面关注技术因素之间以及众多技术单元之间的有机联系、运转流程、技术体系的层次结构和演进机理等属性与特征。在广义技术视野下，社会文化生活与技术活动之间构成了一种一体两面的表里关系。人类所有目的性活动的序列、方式或机制都可以视为技术活动的表现形式，都可以从技术维度或范式加以剖析，进而还原和揭示其中的技术结构、运作机理和流程等。

---

① “文化人类学对文物、技术等的研究，是通过对它们发生、发展、衰退的现象，以及对其原因的探究来实现的。然而，文化人类学作为一种文化理论，并不是在文化整体中将文物、技术等作为独立的东西来研究，而是运用这些技术的东西去理解人类与文化的关系、社会与文化的关系，并在文化整体中把握其意义以及它所起到的作用。”（见［日］仓桥重史：《技术社会学》，王秋菊、陈凡译，辽宁人民出版社 2008 年版，第 129 页）

人类自诞生以来，就始终面临着衣、食、住、行、用等物质文化需求，以及安全、信仰、幸福、求知、审美、自我实现等精神文化需求如何有效实现的问题。这些需求既是人类各类目的性活动的起点和归宿，也是社会文化生活展开的轴心。事实上，不同时代之间的差别并不在于人类基本需求种类上的变化，而主要表现在这些需求的具体内容及其实现方式上的差异。正如马克思所言："各种经济时代的区别，不在于生产什么，而在于怎样生产，用什么劳动资料生产。"[①] 这里的"怎样生产""用什么劳动资料生产"就直接关涉产业技术的具体形态，直接决定着物质生产与社会需求的实现样式以及社会形态，进而也间接地塑造着社会的经济基础、上层建筑以及精神文化生活的面貌。

源于社会物质与精神文化需求的人类基本目的的形成，可以追溯至人类诞生之初，只是不同时代实现这些目的的路径、方式或机制各有千秋，进而衍生出复杂而庞大的各类技术族系。例如，单就实现"出行"需求的运输技术族系而言，人类就先后创建了以骑马、坐轿、骑车、马车、帆船、火车、轮船、汽车、飞机、火箭等为标志的众多技术类型（或族系）。这些技术形态都能够实现"位移"的目的，为人们的出行提供了越来越多的选择，所不同的只是它们在运输效果(规模、舒适度、安全性、便捷性等)、效率(速度、成本、时间等）及适用性等方面存在着差异。如第一章"技术创造及其基本原则"一节所述，在社会实践活动中，人们并不满足于实现同一目的的已有多种技术形态，而总是力图探索和创建效果更好、效率更高以及更符合特殊要求的新型技术形态。因此，技术研发领域是开放的，技术效果的拓展及其效率的提升空间广阔，技术的未来发展前景不可限量，没有止境或终点。

（二）技术文化的分化与独立

从技术史角度看，近代以前，技术及其研发基本上依附和从属于众多社

①《马克思恩格斯全集》第44卷，人民出版社2001年版，第210页。

会文化形态，服从和服务于不同文化价值的实现，为社会文化体系的建构与运行发挥着基础支持作用。这一时期的技术只是以不同社会文化形态的要素、结构或流程样式广泛存在，发挥着文化生活的结构支撑与流程导引功能，手段角色、从属和依附地位明显，独立的技术文化形态尚未分化或成型。同时，在社会选择机制作用下，这一时期的技术既自发地接近或遵循人体工程学原理，又与当地的自然资源、社会体制、风俗习惯等特点相契合，与社会文化生活和谐相融。这就是传统的技术的文化存在方式。

近代以来，在工业革命和社会分工潮流的带动下，伴随着机械化、蒸汽化、电气化进程的加快，工业技术活动日趋复杂、细密，“目的—手段”链条不断分化、派生和延伸，技术研发逐步从社会生产实践中分离出来。“目的和手段在一定条件下可以互相转化。由于人们用以实现目的的手段是人自己创造的，因此在一定阶段或在一定范围，人们可以把某种手段的创造当作目的，而某个已经实现了的目的又可以成为实现另一个目的的手段。”①伴随着生产实践活动的拓展以及众多派生性的新“技术目的”的大量萌发，逐步孕育出了专门从事技术研发的部门和职业，进而形成了相对独立的技术文化形态。该文化形态有别于直接依附和服务于各类不同社会实践目的的传统的技术的文化存在方式。这种“为技术而技术”的专业性技术研发模式，以追求独特技术目的、效果、指标为轴心，是现代的技术的文化存在方式。现代技术文化既相对独立发展又超前谋划和研发，已演变为现代社会的引擎、领头羊或主导力量，辐射、带动和支持着众多社会领域的快速发展。

“为技术而技术”的目标指向犹如开辟出一条通往新技术或新财富“宝藏”埋藏点的通途，对于技术研发活动具有相对独立的意义和价值。研发者虽然并不清楚“宝藏”埋藏的具体位置，周边又布满了荆棘，道路崎岖难行，但在功利欲望的驱使下，不断壮大的“寻宝”队伍还是不畏艰辛、上下求索，勇往

---

① 夏甄陶：《中国大百科全书》（哲学卷），http://10.22.1.29:1168/indexengine/indexsearchframe.cbs。

直前、愈挫愈奋，进而演变为横扫一切文化形态的惹眼的现代性标志。正如芬伯格所指出："建立在一种独特的技术系统扩展基础之上的现代性与传统是相对立的，并且处处用一种合理的'技术文化'取而代之。如果事情真是这样，那么只有一种现代性，它正逐渐消除人类的文化记忆并在全世界扩散开来。现代性是一种全球现象，在它把其普遍的理性主义传播到世界其他地方之前，最先摧毁了欧洲传统文化。我将把这称作是对现代性的技术性理解。"①

在技术文化形态中，技术与文化之间的传统界线消融，出现了作为该文化价值追求的功效目标以及作为其流程技术形态的发明创造方法（元技术）之间的对立统一。技术与文化之间的传统差异在技术文化形态中已不复存在，二者合而为一，演变为一种新型的社会文化形态。但技术文化在行为规范、价值追求与精神气质等方面，却与其他社会文化形态之间的差异明显，不容混淆。当然，随着时间的推移，技术文化与其他社会文化形态之间的相互作用、互动转化将更趋复杂和频繁。这一点将在以下各节中再展开讨论。这里需要指出的是，在技术文化流变过程中，先进的技术文化形态容易蜕变为普通文化形态，当初所创造的众多先进技术成果也随之转变为后者的技术基础。例如，当年围绕照明灯具的研发而创建的照明技术文化，后来就逐步转变为以生产和经营照明灯具为轴心的产业文化形态的技术基础。

（三）技术文化的历史地位与价值缺陷

在现代化进程中，技术文化已演变为现代社会中一种相对独立的强势文化形态，在社会生产与生活中扮演着"引擎"或"规划师"的角色，发挥着支撑、引领与开拓功能，地位与作用愈来愈突出。正如拉普所言："由于技术是日常生活的一个组成部分，因此它必然影响人的思想感情。在工匠技术阶段，这种影响只是现存文化和社会关系的一部分。工业革命从根本上改变

① ［美］安德鲁·芬伯格：《可选择的现代性》，陆俊、严耕等译，中国社会科学出版社2003年版，第1页。

了这种状况，从此一切活动的目标都变成以最短时间最少耗费产生最大的效益。由于采用技术手段与科学方法，这条原则带来了更大的‘成功’。寻求更完善的手段最终必然成为一条规范。”① 正是在这一历史背景及其演进趋势下，社会技术化开始步入了一个新的历史阶段。“科学和技术的合理形式，即体现在目的理性活动系统中的合理性，正在扩大成为生活方式，成为生活世界的‘历史的总体性’。”② 源于技术文化扩张的这种主次倒置的病态价值观格局，重塑乃至颠覆了传统社会原有的价值观体系，成为引发诸多现代社会文化疾患的根源。

技术理性是主导技术活动的思维模式，功利价值观是技术活动的基本价值观念，两者统一于技术文化形态之中。技术理性的扩张必然强化功利价值观，反过来，功利价值观的强化也势必助推技术理性的扩张。在技术研发实践中，新技术功效所支持或服务的社会目的及其派生的一系列技术目的大多是事先给定的，至于该目的本身的意义、善恶与合法性等问题，技术的研发者甚至操控者却很少去质疑或评判。他们的视野常常仅限于如何尽快研发出实现技术目的的技术形态，以便从中获取最大的功利。同样，超越社会文化现实需求的新技术成果将被用于哪些场合？会产生哪些消极、衍生或长远的效应？带来哪些危害或不确定性？等等，技术研发者也常常认识不清、估计不足、难以掌控。他们容易为新技术的积极、直接或眼前的功效所迷惑，而急于研发和推广应用新技术成果，推进相关新型社会文化形态的建构或者传统文化形态的升级换代，以便尽快从中获取更大的功利。正是从这个意义上说，技术文化的价值追求缺陷明显，本质上是一种依附于人文文化的亚文化形态。如第三章“社会技术化的基本特征”一节所述，在社会竞争或资本扩张的驱使下，技术文化的这一低层次价值禀赋的缺陷更加明显，容易为众多

① [联邦德国] F. 拉普：《技术哲学导论》，刘武等译，辽宁科学技术出版社 1986 年版，第 48 页。

② [德] 尤尔根·哈贝马斯：《作为“意识形态”的技术与科学》，李黎、郭官义译，学林出版社 1999 年版，第 47 页。

高层次价值诉求所绑架和驱使。

由于技术在社会文化生活中的基元性、通用性与渗透性，以及在效果与效率方面的天然优势，因此在社会实践诸领域或层面展开的各类竞争，最终都可以归约或转化为新技术研发上的竞争。现代技术已演变为现代社会生产力中最活跃的因素，或者现代社会变迁中的最大内生变量。国家之间的经济、军事或综合国力等层面的竞争，在很大程度上都已转化和体现为先进技术形态及其研发上的竞争。技术革命已成为产业革命乃至社会变革的先声，技术上的每一次重大突破都会引发经济与社会的深刻变革或重塑。因此，不难理解，与其他社会文化形态相比，技术文化形态的特殊地位使其拥有明显的竞争优势，日渐演变为各类社会实践活动展开的基础与动力之源。在现实生活中，只有那些注重新技术研发，优先采用先进技术的组织或个人，才更容易在各类竞争中获胜或得到快速发展。同时，社会竞争环境也对众多文化形态产生了明显的选择作用，当今技术文化的繁荣以及强势地位的确立就是这一社会选择机制作用的直接结果，进而演变为催生众多现代社会问题的重要根源。正如马尔库塞所指出："今天，统治不仅借助于技术，而且作为技术而永久化和扩大；而技术给扩张性的政治权力——它把一切文化领域囊括于自身——提供了巨大的合法性。"①

二、技术文化的勃兴

近代以来，在工业革命的带动下，社会分工步伐加快，社会生产与生活体系日趋复杂多样和多变。产业技术进步对经济增长与社会发展的贡献率逐步提升，反过来又促进了技术文化形态的形成与繁荣。技术文化的分化独立

① 转引自［德］尤尔根·哈贝马斯：《作为"意识形态"的技术与科学》，李黎、郭官义译，学林出版社 1999 年版，第 41 页。

及其加速扩张是近代以来社会变迁的主要动力，也是理解现代社会技术建构与运行的一把钥匙。第一章所述的“技术活动的基本原则”可视为技术文化的行为规范，这里的功利价值观与技术精神则构成了技术文化的灵魂。

（一）功利价值观

技术的功能或价值集中体现在技术效果与效率上，而效果与效率又总是相对于一定的实践目的或特定主体而言的，关涉有关各方的切身利益或价值诉求，最终都可以还原或归并为可衡量的功利形式。对目的或功利的追求是技术活动的出发点和轴心，通常表现为对技术效果、效率、权利、权力、收益、成本、速度等价值形态的追逐。在社会实践活动中，尽管人们的价值追求或行动目标是多元的、具体的，但是最终都离不开特定技术形态的支持，都会被纳入技术创建、引进与运行的轨道。

文化的价值就在于它本身的意义、境界或理想，如自由、民主、平等、公正、博爱、至善等，可称为一阶（本原）价值。技术的价值就在于能够支持和促使人类的梦想转变为现实，确保各类社会目标或文化价值的顺利实现，或者促使人们众多需求或目的的实现更便捷、高效，但却容易陷入“只拉车不看路”的盲目境地，因而可称为依附于原初目的或文化价值的二阶（附加）价值。这也是在漫长的社会历史进程中，技术长期不为上流社会所重视或接纳的主要原因。例如，戏剧的价值就在于抒发情感，追求理想的生活境界，赞扬真善美圣，鞭挞假丑恶俗；而电视技术的价值就在于通过录音、录像等手段可以完美重复戏剧情景，冲破了舞台和剧场的时空限制，扩大了戏剧文化辐射的时空范围和影响力，提高了戏剧价值实现的效果及效率。马克思当年对机器技术的资本主义应用的分析和批判，就是基于技术的这一二阶价值地位而展开的。[①] 近代以来，随着技术研发与推广应用逐步演变为一种

① 王伯鲁：《〈资本论〉及其手稿技术思想研究》，西南交通大学出版社2016年版，第97—129页。

相对独立的技术文化形态，对技术功效的直接追求开始转变为技术文化形态本身的一阶价值目标。人们开始将社会生活的技术效果、效率或新技术研发摆上重要的位置，本末倒置，逐步弱化或打乱了各自原有的文化生活状态以及对崇高理想、信念与价值的追求！

功利价值观是人们在长期的社会生活尤其是经济与技术实践中形成的一种价值信念，是对待技术活动乃至一切事物的一种基本态度，也逐步演变为技术文化的灵魂和支柱。在以谋求经济收益为主导的生产实践活动中，技术的功利价值观体现得最为明显。虽然产业技术是一个大家族，枝繁叶茂，形态各异，但是每一项新技术的研发都是围绕着生产功利或经济收益的提升展开的。早在立项环节研发者就开始预测该项技术的应用前景或市场份额，考量和权衡近期投入与远期收益、机会与风险、正效应与负效应等多重因素，精打细算，斤斤计较，以便确定是否进行研发以及何时以何种方式或规模推进研发。同样，在技术原理构思、方案设计、研制、试验乃至推广应用的各个环节，这种功利上的利害得失盘算或计较从来就没有停止过。一旦功利的天平发生倾斜，研发者随时都有可能中断或者加快技术研发进程。

同样，技术的基元性也促使功利价值观渗透和体现在社会生产与生活的众多领域或层面，功利的具体内容与表现形式也更趋丰富多彩。不同的技术形态会创造出不同的用途或功利样式，带来多种多样的实际利益。例如，在医疗领域，医疗技术给人们带来了延长寿命、减轻疾病痛苦、提高生命质量等多重价值。在军事领域，武器装备技术带给军人打击敌人、保卫自己、避免人员伤亡和财产损失的功效。在科学研究领域，实验技术可以简化、纯化、强化和再现自然现象，延缓或加速自然变化过程，进而全面快速地获取精确、可靠的科学事实。这些技术价值或功效给人们创造了独特的意义、带来了多重福利。一般地说，虽然技术所服务的终极目的简单、单一、抽象，但由此而派生的众多衍生性或过程性技术目的或需求却复杂、多样、丰富。随着技术链条的分化派生和延伸、技术族系扩张以及彼此之间的联系日趋紧密和复杂，技术的创造、设计、建构、改进、操控与维护活动本身，日渐演变为众多社会实践活动的共同基础和主要内容，不断侵吞或蚕食人们有限的时间与精力。

事实上，在人们时间、精力与资源有限性的约束下，技术文化的快速扩张却挤占了其他文化形态的生长空间，也容易导致人生的丰富意蕴或人文价值被吞噬或遮蔽。也就是说，技术垄断文化中内嵌着一种功效至上的选择或过滤机制，这种以功利价值观为导向的单一性价值选择，过滤掉了人类的其他文化需求或价值追求，进而促使技术文化维持其稳定性、扩张性与垄断地位。功利价值观地位的抬升、功能的强化，也引起了学界的广泛关注和探究，进而形成了功利主义的理论形态。[①] 在这里，我们既要看到技术价值追求对其他文化价值实现的支撑与促进作用，但也不能忽视其膨胀滋生的诸多消极影响和衍生效应。

（二）技术精神

漫长的技术实践以及历次技术革命，在人们心灵深处不断积淀、升华和结晶，逐步孕育和催生出影响深远的技术精神，进而演变为技术文化的核心和灵魂。事实上，“技术并不只是物质现象，而且也是精神现象。它不是外在于文化的，它本身也正是社会发展中文化作用的要素。技术是人的精神活动的世界。”[②] 在现实生活中，技术精神有时也被称为工匠精神等，大致可以概括为如下六个要点：

1. 崇尚创造

面对社会实践活动中涌现出的诸多问题与挑战，人们并不愿意听天由命，而总是力图通过技术创造途径积极应对，彰显改变命运、走出危机的意志或愿望。创建具有特定功能或功效的技术形态一直是技术研发活动的中心任务。技术文化的扩张性、征服性、控制性特征就根源于崇尚创造信念的支

---

① ［英］边沁：《道德与立法原理导论》，时殷弘译，商务印书馆 2000 年版，第 57—58 页。

② ［德］彼得·科斯洛夫斯基：《后现代文化：技术发展的社会文化后果》，毛怡红译，中央编译出版社 2011 年版，第 2 页。

撑，进而促使人类逐步摆脱自然与社会的多重限制以及冲破自身物种禀赋的天然局限性。技术研发者坚信，只要立足现有实践经验、已有技术基础与科学研究，充分发挥主观能动性、创造性，就能够通过技术研发途径解决社会实践活动中遇到的所有问题，创造出更多、更先进的新型技术形态。

2. 注重实效

高效通达特定目标、解决实际问题是技术活动的根本宗旨。以效果与效率为核心的技术功效，既是技术研发追求的目标，也是衡量技术价值的尺度，更是选择技术的依据。因此，不断拓展新的技术功能，提高技术运行效率或降低成本，始终是技术进化的基本方向。在社会实践活动中，所有构思新颖、设计完善的新型技术形态都必须经过技术试验环节的检验，在确认其独特、优越和可靠的功效之后，才能真正进入实际应用场景。同时，技术功效低下的落后技术形态，也注定会被先进技术形态所替代和淘汰，进而推动技术族系乃至技术世界的吐故纳新、不断进化。

3. 鼓励多元

理论研究与实践经验都表明，实现同一目的的技术路径或方案并非只有一种，而往往潜存着多种多样的技术可能性。如第一章“技术创造及其基本原则”一节中的“多样化原则”所述，在社会实践活动中，人们并不满足于已有的技术形态或路径，而总是在新的场景下积极主动地探索和开拓新的技术可能性空间，不断尝试新的技术原理、路径或方案，力图创建更多功效类似而又各具特色的新型高效技术形态，展现出永不停歇和满足的探索与创造倾向。这些功效相似的不同技术形态，在原理、结构、成本、应用条件等方面拥有各自的优势或缺陷，为同一目的的顺利实现以及众多高一级技术系统的建构，提供了更多的技术选择或解决方案。

4. 坚韧顽强

受主客观多重因素的限制，新技术形态的研发过程往往充满了困难与挑战，一时难于迅速取得预期的技术功效，其间的坎坷、挫折与失败经常出现。这就决定了新技术形态的创建与改进必然是一个漫长而艰辛的攀登过程，研发者常常必须为此付出高昂的代价，经受无数次失败的折磨或打击。失败是成功之母，苦尽才能甘来。因此，技术尤其是高新技术研发者必须具备顽强的意志和坚韧的毅力，知难而进，愈挫愈奋，才能最终取得新技术成果。

5. 精益求精

在社会竞争的外部压力与高效实现预定目的的内在意志驱使下，研发者总是致力于创造新技术形态以及不断改进或优化现有技术结构及其运转流程，以增强技术设计与操作上的精确性和可计算性，推进技术功效的持续提高。在技术科学、工程科学以及社会实践发展的推动下，现代技术系统的设计、建构与运行诸环节，都经历了精确预测、精心构思与设计、反复试验与改进、跟踪评估与持续优化过程，促使技术活动更趋精巧、精密与高效。同时，社会发展也要求强化对各类技术运行过程的管理与控制，不断提高控制精度，以确保技术体系高效、平稳、安全地运行。因此，技术创造与改进过程是无止境的，正可谓“没有最好，只有更好”，以逼近该技术的功效极。

6. 团结协作

随着认识与实践活动的不断深化，人们需要应对的各类问题越来越复杂、难度也越来越大，从而推动着现代技术向高、精、尖方向迈进。现代技术体系的创建、改进与运行往往需要动员多学科、多领域的研发力量，通力协作。但受社会分工的限制，研发者总是隶属于不同的专业领域，从事不同学科、单元或环节上的具体工作，各有优长和不足，彼此又缺乏理解、沟通与协调。这就迫切需要建构更高层次的协调与管理机制，在总体规划、目标分解、进度安排下组建研发团队，加强沟通，合作共事，互动协同，分工协作，有序推进技术创新进程以及复杂问题的有效解决。

以创造、控制、征服与高效为特征的技术精神就是上述诸要素或层面的有机统一，业已演变为现时代精神的重要组成部分。在工业文明之前，由于与科学的分立以及小农经济模式的封闭停滞，手工技术的发展相对迟缓且依附于众多社会文化形态，技术精神尚处于孕育之中，影响社会演进与精神文化生活的深度与广度十分有限。自工业革命以来，在资本膨胀与技术科学化的共同推动下，技术文化得以分化、独立和扩张，技术研发活动逐步转入自觉自为的快车道，呈现加速扩张与超前发展态势，技术精神随之得到升华和张扬。现代高新技术不仅侵入了人类机体乃至基因层次，修改、重组和优化基因，力图增强人体功能，加快了包括人类在内的生物新进化进程，而且也渗入了人类精神生活领域，不断创造新观念、新思维、新方法、新工具，改变了社会文化基因。随着技术理性主义统治地位的确立，功利价值观与技术精神日渐强盛，业已辐射和渗透到现代社会文化生活的众多领域或层面，开始染指人类历史与文化的根基，进而加剧了技术精神与人文精神之间的冲突和对立。

三、技术与文化的矛盾运动

在现实生活中，技术与文化总是水乳交融、难解难分，只有在思维领域才能将它们分离开来。目的与手段是反映人类实践活动特点的一对哲学范畴，二者相辅相成，互动转化。一般而言，目的通过手段实现自身，手段按照目的的特性建构，又通过目的体现其价值；一个目的可以通过多种手段来实现，一种手段也可以用于实现多种目的；此时此地的目的可以转变为彼时彼地的手段，反之亦然。作为主体目的性活动的序列、方式或机制，技术总是与文化目的或价值追求相关联，从属和服务于人类众多具体目的的有效实现过程。为此，技术常常以文化的手段、构成要素、运行格式或流程的面目出现，目的与手段、文化与技术之间构成了既对立又统一的矛盾关系。

（一）矛盾的形成与演进

如前所述，近代以前，在文化与技术的矛盾运动过程中，技术往往以文化系统的构成要素、运行机制或流程面目出现，可以比照目的与手段、系统与要素、整体与部分之间的辩证关系，来说明和理解这一时期文化与技术之间的关系。这就是前述传统的技术的文化存在方式。近代以来，随着技术文化的独立与快速发展，社会文化与技术文化之间的关系趋于复杂：一方面，传统文化形态中的文化价值或目的与其技术形态之间构成了内部矛盾，技术往往处于从属地位，表现为该矛盾的次要方面；另一方面，该矛盾又发展演变为相对独立的现代技术文化形态与众多社会文化形态之间的外部矛盾，技术文化形态往往超前快速发展，表现为该矛盾的主要方面。这就是前述现代的技术的文化存在方式。

正如钢琴不同于音乐、毛笔不等于书法一样，作为文化构成部分、要素及其结构或流程样式的技术，也不同于作为整体或系统的文化形态，两者在结构、功能、价值与意义等层面的差异明显，不能混为一谈。同样，在技术文化与其他社会文化形态的矛盾运动过程中，技术文化的独特性不容忽视，两者在目标、价值观念与行为规范等层面都存在着明显的差异。这就是文化与技术的对立性。现代技术文化与社会文化之间的互动关系如图 5—1 所示，左右两个圆分别表示传统的技术的文化存在方式与现代的技术的文化存在方式，左边的一系列小椭圆则代表众多具体的社会文化形态。

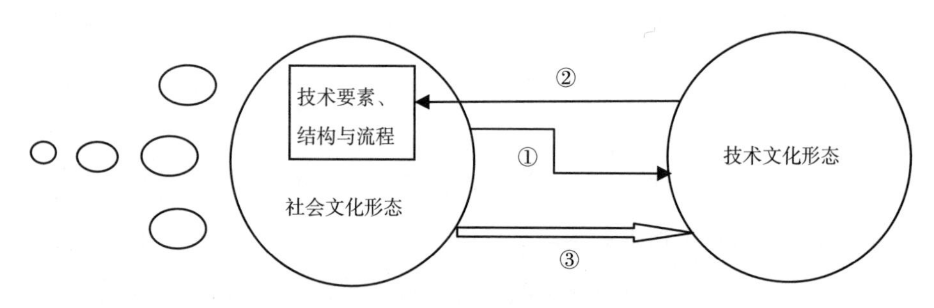

图 5—1　技术与文化互动机理简图

在工业革命之前，相对独立的技术文化形态尚未形成，而作为文化形态构成要素或运行流程的技术广泛存在于传统文化形态之中；技术要素、结构、流程与文化生活水乳交融，浑然一体，相互建构，同步创造和进化，为文化形态的建构与文化生活的展开发挥着基础支持与流程导引功能。图中路径①表示工业革命以来，技术研发活动从传统文化形态中分化派生出来，形成了相对独立的技术文化形态。路径②表示源于外在技术文化形态的新技术成果广泛渗入社会文化生活之中，推动众多社会文化形态的技术基础吐故纳新、更新换代，或者以新技术成果为核心建构出新型社会文化形态。路径③表示作为技术文化生长“环境”或“土壤”的众多社会文化形态，对技术研发活动的基础支持或规约作用，即提供技术文化演进所需要的多种社会条件或“营养”，支持、引导和规范技术研发实践，可视为社会文化形态之间的互动关系。“技术去蔽方式是文化的方式，带有人的自我感知、人的目的及人的社会性的烙印。在知识和技术产生之前已存在着知识和技术的文化，这种文化决定着通过技术来揭示现实问题和提出问题的方式。同一个社会中可培育不同的技术方式。采用何种技术方式，是由文化决定的。”[①] 为了简便起见，这里只给出了一种社会文化形态与技术文化形态之间的互动机理，而实际影响技术研发活动的社会文化形态或因素众多，几乎涉及整个社会文化体系，通常被视为技术进化或社会技术化的社会文化环境或背景。这一点也是技术社会建构论所强调的。

在《技术垄断：文化向技术投降》一书中，波斯曼将技术文化的演进历史划分为工具使用文化、技术统治文化和技术垄断文化三个阶段。[②] 工具使用文化阶段大致与工业革命之前的传统文化形态相对应，此时的技术文化并不是独立存在的，而是受到社会与宗教体制的管束或规约，所发明的工具必须符合当时主流文化的意识形态。技术统治文化阶段大致与工业革命以来的技术文化形态相对应，此时的技术研发在思想世界里扮演着核心角色，开始向现有文化形态发起攻击，以便取而代之。社会世界和符号象征世界都服从于技术进化的需要，但技术尚未影响到人们的内心生活，也未驱逐留下来的文化记忆和社会结构，也没有摧毁工具使用文化阶段的世界观。技术垄断文

① ［德］彼得·科斯洛夫斯基：《后现代文化：技术发展的社会文化后果》，毛怡红译，中央编译出版社 2011 年版，第 4 页。

② ［美］尼尔·波斯曼：《技术垄断：文化向技术投降》，何道宽译，北京大学出版社 2007 年版，第 12 页。

化是人类对技术神化的产物，大致与当代的高新技术文化形态相对应。技术开始全面塑造社会文化生活面貌，重新界定宗教、艺术、家庭、政治等事物的意义，动摇甚至颠覆了传统文化的根基；文化只有接受技术指令，并在技术垄断里才能获得满足，进而谋求自己的权威。同时，技术垄断也使得传统的世界观和文化符号逐渐失去了意义，为此与传统信仰相关的大量文化成分迅速消解，最后形成新的社会秩序。

从逻辑视角看，在文化与技术的矛盾运动中，双方既相互排斥，又相互依存、互动共进。正如整体离不开部分、系统离不开要素、目的离不开手段一样，文化也离不开技术的支撑。一方面，文化生活总是在一定的技术基础上或格式中展开的，没有技术建构与运作就没有文化生活及其演进。作为文化构成部分的技术要素及其运行机制具有相对独立性，技术上的革新将牵动文化生活，从内部驱动文化演进。同时，技术又是文化的构成要素、基本格式或流程，以及文化目的、意义或价值实现的基础，技术精神与功利价值观更容易侵入社会文化生活的核心部分，重塑甚至颠覆文化形态。“在科学和技术高度发达的社会，固然还存在未受其影响的价值与文化模式，然而科学与技术的发展本身似乎有这样的力量，以致它已经并继续将它的价值强加于它作为基础的主导价值之上，并迟早注定要扫除‘传统’价值的沉渣浮沫。”①在这里，有什么样的技术形态就会建构出什么样的文化形态和文化生活。例如，在印刷技术基础上形成的必然是读写文化，而在广播、电视、网络技术基础上建构的一定是视听文化，其中的价值观念与行为规范也会随之悄然发生改变。这一点也常常为人们所忽视，波斯曼的贡献就在于揭示了文化嬗变的这一基本属性与特征。同样，新技术成果也会孕育出新型文化形态，带来社会文化生活的繁荣。例如，摄影技术催生了摄影文化，航空技术孕育了航空文化，互联网技术带来了网络文化等。

---

① ［法］让·拉特利尔：《科学和技术对文化的挑战》，吕乃基、王卓君、林啸宇译，商务印书馆1997年版，第94页。

另一方面，社会文化环境又对技术研发与推广应用发挥着引导、规约和统摄作用，协调各技术要素向统一的社会目标或方向会聚与集成。同时，社会文化需求也是技术演进的主要推动力量，是技术发明创造的起点和终点，没有文化生活需求也就没有技术创新。例如，在社会文化生活中，保留声音、影像的需求刺激了留声机、照相机、摄影机、录像机的发明；提高演出效果的需要催生了化妆技术、舞台设计技术、声光电立体背景技术创新等。

（二）矛盾运动的特点与形式

如前所述，近代以来，在传统的技术的文化存在方式中，文化形态与蕴含于其中的技术形态的内在矛盾，开始外化为社会文化形态与技术文化形态之间的文化际关系，其间的矛盾运动至少展现出两个基本特点：(1) 当文化需求难以有效实现或技术落后于文化发展时，技术形态就转化为实现文化目的的约束性因素，技术文化就演变为这一对矛盾的主要方面。当人们把精力集中于技术研发时，创造新型技术形态就转化为技术文化自身发展的新目的及其内部矛盾运动。围绕一系列技术目的或需求的实现而展开的技术研发活动，就催生出相对独立、快速膨胀的技术文化形态。这就是文化向技术的转化过程。这一演化进程表明，原有的文化与技术的内在矛盾统一体趋于解体，进而转化为文化与技术之间的外在矛盾形态。(2) 在技术研发过程中，人们往往会超前探索出许多新的技术原理、可能进路以及设计方案，进而率先创造出众多新型技术形态。这些新技术成果多是在技术文化体系中孕育的，其未来的文化用途往往有待于进一步发掘、探寻和拓展：一方面，以这些新技术形态为基础，有望开拓和创建出新的文化样式；另一方面，新技术成果也容易渗入诸多传统文化形态之中，替换其中的落后技术要素、结构或流程，推进传统文化形态技术基础的更新换代，与时俱进。这就是技术向文化的转化过程。

在现时代，文化与技术的矛盾运动也主要表现为两种形式：一是文化体系内部的技术矛盾运动；二是技术文化与众多社会文化形态之间的外部矛盾运动。在社会竞争日趋激烈的时代背景下，无论是在内部矛盾中还是在外部矛盾中，技术往往都是矛盾运动的主要方面，进而演变为制约或推动文化发展的主导力量。文化目的或价值的实现、不同文化形态之间的竞争，越来越依赖于新技术研发或引进。例如，体育竞技水平的提高对运动员动作记录、分析和矫正技术的依赖性越来越强，研发新型技术装备已成为提高竞技水平以及推动当代体育竞技文化发展的主要支柱。今天，技术研发业已演变为推动当代众多社会文化形态快速发展的主要抓手或动力之源。这也是我们判定技术化时代来临的主要依据。

技术文化的快速膨胀以及技术化时代的到来，是人类文明史上具有划时代意义的重大事件。首先，社会各领域的竞争日益转化和聚焦于新技术研发，主要表现为技术创新上的竞争，直接推动着技术文化的快速扩张。日趋高端复杂的技术研发及其推广应用，耗费了人们更多的时间和精力，也占用了越来越多的社会资源。目前，创新型国家的研发经费投入普遍占 GDP 的 2%以上，且呈上升态势。加之，日趋精细的技术分工更容易导致人们生活的技术化、碎片化，进而淡化或遗忘新技术所支持或服务的社会文化生活的目的或价值。“现代工具已经‘内在地’改变了世界，而不受它们所为之服务的目的的制约。我们的工具已经成了一种生活环境，渐渐地，我们被融合进我们所创造的器械之中，并且服务于它的节律和要求。”① 这也是当初庄子为什么反对人们致力于技术进步的根本原因。②

其次，以技术效果及其效率为追求目标的技术文化，已演变为当代的强势文化形态。在辐射和带动其他社会文化形态演进的同时，新技术也在侵蚀或瓦解这些文化形态的目的、意义或价值，改变了它们的发展轨迹与历史地位，使后者更加关注和重视其技术手段的创造与更新，从而踏上了文化生活

---

① ［美］安德鲁·芬伯格：《可选择的现代性》，陆俊、严耕等译，中国社会科学出版社 2003 年版，第 28 页。

② 《庄子》，孙通海译注，中华书局 2007 年版，第 203—204 页。

的技术化道路。

再次，现代技术文化的快速膨胀，一方面挤压了众多社会文化形态的生存空间，改变了人们的诸多传统价值观念；另一方面也促使技术与文化外部矛盾双方力量的失衡，缺少人文文化引导与规约的现代技术文化，已演变为当代一系列社会问题与文化危机的策源地。为此，波斯曼才把当代的技术文化称为“技术垄断”。“技术垄断是对技术的神化，也就是说，文化到技术垄断里去谋求自己的权威，到技术里去得到满足，并接受技术的指令。技术垄断需要一种新的社会秩序，所以，和传统信仰相关的大量文化成分必然会迅速消解。”①这就是当代技术文化对人文文化的侵袭或销蚀态势。本章以下四节将就此问题展开进一步的分析和讨论。

四、文化生活的技术建构

一部技术进化史也是一部压缩或变形了的人类社会发展史。技术不仅是人猿揖别的分水岭，而且已成为社会建构的基础与演进的动力。全面深入地探究现代技术在社会文化生活中的角色与功能，以及与其他文化形态之间的互动机理，是认识社会技术化进程的重要基础或基本维度。

人一开始就是技术的人、文化的人，社会一开始就是技术的社会、文化的社会，文化生活的技术化理应成为审视社会演进的主要维度。今天，作为一种相对独立的文化形态，新技术成果业已广泛渗入现代社会文化生活的诸多领域或层面。可以说只存在技术介入深浅不同的社会领域，而并不存在不受技术影响的文化生活空间。其实，文化生活的技术化是一个关涉社会生活内容与形式的技术建构及其改进过程，往往伴随着人们价值观念、行为规

① [美] 尼尔·波斯曼：《技术垄断：文化向技术投降》，何道宽译，北京大学出版社 2007 年版，第 42 页。

范、风俗习惯等层面的震颤或调适。[①] 在广义技术视野中，社会的现代化、合理化、体制化、法制化、信息化、科层化等概念，都是从不同视角或层面对这一社会技术化进程的具体描述。

近代以来，相对独立的技术文化形态的出现改变了传统文化的发展样式。概而言之，现代文化生活的技术建构主要是通过三条途径展开的：

一是在社会文化生活领域不断引入超前发展的新技术成果，进而建构或塑造出新型文化生活样式及其技术流程。例如，腾讯会议、钉钉、Zoom、雨课堂、企业微信等软件，提供了众人线上互动交流的音频、视频及其记录功能，替代了传统的线下面对面开会、授课、展览等场景，节省了时间和空间，提高了文化交流效率。

二是文化活动被整合、纳入高一级社会技术体系，并按照后者的技术目标和节奏运行。在社会技术化进程中，众多文化生活形态已被技术整合、同化和统摄，服务于社会技术体系建构与运行的需要。例如，各国竞相申办奥运会、世界杯足球赛等体育赛事的一个主要出发点，就是看中了它能够增加GDP、消费和就业，树立和宣传国家、民族与举办地良好形象，以及推动经济与社会快速发展的巨大潜力。因此，以申办奥运会为轴心的众多体育文化活动与公关宣传活动，都按照提升经济与社会发展目标的要求被整合或重构，已演变为申办国社会技术化的一个重要环节或步骤。

三是技术理性的膨胀、技术精神的侵袭、功利价值观的规约、技术原则的引导，促使人们通过技术途径追求文化生活的效果及其效率的活动，逐步演变为一种自觉自愿的理性行为，出现了所谓的“技术垄断”局面，即技术全面主宰和规训文化的态势。在传统文化形态中，“技术是文化构成的一项，技术要遵循文化的权威性，要在文化的领域获得认可，并在文化所提供的价值体系内获得发展。在技术垄断文化中，技术已然冲破了文化

① ［日］仓桥重史：《技术社会学》，王秋菊、陈凡译，辽宁人民出版社2008年版，第135—136页。

的樊篱，变得无法驾驭，并试图将其价值观——效率、精确、客观——强加在人类身上，进而颠覆文化的权威性，企图构建一种新的社会秩序。因此在技术垄断的文化中，技术要颠覆人类的传统信仰，使文化生活的所有形式都屈服于技术至高无上的权威。”① 同时，不断涌现的新技术成果在空间上的快速转移与渗透，又为众多社会文化生活的技术建构与繁荣提供了新基础或新条件。

现代技术文化的加速扩张普遍超越了社会文化生活的现实需求，已演变为引领文化发展的先导性外部力量。发达的技术文化为众多新型社会文化生活的建构或塑造，提供了大量现成的先进技术成果（或产品），形成了健全的技术市场机制或社会驱动机制，可以直接满足不同社会文化生活发展的技术需求。虽然技术成果渗入或长入社会文化生活的途径、环节或阶段呈现多样化态势，但其作用主要体现在两个层面上：一是技术知识、理念、精神的传播逐步丰富了人们对于技术世界的认知，塑造着人们的世界观、价值观与思维方式；二是新技术成果不断转化为商品、社会组织及其运行规范，影响和改变着人们的生产方式与生活方式。现代技术犹如一把巨型雕刻刀，正按照它的逻辑规则、演进轨迹或运行模式全面塑造社会文化生活的面貌。正如托夫勒在论及信息技术革命带来的社会冲击时所言：“第三次浪潮正在冲击着这些工业结构，创造了打开社会和政治革命大门的良机。在即将到来的年代中，惊心动魄的新制度将替代无能为力的，难以忍受的，已经过时的组织结构。”② 例如，互联网技术发展的社会影响就是全方位、多层次、立体推进的，不仅改变了传统的信息交流方式，而且也改变了众多文化形态的创作与传播方式，以及社会的生产方式、生活方式乃至人们的思维方式、价值观念等。

文化生活的技术建构总是在社会诸领域或层面渐次展开、立体推进的，

① 曾鹰：《技术文化意义的合理性研究》，光明日报出版社 2011 年版，第 89 页。

② ［美］阿尔温·托夫勒：《第三次浪潮》，朱志焱、潘琪、张焱译，生活·读书·新知三联书店 1984 年版，第 125 页。

涉及社会的组织结构、制度安排、运行程序等层面的内容或环节，呈现出彼此协同、多环节联动的多样化发展态势。一方面，以满足社会物质文化需求为核心的自然技术快速发展，众多思维技术与自然技术成果在社会文化生活领域的广泛渗透与应用，奠定了社会运行的技术基础。另一方面，新型社会技术形态的创建与扩散，促使社会文化生活愈来愈按照技术原则与规范塑造、建构和运行，即出现了所谓的体制化、麦当劳化等态势。① 从社会上层建筑层面看，新型社会技术形态的创建与运行，在促进原有社会组织、体制、制度变革与完善的同时，也会催生出新型的社会组织、体制、制度与文化形态等。新技术成果往往通过新观念、新工具、思维技术形态、精神文化活动的技术载体等途径或方式，支持和推进思想上层建筑的重建与变革。为此，马尔库塞才深刻地指出："作为一个技术的领域，发达工业社会也是一个政治领域，是实现一个特定历史设计——即对作为纯粹统治材料的自然的体验、改造和组织——的最后阶段。随着这一设计的展开，它便塑造了整个言论和行动、精神文化和物质文化的领域。以技术为中介，文化、政治和经济融合成一个无所不在的体系，这个体系吞没或抵制一切替代品。这个体系的生产力和增长潜力稳定了这个社会，并把技术的进步包容在统治的框架内。技术的合理性已变成政治的合理性。" ②

为了应对现代化、全球化的挑战以及日趋激烈的社会竞争，今天的教育、科学、艺术、医疗、休闲等社会文化形态也正在被技术化、产业化或麦当劳化。为了更高效地培养社会发展所需要的各级各类合格人才，学生被投入到教育技术流程之中，按照统一的程序、标准和模式规训，把他们锻造成了缺少个性的标准化的教育工业"产品"。事实上，在工具理性与技术精神的引导下，今天的教育机构所培养的并非健全的人才，而是丧失了个性、带

① [美] 乔治·里茨尔：《社会的麦当劳化——对变化中的当代社会特征的研究》，顾建光译，上海译文出版社 1999 年版，第 16—20 页。

② Herbert Marcuse, *One-Dimensional Man: Studies in the Ideology of Advanced Industrial Society*, Boston: Beacon Press, 2002, pp.xlvi–xlvii.

有专业型号标签、与工具无异的人力资源。正如赫尔曼·迈耶尔所指出的，“现代技术不可避免地伴随着一种纯粹世俗的、今世的文化。通过自然和人类关系的技术化，人性自身也成为一种纯粹的技术性对象：人们被缩减、被拉平、被训练，以使他们能够作为巨大的文化机器中的组成成分而发挥作用。”① 正是基于这些认识成果，我们才说人类社会的发展历程就是不断技术化的过程，一部人类社会发展史同时也是一部社会文化生活技术化的历史。

在技术文化侵袭以及社会文化生活技术化建构进程中，当代社会文化生活业已踏上了功利价值观主导下的畸形发展道路，由此滋生和蔓延的众多文化疾患已成为当今人类面临的一大严峻挑战。作为一种现代文化形态，由崇尚创造、注重实效、鼓励多元、宽容失败、精准可控、团结协作等要素构成的技术精神是贫乏的，烦琐、刻板、僵硬的技术原则与规范是冰冷无情的，难以提供人类自由而全面发展所需要的多样化的丰富文化营养，也难于支撑人类社会全面、协调、持续和健康的发展。更为严峻的是技术文化所彰显的技术理性，正在祛除传统文化中富有想象力、魅力和活力的价值理性灵魂，反而侵蚀人性中最可贵、最本质的探索性、创造性和批判性品格；抑制、排斥、消解甚至吞噬价值理性与意义世界，排挤或替代人类对理想、信念、正义、至善、完美、神圣等终极价值的追求，从而导致技术文化与人文文化的裂变、精神生活源泉的枯竭等文化疾患。在现时代，畸形发展的技术文化犹如失去了天敌而又获得了优越生长条件的外来物种，快速繁殖、蔓延和僭越，挤占了其他社会文化形态的生长空间；同时，也带来了社会文化生活的趋同化或同质化，导致多样性的文化基因丧失、人文精神衰落、精神文化生活贫乏，进而使现代人陷入深度的精神文化危机之中。

---

① 转引自［荷］E. 舒尔曼：《科技文明与人类未来——在哲学深层的挑战》，李小兵等译，东方出版社 1995 年版，第 314 页。

五、技术与人文的裂变

在漫长的社会发展进程中，早期的人类技术活动规模狭小，技术进步速度缓慢，一直从属和服务于社会文化生活的演进。这就是为众多人文主义技术哲学家所羡慕和怀念的手工技术时代。自文艺复兴以来，随着历次科学革命与技术革命的不断深化与拓展，科学文化与技术文化相继独立并得到了快速发展。科学精神、观念、方法与技术成果广泛传播，科学理性与技术理性开始主导人类思维，人们逐步习惯于从科学技术视角审视或思考所有问题，评价所有事物。同时，生产方式、生活方式乃至精神文化生活，也开始呈现科学化、数字化、技术化、机械化、信息化等演变趋势。科学技术并不必然给人类带来健全的幸福生活，相反却侵蚀了人性的丰富内涵与高贵的精神追求；科学精神与技术精神日渐深入人心，科学技术的价值观念逐步渗入各类文化生活的核心地带，构成了对人文文化的解构、祛魅和挤压，科学文化、技术文化与人文文化之间的对立与裂变态势日趋明显。

（一）技术文化的扩张

在科学与技术加速扩张及其一体化进程加快的时代背景下，与科学技术理念一致的事物更容易得到发展或张扬；反之，与科学技术理念相悖的事物则会受到冷落或抛弃。现代科学文化、技术文化的膨胀与人文文化的萎缩形成了鲜明的对照，前者已成为塑造当今社会文化生活面貌的主导力量。正如西蒙娜·薇依在揭示近代人类精神生活的无根状态时所指出的，文艺复兴催生了“这样一种文化：它在非常狭窄的环境中得到发展，与世界相分离，一种很大程度上以技术及技术所产生的影响为取向的文化，极富实用主义色彩，因专业化而极端破碎，同时既丧失了与这一世界的接触又丧失了通往另一个世界的门径”①。

1959年，C.P.斯诺在题为“两种文化与科学革命”的著名演讲中，提出了“科学文化”与“人文文化”概念，并指出了这两种文化走向分裂的演进趋势，随后在西方学术界引发了广泛而持久的讨论，被称为“斯诺命题”。在斯诺看来，现代科学与人文已裂变为两种不同的文化形态，科学与人文知识分子正在分化为言语不通、社会关怀和价值取向迥异的两大文化族群或阵营。科学文化在现代社会生活中占据的地位越来越重要、功能越来越强大，而人文文化却因趋于衰落而处于劣势地位，这势必会阻碍社会进步与人的自由而全面发展。为此，斯诺主张应在两种文化之间架设一座相互理解、彼此沟通的桥梁，以促进当代社会文化生活协调健康的发展。

事实上，斯诺语境中的“科学文化”意指科学与技术一体化进程中的“科学文化”，离不开技术文化扩张的时代背景或底色，可视为科学技术文化的简称。“实际上，科学技术的影响有朝一日会导致一个统一的、一致的文化，这种文化完全处于‘被构成的’事物的范围之内。”② 从根源上说，“斯诺命题”根源于个体能力的有限性与其需求的多样性之间的基本矛盾，也是社会分工、学科分化与知识专业化弊端的现代表现形式。如第四章“科学的技术化”一节所述，在技术理性、功利价值观与资本主宰的历史背景下，现代技术的历史地位蹿升，已演变为科学技术文化的核心。技术研发目标规约和引导着科学的发展，科学探索自觉地服从并服务于技术研发需求。这可从当今基础科学进展迟缓和逐步萎缩，以及技术科学、工程科学与技性科学的快速分化与扩张态势中得到间接印证。这一演变态势理应成为我们今天分析和讨论“斯诺命题”的新起点、新维度或新背景。

如前所述，近代之前的手工业技术一直是众多社会文化形态建构与运

---

① ［法］西蒙娜·薇依：《扎根：人类责任宣言绪论》，徐卫翔译，生活·读书·新知三联书店2003年版，第35页。

② ［法］让·拉特利尔：《科学和技术对文化的挑战》，吕乃基、王卓君、林啸宇译，商务印书馆1997年版，第5页。

行的基础或要素，但它却长期依附和内含于具体社会实践活动之中。技术从生产实践等社会文化形态中的分化肇始于工业革命，此后才逐步演变为相对独立的文化形态。从社会发展史视角看，技术文化与人文文化的分裂根源于社会分工的发展。因为任何个体的寿命、精力与能力都是有限的，而其欲望或需求又是多样的和持续扩张的，这一基本矛盾只有通过社会分工与协作（社会或市场）机制才能得到有效的解决。如此一来，在分工与需求之间就形成了互动共进的滚动机制：一方面，个体需求汇聚成社会需求，刺激社会分工以及物质生产与精神生活的发展；另一方面，社会活动的分解、社会部门的分化以及个体劳作的专业化，在促进多种社会需求实现的同时，又会刺激人们潜在需要的膨胀及其向现实需求的转化。这也是现代社会演进的基础机理，刺激着社会诸领域或层面新技术的生长发育。技术研发活动从众多社会文化形态中的分化及其独立发展，就是在这一背景下产生的。

在这里，可能有人会追问：既然现代技术已演变为一种相对独立的文化形态，那么技术文化形态中的技术要素或基本格式又是什么呢？简单地说，技术发明创造的方法、流程、规则等就是技术文化形态演进的技术基础，后者又植根于包括逻辑学、心理学等各门科学在内的社会文化“沃土”之中。例如，由苏联学者阿奇舒勒（G.S.Altshuller）及其同事创立的 TRIZ（Theory of the Solution of Inventive Problems）理论与方法，[①]就扮演着这一重要角色。TRIZ 理论在剖析技术发明创造本质，揭示发明创造规律的基础上，为众多自然技术创造活动探寻出了一套系统性、操作性和实用性较强的通用流程与方法。事实上，TRIZ 方法是一种关于技术发明创造活动的元技术，从根本上改进了前人创造新技术的传统“思维流程”，实现了创造学领域的一场革命。

① 杨清亮：《发明是这样诞生的——TRIZ 理论全接触》，机械工业出版社 2006 年版，第 5—8 页。

技术文化的形成与发展既改变了技术与文化的传统发展模式，又加剧了技术文化与人文文化之间的分裂。今天高中教育阶段以及高考体制下的文理分科现象就是这一趋势的具体表现。在“斯诺命题”的意蕴中，技术文化与人文文化虽有千丝万缕的联系，但两者之间的差异或对立却十分明显。前者以技术理性为支点，后者以价值理性为支柱；同时，两者在精神气质、价值取向、行为规范、社会功能等层面也各不相同。在社会技术化进程中，一方面，技术文化加速扩张，日渐演变为一种强势文化形态；另一方面，新技术成果又不断渗入众多社会文化体系之中，改变了社会实践与文化生活的技术基础，技术文化正在重塑、消解或挤压多元文化及其价值目标的追求，加快了当代文化嬗变的步伐。

如前所述，技术活动以解决如何实现目的以及如何才能高效率地实现目的问题为轴心，至于目的本身的善恶与合法性、意义和价值等重大是非问题，则不在技术文化的考虑之列；技术的研发者或操控者也很少讨论、质疑或追问其技术活动的终极目的，表现为一种价值审视的“盲目症”。由此可见，低层次的技术文化本身缺少阻止滥用、恶意使用技术，以及盲目研发新技术的内在道德审查与自我约束机制，这就为资本与不法之徒利用技术成果为非作歹提供了方便和可能。因此，技术文化是浅薄的、贫乏的、低层次、破碎和自洁的，不能解决现代人安身立命、精神寄托与社会进步等人生的根本问题，也不可能为人类文明进步提供丰富的精神文化营养。

在社会技术化时代，自主加速扩张的现代技术极大地满足了人们的物质欲望。然而，物质文化生活的丰富却是以精神文化生活的相对贫乏为代价的，经济繁荣的背后常常潜伏着多重社会与文化危机。在技术文化与人文文化日渐分裂的时代背景下，技术文化特立独行、发足狂奔，人们的技术理性、功利价值观与物质欲望急剧膨胀，将人类带入了一个缺乏人文精神关怀和乌托邦光辉照耀，以及充满不确定性或危机四伏的风险时代。因此，社会技术化的加速态势迫切要求我们必须正视社会发展现实，积极迎接技术文化扩张带来的严峻挑战。

（二）技术的文化祛魅

在社会竞争压力和资本逐利的双重驱使下，现代技术研发处于加速扩张之中，高新技术不断分化派生，向高、精、尖、洋、大、全方向迈进，已演变为一个体量巨大、影响广泛而深远的强势文化形态。与科学的“祛魅”机理相似，技术进步在功效的维度上、在“逐利”的旗帜下，也展现出祛除传统文化魅力，导致日常生活“失焦”“失序”的倾向。例如，“‘快餐’代替传统家庭的晚餐可以看作是技术的无意识文化后果的一种简单例子。每天晚上从仪式上一再得到证实的家庭和睦不再拥有表达的类似场合。没有人认为快餐的兴起实际上导致了传统家庭的衰落，但这种相互关联意味着以新技术为基础的生活方式的出现。”① 在营养学和快餐技术文化的视野下，餐饮已被简化和异化为刺激味蕾、科学地给肠胃定时定量地快速加注营养物质，而附着于聚餐形式之上的气氛温馨、情感交流、信息沟通、色香味俱全的美感体验等传统餐饮文化特征早已荡然无存。

以改造、模仿和替代自然事物为轴心的技术创造，使原本强大、神秘、神圣的自然造化以及赞颂它的传统文化“褪色”。其实，现实的文化生活都是立体和多维度的，兼具多重意义和多元价值。而技术文化的扩张以及社会文化生活的技术建构与改造，却是以其中主要目标的高效实现为核心的，势必简并、压缩和排挤文化生活中的次生意义和附着价值。这就是技术的文化“祛魅”作用，也是导致社会文化生活同质化的内在机制。例如，面对种种疾病的侵袭，人类先后创造出了多种多样的传统医疗保健文化形态，它们的民族性、地域性、实效性特色鲜明。然而，在“治病救人”的功效维度上，以人体解剖和实证为特征的西医诊疗技术文化的优势明显，一枝独秀。在多元医疗文化竞争的格局中，众多民族医疗文化形态趋于衰落，

---

① [美]安德鲁·芬伯格：《技术批判理论》，韩连庆、曹观法译，北京大学出版社 2005 年版，第 6 页。

昔日的魅力光环也渐渐褪色，所承载的传统文化信息、意义与价值也随之消遁。一台核磁共振、CT、B超仪器就取代了众多传统医学诊断疾病的种种手段，也抹去了医生丰富的想象力和判断力，更使人们期盼健康平安的多种传统文化形态不复存在。这也是世界各国相继制订非物质文化遗产保护规划的初衷。

同样，在现代技术视域中，山川河流、花草树木、飞禽走兽甚至人类自身，都被视为技术资源或“持存物”，都可以被纳入技术形态的设计、建构与运行之中，而前者丰富的天然属性与附着文化价值就被无情地过滤或舍弃了。例如，在水电技术视野中，“一江春水向东流，流的都是电和油”，其烟波浩渺、云蒸霞蔚、诗情画意的江河美感早已荡然无存。同样，丰富多彩的人性也面临着被剪裁或单一化、标准化、功能化的境遇，技术化使人沦为技术系统的“零部件”而远离人的本真存在与多面性。正如韦伯所指出的：“我们这个时代，因为它所独有的理性化和理智化，最主要的是因为世界已被除魅，它的命运便是，那些终极的、最高贵的价值，已从公共生活中销声匿迹，它们或者遁入神秘生活的超验领域，或者走进了个人之间直接的私人交往的友爱之中。我们最伟大的艺术卿卿我我之气有余而巍峨壮美不足，这绝非偶然；同样并非偶然的是，今天，唯有在最小的团体中，在个人之间，才有着一些同先知的圣灵（Pneuma）相感通的东西在极微弱地搏动，而在过去，这样的东西曾像燎原烈火一般，燃遍巨大的共同体，将他们凝聚在一起。”①

从价值论视角看，技术活动与人类的自由意志和多元价值追求相悖。在现代社会运行中，发达的技术理性简并了丰富的人性，功利的盘算排挤了批判性思维，技术研发消耗了人们越来越多的精力；人也愈来愈蜕变成既无历史深邃感，又失去精神家园的流浪汉和功利单面人。同时，自然事物也演变为技术“持存物”，被纳入众多技术体系的建构之中，而人本身也被异化为单纯追求社会目的实现的技术体系的构件。人的自由意志被否定，人生的意

---

① ［德］马克斯·韦伯：《学术与政治》，冯克利译，三联书店1998年版，第48页。

义和价值追求被消解，逐步蜕变为一种技术性的生存；人类的历史也沦为以基因的遗传、变异与改造为线索的物种进化史，即在地球上的诞生、繁衍与最终灭绝的生物演化过程。

随着智能技术时代的来临，当人与机器的结合体构成某种新型技术单元时，社会技术机制将会放大和固化这种身体与观念的变异，进一步推动对人类及其精神文化的“祛魅”。“人本身的‘非自然化’趋势，即人的‘机心’化趋势，主要表现在物质运转的惯性渐渐裹挟并取代了‘人性’，欲望的物质化，情感的表演化，道德的技术化，美学的价格化，艺术的制作化，人际关系的交换化，加在一起是什么？就是人本身的物质化、复制化。总有一天，连朋友握手、母子依偎、异性亲吻都会发出金属与金属的摩擦声。”①在社会技术化浪潮的裹挟下，人愈来愈蜕变为缺少主体性、德性、情感和想象力的“机器”人，渐渐远离和遗忘了个性及其精神生活世界。不难看出，技术文化所营造的是一个没有生活情趣与远大理想追求，缺少活力和激情的、单调的死寂世界，昔日深邃、恬静、温馨的生活世界正显露出她狰狞的技术面目。

（三）科学技术的文化僭越

在社会技术化进程中，随着科学技术社会功能的增强，以“求真”与“求利”为核心的价值观念深入人心，逐步占据了社会文化生活的统治地位。今天，唯科学主义与技术理性主义盛行，“技术万能论”“技治主义”的自满情绪四处弥漫和膨胀。人们开始从这一价值观念与思维方式审视、衡量和规训一切，以科学上的“真理”、技术上的“高效”，不自觉地替代、消解或排斥传统文化对“善”“美”“智”“圣”“和”等多元价值的追求，频繁出现文化上的僭越或越界举动。在现实生活中，科学技术在文化上的“越位”或“僭越”现象时有发生，常常代替其他文化形态的角色“出场”，抢夺社会文化生活

① 范玉芳：《科学双刃剑——令人忧虑的科学暗影》，广东省地图出版社 1999 年版，第 5 页。

的话语权、主导权，出现了“主弱客强”“喧宾夺主”甚至“反客为主”的“病态”或“畸形”文化演进格局。例如，在宗教文化维度上，原本就无所谓真假、合理与否之别。然而，科学却常常以无神论的面目、真理的化身出场，对各种宗教信仰进行科学剖析和审查，横加指责、干涉和批判。同样，以播放录音或踩气球代替鸣放鞭炮，以定制的动画、电子贺卡、问候语代替当面祝福，以观看电视直播代替现场观战或欣赏演出，以视频会见代替当面握手交流等，虽然高效、便捷、省事，但却容易过滤掉后者的部分文化意境或志趣，使其文化价值衰减，失去原本自然纯真的生活气息。

获得强势文化地位的现代科学技术，对其他社会文化形态的渗透、辐射、消解与挤压作用，主要展现在对这些文化形态的改造、重塑或挤压上。“技术什么也不崇拜，什么也不尊敬，它只起一个作用：剥去一切外部的东西，将一切事物都暴露无遗，并通过合理的使用将一切都转变成为手段。……技术肆无忌惮地不断向神圣的事物发起攻击。一切还不是技术的东西都得遭遇同样的命运。技术受自身的推动，受它自己增长的特性推动，技术否认有神秘事物的存在，神秘的事物只不过是还没有技术化的事物而已。”①科学技术的精神气质、价值观念与行为规范正在改变众多社会文化形态的内核与演进方向，文化上的改造、规训或僭越行为难以避免。在现代科学技术的扩张进程中，科学理性与技术理性已经上升为当今人类理性的主导形式。“分离、任性、统治的冲动以及权力的分化，这些都击中了自身不受任何约束的理性弊病。当理性一边舍弃价值、一边在工具合理性的坦途上发足狂奔的时候，它同时还养成了高高在上、唯我独尊、宰割一切的品格。”②例如，新技术成果向艺术活动领域的不断渗透，正在吞噬、扼杀或窒息艺术精神或灵魂。这就势必催生以技术上的“功效”代替艺术上的“美感”，以技术上的仿真、复制、拼接、合成、假唱等代替真正的艺术创作与表演的众

---

① Jacques Ellul, *The Technological Society*, Trans.by John Wilkinson, New York: Alfred A. Knopf, Inc. and Random House, Inc., 1964, p.142.

② 李公明：《奴役与抗争——科学与艺术的对话》，江苏人民出版社 2001 年版，第 90 页。

多僭越现象。

六、技术异化之源

在实现人类目的、创造社会福利的同时，技术也给人类带来了诸多消极影响和伤害，有时甚至演变为一种异己的、敌对的力量，这就是所谓的技术异化现象。对技术异化问题的分析与批判，也是现代西方人文主义者持续关注的焦点之一。正如弗洛姆所言："人创造了种种新的、更好的方法征服自然，但却陷入这些方法的罗网之中，并最终失去了赋予这些方法以意义的人自己。人征服了自然，却成为自己所创造的机器的奴隶。"①其实，技术异化根源于技术的内在矛盾及其演变，具有深刻的社会历史根源与人性基础。导致技术异化的因素、途径、时机众多，既有客观方面的根源，也有主观方面的原因，这里至少可以概括出四个层面的因素：

（一）目的之间的差异

人与社会都是多重矛盾的复合体，技术异化就是这些矛盾运动的具体表现。人的需求与动机是多层面的，不同时空场合下的具体需求或目的之间的差异性，是导致技术异化的直接诱因。即使同一技术系统在实现同一主体的某一目的时，往往也会影响到该主体其他目的的同步实现，从而使技术异化为一种反对主体的力量。同时，由于主体之间的差异性，同一技术系统在实现不同主体的同一目的时，也会发生对立或冲突。例如，同一路口的红绿信号灯的间隔时长，对于青壮年穿越马路绰绰有余，而对于老弱病残孕而言则往往过于短促，容易酿成交通事故。至于处于经济竞争、军事对抗、武装冲

① ［美］埃·弗洛姆：《为自己的人》，孙依依译，生活·读书·新知三联书店1988年版，第25页。

突等利益激烈争夺之中的不同主体，其目的之间的对立明显，技术异化问题更加突出。竞争者势必凭借先进技术形态与对手强力抗争，从而使技术直接异化为一种反对和奴役对手、危害社会的力量。这是技术异化的主体性根源。

（二）技术系统的蜕变

任何现实技术系统总是由操控者以及物化体系之间的协同联动构成的。作为技术操纵者或构成单元的个体，都是具有一定的生理、心理、体能与智能阈限的血肉之躯。人们的肉体与精神是脆弱的，体力与智力也是有限的，难于不受干扰、整齐划一地长期进行精准操控或持续动作，因而误判或误操作就成为酿成技术事故的直接诱因。同样，物化技术单元及其技术系统都具有一定的使用寿命，也容易受到环境因素波动的干扰，难于持续不断地长期正常运转；它们的设计缺陷、磨损、疲劳、失效、失灵等情况都会导致技术系统的瘫痪或崩溃，潜伏着多重技术风险。这是技术异化的内生性根源。第九章“技术风险增大”一节将就此问题再展开讨论。

（三）人性的贪婪

技术是实现人类目的的基本手段，而目的又根源于人们的欲望或需求。不断膨胀的欲望往往诱发创造、滥用或恶意使用技术的冲动，进而导致技术异化。伴随着众多现代技术功能的增强与扩张，促使人们的许多潜在需求不断外化为现实需要；同时，众多新技术成果也为人类邪恶欲望的实现提供了可能路径或手段。利欲熏心、欲火焚身，贪婪者往往无视法律、道德、宗教戒律、行政禁令以及生态环境容量等因素的限制，凭借新技术成果为所欲为、纵情享乐，技术在他们手中自然也就容易异化和堕落。马克思曾指出，在资本主义条件下，机器技术之所以异化为压榨工人阶级的帮凶，其根源就在于资本家的贪婪和私欲膨胀。[1]马尔库塞也指出，在资本主义经济体系中，

---

① 《马克思恩格斯全集》第44卷，人民出版社2001年版，第468页。

以技术研发为基础的“高生产和高消费处处都成了最终目的。消费的数字成了进步的标准。结果，在工业化的国家里，人本身越来越成为一个贪婪的、被动的消费者。物品不是用来为人服务，相反，人却成了物品的奴仆，成了一个生产者和消费者。”①事实上，围绕满足人类欲望而发展起来的消费主义文化，加剧了对自然资源的掠夺式开发，环境污染、资源耗竭、生态危机、技术风险、贫富分化等一系列全球性问题正在困扰着现代人。这是技术异化的人性与经济根源。

（四）社会制度的缺陷

人们总是在一定的社会形态或体制中生活的，在阶级社会中，不同阶级、阶层之间的对立广泛存在，利益上的冲突经常发生。社会制度多是有利于实现统治阶级利益的体制安排或机制运作，是社会技术形态价值负荷的具体表现。在某一社会制度下，“只要特殊利益和共同利益之间还有分裂，也就是说，只要分工还不是出于自愿，而是自然形成的，那么人本身的活动对人来说就成为一种异己的、同他对立的力量，这种力量压迫着人，而不是人驾驭着这种力量。”②因此，在阶级社会与民族国家并存的当代多种社会制度框架下，不同国家、阶级或集团都会通过创建、引进和应用多种先进技术形态的途径，谋求各自利益的有效实现，进而造成政治上的对立或分裂态势。在这一社会历史条件下，滥用或恶意使用技术的情况经常发生，因而技术异化难以避免。这是造成技术异化的社会历史根源。

综上所述，技术异化及其所引发的种种危机，本质上也是人性或社会文化体系自身的危机及其转化形态。以价值观念与行为规范为核心的当代众多社会文化形态，普遍落后于现代技术文化的高速发展，难以正确引领、规约和合理驾驭功能日趋强大的现代技术体系。在技术异化及其人性压迫面前，

---

① 转引自陈学明等：《痛苦中的安乐——马尔库塞弗洛姆论消费主义》，云南人民出版社1998年版，第115页。

② 《马克思恩格斯选集》第1卷，人民出版社2012年版，第165页。

人类能否有所作为，扭转这一被动局面呢？围绕技术异化问题长期并存着两种对立的基本观点：以海德格尔、埃吕尔、波斯曼等为代表的超越论者，坚持技术自主论或技术决定论立场，强调技术发展的客观趋势，主张技术异化及其对人性的压迫不可抗拒或逆转，态度消极悲观。而以芬伯格、维纳、托夫勒等为代表的实证论者，坚持技术的可塑性、可选择性以及对人的从属地位，强调人的主观能动性，主张技术异化及其对人性的摧残可以得到有效控制和逐步消除，态度积极乐观。正如芬伯格所言："现代技术既不是救世主，也不是坚不可摧的铁笼，它是一种新的文化结构，充满着问题但可以从内部加以改变。"①

事实上，一部技术进化史也是一部人类不断认识和消除技术异化的历史，应当从历史的视角审视技术异化现象。虽然新技术也会出现异化，但却是在逐步清除旧技术异化内容或形式的基础上萌生的；相对于新技术的积极效果而言，新技术异化的危害程度往往趋于减弱、可控。技术实践表明，人们对技术异化的抵御不仅是可能的，而且也是必要的、可行的和有效的。虽然人们一时难于完全消除所有技术异化现象，但却可以不断清除或削弱个别技术的异化状态。人们可以通过认识、研发、选择与使用等途径不断发现和消除旧技术缺陷，自觉抵御技术异化及其压迫。我们不能以一时难以认清和消除新技术所产生的新异化，就否认克服技术异化的可能性，更不能无视前人在技术进化历程中已成功消解众多旧技术异化现象的历史事实。

鉴于滋生技术异化的社会历史根源，在消解技术异化问题上，我们寄希望于社会进步、人性完善、道德提升与文化自觉。②面对技术异化及其人性压迫，人们应当通过重塑文化、教化德行、社会改良等途径升华人性，从根本上矫正技术发展方向。通过不断完善社会制度与国际合作等途径或机制促

① ［美］安德鲁·芬伯格：《可选择的现代性》，陆俊、严耕等译，中国社会科学出版社 2003 年版，第 2 页。

② 王伯鲁：《技术困境及其超越》，中国社会科学出版社 2011 年版，第 192—226 页。

使技术善化和美化，更加合理、合法、合规地研发和使用新技术，逐步消除导致技术异化的种种社会因素和文化根源，自觉抵御技术异化的侵袭。例如，“核武器是人造的，人一定能消除核武器”的信念，就体现了这一追求的目标和境界。习近平所倡导的“构建人类命运共同体”理念，也有助于消除技术异化的社会历史根源。

七、技术权力及其规约

权力是一个政治学范畴，可理解为一个人或组织支配他人或他组织的力量，是主体意志的集中体现。权力的主体与客体都是人及其组织，表现为人与人、人与组织、组织与组织之间的支配与制约关系。任何技术系统都拥有特定的结构与功能，其运作都可以达到预定的目的或效果，实现技术所有者或操控者支配或控制他人、他组织的目的，往往展现为一种外在的强制力量。谁拥有或操控技术，谁就能够支配和驾驭这一力量，进而实现自己的意志与价值诉求。可见，技术权力就是技术所有者或操控者所拥有的支配或控制他人或他组织的力量，可视为社会矛盾或社会关系在技术环境中的具体表现或转化形态。除与技术系统的结构和功能相关外，技术权力还与技术系统的归属或掌控密不可分，并将随社会关系的变化而衍生出多种表现形态。

（一）技术权力与权利

长期以来，人们之所以忽视技术的权力属性或无视技术的权利之维，其中一个重要原因就在于狭义技术观念在作祟。在狭义技术论者看来，自然技术是技术的唯一形态，它只展现为一种征服自然、改造自然的力量，而并不直接关涉人与人之间的支配与控制的社会关系。例如，由于拥有了由弓箭、长矛、围猎模式等单元或环节构成的狩猎技术体系，猎人就拥有了对猎物的支配力量；因为拥有由筑坝、发电、灌溉、排洪等单元或环节构成的水利技术系统，水利管理者就具备了对河流的控制力等。只有当对自然事物的这种支配与控制进入社会场景，触及他人或他组织的实际利益时，它才可能转化为一种技术权力或权利。正如芬伯格所言："技术是一种双面（two-sided）现象：一方面有一个操作者，另一方面有一个对象。当操作者和对象都是人时，技术行为就是一种权力的实施。更进一步地说，当社会是围绕着技术来组织时，技术力量就是社会中权力的主要形式。"①

与权力不同，权利是一个法学概念，一般指赋予人们的权利和利益，即自身拥有的维护利益之权。事实上，在社会历史场景下，人们对自然事物的这种技术支配力量首先表现为技术上的权利形态，即因拥有和掌控技术而获得的具体利益。例如，当控制河流的水利技术影响到流域群众的饮水、灌溉、航运、养殖、防洪等实际利益时，水利技术的权利属性才得以展现，需要法律给予界定、确认和规约。由此可见，技术权力与技术权利是从不同维度对技术社会属性的描述，前者是形成和实现后者的基础，后者则是前者的政治或法律表现形态；二者虽有联系和交叉重叠，但却各有侧重，并不完全相同。

在社会技术化进程中，人们总是被卷入多种技术体系的建构与运行之中，扮演着不同的技术单元或职业角色，也受到了多种技术形态的作用与调制。同时，作为主体目的性活动的序列、方式或机制，任何具体技术形态总是在一定的社会历史场景下，由特定的个人或组织创建或操控的。技术的建构与运行常常关涉人们的现实生活与实际利益，进而展现出权力或权利属性。如果说一项技术在建构初期暂时与他人或他组织无关，那么在它的实际使用或长远效果上，往往或多或少、或直接或间接地会与他人或他组织相关联，进而影响他们的现实生活。这是由事物的永恒发展及其之间的普遍联系，以及技术建构者或使用者之间的社会关系所决定的。正如马尔库塞在论

① ［美］安德鲁·芬伯格：《技术批判理论》，韩连庆、曹观法译，北京大学出版社 2005 年版，第 17 页。

及晚期资本主义社会技术进步的主导作用时所指出的："既定的技术设备在社会的一切领域吞没了公共生活和私人生活，也就是说，它成为把各劳动阶级组合在一起的政治世界里的控制和凝聚中介，这样一来，这种质的变化将牵涉到技术结构本身的变化。……这个社会的最高承诺，就是为日益增多的人们提供更为舒适的生活，而这些人们，严格地说，想象不出有一个性质不同的言论和行动世界，因为遏制和操纵颠覆性想象力和行动的能力，是现存社会的一个组成部分。"①

（二）技术权力的层级

一般地说，人们在社会生产与生活或技术体系中所处的地位越高、占有的技术资源越多，他们所拥有的技术权力也就越大。例如，在虚拟的赛博空间，不同层级的用户被赋予了不同的网络访问权限，形成了金字塔型的权力分配格局。作为打破这一权力结构的敌对力量，黑客凭借其独特的网络攻击技术肆意横行，往往能够冲破多重"防火墙"的阻隔或拦截，进而获得访问众多网站、窃取所需信息的权力。也许正是基于对技术权力属性的这一认识，许多技术哲学家才把技术的本质理解为人类意志的体现。②

这里可以从五个层面说明技术权力结构的属性与特点：一是高等级技术对低等级技术的支配或控制。如第二章"社会技术体系的开放式建构"一节所述，由于技术进化的阶段性与技术体系结构的层次性，不同技术形态往往表现为不同的技术等级。③处于不同等级技术系统中的操控者或所有者，则拥有不同的技术权力。例如，在传媒技术领域，新兴的互联网技术就比电视、广播、报纸等传统媒体技术的性能更优越、等级更高、影响力更大，因

---

① Herbert Marcuse, *One-Dimensional Man: Studies in the Ideology of Advanced Industrial Society*, Boston: Beacon Press, 2002, pp.25–26.

② Carl Mitcham, *Types of Technology*, Research in Philosophy & Technology, Vol.1, 1978, pp.258–260.

③ 王伯鲁：《〈资本论〉及其手稿技术思想研究》，西南交通大学出版社 2016 年版，第 165 页。

而所拥有的技术权力也就比前者更多、更大。

二是在同一技术体系中，高层次技术拥有对低层次技术或子系统更大的支配力或控制力。正如马尔库塞在揭示现代社会控制特点时所指出的，“在一种新的意义上来说，正盛行的社会控制形式是技术的。可以肯定，生产性设备和破坏性设备的技术结构和效率，已经成为现阶段使人民隶属于既定的社会劳动分工的一个主要工具。”①例如，在机器大工业生产技术体系中，作为生产活动的决策者、组织者与指挥者，资本家处于比工人更高的技术层次上，因而拥有对生产活动和工人的支配权力。“工人从属于资本，变成这些社会构成的要素，但是这些社会构成并不属于工人。因而，这些社会构成，作为资本本身的形态，作为不同于每个工人的单个劳动能力的、属于资本的、从资本中产生并被并入资本的结合，同工人相对立。”②同样，在网络技术体系中，根服务器、网络警察、网站管理员、黑客往往比一般用户，拥有更多的访问权限以及干预和控制网络运行的权力。

三是处于同一技术等级或结构层次的不同操控者，所拥有的技术权力大体相当。例如，在武器装备水平大致相同的条件下，敌对双方多是在同一技术层次上展开较量的；两者的技术权力相差无几，常常对峙相持，寻求有利攻击或防御时机。在这一技术条件下，一方要想战胜另一方，除时机上的把握外，彼此之间的联合、力量的蓄积与战术的灵活运用等社会技术因素，以及所依附的高层次社会技术体系的性能就显得尤为重要。

四是对立技术形态之间的权力较量。社会物质文化需求的演进及其多样化，导致技术世界的丰富性与结构的复杂性。如第二章“社会技术的矛盾运动”一节所述，主体目的之间的对立与社会矛盾运动，在技术上就转化和展现为大量对立技术形态的创建及其升级换代，敌对双方争权夺利，相生相克，互动并进。其中，在军事技术领域，进攻与防御、介入与反介入等矛盾

① Herbert Marcuse, *One-Dimensional Man: Studies in the Ideology of Advanced Industrial Society*, Boston: Beacon Press, 2002, p.11.

② 《马克思恩格斯文集》第 8 卷，人民出版社 2009 年版，第 394 页。

运动中的技术权力较量最为明显，哪一方的技术越先进就越拥有更多更大的技术权力和竞争优势。

五是处于技术生态系统低层次或上游的技术形态，对于高层次或下游技术形态也拥有一定的技术权力。人们常常把生态系统的结构、属性、规律等类比推演到社会技术巨系统上，力图从生态学方法视角实现对技术世界结构及其演进的重新认识和描述。我们既要看到高层次技术系统对低层次技术单元的约束与控制权力，又要看到后者的相对独立性以及对前者的基础支撑作用。一般地说，由于低层次或上游技术形态是构成高层次或下游技术形态的单元或要素，有时候也会拥有独特的技术权力。因为前者相对独立于后者，可以脱离后者而存在；反过来，后者却离不开前者的支持与运作，如果没有前者的参与和协作，后者将难以建构、运作或存续。例如，在 2018 年的中美贸易战中，美国商务部曾一度禁止美国企业向中兴通讯公司销售芯片，这一制裁行为很快就致使该公司的生产进入休克状态。究其原因就在于中兴通讯公司的多款产品技术形态，高度依赖于上游的芯片等元器件技术的支持。

（三）技术权力的规约

现代技术进步赋予人类越来越多、越大、越危险的权力，这些权力的运作应当服从和服务于人类自由而全面发展的终极目标，应当循规蹈矩、慎重使用，而不应该为所欲为，超越法律或道德的限度。例如，媒体揭露出外卖行业为了提高效率和竞争力，通过 AI 智能算法和实时智能配送系统，不断缩短外卖骑手的送餐时间，致使交通事故频发。“送外卖就是与死神赛跑，和交警较劲，和红灯做朋友。”① 在外卖技术体系中，AI 智能算法和实时智能配送系统是连接外卖平台管理者与外卖骑手的中介，前者赋予管理者和 CEO 更大的技术权力，同时也转变为压榨外卖骑手的工具。这样的危险“游

① 《困在系统里的外卖骑手：是什么让骑手们越跑越快?》，https://new.qq.com/rain/a/20200908A07K8V00。

戏”不能任由贪婪的资本所操控或驱使，而应当接受道德、法律和行政的监督与规约。

在技术权力的规约问题上，技术自主论者认为人类不可能控制技术及其演进，技术权力的失控、滥用或无序膨胀是技术自身演变的必然结果。[①] 马尔库塞也敏锐地觉察到了发达工业社会产业技术的极权主义特征与扩张态势：“当代社会的能力（思想的和物质的）比以前简直大得无法估量，这意味着社会对个人的统治范围也大得无法估量。我们的社会的特色在于，它在绝对优势的效率和不断增长的生活标准这双重基础上，依靠技术而不是依靠恐怖来征服离心的社会力量。”“技术进步扩展到整个统治和协作体系，并创造了一些生活（和权力）方式，这些方式显得能调和同这一体系相对立的力量，并借用从苦难和统治中解放出来的历史展望的名义，击败或驳倒一切抗争。”[②] 而技术的社会建构论者则认为，通过文化塑造、政策与法律调控、宗教与伦理道德规约等途径，人们可以引导、规范和管控技术及其权力，从而推进现代技术与社会的持续健康发展。正是基于这一信念，社会各方才从政治、法律、道德、教育、宗教、传媒等多个层面或维度出发，积极控制、干预或改善现代技术的演进与社会技术化进，力图实现对技术研发、推广应用与实际运作的引导、规约和驾驭。

---

① Jacques Ellul, *the Technological System*, Trans. Joachim Neugroschel. New York: the Continuum Publishing Corporation, 1980, pp.232–255.

② Herbert Marcuse, *One-Dimensional Man: Studies in the Ideology of Advanced Industrial Society*, Boston: Beacon Press, 2002, pp.xl–xlii.

第六章　社会技术化的内在机制

作为人类行为理性化、功利化、秩序化的产物，技术广泛存在和活跃于社会生产与生活的各个领域或层面，形态复杂多样，早已演变为文明建构的元素和人类目的性活动的基本格式。作为技术的社会运动形式，在社会生活各个领域或层面展开的技术设计、建构、改进与推广应用，既是现代社会文化生活的基础和前提，也是人们参与社会生活、应对诸多挑战、实现各自目的、促进社会全面快速发展的必然选择。社会技术化既是社会变迁的主要层面，也是推动社会加速发展的原动力。本章将按照由简及繁、从分析到综合的叙述逻辑，进一步剖析、探究和描绘社会技术化的内在机制。

一、社会技术化的逻辑原点

在第三章"社会技术化的历史起点"一节中，我们探讨了社会技术化过程的历史起点，但是仅从这一进路分析和探究社会技术化进程的源头是不够的。按照历史与逻辑相统一的辩证思维要求，还应当将对社会技术化历史进程的考察，与对其内部构成、演进机理的逻辑分析有机地结合在一起。逻辑分析应当以历史考察为基础，同时历史的追溯与梳理也应当以逻辑的分析为支点或依据，二者协同共进。原始社会以自发的自然分工为组织原则，社会结构简单，一种组织结构往往兼具生产与生活的多重职能，运行效果及其效率低下。伴随着原始社会末期的三次社会大分工，一方面，生产活动的专业分工与组织分化必然催生新的社会组织结构及其功能，提高原有社会活动的效率；另一方面，不同部门之间的相互依存关系逐步加深，促使社会结构与运作机制日趋复杂精致，推动人类社会进入更为高级的发展阶段。在这里，社会分工与组织分化既是社会技术化的历史起点，也是分析这一历史进程的逻辑原点。

（一）社会技术化的出现与演进

面对社会生产与生活中涌现的诸多问题与挑战，人们总是在继承前人积累起来的技术成果基础上，广泛吸纳和借鉴同时代的相关科学技术新成就，并依靠长期的经验摸索与技术认识成果，积极研发新技术或改进旧技术。一般地说，先进技术成果容易向外扩散，辐射和带动相关领域或部门的技术吸纳、创建与改进，进而推动社会的技术化进程。社会建构论认为，任何技术运动总是在一定的社会历史场景下展开的，会受到众多社会文化因素的调制或多侧面的立体的复杂影响，从而使技术的社会塑造或建构展现出多种具体样式，呈现明显的地域文化特色与时代特征。

对于许多学者而言，作为社会技术化的逻辑起点，新技术的发明创造过程迄今仍然是一个十分神秘的“黑箱”，①② 常常与研发者的学识、个性、灵感、机遇、好奇心等非理性或偶然因素相关联，具有不确定性或不可预测性等特点。从逻辑的视角看，发明创造活动常常围绕着人们具体目的或需求的实现展开，研发者总是想方设法探寻和尝试实现这些目的或需求的具体路径和方案。今天越来越多的技术创新过程都体现出这一因果演进序列和收敛思维的逻辑特征。但是现实的技术发明创造过程往往要复杂、曲折得多，许多新技术成果的发明创造并非一开始就是从人们的具体目的或现实需求出发的，而是往往源于科学发现的启迪、偶然因素触发的灵感甚至是对失误或失

① Nathan Rosenberg, *Inside the Black Box: Technology and Economics*, Cambridge University Press, 1982, p.vii.

② ［美］S. 阿瑞提：《创造的秘密》，钱岗南译，辽宁人民出版社 1987 年版。

败事件的反思等。此后，发明者才在好奇心、功利心或求知欲的驱使下，定向探索新技术形态潜在的新原理、新结构、新属性、新功能及其新的可能用途，以及实现样品化、商业化的可能路径与方案，进而积极开拓潜在的应用市场，最后才将人们的潜在需要转化为现实需求。

近代以前，受落后的交通、通信等社会基础设施技术的限制，社会的信息闭塞，技术的发明创造活动多是分散、独立和偶然进行的，经常多地、多人、多次重复同一发明创造过程。这也是技术多样化原则的具体表现。鉴于当时许多技术成果的军事、商业价值或竞争优势，技术创造者大多采取保密措施阻止或延缓该技术的扩散与传播，导致社会技术化进程迟缓。这也是本章“约束机理”一节所要讨论的问题之一。例如，历史上的许多传统工艺、秘方等技术成果，多以“传嫡不传长，传长不传幼，传男不传女，传内不传外”的规则在家族内部世代传承，而外人很难获得真传。这种技术传承一方面容易因不可抗力等自然与社会因素而终止，进而导致许多技术成果失传。张衡地动仪及其构造、诸葛亮木牛流马及其原理、金银首饰制作中的点翠工艺等技术成果的失传都是如此。另一方面也容易造成同一技术成果重复发明创造上的智力、精力和财力浪费，不利于社会的全面快速发展。后来的专利与知识产权保护制度的设计和运作就是基于这一原因而产生的，也可视为一种促进社会技术化的高层次社会技术体系。它既保护了发明创造者的合法权益，又能使社会及时广泛地享受该技术成果，避免了不必要的智力浪费或重复性创造。与此同时，由于缺乏知识产权保护意识与措施，历史上许多部门、行业的技术成果，往往是通过货物贸易、人口迁徙、文化交流甚至战争等途径自发向外扩散的，为更多更遥远的地区的人们所了解、学习、模仿和应用。

（二）社会技术化的逻辑结构

社会技术化过程可粗略地划分为创新与扩散（转移、吸纳）两个阶段。第一个阶段的主要矛盾就是人类欲望的无限性与满足欲望手段的有限性之间的对立，该矛盾在技术上进一步转化为已能（已行）与未能（未行）之间的矛盾。这种点状的个别性技术创新成果，既是作为社会技术化构成部分或环节的个别部门或单位技术进步的表现，也容易转化为社会技术化的扩散源。第二个阶段的主要矛盾则是技术推广应用的收益与成本或损失分担之间的对立，进而转化为围绕技术社会运动而形成的不同社会主体之间的利害冲突。这一环节既直接改变社会生产与生活的落后面貌，也容易触发更多新的一系列相关技术创新。

从技术视角看，社会技术化源于技术的发明创造，是在社会体系各领域或层面、社会活动各环节渐次展开的，是技术社会运动的高级形态，主要由两个方面（或阶段）、四个环节构成，即新技术供给方的创造、扩散环节与技术接受方的吸纳、本土化改造环节。同一技术社会运动过程的这两个阶段、四个环节前后相继，彼此衔接，互动并进。任何一个环节、构成要素或参与方的消极懈怠甚至抵制都会阻碍技术进步，进而延缓或迟滞社会技术化进程。例如，历史上并不鲜见的技术创造者的保密、禁运、限制行为，以及技术受体的闭关锁国政策、文化禁忌拒斥、意识形态选择等，都曾阻碍了当时许多先进技术形态的扩散或吸纳。

近代以来，随着技术研发活动从社会生产实践领域的分化和独立，新技术的扩散与引进路径及其机制越来越引起人们的重视，许多新技术成果的转移或引进都被纳入了知识产权保护范围或法制化轨道。对于落后地区或部门而言，技术的创造与改进是快速摆脱社会落后面貌的关键，进而才能拥有更多的社会资源和后发优势。因此，作为技术创造与改进的前提或基础环节，吸纳或引进外部先进技术成果就逐步演变为落后地区优先选择和实施的社会发展战略。

如第一章“技术运动的基本形式”一节所述，技术的扩散与吸纳可视为同一技术运动过程的两个侧面，二者一“推”一“拉”连为一体，互动融合。就技术扩散者而言，吸纳是扩散的延续或结果，因技术成果转让与推广而获益；扩散者掌握着主动权，常常在扩散内容、形式、范围上有所选择或保留，目标指向或接纳对象事先并不明确。就技术吸纳者而言，扩散是吸纳的前提或对象，因技术吸纳或引进而受益；吸纳者掌握着主动权，大多要在进一步考察、比较、筛选和论证的基础上，才能最终确定技术供给方及其所吸纳的具体内容，目标指向比较明确。在这里，技术转移或吸纳的内容是根据受体的发展规划或技术建构的实际需要挑选的，既可以是某一技术系统的全盘引进，也可以是其中的某些技术理念、专利(设计方案或关键技术单元)或构件等要素的部分引入。

作为社会技术化进程的一个环节或参与方，技术受体是推进自身技术进步的组织者和实施者。对于自主创新能力较弱的受体而言，其技术进步的自觉性、主动性、方向性较差，大多缺少明确的技术预测与发展规划。它的技术吸纳与引进活动多是自发的，具有盲目跟风、照搬照抄的风格和特征；往往以先进技术系统的全盘引进替代现有落后技术形态，以期快捷、高效地实现自身技术的升级换代。而对于自主创新能力较强的受体而言，其技术进步的自觉性、主动性、选择性较强。它能够从自身的实际情况出发主动制订技术发展规划，积极寻找、选择和评估所要吸纳的技术对象；大多采取“小步快跑”的策略，以关键技术要素的有序引入为契机，有计划地适时推进自身技术系统的更新改造或消化再创新。对这一类受体而言，关键技术的吸纳或引进只是辅助手段和外部条件，而技术的自主改造或创新才是其技术进步的基本任务。

应当说明的是，技术供体与受体之间的划分是相对的、有条件的，这里的技术受体也拥有演变为技术供体或新技术扩散源的潜力。一方面，技术受体可以将现有技术成果向技术上更为落后的地区或领域传播，转变为技术梯度扩散链条上的一个中介环节，扮演技术社会运动过程中的“二传手”或“中转站”的角色；另一方面，技术受体也可以在引进、消化吸收的基础上实现技术上的再创造，并将新一代技术成果向其他地区或领域扩散，以推进后者的技术进步。例如，近年来，中国的高铁技术就是通过这一方式实现了从技术受体到技术供体的华丽转身。同样，技术供体也不是永恒的，有时在某些方面也离不开上游技术、外部专利技术、先进零部件等成果的先期支持，在社会技术化进程中也存在着沦落为技术受体的多种可能性。

二、生成机理

如第二章“社会技术观念的流变”一节所述，作为人类目的性活动的序列、方式与机制，技术一开始就是在社会实践的广阔领域或众多层次创建的，几乎涉及已知的所有社会实践领域和社会运动形式。只是由于受狭义技术观念的束缚，以往人们只关注生产实践活动中的自然技术形态，以及以机械运动、物理运动、化学运动、生命运动形式为基础的自然技术系统的建构与运作；或者误以为以机械运动等个别低级运动形式为基础的技术形态就是技术的唯一存在方式，而无视其他社会实践领域或层次上以思维运动或社会运动为主导的社会技术形态的建构与运作。同样，在狭义技术视野下，人们对社会技术化过程与机理的认识也多是片面的、片段性的或残缺不全的。

（一）生成论及其演变

系统科学研究表明，系统是事物存在与发展的基本形式，人们通常将所关注事物系统与环境区别开来，进而把导致事物演变的复杂因素划分为内部因素与外部因素两大类。一般地说，在无生命事物系统的建构与演进过程中，外部因素尤其是人为设计、创建、干预和操控发挥着主导作用；而在生命系统与社会系统的演化过程中，内部因素往往起着主导作用，拥有自身独特的演进机理、发展规律或逻辑，而外部因素在其中常常处于次要的或从属的地位。技术自主论正是基于后者的独特作用，而过分夸大了技术自主进化的能力。其实，这种割裂系统与环境的传统观念多是在系统科学产生之前形成的，对技术进化过程过于简化和抽象，未能及时吸纳复杂性科学研究的新成果。例如，协同学所讨论的自组织现象，耗散结构理论所揭示的非平衡系统从无序演化为有序的微观机理，以及突变论所创立的描述各种系统非连续性突变的数学工具等成果，都反映了复杂系统的演进特征与规律。

无论是自然界的演化还是人类社会的变迁，其过程与机理往往千差万别，异常复杂。其实，这一类问题既是科学研究的对象，更关涉哲学本体论、认识论乃至世界观，是任何一个哲学流派都难以回避的，有关该问题的争论也从来就没有停止过。老子认为："天下万物生于有，有生于无。"① 黑格尔也指出："有过渡到无，无过渡到有，是变易的原则，与此原则相反的是泛神论，即'无不能生有，有不能变无'的物质的永恒原则。""变易就是有与无的结果的真实表达，作为有与无的统一。变易不仅是有与无的统一，而且是内在的不安息，——这种统一不仅是没有运动的自身联系，而且由于包含有'有'与'无'的差异性于其内，也是自己反对自己的。"② 这些观点和论述中的辩证思维特征明显，反映了事物生生不息、从无到有、再从有到无的不断生灭与演替的本性和过程。

近代哲学史上有关事物演化问题的争论，大致可以归结为"构成论"与"生成论"两种对立的基本观念。"生成论和构成论的不同在于，前者主张变化是'产生'和'消灭'或者'转化'，而后者则主张变化是不变的要素之结合和分离。"③ 即前者承认事物的质变和演进，往往与整体论、有机论相关联；而后者只承认事物的量变或场所变更，常常与还原论、机械论融为一体。源于古代自然哲学的"生成论"观念，虽然相对于后者的解释具有一定优势，但却难以给出具体事物生成机理的详尽描绘或科学解释和说明，往往带有直观、思辨、猜测、想象的自然哲学或神秘主义色彩，因而在近代自然科学的快速崛起进程中逐渐衰落和退场。17 世纪以来，在力学、物理学、化学等学科研究成果的基础上产生的"构成论"思想及其方法，虽然能够对以机械运动、物理运动、化学运动为主导的物质演变给出分析性的合理解释，但对于生命运动、社会运动和思维运动等复杂事物演变过程的还原论解

---

① 《王弼道德经注校释》，楼宇烈校释，中华书局 2008 年版，第 110 页。

② ［德］黑格尔：《小逻辑》，贺麟译，商务印书馆 1980 年版，第 198 页。

③ 转引自金吾伦：《生成哲学》，河北大学出版社 2000 年版，第 1 页。

释却往往含糊不清，难以令人信服。

然而，第二次世界大战以来，伴随着核物理学、宇宙学、分子生物学、复杂性科学、生命科学等新兴学科的产生和发展，众多复杂事物的生成与演变机理得以揭示和说明，“生成论”观念也得到了越来越多科学事实和科学理论的支持，开始起死回生、焕发青春。例如，金吾伦、张华夏梳理和吸纳了前人关于事物生成机理问题的多项研究成果，进而提出了协同生成子概念，力图从哲学上说明和解释事物的生长发育机制之谜，进一步丰富和发展了“生成论”思想。①需要指出的是，不同事物的生成演进机理应当由各自学科领域的具体科学研究加以揭示，而以矛盾或协同生成子等哲学范畴为基础的哲学解释与说明，不应也不能替代具体科学的深入研究和细致描绘。

社会系统是在自然系统基础之上发展和建构起来的高层次系统，社会运动也是在自然运动基础之上展开的多元主体共同参与的高级运动形式。社会技术化可视为社会演进的一个维度或技术社会运动的具体表现形态。它是以人们目的、价值的有效实现为指向的社会技术建构、改进与扩张过程，即从一种社会状态向另一种社会状态演进的定向“生长”或发展过程。这是以人们的主观努力为基础的技术进化与社会演进过程，具有生成论或社会学特征。以人工智能、基因工程技术等为标志的现代自然技术形态的创建、改进与推广应用，也展现出“生长”、耦合和涌现的基本特征。当今以大语言模型为核心的ChatGPT技术就是如此。正如布莱恩·阿瑟所指出：“现在的主流技术是一个系统或者一个功能网络，一种‘物—执行—物’（things-executing-things）的新陈代谢，它能感知环境并通过调整自身来作出适当反应。……当现代技术逐渐进入到一个网络中，能够感知、配置、恰当地执行，它就表现出了某种程度的认知能力。从这个意义上说，我们正在向智能系统前进。基因技术和纳米技术的到来将加速这一进程。事实上，未来这样的系统不仅能

① 金吾伦、张华夏：《哲学宇宙论论纲》，《科技导报》1997年第6期。

够自构成、自优化、具有认知能力，还能自集成、自修复以及自保护。”①

在现代技术进化背景下，再从“构成论”“还原论”的传统视角分析和说明复杂的社会技术化过程，是不贴切、不恰当和不合时宜的。因为这一观念过度简化或肢解了社会技术化过程及其复杂的“生成”进化机理，只看到了其中的建构、组合、分解等线性构成现象，而忽视或过滤掉了其中“神秘”的组织、耦合、涌现、质变等非线性内在联系与生成现象，以及所处技术生态系统的耦合共生机理等。为此，只有从“生成论”视角出发，才可能给出社会技术化过程及其机理的恰当解释和说明。

（二）社会技术化的生成论特征

无论是社会组织技术形态还是社会流程技术形态，都是伴随着自然与社会演变而产生和进化的。以社会技术系统的创建、改造、扩散、引进为轴心的社会技术化进程，经历了一个从无到有、由弱到强、从小到大的生长发育过程。所谓社会的技术生态系统的形成与演化就是对这一“生成论”特征的类比和形象刻画，可视为对自然与社会演化或“生成”属性的折射或间接反映。例如，当今众多软件版本的不断升级换代，一方面是为了主动适应技术生态系统结构及其构成要素的不断改进以及技术环境的演进，其间由此形成了互动并进、水涨船高的协同进化或生长机理；另一方面也是技术生态系统内部微观层面自主进化机理的反映。

在这里，笔者并未严格区分“机理”与“机制”的确切含义，而是混同使用二词。“一般所谓机制，主要指的是作为动词的组织的引导性方式，是组织系统运行的‘所由’、动因。社会机制，主要指的是关于人和人们行为（behavior）的方式及其动因。”作为技术的基本特征或核心要素，“机制”具有依附性与必要性、结构性与自动性、功能性与目的性、归因性或来由性、

① ［美］布莱恩·阿瑟：《技术的本质：技术是什么，它是如何进化的》，曹东溟、王健译，浙江人民出版社2014年版，第231页。

可重复性或可复制性。① 与其他有机物的自组织生长机理不同，社会技术建构与社会技术化过程是以个体或团体为组织者、参与者和建构材料的社会运动，经历了一个从自发走向自觉、由自组织走向自组织与他组织协同共进的演化过程。这是一个以人性和社会运动为基础的社会定向建构或“生成”过程。第一章“技术世界的网状结构”一节、第二章“社会技术的矛盾运动”一节曾粗略描绘了社会技术化生成机理的微观基础，这里再稍作展开说明。

在社会技术演进的自发阶段，在漫长的生产与生活实践中，先民们摸索、尝试和选择了多种劳动方式和生活方式，最后才逐步形成了以自然分工为核心的组织技术形态，以及狩猎、采集果实、食物加工等简单流程技术形态。这些技术形态的传播、模仿、优化与扩张是这一时期社会技术化的轴心。因此，这一时期社会技术及其拓展和进化的机理可以概括为：“尝试——选择——推广”型机制。在这里，社会实践中的种种“构想”“尝试”主要表现为先民们应对生存环境“挑战”以及自我“成长”的生命冲动等，有助于穷尽多种技术可能性。而来自资源、环境、文化生活需求等方面的多重“选择”，其实就是对种种技术尝试的功效与适用性的一种检验，优胜劣汰，滚动递进，进而给出了后续技术性“尝试”“改进”或“完善”的方向或可能路径，直至最终生成功效显著、稳定而适用的技术形态。

进入技术演进的自觉阶段以后，人们逐步意识到工具或产品、生产方式、社会组织结构、办事流程等技术成果，对于实现社会目标及其提高实践活动效率的重要性，开始有意识、有目的地设计、创建和改进社会组织技术形态，以及优化和重塑公共事务流程技术形态。这一阶段社会技术的创建、进化和扩展机理可以概括为：“设计——改进——推广”型机制。这里的“设计”是由前一阶段的“尝试”环节演化而来的，即在思维中将社会需要、科学发现、先进理念、技术单元等要素融为一体，力图探寻新的技术原理，创

① 涂明君：《通往善治之路：互补系统论视角下国家治理现代化求索》，社会科学文献出版社2017年版，第9—11页。

造、设计、模拟和优化新的技术结构或运转流程，成为孕育新技术形态的“温床”。技术创造的多样化原则就反映了穷尽多种可能技术路径的生长发育逻辑与活力。在社会技术化背景下，相对稳定的技术形态会慢慢暴露出诸多缺陷，难以适应社会需求或环境的快速变化。只有积极创造新型技术形态或者适时调整、优化和改进现有技术形态，才能逐步满足服务或推进社会实践发展的需要。因此，经常性的技术改进成果及其扩散，已演变为社会技术化的基础环节。

应对时代挑战，追求理想、价值或目的的有效实现是人类社会发展的基本任务。社会技术化从属和服务于这一历史进程，力求使这一基本任务的完成更容易、顺利和高效。从逻辑视角看，社会技术化就是众多具体技术形态微观层面的进化在宏观整体上的表现，同样也沿着功效递增的方向推进，符合技术活动的效果原则、效率原则和多样化原则等。有关自然技术的“八大进化法则”也同样适用于社会技术化过程。① 就某一具体的社会技术系统而言，我们总能将它从复杂的自然与社会环境中识别和区分开来。追求独特效果及其高效率、多途径或者多方式实现同一目的，可视为该技术系统建构与改进的内部驱动力；而来自其外部的众多社会文化因素的选择与塑造作用，可视为影响该技术系统建构、改进与推广应用的外部推动力量，当然这其中也包括众多社会矛盾、消极因素或阻力等形成的约束和限制。在本章的“约束机理”一节中，我们再就这些制约因素展开进一步分析和讨论。

社会技术化是在社会诸领域或层面展开的众多具体技术进化成果的宏观表现，对于社会技术化过程同样也可以做出类似于个体技术演进机理的上述说明。与此相对应，社会技术化的这一演进机理可以概括为：“外推内驱、滚动递进、适者生长”机制，这一机制则属于宏观层面的生成机理范畴。这

① 杨清亮：《发明是这样诞生的——TRIZ 理论全接触》，机械工业出版社 2006 年版，第 15—21 页。

里的“内外”是以社会技术化进程为边界的，众多社会矛盾、社会目的或需求等则是外部推动和选择力量的表现；各层次的技术创造与改进、新技术成果的扩散与吸纳，以及更低层次的技术矛盾运动，可视为社会技术化的内部驱动力。

上述三种生成机理都具有生长、进化和扩张的特征，从不同侧面和视角粗略描绘了社会技术化进程的内在机制，有助于说明和理解社会技术化及其演进过程。这里需要说明的是，这三种生成机理也是抽象、简化和归纳的产物，忽略或简化了不同社会形态与时代之间的特殊差别，以及影响社会技术化的众多复杂因素及其作用机制等。当然，这种一般性或概括性的简略说明，并不能代替对不同时期或领域社会技术化的具体过程及其机理的精细解剖和深入探究。事实上，从认识发展的视角看，只有在后者数量不断累积的基础上，才能更准确地归纳、提炼和概括前者，深化对社会技术化发生机理的认识。

三、协同机制

作为技术发育的高级形态，社会技术系统的次级构成单元主要是个体、团体或组织机构，以及确保该系统高效有序运转的“软件”性的规章制度、预案、程序、规则等。尽管社会技术系统的建构与运行都必须在制度、规范的约束下有序展开，但是被纳入其中的个体或组织的主体性或意识性，却使社会技术系统也同时兼具人的自主性、灵活性和创造性，尤其是打上了建构者或操控者的价值诉求或个性印记。这也是为什么学术界迟迟难以辨识和承认社会技术形态的主要原因之一。与自然技术形态相比，无论是组织技术形态还是流程技术形态，社会技术形态的功能性、目的性或使命性特征更为明显。它犹如一架结构精巧、功能强大、柔性与刚性兼具、运转灵活的“巨型机器”，或者法力无边的“利维坦”“超人”一般，已演变为人类应对时代挑战的主要手段，以及现代社会建构与运行的基本模式。

如前所述，个体生命、能力的有限性与其需求、欲望的无限性之间的矛盾，是催生社会分工技术发展的动力之源。从宏观层面看，一方面，分工使社会分化出不同的领域、部门、组织、职业等，各自的职能与比较优势也不断得到强化和充分发挥；另一方面，分工又使社会各领域、部门、单位、职业之间相互依存，彼此之间的互动交流和协作逐步增多增强。从微观层面看，一方面，分工促使个体将有限的时间和精力集中于某一职业、工种或工作环节上，走上了职业化或专业化的道路，业务技能日趋精专；另一方面，分工又使个体演变为社会分工技术体系的构成单元或持存物，对集体或社会的依赖性加深，独立性、自主性不断弱化。

在社会生产与生活实践中，一个体或组织的能力总是有限的，如果独立完成一项工作或任务，往往需要花费很长时间或很多精力去学习和掌握一系列相关知识与技能，耗时费力，功效低下。后来人们才逐步发现，如果将一项复杂工作或任务划分为若干部分或环节，每一个人或组织只承担其中的一个部分或环节，那么很快就能达到熟练程度。然后，各个部分、环节或工种之间再前后衔接、协作配合，顺次完成各个部分或环节，直至最终完成全部工作或任务，那么其功效将会得到大幅提升。这就是所谓的分工协作机制，可视为一种典型的基础性、通用性社会技术形态，已被广泛地应用于社会生产与生活的众多领域或场合。“凡能采用分工制的工艺，一经采用分工制，便相应地增进劳动的生产力。各种行业之所以各自分立，似乎也是由于分工有这种好处。一个国家的产业与劳动生产力的增进程度如果是极高的，则其各种行业的分工一般也都达到极高的程度。未开化社会中一人独任的工作，在进步的社会中，一般都成为几个人分任的工作。”[①]其实，社会体系就是在该通用性技术机制的基础上建构和发展起来的。

---

① ［英］亚当·斯密：《国民财富的性质和原因的研究》（上册），郭大力、王亚南译，商务印书馆1972年版，第7页。

分工协作机制是一项伟大的社会技术发明，早已演变为社会技术的“麋母”，也是理解众多社会文化现象的技术基础。无论是组织技术形态还是流程技术形态，都是在此机制基础上建构、运作和演变的。在社会技术化进程中，我们也能看到分工协作机制的变形——协同机制。所谓“协同”是指组织和协调两个或两个以上的不同个体、组织或者单元，使之彼此配合、同心协力、张弛有度地有序完成某一目标的过程。如同某一技术系统运作过程中各单元、子系统之间的分工协作与相互耦合一样，社会技术化过程中也存在着类似的协同建构与推进机制，可视为一种更高层级的支撑和促进社会技术化进程的松散流程技术形态。今天，面对不断涌现的新问题、新挑战、新任务，人们总是依赖社会分工协作机制加以积极应对的。即把多学科、多专业的优秀人才聚集起来，形成委员会、专家组、智库等组织形态，以集体的智慧、专业综合优势以及彼此之间的分工协作，集思广益，及时分析与应对多种波云诡谲、变化无常的新形势、新挑战。

如第五章“技术文化及其流变”一节所述，分工与协作机制的建构与推广应用既是社会技术化的具体内容，也是社会技术化展开的基础。与新技术研发与推广应用相伴而生的则是社会组织和部门的分化，以及以协调为轴心的社会管理或治理体系的强化。随着以新流程、新机制建构为基础的流程技术形态，以及以新功能为目标的人工物技术形态的不断创新，相关的社会生产与生活展开过程往往会被重新划分；或者形成新的社会体制及其运转流程，进而派生出新的职业或工种，社会体系内部也会相应地派生相对独立的新的组织机构或运行环节。在这里，各种社会组织机构之间的互动协同、有序展开过程，同时也是新型社会技术系统的建构、磨合与运作的过程。社会技术体系愈复杂、精致，其功能也就愈益完备，运转的灵活性或适应性也就愈来愈强。社会正是在以分化与协作为轴心的技术运动推动下快速演进的。社会分工与协作总是同步展开的，社会的分化离不开各部门之间的协作；社会愈是高度分化，各组织、部门或机构之间的专业化程度和相互依赖程度也就愈高。任何社会目标的实现都是各相关组织单元之间协同运作、彼此配合的结果，离开了其中任一组织、单元或环节的共同努力，任何社会目标都难以顺利实现。

随着人们技术意识的觉醒，无论是微观层面还是宏观层面的技术研发与推广应用活动，都会被置于技术理性视野下进行审视和谋划，并制订出各级各类技术发展规划，进而演变为人们自觉自为的集体行动。在社会技术化进程中，对于大型技术项目往往需要动员多方力量参与和集思广益，其中既离不开众多并行链条之间的分工协作，也离不开各串行链条进度之间的前后衔接、步调协同一致。从社会技术化的外延扩张看，首先，新型社会技术系统的设计是在设计者团队内部分工协作的基础上展开的。从新理念或新创意的提出、进度安排、设计分工、方案论证、征求意见到确定实施方案的各个阶段或环节，往往都需要经过有关各方之间的多轮协商、协调配合才能完成。其间经常通过研讨会、文件、邮件等形式及时沟通和交流信息，交换意见，讨论问题，有序衔接，合力协同推进实施进度。

其次，新型社会技术系统的建构、改进与推广应用过程也是在一定社会领域、层次或部门展开的，离不开其中各参加单位乃至个人之间的通力协作。例如，面对可能发生的地震、水灾、火灾、旱灾、瘟疫等自然灾害，地方政府或有关部门往往事先都设想了多种可能的危机局面，并设计和制订了多级多类应急的社会技术预案。一旦灾害发生就会立即启动相应级别的预案，动员和组织社会各界的抗灾救灾力量，高效有序地开展抗灾救灾和灾后重建工作。在灾前演习与灾后应对过程中，不仅参与这一工作的各部门、单位、团体之间各司其职、相互协作，而且抗灾救灾过程中各环节之间也前后相继，环环相扣，有序推进，以便将灾害的损失降到最低程度，获得抗灾救灾的最大功效。再如，围绕加快科学技术成果向现实生产力转化目标的实现，许多国家和地区采用的政（官）产学研合作模式，也是社会技术化协同机理的具体表现形态。

从社会技术化的内涵提升角度看，无论是以自主创新为主导，还是以引进改造为轴心，都离不开社会技术系统内外各部门、单位乃至个人之间的通力协作。在社会实践活动中，相对于快速演变的社会形势而言，社会技术形态却相对稳定，往往难以从容不迫地应对不断涌现的新情况、新问题、新挑战。自主创新能力强者往往能敏锐地发现社会技术体系运行中存在的问题或薄弱环节，并制订相应的技术改进方案，积极选择和吸纳来自外部世界或者产业界等领域的低层次先进技术成果。在现实生活中，高层领导集团大多扮演着社会技术创新的倡导者和组织者角色，调动多方面、多层次力量参与社会技术体系升级改造方案的设计、论证、评估和实施工作。与自然技术创新过程类似，其中的每一个环节都离不开参与这一工作的有关各方或上下游之间的积极响应、分工协作和密切配合。

在与先进技术形态的比较和竞争中，技术创新能力弱者常常能感受到自身的落后状态与竞争压力，进而激发他们奋起直追的动力，积极学习和引进外部先进技术，以改进或替代自身原有的落后技术形态。在这一社会技术化进程中，也离不开上下级、内部与外部、内部各单元乃至个体之间的密切协作机制。例如，A 商场为了扭转经营业绩下滑的势头，拟加盟 B 大型连锁商业集团，并引进后者先进的经营理念与运营模式。在这一商业技术升级换代过程中的各个阶段或环节，都离不开各参与方之间的彼此协调配合、共同努力。首先，A 商场领导层内部、领导与员工之间需要充分酝酿，反复论证，形成共识。其次，A 商场与 B 集团之间还需要展开谈判，讨价还价，明确各自的权利与义务，进而签订加盟协议，制订升级改造活动的路线图。再次，进入实施阶段后，A 商场的领导与员工都必须努力学习和熟练掌握 B 集团的运营模式，明确各自岗位及其职责，各司其职，协调运作，以便顺利实现经营模式的脱胎换骨。从外部协同看，A 商场的新型运营技术系统必须服从于高一级的 B 集团商业运营技术体系的统一指挥与调度，并按照后者的体制、规范、原则与节奏运作，并与其融为一体。从内部协作看，A 商场的新型技术系统各层次、单元之间更是相互依存，同心协力；各业务流程或环节之间前后相继，依次运作，彼此呼应，有序运转。

四、约束机理

社会生活中始终存在和不断派生着多种多样的矛盾，任一社会系统往往又处于内外多重矛盾的交织状态，这也是矛盾普遍性、复杂性的具体表现。矛盾是事物发展的根本动力，社会矛盾是社会演进的基本动力，也是推动社会技术化的主要力量。事实上，人们也主要是通过社会技术化途径逐步化解多种社会矛盾的。同样，在一定的时空场合下，就某一具体社会系统的演变而言，其复杂的内外多重矛盾也容易转化为限制自身技术进步的阻力，形成了社会技术化的约束机理。例如，涂尔干在论及分工的作用时指出："就正常状况而言，分工可以带来社会的团结，但是在某些时候，分工也会带来截然不同甚至是完全相反的结果。"① 再如，习近平在论及改革的复杂性时曾指出："随着改革不断深入，各个领域各个环节改革的关联性互动性明显增强，每一项改革都会对其他改革产生重要影响，每一项改革又都需要其他改革协同配合。对涉及面广泛的改革，要同时推进配套改革，聚合各项相关改革协调推进的正能量。如果各领域改革不配套，各方面改革措施相互牵扯，甚至相互抵触，全面改革就很难推进下去，即使勉强推进，效果也会打折扣。"② 作为全面深化改革的基础或组成部分，新型社会技术体系的建构与推广应用中的"协同配合"就是"协同机制"的体现，"相互抵触"就是针对"约束机理"而言的。在这里，如果说上一节的"协同机制"主要是从社会矛盾同一性的视角说明和解释社会技术化进程的，那么这一节则主要立足于社会矛盾的斗争性，以揭示阻滞社会技术化的机制及其社会文化根源。

在第二章"社会技术的矛盾运动"一节中，我们曾讨论过自然技术演变过程中的对立技术形态及其演化现象，可视为社会技术化的一种特殊形式。

① [法]涂尔干：《社会分工论》，渠东译，生活·读书·新知三联书店2000年版，第313页。
② 《习近平关于全面深化改革论述摘编》，中央文献出版社2014年版，第43页。

其实，对立技术现象就是社会矛盾运动或价值观冲突在技术维度上的折射或转化形态，对立技术形态的建构及其演进只是社会技术化进程中的一个片段、支流或插曲；既普遍存在于低层次的自然技术领域，也广泛存在于高层次的社会技术领域。从某一社会系统的外部矛盾运动看，竞争性、对抗性矛盾容易转变为阻碍该系统技术进化与推广应用的制约因素；一个强势社会常常可以压制或阻滞另一个弱势社会的技术化进程，敌对力量的打压、制裁、封锁、禁运或破坏就是这一约束机理的极端情况。这也是矛盾斗争性的具体表现。例如，新中国成立之初，以美帝国主义为首的西方敌对势力对我国实行经济封锁、技术禁运等政策。20 世纪 50 年代末期，中苏关系恶化以后，苏联终止了对华经济与技术援助，使我国经济建设处于进退维谷、孤立无援的窘境，不得不走上自力更生、艰苦创业道路。在这一历史时期，中美、中苏两国之间的外部矛盾都相继转化为制约我国社会技术化进程的不利因素，延缓了这一时期我国经济与社会众多领域的技术化进程；或者说当时我国的经济社会建设与社会技术化进程付出了更为高昂的代价。

此外，一个社会的技术化常常会牵动另一个社会技术上的追赶、反制或对抗，进而影响后者技术化的内容、方向和道路选择，其间容易形成持续博弈的对峙局面。这是社会技术化约束机理的另一种表现形态。一般地说，发达国家或地区的技术化为落后国家或地区的技术化树立了榜样或样板，提供了可资借鉴的经验或参照系，将会辐射和带动后者技术上的照搬式或跨越式追赶。其实，这一模式对于后者而言也是一种约束或限制，即使其失去了自主探索其他技术化道路或模式的自由与机会。同样，在社会竞争的背景下，如果一个社会的技术化危及另一个社会的生存与发展，那么后者必然会通过自身的技术化行动加以反制，建构对立技术形态或为前者设置障碍。冷战时期，美苏、北约与华约两大阵营以军事技术为轴心的众多领域的社会技术化进程，都表现出这种你争我夺、相互牵制、互动并进的演化特征。1987 年 12 月 8 日签署的《苏联和美国消除两国中程和中短程导弹条约》，就是对双方中短程导弹技术及其相关军事领域技术研发的法律约束，以便收缩冷战阵线，谋求军事实力均势和弱化竞争。这一条约及其核查机制可视为限制双方中短程导弹技术研发的社会技术体系及其运行机制。

当然，某一社会系统的外部矛盾并不是一成不变的，而是处于发展演化之中的。当外部的敌对矛盾趋于缓和时，也会转化为有利于社会技术化的积极因素，进而演变为上一节所述的协同机制。这也是矛盾运动及其同一性的具体表现。例如，改革开放以来，我国顺应"和平与发展"的时代潮流，大幅裁减军队员额，积极融入国际社会，营造有利于经济建设的良好国际环境；打开国门，广交朋友，先后与许多国家、国际组织、跨国公司建立了良好的合作关系；积极引进外资、技术和先进的管理模式与经验，从整体上化解了制约经济社会发展的许多不利因素，加快了我国的社会技术化进程。

从某一社会系统的内部矛盾运动看，影响该社会技术化的内部因素众多，其间的作用机理复杂多样，但大致可以归结为积极因素与消极因素两大类。在第二章"社会技术的矛盾运动"一节中，我们曾分析过社会需求对社会技术化的驱动作用，该因素可以归入积极因素之列，但其作用路径并未全面反映社会技术体系内部矛盾运动的阶段性、复杂性或特殊性。这里最大的消极因素往往表现为社会技术化遇到的最大障碍或"短板"，进而形成了所谓的内部约束机理。这也就是阿奇舒勒所概括的有关自然技术进化的"子系统不均衡进化法则"："不同的子系统在不同的时间点到达自己的极限，这将导致子系统间矛盾的出现；系统中最先到达其极限的子系统将抑制整个系统的进化，系统的进化水平取决于此子系统。"①这一原则在社会技术化过程中也是普遍适用的。与汇聚和强化积极因素的种种努力相比，消除或弱化消极因素尤其是其中的最大障碍或"短板"，往往容易转化为推进当时社会技术化进程的另一条"战线"或关键。例如，改革开放初期，为了清除以"两个凡是"为代表的保守势力与观念的阻挠，中共中央适时掀起了关于"实践是

---

① 杨清亮：《发明是这样诞生的——TRIZ 理论全接触》，机械工业出版社 2006 年版，第 18 页。

检验真理的唯一标准”的大讨论。这场大讨论起到了解放思想、统一认识的积极作用，为改革开放事业的顺利展开铺平了道路，也扫除了当时阻滞中国社会技术化、现代化进程的最大思想观念障碍。因此，不断消除阻碍社会技术化的种种消极因素，也是促进社会技术化的主要“战线”。

技术负载着价值，它的设计、建构、引进与运行关涉社会多方利益。因此，社会技术化的内容、方向与路径容易转化为多方社会力量的角力场以及利益博弈的轴心，其背后往往暗流涌动，其间敌对力量之间的博弈、对抗、斗争不容抹杀，构成了阻滞社会技术化的约束机理。芬伯格的技术代码理论就从一个侧面揭示了这一机理的基本特征。① 同样，第十章“技术民主化及其局限”一节所述的多种民主化形式，也可视为约束机理的具体表现。例如，中国台湾第四核能发电厂建设的曲折历程就说明了约束机理及其演变的特征。台湾当局于 20 世纪 70 年代相继兴建了 3 座核能发电厂，但仍不能满足经济社会发展对电力需求的增长，于是 80 年代初又提出了兴建第四座核能发电厂的计划，并于 1983 年 12 月正式动工修建。1990 年台湾当局宣布“核四”停工，1992 年又宣布复工。1994 年 7 月，核四电厂预算案在台湾当局立法机构获得通过，并第一次追加预算 500 多亿元新台币。核四于 1999 年 3 月 17 日重新开工，2000 年台湾当局宣布停建核四，后在泛蓝立法委员的干预下，又于 2001 年 2 月 14 日复工。2006 年核四工程又陷入困境，台湾电力公司要求第二次追加预算 200 亿元新台币，并将工期再延后 3 年。至此，核四工程总预算已累计高达 2420 亿元新台币。2013 年初，蓝绿两党又围绕“核四公投案”展开争斗；2014 年 4 月 27 日，台湾当局最终决定核四停工封存。核四工程之所以一再成为台湾社会政治斗争的焦点，历经 30 多年的开工、停工、复工直至最后封存的多轮波折，究其原因就在于它一开始就是不同利益集团之间的政治、经济、安全、环境等多重利益的交汇点。因而常常

① ［美］安德鲁·芬伯格：《技术批判理论》，韩连庆、曹观法译，北京大学出版社 2005 年版，第 92 页。

与台湾地区的政治问题、政党争斗挂钩，容易演变为多方政治力量斗争或博弈的角力场，最终影响和改变了台湾地区核电技术化的轨迹与进程。

事实上，社会技术化进程是在社会体系中渐次展开的，而社会体系的运行又是有规范的，划定了法律或道德上能做与不能做、许可与禁止的界线。因此，社会技术化必须符合法律、道德、宗教、风俗、政策等社会规范的要求。如果突破了界限或者违反了规则，那么社会技术化进程就必然会遇到重重阻力或反制。这些都可以视为社会文化因素对社会技术化过程的选择、塑造或约束作用的具体表现。当然，在技术与社会文化的互动过程中，一方面，随着技术的进化和人们认识水平的提高，以及预防和化解技术消极影响措施的完善，许多前置性约束因素也是可以逐步消除的；另一方面，这些约束也具有相对性，往往存在着屏蔽或隔离这些约束因素的特殊时空场合。例如，在军事领域或战争时期等特殊场合下，军事技术的研发与引进往往就不受上述因素的限制或约束。

五、“遗传”与创造机理

许多先哲前贤很早就发现了技术种类与生物种类、社会技术体系与生态系统、技术世界与生物界、技术演化与生物进化之间存在着诸多相似性或可比性；可以借用类比方法将有关生物现象的认识成果类比推演到对技术的认识上，以期拓展和深化对技术现象的认识，给人耳目一新之感，有助于激发学界进一步探究技术进化过程。这一研究进路所取得的成果逐步形成了技术进化论。① 技术进化论主要是在归纳和概括技术发展史实的基础上形成的，也是启蒙运动以来的进化观念在技术哲学领域的具体表现。这里需要说明的

① ［英］约翰·齐曼：《技术创新进化论》，孙喜杰、曾国屏译，上海科技教育出版社 2002 年版。

是，相似并不等于相同，类比推演并不能保证研究结论的逻辑必然性。虽然类比思维方法的启发作用毋庸置疑，但却不可能替代探究技术进化奥秘的其他进路以及对技术社会运动的具体深入剖析。毕竟技术是人类的创造物，历史短暂，而生物则是“大自然”的作品，历史更为悠久，两者之间的多重差异或不可比性也是不容忽视的。

生物是通过“基因”遗传的，与此相对应，理查德·道金斯（Richard Dawkins）在《自私的基因》一书中，最早借助类比思维和修辞手法，提出了文化基因［縻母或模因（memes）］概念，①以类比说明和解释社会文化的世代“遗传”现象。然而，在技术演化过程中，并“不存在严格意义上的生物分子基因（gene）的技术对应物。为了维持全面的类似，我们常常方便地采用‘縻母（memes）’这一术语来讨论技术系统，那是一个历时持久、自我复制并塑造实际人工制品的基本概念。但是，这一术语是抽象的、隐喻的”②。这里所谓的技术“縻母”，泛指在技术演化过程中继承下来的先前技术形态中那些相对稳定的技术元素或风格，如原理、方案、结构、规范、流程、组件、性状等。所谓技术演化过程中的“遗传”现象，其实就是这些技术元素或风格在技术进化过程中的世代传承、复制或流传，表现为众多技术形态之间的“家族相似”或“亲缘”联系。由此可见，“在强调技术性状的可遗传方面，‘縻母’语言颇具指导性，这与展现这些性状的人工制品的物理生存截然不同。……适用于实际人工制品的技术縻母可以被独立地进行传递、存储、恢复、变异和选择。”③

社会技术是技术成长发育的高级阶段或现实表现形态，社会技术进化

---

① Richard Dawkins, *the Selfish Gene*, Oxford University Press, 2006, pp.192–201.

② ［英］约翰·齐曼：《技术创新进化论》，孙喜杰、曾国屏译，上海科技教育出版社 2002 年版，第 6 页。Edited by John Ziman, *Technological Innovation as an Evolutionary Process*, Cambridge University Press, 2000, p.3。

③ ［英］约翰·齐曼：《技术创新进化论》，孙喜杰、曾国屏译，上海科技教育出版社 2002 年版，第 6 页。Edited by John Ziman, *Technological Innovation as an Evolutionary Process*, Cambridge University Press, 2000, p.3。

与社会技术化同步展开。前者主要是从时间维度上对漫长社会历史进程中技术演化的纵向分析和描述，后者则主要是从空间维度上对近期技术社会运动的横向说明和解释，二者虽然各有侧重，但在本质上却是密不可分的。前者是由众多后者在时间轴上“串联”而成的，可视为后者的集合或历史呈现；后者则是在前者的基础上展开的，可视为前者的构成环节、片段或“横断面”。在社会生活的技术建构与运作过程中，我们总能在后代技术系统中发现诸多先前技术形态的元素、影子或特征，至于其中源于其他低层次技术族系或子系统的元素或结构更是屡见不鲜。这就是技术演化过程中的“遗传”现象，反映了技术进化过程的连续性和继承性，从中所识别出来的先前技术元素或风格可以归入技术縻母之列。同样，在社会技术进化历程中，我们也能够看到高层次技术縻母的传承现象。例如，马克思在考察印度公社制度与组织结构的稳定性时发现：“在印度的不同地区存在着不同的公社形式。形式最简单的公社共同耕种土地，把土地的产品分配给公社成员，而每个家庭则从事纺纱、织布等等，作为家庭副业。除了这些从事同类劳动的群众以外，我们还可以看到一个‘首领’，他兼任法官、警官和税吏；一个记账员，登记农业账目，登记和记录与此有关的一切事项；……这些自给自足的公社不断地按照同一形式把自己再生产出来，当它们偶然遭到破坏时，会在同一地点以同一名称再建立起来，这种公社的简单的生产有机体，为揭示下面这个秘密提供了一把钥匙：亚洲各国不断瓦解、不断重建和经常改朝换代，与此截然相反，亚洲的社会却没有变化。这种社会的基本经济要素的结构，不为政治领域中的风暴所触动。”① 在这里，公社的分工体系、组织架构与基本成分都可视为印度公社技术体系中的縻母，具有相对稳定性，在封建社会的漫长历史演变过程中扮演着“复制模版”或“戏剧脚本”的角色。

正如基因突变导致后代生物性状变异一样，技术的发明创造也可以生

① 《马克思恩格斯全集》第 44 卷，人民出版社 2001 年版，第 413 页。

成新的技术麼母，进而促使技术世界“麼母库”的丰富、扩张以及技术的“变异”与进化，符合“获得性遗传”法则。可见，与物种的基因有所不同，技术麼母既相对稳定又不是凝固不变的，前者只是就某一进化阶段或特殊领域而言的，后者则是相对于技术进化的历史长河来说的；同时，不同技术形态之间的融合、新技术的扩散与吸纳也增加了技术麼母“变异”的机会。重大技术发明或技术革命将会不断催生新的技术麼母，原有的落后技术麼母也会伴随着技术升级换代步伐的加快而被逐步淘汰，符合“用进废退”法则。同样，技术的加速发展也会促使技术“麼母库”新陈代谢节奏的加快，代际之间的界限日趋清晰。例如，现代建筑技术创新使土木建筑技术的榫卯结构渐逝、信息技术导致传书递简等传统信息传递技术的部分麼母退场等。不难看出，技术进化过程中技术麼母吐故纳新、更新换代的速度（或周期）远快于生物基因变异的速度。其中，既有同一技术族系内部技术麼母的遗传或复制，也有其他外部技术麼母的融入，以及包括创新在内的外部多重政治经济因素的博弈、选择与塑造。因此，应当将技术麼母列入历史文化遗产的保护范围，建立技术世界的“麼母库”，以便保存更为丰富的技术文化的历史信息，使后人能够更容易还原和理解技术发展史以及先辈的社会文化生活状态。

以旧技术形态的改进、新技术形态的创建与推广应用为轴心的社会技术化进程，总是在当时社会的新技术基础上展开的，时代特征明显。社会各领域或层次将不断吸纳新的先进技术成果，以替代其中旧的落后技术要素，完成技术上的新陈代谢、更新换代。因此，随着时间的推移和新技术的不断创造，社会技术形态中新技术麼母将会越来越丰富，而旧技术麼母也会逐步嬗变、淘汰或消失。这与社会生活领域的扩张和加速发展态势是一致的。需要说明的是，与生物基因突变的偶然性、盲目性不同，引发技术麼母“变异”的发明创造活动却是在技术原则指导下自觉展开的，人们致力于创造更高效、更先进的新型技术形态，因而是有目标、有方向、有计划的。这既是社会技术化的构成部分，也为落后国家或地区的技术引进或吸纳提供了更多的选择。

六、竞争与选择机理

如第五章“技术文化及其流变”一节所述，不同文化的价值就在于它的独特意义、意蕴或理想，可称为一阶（原初）价值；而技术的价值就在于它可以促使众多文化价值的实现更便捷、更高效，亦即有助于人们多快好省地实现各种具体目的或价值追求，可称为二阶（附加）价值。从客观上讲，任何技术系统的功效或性能都可以通过一系列客观指标来衡量，这是不以人们的主观感受或意志为转移的。从主观上讲，同一技术功能及其应用对于不同的人甚至处于不同时空场景中的同一个人，其意义或价值往往却各不相同，即随使用者或评价者的主观感受、需求或好恶的时空变化而有所改变。为此，如第二章“社会技术的价值负荷”一节所述，社会技术化活动容易转变为社会多方利益的交汇点和政治博弈的角力场。

如前所述，围绕同一目的的实现，人们总是从各自实际情况出发，设法探寻和穷尽一切可能的技术路径，先后创造出众多各具特色的技术形态。这就是技术的多样化原则。作为人类目的性活动的序列、方式或机制，不同的技术形态总是展现出不同的结构、属性或功能。事实上，反映同类技术性能的众多指标可以简并归约为效果、效率、安全性、适用性、美观性等基本价值维度，甚至简化为少数几个通用性或综合性指标。通过比较这些维度的主要技术性能指标，人们便可以对众多相关技术形态的优劣高下做出初步的价值评判。在第八章“社会技术化的测度与评估”一节中，我们将就这一问题再展开讨论。

如第七章“竞争牵引法则”一节所述，在众多社会矛盾运动基础上展开的各类竞争（俗称内卷），是推动社会演变的重要力量。这些竞争往往都是在相关技术竞争的基础上展开的。例如，在经济领域，“竞争迫使商品生产者必须力争降低自己商品的价值，因此必须采用新技术、新工艺、新的生产和管理方法；竞争迫使商品生产者时时关心市场动态，一旦出现新的生产方法立即效法，以免在角逐中被淘汰；……竞争表现为促进现代社会生产力发展的最强有力动力。”①在技术演进过程中，围绕实现同一目的的众多技术形态相继出现，且都处于持续进化和相互竞争之中，进而构成了同一个技术族系。一方面，多样化的技术形态为人们从实际出发，实现同一目的提供了更多的技术选择，也为建构适用的高层次技术系统奠定了更为宽广而坚实的技术基础；另一方面，技术是一个社会的战场，多样化的技术形态之间也存在着竞争关系，即一技术形态可以完全或部分地替代另一技术形态。但受技术原理、方案、造价、应用场所或条件、使用者好恶等多重因素的影响，不同技术形态的功效及其提升的速度和潜力各不相同，展现出不同的应用前景或竞争实力。在社会技术化进程中，“当产生于某一地区的具有特殊性和必要性的技术同来源于另一不同地区的技术发生竞争时，其结果，只有最适合者才能被选择下来。”②随着时间的推移，那些效果及其效率、适用性优异的技术形态常常得以延续、改进和发展，直至被更为先进的新一代同类型技术形态所替代；而那些效果及其效率、适用性低下的落后技术形态则更容易走向衰落，以至于在随后的技术进化或社会发展进程中逐步退场或绝迹。

学术界通常按照从早到晚出现的历史次序，将某一技术族系发育成长的历史，大致划分为原始技术、初级技术、中间技术、先进技术、尖端技术等演进阶段；或者按照技术功效由低到高的逻辑顺序，将某一族系中并存的众多技术形态归结为原始技术、初级技术、中间技术、先进技术、尖端技术等类别。技术进化的历史与逻辑之间的相关性或统一性明显，其中的各个环节都贯穿着选择性创新和创新性选择。只有那些效果、效率、实用性、通用性等指标优良的先进技术形态，才能得到人们更多的关注、选择和应用，也更

---

① 陈琦伟：《国际竞争论：中国对外经济关系的理论思考》，学林出版社 1986 年版，第 190—191 页。

② ［日］富田彻男：《技术转移与社会文化》，张明国译，商务印书馆 2003 年版，第 6 页。

容易在技术竞争中胜出，进而得以存续、改进和扩散，反之则容易为历史所淘汰。与此同时，随着时间的推移和技术的不断进化，各种类别的技术形态也会按照性能指标由高到低的顺序渐次蜕变，相继衰落退场。正是在这一背景下，创造、选择甚至争夺更为先进的新型技术形态就演变为社会竞争以及社会技术化的轴心，或者说社会技术化总是沿着技术价值最大化方向或最便捷路径前进的。今天，高新技术研发以及向社会各领域或层面的广泛渗透，是当代社会技术化的主要表现形态。由此可见，与生物进化的"物竞天择、适者生存"机理类似，围绕实现同一目的而创建的众多不同类别的技术形态之间也会展开彼此竞争，形成了"技竞人择、优胜劣汰、适者繁盛"的类似进化机理。

技术进化与社会技术化从不同侧面反映了同一技术运动过程的属性与特点，两者同步展开、互动共进。一方面，不同族系、类别、层次的技术进化有助于创造更多的新技术成果，以及推进向社会诸领域或层次的渗透与扩散，为不同领域或层次的社会技术建构与改造提供更多更好的选择；另一方面，在社会技术化进程中，实现同一目的的众多技术形态之间也处于优胜劣汰、新陈代谢的竞争性选择过程之中，可视为技术进化的社会选择模式及其机制。"在近代的技术选择中充满着竞争，通过竞争实现选择。这种选择当然以技术上的优越性为前提，而决定这种选择的则是经济、是效益、成本和利润，并且有安全、资源利用等因素。"① 事实上，在某一时期社会各领域或层面的技术建构或改造过程中，人们总是倾向于优先选择那些适用的先进技术形态及其构成单元，尽可能追求当时所能够达到的最佳效果及其最高效率。正是从这一点上说，社会技术化也是社会对众多技术形态进行评价和选择的一种外部力量，有助于推动技术进化。

社会评价与选择既是技术进化的外部动力，同时也是推动社会技术化的基础性力量。在社会技术化进程中，每一个人或组织都在自觉地选择性价比

① 陈昌曙、远德玉：《技术选择论》，辽宁人民出版社 1990 年版，第 58 页。

最高或最适合自己的先进技术形态，由此汇聚成一股强大的社会选择力量，进而加快了技术优胜劣汰的进化步伐。“在历史长河中，尽管有越来越大的压力限制技术选择的自由，别样的技术选项总是在不断地接受评估和选择。经济和军事需要、社会和文化态度，以及追求技术时尚这些因素都影响了对新颖之物的选择。”①一般地说，在某一时期的众多目的性活动过程中，人们主要是从效果、效率、适用性和成本等指标或维度出发选择技术的。即只有那些效果越好、效率越高、越适合自己实际需要且成本相对低廉的技术形态，才越容易为更多的人或组织所选择，实际使用的数量或频次也就越高，得到改进的机会或吸引的社会资源也就越多，反之就越容易被冷落或遗弃。

这里需要强调的是，技术是社会生活的隐性结构或基本格式，技术形态承载、记录和关联着一系列重要的社会历史文化信息，展现出多重文化价值。除技术麋母之外，技术形态往往还承载着众多的其他社会历史文化信息，后者也直接或间接地影响着现实生活中的技术选择。也就是说，效果、效率、适用性或成本并不是人们选择技术形态的唯一依据或标准，历史、艺术、宗教、民族情感、风俗习惯、重大事件等文化因素，也影响着人们对技术形态的选择。在社会技术化进程中，人们对技术的选择总是从各自的认知、价值观念与实际情况出发的，除需要考虑技术指标外，还需要综合考虑需求、时间、经费、价格、习惯、适用性、可获得性等多重因素，以期最大化地同步实现多元文化价值，即力求以最低的成本付出获取最大的综合收益。这也是许多传统技术形态衰而不绝、绵延至今的历史文化根源。

总之，本章所揭示和叙述的五种社会技术化机理或机制，只是对技术社会运动过程与机理的粗略描绘。一方面，这五种机理同时并存，共同支持和推动着社会技术化进程；另一方面，这五种机理并非社会技术化的所有机理，至于其他机理尤其是不同社会领域或微观层面特殊机理的属性与特点，还有赖于各门社会科学与技术哲学的进一步探究、剖析与提炼。

---

①　[美]乔治·巴萨拉：《技术发展简史》，周光发译，复旦大学出版社2000年版，第227页。

第七章　社会技术化的法则与态势

作为社会生活与文明建构的元素以及人类目的性活动的基本格式，技术在社会实践活动中孕育、创造、改进、扩散和应用，展现为一幅关涉多领域、多层次、多渠道、多环节、立体推进的社会技术化全景图。作为构成生活世界变迁的动力之源或重要维度，社会演变过程与社会技术化进程融为一体，构成表里关系，两者同步拓展，互动协同并进，是人们认识纷繁复杂、波澜壮阔的社会发展史的一条重要线索。探究社会技术化进程的属性、特点与规律，既是当代技术哲学研究的重要课题，也是认识现代社会及其未来发展态势的基础和切入点，有助于增强人们干预和调节社会技术化进程的自觉性和主动性。

一、技术化规律的认识进路

从感性认识层面看，人们接触到的事物或现象数量有限，且各具特色、异彩纷呈、杂乱无章。然而，人类理智并不满足于对事物的这些零散的感性认识，而总是力图从个别上升到一般、由特殊提升到普遍，进而跃升至理性认识阶段。科学定律或法则就是关于事物运动发展及其规律性的一般性观点和命题，反映了事物的本质特征与必然联系。事实上，科学认识活动及其所揭示的科学定律可以分为经验定律和理论定律两个层次：一是与经验或感官相关联的观察、实验层面上的认识活动，其特征在于实践上的可确证性，所揭示的多是描述性的经验定律；二是用抽象的或形式化语言表述的有关事物的不可直接观察的属性与特征，所表述的内容不能用简单、直接的方法来测量，所揭示的多是解释性的理论定律，即运用概念表述的抽象规律。

在这里，经验定律是通过对大量观察和测量结果的概括而获得的，源于实践经验的提炼和总结，拥有深厚的经验认识基础。它反映的是事物或现象之间某种联系的普遍性，但却难于理解或解释这种普遍性，即只知其然而不知其所以然，处于科学知识体系中的较低层次。而理论定律则是对事物或现象之间必然联系的反映，往往是对经验定律的进一步解释，既知其然又知其所以然，处于科学知识体系中的较高层次。从经验定律走向理论定律，是科学认识深化和发展的具体表现，进而演变为系统化的科学理论体系。

从认识深化发展视角看，经验定律是在长期社会实践基础上逐步发现和确立的。它是通过对大量具体事实或实践经验的归纳而提炼出来的一般性结论，是对客观规律的一种科学概括和表述，其正确性能够诉诸实践检验与确认。例如，反映理想气体体积与压强之间关系的波义耳定律（Boyle's Law），有关集成电路发展趋势的摩尔定律（Moore's Law），反映官僚体系人员不断膨胀现象的帕金森定律（Parkinson's Law），有关事故发生可能性的墨菲定律（Murphy's Law），反映创业积累沉淀、厚积薄发机理的荷花定律（Lotus's Law）等。任何理论体系都是由一定数量的概念、原理、定律等知识单元构成的。人们在认识和实践活动中不断发现、证实、修正和完善定律，这也是认识深化发展的具体表现。目前，对社会技术化规律的认识尚处于经验定律层次，是在全面分析技术创造、改进与推广应用途径、机理与特点的基础上，经过对大量案例与经验事实的归纳提炼而得出的反映技术社会运动的本质或规律性；可视为探究社会技术化现象与过程的初步成果或建构社会技术化理论体系的“砖块”和“脚手架”，有望转化为社会技术化理论体系的知识单元或“构件”。

然而，从方法论视角看，人们对事物或现象共性或规律性的揭示多是按照不完全归纳法推进的，即从大量个别性的经验事实逐步跃升至一般性或普遍性的认识。经验归纳样本的有限性常常使这一认识方式的合理性、可靠性遭受质疑，这也是认识相对性以及归纳推理逻辑的固有缺陷。正如休谟当初所诘难的："为什么根据了这种经验，我们就超出我们所经验过的那些过去的例子而推得任何结论呢？如果你照先前的方式来回答这个问题，那末你的回答又会引起同样性质的新问题，以至于无限的地步；这就清楚地证明了前面的推理没有任何正确的根据。"① 这就是著名的归纳问题。而在休谟之后发展起来的科学归纳法，则有助于弥补归纳推理上的这些不足。科学归纳法通过对某类事物或现象中典型样本的深入剖析（解剖麻雀），进而探究和揭示其内部结构、必然联系与演变规律，据此再推演归纳出该类事物或现象的一般性结论。不难理解，科学归纳法是（案例）分析方法与归纳方法的有机融合，可广泛应用于揭示和提炼众多同类事物共性或规律性的研究过程，也是我们揭示社会技术化本质、属性与规律所采用的主要方法。

同自然界的演化发展一样，人类社会的演进也是有规律的，而且这些规律也是可以为人们认识、掌握和利用的，进而转化为人们改造社会的基础。"到目前为止的历史总是像一种自然过程一样地进行，而且实质上也是服从于同一运动规律的。"② 然而，与自然规律有所不同，社会规律则是通过众多主体有目的的实践活动呈现和发生作用的，形态与机理更为复杂多样，认识的难度也更大。③ 就现阶段的研究深度和认识特征而言，以"经验定律"形态描述社会技术化进程容易引起争议，而以"法则""态势"等"准定律"形式揭示和凝结众多反映社会技术化的经验性认识成果，归纳和提炼反映社会技术化进程的规律性，更容易得到认同或形成共识，是探究社会技术化属性与特征的一条切实可行的认识路径。由此可见，本章所归纳和概括出的七条基本法则和态势，只是全面揭示社会技术化本质、属性、特点与规律的阶段性或过程性成果，还有待于进一步精练、琢磨、检验和修正，进而上升为

① ［英］休谟：《人性论》，关文运译，商务印书馆 1980 年版，第 109 页。

② 《马克思恩格斯选集》第 4 卷，人民出版社 2012 年版，第 605 页。

③ 欧阳康：《人文社会科学哲学》，武汉大学出版社 2001 年版，第 107—155 页。

理论定律形态，深刻揭示技术社会运动的内在逻辑关联性，为建构社会技术化理论体系创造条件。前面各章尤其是“社会技术化的内在机制”一章的探究和讨论，为接下来的理论提炼和概括工作做了较为扎实的铺垫。

二、功效导向法则

如前所述，社会是由众多主体互动耦合而成的复杂有机体系，其中每一个主体自觉或不自觉的技术活动都是技术社会运动的环节或动力。社会技术化就是在社会生产与生活诸领域或层面展开的各级各类技术创建、改进与推广应用过程，即以技术途径或方式追求社会活动的新效果、高效率或多样化的态势，往往也表现为社会的合理化、现代化演进过程。党和国家领导人很早就意识到了技术在社会主义现代化建设中的基础支撑作用：“四个现代化，关键是科学技术的现代化。没有现代科学技术，就不可能建设现代农业、现代工业、现代国防。没有科学技术的高速度发展，也就不可能有国民经济的高速度发展。”① 后来的“科教兴国战略”“创新驱动发展战略”都是在这一认识的基础上制定的。在社会实践活动中，各级各类技术创造、改进、引进、扩散、复制活动在社会生产与生活的各领域或层面渐次展开，从无到有、由点及面、由低级到高级的立体滚动递进，逐步形成了复杂多样的社会技术化路径及其机制。由此可见，社会技术化是一种重要的技术文化现象，是由众多主体的特殊性技术活动汇聚而成的社会技术体系诸领域或层次的互动建构、有序演进态势。社会技术化进程根源于功利价值观念的引导，同样也遵循第一章“技术创造及其基本原则”一节所述的三项基本原则。这些观念和原则既是微观层面技术进化的根据，也是宏观层次社会技术化的指针。

---

① 《邓小平文选》第 2 卷，人民出版社 1994 年版，第 86 页。

实现特定目的，追求独特效果，提高活动效率，拓展技术可能性空间，既是技术进化的方向，同样也是社会技术化的目标和轴心。在狭义技术视野下以及自然技术层面上，人们按照技术创造原则，争相研发、改进、引进和推广应用先进技术形态，从这一层面或维度推进了社会技术化进程。追求功效最大化始终是这一层面技术社会运动的基本方向，恕不赘述。长期以来，由于缺乏广义技术视角或社会技术观念，以及对社会技术形态及其运行机制复杂性、潜在性的认识不足，人们对社会技术现象以及技术活动原则的关注和讨论较少。这里姑且不论技术评价活动的主观性，以及社会生活场景下多元主体之间的多重博弈格局，单就某一社会技术系统的演进而言，要准确识别和评估社会技术化的效果及其效率就面临着至少以下三个层面的困难：

第一，人们常常身处众多不同层次的社会技术系统及其运转流程之中，进而转化为诸多社会技术系统的构成单元或作用对象，扮演着多重技术或社会角色。同时，由于社会技术系统与所处环境之间的广泛联系，以及社会技术化进程的连续性、效果显现的长链条性或时滞性等特征，其中的因果联系或网络结构复杂多样，一时难于辨识和评判某一具体社会技术系统的效果及其效率。例如，某一地区的减贫成果既是众多不同层级社会组织或社会技术系统协同作用的结果，也包含贫困地区人民的脱贫意志与艰苦奋斗等众多非技术因素的贡献，要从中分离和评估某一社会技术系统的效果及其效率是相当困难的。

第二，由于社会技术形态的隐匿性、运行模式的多样性与灵活性等特征，某一社会技术系统往往兼具多重职能，力图同步实现多重可能的社会目标；同时，这些目标之间大多存在着张力或相干性，常常鱼与熊掌不可兼得。例如，强调社会技术形态的公平性往往难以同时兼顾其效率性，强化安全生产常常会导致其利润短期下降等。因此，在现实生活中，人们往往难以完整准确地识别和评估某些社会技术系统及其改进的效果或效率。例如，作为最基层的政府机关，乡镇或街道组织技术形态就承担着管理多重社会事务的职责，正可谓“上面千条线，下面一根针”。在这些职责或任务中，有些是常规性、季节性的，有些则是临时性、应急性或特殊性的。短期内集中力量追求某一目标，往往会导致其他目标的实现效果大打折扣，这就使社会技术的效果及其效率的评价趋于复杂化、动态化或不稳定。

第三，由于社会系统的开放性，影响某一社会目标实现效果及其效率的因素复杂多样，其中既有自然因素，也有社会文化因素；既有低层次技术单元的贡献，也有高层次技术系统的干预等。“多因一果”是社会目标实现的基本模式，其中还存在着多重非线性、非均衡作用机理，人们常常难以从中分离或评判某一社会技术系统及其改进的效果与效率。例如，农民收入增加这一结果就可能得益于风调雨顺，也可能得益于减税降费；或者源于农产品的品种改良与适销对路，或者受益于网络销售平台的技术支持等多重因素。人们很难就某一社会技术系统在其中所做出的贡献及其效率给出准确的评判。

人们对社会技术形态、运行效果及其效率辨识困难问题的不自觉或无意识状态，并没有影响现实的社会技术化进程。正如本书“导论”部分所述，技术性是人的本质属性，人们总是自觉或不自觉地围绕着各自目的的有效实现而构思、设计、建构和有计划地行动的。即使单纯的自然技术系统也总是在一定的社会历史场景下主动建构和运转的，离不开相关个体、文化规范、社会组织及其有序运转的支撑。自然技术层面的效果原则、效率原则与多样化原则等，同样也会投射或渗入其背后的高层次社会技术领域，自觉或不自觉地引导各级各类技术形态的建构与运行。这也是人们价值观念与行为规范内在的逻辑统一性和协调性的具体体现。

从微观层面看，每一个社会技术系统都是按照其设计者和操控者的意志改进、建构或运行的，规划性、生成性和自主组织的特征明显，符合技术理性逻辑或技术活动原则的要求。虽然由于社会矛盾的普遍性，不同文化价值层面的差异、对立、竞争与冲突广泛存在于社会生活的各个领域或层面，但是社会生活背后的众多社会技术系统结构及其运转流程之间却存在着相似性，可以归入相关社会技术族系之中。同样，尽管不同社会技术形态之间的水平有优劣高低之别，但是构成它们的低层次技术单元之间的差别却相对较小，且带有鲜明的时代印记和自然技术特征，从而形成了以机械化、蒸汽化、电气化、信息化、数字化、智能化等为标志的社会技术化进程的不同历史阶段。例如，当代的军事、物流、金融、商务、海关、警务、税务等众多领域的社会技术形态建构，正在经历着由信息化阶段向数字化或智能化阶段的飞跃。

功利价值观是技术文化的灵魂，然而，如前所述，技术的功利价值却是人类价值体系中的低阶价值形态，从属和服务于高阶文化价值的实现；追求众多社会文化价值的有效实现，是技术尤其是社会技术肩负的历史使命。要完成这一重要使命，仅有低层次的众多自然技术成果的支持与运作是不够的，还应当针对不同文化价值诉求或社会目标的有效实现，着力创建或改进相应的社会技术形态：一方面，应在重大技术发明或先进自然技术成果的基础上，着力塑造高层次的新型社会技术系统，为新的社会目标或任务的有效实现提供直接的社会技术支持，或者为原有社会目标或任务的高效实现开辟新的途径或模式。另一方面，还应及时吸纳自然技术层面的相关新成果，不断改进和完善原有的社会技术形态，逐步提高实现原有社会目标或任务的效果与效率。正是在这一层意义上，马克思才说："'机械发明'，它引起'生产方式上的改变'，并且由此引起生产关系上的改变，因而引起社会关系上的改变，'并且归根到底'引起'工人的生活方式上'的改变。"① 这里生产关系、社会关系与生活方式层面的相关技术建构就属于社会技术形态，这些社会技术形态的创造、扩散或复制就是社会技术化的具体表现。当然，这一进程也会反过来刺激和引导自然技术层面的技术创新与推广应用。这也是社会技术化的重要环节。

总之，围绕众多社会目标的有效实现而创建、改进或引进先进社会技术形态的过程，都是按照技术活动模式、理念、原则与规范展开的。对技术功

① 《马克思恩格斯文集》第 8 卷，人民出版社 2009 年版，第 343 页。

效的追逐既是微观层面或低层次自然技术研发的目标，也是宏观层面社会技术化的基本方向。这就是功效导向法则。正是在这一法则的规范和引导下，确保社会目标的有效实现，不断提高实现社会目标的效率，创建或引进更多实现同一社会目标的不同种类的新型技术形态，早已演变和内化为社会技术化的基本方向或历史趋势。

三、省力多事法则

社会技术化进程产生了一系列复杂的经济社会效应，我们可以从技术效果与效率两个层面入手，对社会技术化效应进行审视和评估。一方面，在效率原则的规范下，原有技术形态的持续改进与扩散将会不断提高技术效率，节省人力付出，逐步缩减或消灭传统工作岗位，或者从技术运行过程中不断析出人力。另一方面，在效果原则与多样化原则的引导下，社会技术体系呈现扩张态势，不断开辟新的社会生产与生活领域，涌现出新型技术形态、新业态、新事务或新职业类型，需要耗费人们更多的时间与精力，从而吸纳大量的社会劳动力。同时，研发、设计、建构、引进、操控、磨合和维护新型技术系统，也是一项耗时费力的技术性工作，需要培训或动员更多的专业技术人员参与，从而创造更多的工作岗位和就业机会。虽然这两类社会技术化效应同时并存，此消彼长，变动不居，但是从总体上或叠加抵消后的趋势来看，前者往往强于后者。这也是发达国家或地区产业升级加快、工作时间缩短、劳动力转移加快、就业压力增大等社会演进大趋势的技术根源，同时也为人们共享社会技术化“红利”，以及从必然王国走向自由王国创造了有利的技术条件。

技术改进与推广应用是社会技术化的基本方式之一，也是提高社会技术效率的主要途径。技术改进通常是从现有社会技术体系中的某一个部分或环节开始的，既可以自下而上推进，也可以自上而下传导，渐次链式展开。一般地说，以外部同类先进技术成果替代现有技术系统中的某一落后技术单元，容易引发同一系统或层次其他技术单元及其间结构的相应调整或改进，以及高层次技术系统的一系列适应性革新乃至社会技术体系的重建。这就是自下而上的技术改进模式。例如，在众多社会技术系统中，以移动通信技术替代固定通信技术，就打破了以往通信交流上的空间局限，实现了随时随地的即时通信，提高了通信技术系统乃至社会技术系统运行的效率；与此同时，也导致接线员、架线员、费用结算、固定电话设备产业工人等传统职业或工作岗位的缩减乃至消失。同样，自上而下的技术改进或优化也会不断提高技术效率，降低运行成本，从社会技术系统的建构与运行中不断析出人力等。

技术系统的整体引进或一次创新是社会技术化的源头和非常规模式，多是在重大社会变革的背景下出现的。一方面，在新技术成果基础上建构的新型社会组织机构及其运转流程，常常以一种新兴产业、新社会部门或新型文化生活的面目出现，进而创造出一系列新型职业或工作岗位，将会吸纳大量的劳动力；另一方面，研发、设计、建构、引进、操控和维护新的社会技术系统，多是一项新兴的社会领域或技术部门，也会创造更多的新兴职业和就业机会。此外，新型社会技术形态的引入与建构创造了新的生活方式，丰富了社会文化生活，也为人们各种愿望、理想或价值诉求的实现提供了更多的新手段、新途径或新选择；同时也拓展了社会文化生活领域，增加了社会运行中的日常事务总量，势必将耗费人们更多的时间与精力。

例如，近几十年来，随着以互联网为基础的信息技术的快速发展，众多日新月异的信息技术成果逐步融入社会生产与生活的各个领域。信息化、数字化、智能化已演变为现代社会技术化的主要内容，以互联网、物联网、5G、大数据、区块链、人工智能、元宇宙、量子通信等技术为轴心的高新技术研发正在如火如荼地展开，将人类推向了信息技术革命的高级阶段。以个人或组织为节点的各类网络服务形式大量涌现，进而形成了以经营网络或网站、提供信息产品或服务的互联网企业；以互联网为平台的网页搜索、数据存储、邮件、通信、智慧城市、金融服务、电子商务、电子政务等新事物、新业态迅速崛起，并建构起一个与现实世界彼此平行或呼应的虚拟世界。以互联网、物联网为核心的信息技术成果业已渗入社会生产与生活的众多领域，“互联网 +”“人工智能 +”“大数据 +”“元宇宙 +”已成为当今经济增长与社会发展的新生长点。在现代社会数字化、智能化进程中，以互联网、物联网、大数据、人工智能等高新技术为基础的新兴产业、部门、组织，在挤压传统产业和事业部门生存空间的同时，也创造出了众多新行业、新业态、新职业、新需求，提供了大量的工作岗位或就业机会。此外，开放的赛博空间已演变为人类活动或社会文化生活的重要领域，为社会物质生活与精神文化生活提供了更为丰富的信息产品与服务，也为人类许多梦想的实现创造了新的技术可能性。

如第一章“技术创造及其基本原则”一节所述，在社会技术化进程中，技术创造与技术改进、技术效果与技术效率之间的区分是相对的、可变的，技术效率的提升常常伴随着新技术效果的生成或旧技术效果的改善，反之亦然。一般地说，相对于原有技术形态而言，新技术形态功效的提升必然会降低成本，简化、合并或替代其中的重复性简单劳动，节省人力。这就是所谓的“省力”效应。同时，新技术形态所创造的新效果或对原有技术形态效果的改善，常常会催生新的社会生活领域、机构或重塑原有社会组织运作流程，进而创造出一系列新事物、新业态、新职业或新型工作岗位。与物理学上的“省力不省功”原理类似，社会技术化则是“省力不省事”。这些新技术形态也容易在社会生活诸领域快速扩散或大量复制，从而催生出大量新兴社会事务，吸纳更多的社会劳动力。这就是所谓的“多事”效应。在社会技术化进程中，众多社会领域或层面的技术创造、改进与推广应用同步展开和快速扩张，“省力”与“多事”效应同步放大，交叉重叠，共生、并存、互补。这就是所谓的省力多事法则。

这里的“多事”效应是相对于原有社会技术体系及其运作而言的，即在社会技术化进程中，社会生产与生活越来越复杂多样、丰富多彩，以及人们所从事的新事务及其所耗费的精力越来越多的趋势。这一趋势与技术效率原则、社会技术化的“省力”效应相背离，因而也容易转化为下一轮技术发明创造、改进、引进以及社会技术化的目标或着力点。正是从这个意义上说，新一轮社会技术化产生的“省力”效应，往往是围绕着消解上一轮社会技术化带来的“多事”效应而展开的，旨在简并或压缩原有社会事务种类、减轻人们的体力与脑力劳动强度。如此一轮又一轮的社会技术化滚动递进，持续向前，人力逐渐后撤或退出；同时，许多传统社会事务及其流程也被压缩、精简或者交由物化技术系统去处理，促使人们从以往劳神费力的烦琐社会事务中脱身，将更多的时间或精力投入到新一轮技术研发与推广应用之中，或者完成更多、更高级、更富有挑战性的社会文化事务。这就是在社会技术化进程中的“省力”与“多事”态势之间的矛盾运动。

劳动力犹如维持社会技术体系运行的“能源”一般，提高劳动生产率是社会技术化的基本趋势，但这并不意味着劳动力数量的绝对减少，也不排除经济或文化繁荣时期劳动力数量的绝对增加。历史上的机械化、电气化、自动化、信息化进程都曾是当时社会技术化的核心内容或主要标志，也都曾不断地析出社会生产与生活中的体力劳动或简单劳动。现时代的数字化、智能化进程也有望部分地替代人类的脑力劳动和体力劳动，减轻人们的劳动负担。同时，社会技术化所析出的劳动力又会被转移到新型技术系统的创造、建构、改进、引进、操控与维护之中，在新的社会领域或行业展开新的生产与生活样态。这里需要指出的是，实现劳动力顺利转移的前提条件就是强化终身教育、继续教育和职业技能培训，以缩短转移过程或时间，减少社会成本。这也是社会技术巨系统的生长发育或新陈代谢机理的内在要求，可视为社会技术化进程的内生动力。在现实生活中，劳动力从第一、二产业向第三产业的转移，失业人员转岗培训再就业，以及众多新兴社会领域高层次人才短缺等现象，都是省力多事法则的具体表现。

四、累积加速态势

如第一章“技术创造及其基本原则”一节与第六章“竞争与选择机理”一节所述，技术进化的一个直接后果就是技术形态的日趋丰富及其功效的不断提升，与此相伴而生的一个间接后果则是落后技术形态的逐步淘汰，两者同时并存、密切相关。一般地说，技术进化速度越快，旧技术的衰落速度也会随之加快，进而推动技术世界的新陈代谢、升级换代速度的加快。“每一天都带来新技术，并不可避免地淘汰一批老化、过时的东西：现存的技术因被超越而变得老化，由它产生的社会环境也因此而过时——人、地区、职业、知识、财富等等一切，或是适应新技术，或是随旧技术而消亡，别无其他选择。”① 事实上，社会技术化也表现为新技术形态不断涌现与旧技术形态逐渐衰亡同步展开的历史进程，只是二者并非同等程度地推进；前者的速度与规模总是超过后者，而后者往往因历史惯性等原因而逐步萎缩，垂而不死。② 这里需要说明的是，处于衰亡之中的旧技术形态并非立即被人们彻底地抛弃，而多是以“扬弃”的形式演进的。其中的许多知识、经验、规则等要素都会以技术“縻母”的形式沉淀和传承下来，渗透和转移到后发展起来的新技术形态之中。由此可见，技术世界的“縻母库”将会越来越丰富，业已演变为技术加速扩张与社会技术化的坚实基础。

如第二章“社会技术体系的开放式建构”一节所述，在技术研发实践中，后人总是在前人奠定的基础上前进的，既继承了前人创造的优秀成果，也从他们的挫折或失败中汲取了相应的经验教训。如此一来，人们才能将有限的精力、智慧和财力汇聚到当时急需解决的个别技术难题上，不断创造新技术成果。“技术发展是建立在前人知识的积累上的，这些知识决定了发明活动

① ［法］斯蒂格勒：《技术与时间：爱比米修斯的过失》，裴程译，译林出版社 1999 年版，第 17 页。

② 王伯鲁：《旧技术衰亡问题探析》，《自然辩证法研究》2012 年第 1 期。

的方向。”①正是通过社会遗传途径或机制，人类才逐步创造和积累起越来越丰富的实物技术成果与技术知识成果，拥有处于生长或扩张状态的技术生态系统。这也是技术进化过程中“量变”方面的具体表现。单从技术视角看，在功利价值观念与技术原则的引导下，人们一直致力于创建功能更强大、效率更高、形态更为多样的先进技术形态，而不甘心于固守功能弱小、效率低下的单一落后技术形态。这就是主体意志和社会演进对技术创造或改进的推动与选择作用，也是技术进化与社会技术化的内在根据。新技术形态的涌现与旧技术形态的衰亡就是在此基础上展开的，后者根源于技术形态之间的亲缘性与功能上的可替代性，大多是在同一技术族系中渐次展开的。

技术族系的演进主要体现在其中技术形态数量的递增和技术功效指标的提升两个层面上；社会技术体系或技术世界的成长性则主要体现在其内部结构的复杂化或精致化、功能的专业分化与应用场景的外延拓展三个维度上。为了定量描述某一技术族系的历史演变，人们往往从众多技术性能指标中筛选出个别普适性指标，作为描述和评价该技术族系演进的通用尺度。以时间为横轴，以所筛选出的技术性能指标为纵轴，就可以粗略地绘制出不同技术族系演进的历史轨迹。②这里的“加速”一词是从物理学中借用过来的，主要是在修辞学意义尤其是隐喻上使用的。“加速”多以副词、形容词或名词形式出现，用以描述技术进化与社会技术化速度越来越快的演变趋势或文化现象，但难以达到运动学上那种普遍适用、精准量化的程度。关于这一点将在第八章“社会技术化的测度与评估”一节中再展开讨论。

技术自诞生以来就处于加速发展或快速扩张之中，而且展现出了巨大的历史惯性。这一特点在技术革命时期表现得尤为突出。日本学者丸山益辉在论及技术加速发展现象时曾指出：“技术随着时间而发展的同时，稳定期、

① ［美］道格拉斯·C. 诺思：《经济史中的结构与变迁》，陈郁、罗华平等译，生活·读书·新知三联书店 1994 年版，第 16 页。

② ［美］乔治·巴萨拉：《技术发展简史》，周光发译，复旦大学出版社 2000 年版，第 229—235 页。

革新期的周期逐渐缩短。……技术的这种加速度发展的特点，可用指数函数 $A=be^{kt}$ 表示（A 是技术的单位功能）。”[①] 同样，描述集成电路集成度与价格关系的摩尔定律[②]、库兹韦尔（Kurzweil）的加速回报定律（Law of Accelerating Returns）[③]、历次技术革命成果的快速扩散与广泛渗透规律等，都是技术加速扩张或社会技术化加速推进的典型形态。法兰克福学派的第四代传人罗萨（Hartmut Rosa）对现代社会加速演变现象进行了批判性诊断，并指出技术加速、社会变迁加速和生活节奏加速三者之间构成了一个社会加速的循环系统。[④] 在这里，某一历史时期涌现的新技术形态数量或者淘汰的旧技术形态数量以及技术更新换代的周期等特征值，都可以作为衡量技术发展速度或加速度的测度指标。通过对众多技术族系新技术形态数量增长或主要技术性能指标提升的实证分析，不难得出技术世界加速扩张的结论。只是这里的加速度并不一定是一个恒定值，而是随时空场合、技术领域或族系的改变而不断变化的，也就是说技术世界常常处于加速演进之中。

不难理解，在社会技术化进程中，技术成果累积与技术加速发展之间存在着正向相干关系：一方面，技术累积有助于推进技术创新，是技术加速扩张的基础；另一方面，技术的加速发展反过来又促进了技术成果的快速累积，二者相辅相成、相互促进、滚动递进。作为技术世界的构成单元，众多技术族系微观层面的加速发展，必然汇聚扩展为技术世界宏观层面上的加速扩张。同样，作为技术世界中的高层次技术形态，社会技术体系是在众多低

---

① 转引自邹珊刚：《技术与技术哲学》，知识出版社 1987 年版，第 242 页。

② 摩尔定律是由英特尔（Intel）公司创始人之一戈登·摩尔（Gordon Moore）提出的，即当价格不变时，集成电路上可容纳的元器件的数目，约每隔 18—24 个月便会增加一倍，性能也将提升一倍；或者说，每一美元所能买到的电脑性能，每隔 18—24 个月将翻一倍。

③ 加速回报定律是未来学家库兹韦尔（Kurzweil）于 2001 年提出的，即技术进步是以指数形式发展的，而不是线性的。参见 Ray Kurzweil（2001），*The Law of Accelerating Returns*，http://www.kurzweilai.net/the-law-of- accelerating-returns。

④ ［德］哈尔特穆特·罗萨：《加速：现代社会中时间结构的改变》，董璐译，北京大学出版社 2015 年版，第 179—188 页。

层次、单元性技术成果协同耦合的基础上建构起来的。以多领域、多层次技术创造、改进与推广应用为轴心的社会技术化进程，也必然处于累积加速扩张状态。这就是社会技术化的累积加速态势。由此可见，正是基于技术继承与创新之间的正向相关性和互动共进机制，才促使技术的累积速度加快，进而导致社会技术化进程的加速推进。

与衡量具体技术族系或技术形态的加速发展过程类似，社会技术化的加速推进也可以通过众多社会领域新技术形态数量增长的加权平均值，或者反映经济社会发展速度的个别特征指标加以描述和说明。例如，作为规范和引导社会生活秩序的法律文本，可视为社会法制技术体系运转流程的具体“脚本”或“应用软件”。旧法律文本的修订次数与新法律文本的颁布数量的持续增长，就折射或反映了社会法制技术体系建设的加速度及其累积性、精致性或完备程度。同样，我们也可以选择某一社会领域的标志性技术装备数量及其变化，作为衡量该领域社会技术化速度、加速度或累积性的主要指标。因为每一种重要技术装备都是建构一个社会技术子系统不可或缺的核心单元，其数量的增长也可以间接地反映社会技术化的速度、加速度或累积程度。例如，一架飞机就可以建构出一个航空运输技术单元或子系统，飞机数量的增加量就可以间接地反映航空运输领域技术化的累积速度或加速度。

与技术族系、技术世界的加速扩张同步，社会技术化也处于加速推进之中，主要体现在深度与广度两个层面上：

第一，众多社会技术系统运行效果的改善幅度或效率的提升幅度，可以间接地反映社会技术化的深度或质变。新型社会技术系统的创建必然推动新的社会目的的顺利实现，或者创造出原有社会目的实现的新模式、新路径，进而产生新的技术功效，创造新的技术价值。这一层面的社会技术化常常是从无到有的飞跃，毫无疑问可以归入累积加速扩张之列。同样，原有社会技术系统的改进或优化，往往既体现在技术效果的改善上，也体现在技术效率的提升上，必将从技术效果与技术效率两个维度上同步推进社会技术化进程。

第二，社会技术系统或装备数量的增长幅度，也可以反映社会技术化的广度或量变状况。成熟的社会技术成果容易在相关领域、行业扩散和复制，从而推动越来越多的同类社会技术系统的建构与复制。如上所述，以同一种重要技术装备为核心往往可以建构或复制出同类社会技术系统，这些重要装备数量的增长也可以间接地反映该类社会技术系统数量的增长状况。例如，国民经济统计领域经常采用汽车保有量、铁路运营里程、病床数、移动宽带用户数、5G 基站数等指标，粗略反映一个国家或地区经济社会的发达程度。其实，这些技术装备背后都是众多同类社会技术子系统的建构、复制或运行，它们的增长率也可以间接地折射出相关领域社会技术化加速发展的实际情况。

五、竞争牵引法则

经济社会发展的区域性、不平衡性、不确定性往往体现在社会生活的众多领域或层面，或者说社会生产与生活中充满了多种多样的差异、矛盾或问题。这也是社会矛盾特殊性或多样性的具体表现。围绕众多社会矛盾或问题的解决，人们先后创建和引进了多种多样的技术形态。然而，随着社会的快速发展，原有的社会矛盾或问题也会随之发生演变，往往嬗变或催生出一系列新的矛盾或问题形态。为此，社会技术的创造、改进与引进活动也随之跟进，这也是社会技术化历史必然性的体现。一方面，原有的社会技术形态需要不断改进和完善，以便提高解决原有社会矛盾或问题及其变种的针对性及其功效；另一方面，还需要不断引进或创建新的社会技术形态，以便应对不断衍生的新矛盾或新问题的挑战。

如第六章“竞争与选择机理”一节所述，不同技术形态之间的竞争其实是社会竞争在技术维度上的折射或转化形态。与个体或团体之间的合作、协同相对立，对抗、竞争也广泛存在于社会生态系统的各个领域或层面。这也是社会矛盾的斗争性及其解决方式多样性的具体表现。在个体、组织、集团、国家等领域或层面展开的各类竞争，多是围绕利益争夺或观念分歧而展开的多方角力，其结局不外是优胜劣汰、分化重组。为了提高社会竞争实力，人们不得不改进现有技术形态，或者引进和研发先进技术形态。正如马克思在分析自由资本主义阶段的生产技术竞争特点时所指出："竞争经常以其生产费用的规律迫使资本家坐立不宁，把他为对付竞争者而锻造的一切武器倒转来针对他自己，然而尽管如此，资本家还是不断想方设法在竞争中取胜，孜孜不倦地采用价钱较贵但能更便宜地进行生产的新机器，实行新分工，以代替旧机器和旧分工，并且不等到竞争使这些新措施过时，就这样做了。现在我们如果想象一下这种狂热的激发状态同时笼罩了整个世界市场，那我们就会明白，资本的增长、积累和积聚是如何导致不断地、日新月异地、以日益扩大的规模实行分工，采用新机器，改进旧机器。"[①] 毫无疑问，这些技术创新与引进活动一方面直接提升了参与竞争各方的技术水平与竞争实力；另一方面也自上而下地牵引着该技术系统诸多构成单元、子系统层面的技术研发活动；反过来也会自下而上地推动参与竞争各方所依附或从属的高层次社会技术体系的改进或重塑，从而多渠道、多层面地推进社会技术化进程。这就是竞争牵引法则。

为了更直观形象地解释竞争牵引法则的作用机理，以下拟通过对A、B、C三家汽车销售公司市场竞争案例的剖析，说明竞争牵引法则在社会技术化进程中的表现形式。为了简化分析和叙述方便，我们设定这三家公司在同一地区同时销售同一品牌的同一款（型号）汽车，其间构成了激烈的市场竞争关系。市场份额或销售额是A、B、C三家公司争夺的主要经济目标。围绕这一目标的有效实现，各销售公司都建构起了各具特色的销售技术体系，高招妙招迭出。其中，销售组织技术形态主要表现在组织架构与硬件装备、人员业务素质与岗位配置、绩效考核与奖惩制度等层面；销售流程技术形态主要表现在市场调查与分析、销售方案设计与实施等销售流程、资金周转流程

① 《马克思恩格斯选集》第1卷，人民出版社2012年版，第355页。

的各个环节。为了提高市场竞争力，各销售公司又细分市场，并有针对性地设计和制订不同的销售策略、实施方案与流程细节，展开全方位、多层次的激烈竞争。商场如战场，一时间狼烟四起，寸土必争，鲶鱼效应明显。

针对各自销售技术体系的“短板”或“约束因素”，各公司又分别从上述两种技术形态入手，因地因时制宜，开展了一系列技术改进、创新和引进活动，以提高销售业绩与经济效益。例如，A公司加大新型广告投放力度，推行有奖销售；降价促销，薄利多销，以销量换市场等。B公司加入网络销售平台，线上线下联动；延长销售时间与服务链条，为顾客代办贷款和保险、代理“上牌照”手续等。C公司走出店铺，积极参加“汽车下乡”活动，送货上门，以“赶集”方式开拓偏远农村地区的汽车销售市场，推出先驾乘后付款等举措。总之，促销的新“战术”“招数”“花样”“举措”层出不穷，灵活多样，充分展现出社会技术形态的丰富性、灵活性与博弈性。

如果市场只有一家销售公司，那么该公司就失去了竞争压力，其销售技术进步的紧迫性与驱动力也会不足，往往消极应付、行动迟缓，坐等顾客上门。而在市场竞争环境中，为了谋求生存与发展，外在的竞争压力就转化为促进各自技术进步的内生动力，迫使各销售公司纷纷加入销售技术引进、改进或创新行列，你追我赶，争先恐后，争分夺秒，从而推进了汽车销售行业乃至整个商业领域的社会技术化进程。竞争牵引法则的第一种表现或社会后果就是直接推动了参与竞争各方的技术进步，以及所归属社会生活领域的技术化进程；反过来，在新技术基础上展开的新一轮社会竞争将会更趋激烈，更容易导致竞争者之间的分化重组甚至技术寡头的出现，对所处行业的技术进步以及相关领域社会技术化进程的影响作用也会更加明显。

如第二章“社会技术体系的开放式建构”一节所述，在社会技术化进程中，新技术成果会通过以它为核心的多簇辐射状技术关联链条或网络向外扩散，引发相关技术领域及其技术形态的一系列革新，产生“连锁反应”或衍生效应。一般地说，某一新技术形态的创建或改进将会催生对构成它的低层次技术单元性能提升的新需求，也会推进以该技术形态为构成单元的高层次技术系统的创新或重塑，甚至还会刺激与其相抗衡的对立技术形态的创建与改进等。在社会技术体系内部横向相干性作用下，一部门或领域的技术创新还会沿着其社会关系链条或结构网络扩散和传导至同行或毗邻领域，刺激和引发这些领域相应的技术变革或引进，进而推动后者的社会技术化。例如，汽车销售技术的革新成果既会在该行业内部扩散，也会传递到相邻的汽车产业、商业领域乃至整个服务行业，相继引发这些领域的社会技术化。这是竞争牵引法则的第二种表现或社会后果。

由于社会技术系统纵向上的构成性或结构上的层次性，竞争者所处社会层面获得的技术创造成果也会向社会技术体系上游或结构上的低层次领域传递，沿着技术构成链条引发上游领域或低层次子系统层面的一系列配套性或适应性技术革新，推进这些领域或层次的社会技术化进程。在上述案例中，销售技术进步的内部技术需求也会传导到构成该技术系统的各级单元或子系统层面上，转化为后者的技术研发目标，刺激或牵引这些领域或层面的技术创新。例如，提高销售技术水平的诉求会传递到作为销售技术系统构成单元的广告技术领域或层面，刺激广告技术的快速发展；促进新媒体广告样态的不断翻新，实现从平面媒体的静态展示技术向多媒体动态演示技术、精准投放（个性化推送）技术等形态的跃迁。这里需要说明的是，每一种广告技术样态都离不开相应的新型社会组织形态以及制作、展示、运营和维护流程技术形态的建构与支持。其实，这就是一种以该广告产品为核心的新型社会技术形态，进而推进了广告行业的社会技术化进程。这是竞争牵引法则的第三种表现与社会后果。

与此同时，竞争者层面的技术进步还会向社会技术体系的下游或社会体系结构的高层次传导，引发下游领域或高层次系统的技术变革，推进后者的社会技术化进程。例如，以线上交易为轴心的电子商务技术创新与改进，就引发了支付、税收、物流、保险、商品交易法、市场监管体系等相关领域或层面社会技术体系的一系列适应性、配套性创新，推进了这些领域的社会技术化。这可视为竞争牵引法则的第四种表现或社会后果。由此可见，社会技术体系结构越复杂、网络越细密，新技术成果在其中的扩散也就越广泛、迅速，也就越容易产生技术上的连锁反应或衍生效应，进而催生更多的相关技术创新与扩散，反过来也就加快了社会技术化进程。例如，某一型号的手机或电脑刚推出时，与网络技术环境匹配，运行流畅。但随着网络技术体系的更新迭代，则需要不断更新升级系统软件版本；当达到硬件技术系统功能极限时，就需要研发或更换更高性能的手机或电脑型号，否则原型号手机或电脑的运行速度就会变慢、卡顿甚至故障不断。不难看出，在技术创新与社会技术体系扩张或升级换代之间，存在着相互促进的正反馈机制，支持着社会技术化的加速推进与扩张。

六、多方博弈法则

如第六章“约束机理”一节所述，任何技术形态总是在一定的社会历史场景下设计、建构、改进、引进和运行的，或直接或间接地关涉社会多方的切身利益，容易引发有关各方的关注、支持或反对，进而影响社会技术化的方向、轨迹与进程。这就是温纳所谓的技术漂移现象：“从我们的讨论中开始浮现的技术变革的图景呈现出的不是一个受到规律严格限制的、势不可挡地朝着一种必然结局发展的过程，而是一个来自多个方向的多种创新潮流向高度不确定的目的地移动的过程。”①谋求各自利益的最大化是社会技术化关联各方博弈的出发点。然而，在现实的社会技术化进程中，由于时代背景、政治制度、技术类型及其辐射范围，以及人们价值观念、认知能力、自觉程度等层面的种种差异，公众关心和参与技术设计、建构、改进、引进与运作的方式或程度各不相同，各层次或环节上的博弈形式、缓急或激烈程度、演

---

① Langdon Winner，*Autonomous Technology: Technics-out-of-Control as a Theme in Political Thought*, Cambridge: The MIT Press, 1977，p.88.

进轨迹等复杂多样，具有不确定性，需要具体问题具体分析。一般而言，在社会技术化进程中展开的多方博弈，大致可以划分为三种基本类型：

（一）市场模式

市场是以商品等价交换为准则的经济活动方式、方法或手段的总称，是“需求”与“供给”相互联系、相互制约的统一体。同时，市场也是商品经济中生产过程与流通过程的统一，发挥着联结产、供、储、销、需各方的桥梁和枢纽作用，并为其提供交换场所、交换时间和其他交换条件，以此来实现各自的经济利益与技术需求。市场机制是社会分工和商品生产的必然产物，也是一种基础性的元社会技术形态。不难理解，哪里有社会分工和商品交换，哪里就必然存在着市场运作机制。

在社会经济活动的背后，市场机制也是实现社会技术化的一条主要途径。如第三章所述，个体或团体层面的技术创造、改进或引进，是社会技术化的微观基础或构成环节。人们研发、引进新技术形态以及对新技术功效的渴求，大多离不开市场上的商品买卖或供需对接环节：一方面，众多新技术成果以商品形式进入各类市场，广大用户根据各自生产、生活或研发需求选购这些技术产品（商品），并以它们为单元设计和创建新的生产与生活技术形态，或者直接替换现行技术系统，或者仅替换其中的某些落后技术单元，以推进现行技术形态的升级改造等。例如，消费者购买节能灯泡以替换白炽灯泡，就实现了照明技术系统的升级换代。另一方面，购买方的许多技术需求也可以进入商品或技术市场，寻找合适的技术成果提供者或合作者，进而委托后者研发所需要的新技术形态，通过市场交易实现技术升级换代。

在市场交易过程中，不仅新技术的供需双方围绕技术产品功效、价格展开议价博弈，而且新技术提供者之间、购买者之间也会围绕技术产品功效、品质、服务与价格展开多方竞争与博弈，从而促使质优价廉的先进技术产品更容易胜出。这就是技术产品的市场价格形成机制，也是技术的社会选择与进化机制。新技术产品的提供者与购买者之间自由平等交易，各取所需，各得其所，互利共赢。广大消费者的购买行为是他们表达对某一种技术产品好恶态度的基本方式。“作为既非高级管理人员，又不是政府部长的个人，只能在市场上作为消费者行使选择商品的权利，来对技术革新的速度、方向、规模和创新后果施加影响。”① 不难看出，市场模式广泛适用于众多通用性、普及性或单元性技术成果的扩散、引进或推广，从技术单元层面上大面积快速推动社会技术化进程，可视为自发的社会技术化的基本模式。

（二）妥协模式

一般地说，许多技术项目的设计、建构、改进或引进，给社会各方带来的利益或伤害程度是不一致的，其中某些群体获得的利益会多一些，而另一些群体受到的伤害可能会多一些，因而容易引发利益攸关方的关切和干预，从而形成多方博弈的格局。这也是第六章所述“协同机制”的基础。例如，2007 年，台资企业腾龙芳烃（厦门）有限公司拟在厦门市海沧区兴建年产 80 万吨对二甲苯（PX）化工厂，就曾因担忧环境污染问题而引发当地百名政协委员的联名反对和广大市民的集体抵制，最后迫使市政府不得不终止该项目的实施。

按照法定程序的要求，对于涉及公众或社会多方长远利益的大型工程技术项目，需要广泛征求社会各界的意见；科学论证和评估工程技术项目的利弊得失，尽可能照顾各方关切，平衡多方利益。简而言之，工程技术项目的实施主体应本着“两害相权取其轻，两利相衡取其重”的原则，科学民主决策，反复论证、修改和优化设计方案，最大限度地照顾多方关切、利益或诉求。因此，在各方充分表达意见或愿望基础上展开的博弈，将促使项目的最终实施方案能够最大限度地兼顾多方诉求和长远利益。其中，针对政府主导下的社会基础设施、公共产品等大型公益类工程技术项目，社会各界原则上

① ［英］R. 库姆斯、P. 萨维奥蒂、V. 沃尔什：《经济学与技术进步》，中国社会科学院数量经济技术经济研究所技术经济理论方法研究室译，商务印书馆 1989 年版，第 232 页。

并不存在根本上的利害冲突，容易通过协商与合作机制达成妥协性技术实施方案。至于其他商业类工程技术项目的实施，也必须符合各项法定程序，并通过相关政府机构的审查与评估，确保不对公众健康、安全、生态、环境、经济等方面的利益造成危害。

（三）对抗模式

如第二章“社会技术的矛盾运动”一节所述，由于社会矛盾的普遍性、斗争性以及技术的价值负荷属性，不仅对立技术形态广泛存在，而且即使在同一技术系统的建构、改进或引进过程中，也存在着多方之间的利益博弈。在社会技术化进程中，许多技术形态的研发、改进与引进并非对所有群体或成员都同样或同等程度的有利或有害。因此，容易招致承受该技术形态风险、压迫、威胁或负效应的群体或地区的抵制或反对，激起包括建构对立技术形态在内的多种方式的抗争，进而转化为阻碍社会技术化进程的敌对力量。这也是第六章所述“约束机理”的具体表现。例如，以阻止中美洲非法移民和赢得下一届总统竞选为目标，以修建美墨边境隔离墙为标志，美国特朗普政府与参众两院、共和党与民主党之间的博弈和斗法曾一度愈演愈烈，甚至不惜导致“政府关门”和颁布“国家紧急状态”行政令等。[①] 其实，这一政治博弈背后关涉的利益就是是否需要推动限制移民的一系列举措以及改进相关移民管理技术体系，修建美墨边境隔离墙只是强化管控非法移民技术体系中的一个主要环节或标志。

由此可见，与社会矛盾的普遍性、斗争性相一致，利益上的争夺与博弈广泛存在于社会技术化进程中的各个领域、层面或环节，其运行机制与表现形态复杂多样，需要具体分析、评估和讨论。简言之，市场模式中以技术功效与市场份额的竞争为核心，妥协模式中以各自利益的最大化为争夺目标，

① 《围绕美墨边境隔离墙，一场大战已悄然开始》，http://news.haiwainet.cn/n/2019/0310/c3541083-31512231.html。

对抗模式中则以具体技术项目的实施与抵制之间的斗争为轴心。这就是社会技术化进程中的多方博弈法则。

七、渐变与飞跃态势

如前所述，效果从无到有、效率由低到高、形态从单一到多样，是技术系统演进的三个方向（维度）或三种表现形式。第一种、第三种形式大致与技术的一次(原始）创新相对应，即以新技术原理的探索与创建为轴心展开；第二种形式可视为技术的二次（改进）创新，即以现有技术系统结构、功能或运转流程的改进和优化为核心展开。这可视为技术进化逻辑的具体表现。在这里，个别单位或部门的技术进化与社会技术化之间构成了微观与宏观、局部与整体之间的关系。从社会巨系统视角看，众多单位或机构是社会机体的“细胞”形态，其技术创新不仅实现了自身的技术进步，而且也会刺激、辐射和带动相关领域或部门的技术演进，在一定程度上推进了整个社会的技术化进程。由此可见，技术的一次创新或二次创新所产生的新技术成果，既是新一轮社会技术化的逻辑起点或源泉，也是整个社会技术化历史进程的构成环节、部分或片段。事实上，正是众多新技术成果的不断涌现与持续扩散，才推动着社会技术化进程的连续不断或绵延不绝。

一般地说，与原有技术形态相比，新技术形态的效果与效率优势明显，容易成为同行业追逐和效仿的对象，进而通过技术创新或引进途径提升各自的竞争实力。如第一章“技术运动的基本形式”一节所述，在社会实践活动中，只有那些技术与经济实力较强的单位，才有能力从事技术研发尤其是一次创新，而大多数单位则是通过技术二次创新或引进方式实现自身技术进步的。事实上，社会技术化就是通过众多行业、部门、单位微观层面上的多条技术进步途径共同实现的，其间并存着复杂的互动耦合机理。个别单位的技术进步可视为社会技术化的微观基础或“片段”形态，主要展现为两种基本模式：

一是常规模式，即以先进技术单元替代相关技术系统中的落后技术单元或模块，推进众多相关技术形态的局部改良、革新或流程的优化再造。技术上的相似性或单元之间的可替换性是这一模式展开的基础或前提。例如，以拖拉机替代牛马耕种，就引发了农艺流程技术形态的机械化变革；以电灯替代油灯、以电动机替代蒸汽机或人力、畜力、水力等，就加快了生产与生活领域众多技术形态的电气化改造。在社会技术化实践中，人们经常在原有社会技术形态的基础上，以引进先进技术单元逐步替换相应的落后技术单元的方式，推进该社会技术形态的局部革新、改良或流程的优化再造，小步快跑，滚动递进，展现为渐进式技术进步形态。

二是非常规模式，即全盘引进先进技术形态，从整体上替换现行落后技术系统或者创建新型先进技术系统，进而形成全新的社会组织机构、部门及其运转流程。这一过程往往与相关领域的技术革命相伴而行。例如，以洗衣机取代手工洗衣流程技术，以电动磨技术替代水磨、石碾技术，以ETC收费系统替代人工收取过路费系统，以专利保护体制替代技术保密体制等。由于功能上的相似性和优越性，先进技术系统功能可以完全覆盖和替代原有的落后技术系统功能，但这一替代或创建过程多是在作为外部环境的社会巨系统中渐次展开的，技术进步主体至少需要经过四个环节的工作：①面向相关技术族系，从技术功能、价格、操控或维护的难易程度等维度，搜寻、评估、选择或创建适用的先进技术系统；②放弃原有落后技术系统，采购和安装先进技术系统中的“硬件”部分；③同步引进该先进技术系统的“软件”部分，熟悉其原理、结构与运转流程，学习和掌握其操作、维护规范与技能；④对其所从属的高一级社会技术系统进行适应性调整，以便使该先进技术系统能够“无缝”地嵌入其中，充分发挥其优越功能。这一技术化模式有助于快速改变其落后技术面貌，可视为技术进步的飞跃形态。

在社会技术化进程中，非常规模式容易从整体上实现技术系统的脱胎换骨、更新换代，进而促使引进者快速拥有先进技术系统，填补技术上的空白，但技术引进或研发费用往往较高。该模式多是在技术追赶、社会革命、新领域开拓或新部门创建的特殊历史背景下展开的，表现为跨越式或跃迁式技术进步模式。这里需要强调的是，由于社会系统与社会技术系统结构层次上的相对性，社会技术化的这两种基本模式之间的区分也是相对的、可变的。这也可视为质量互变规律中"部分质变"与"全局性质变"的具体表现形态。①

由此可见，就具体单位或部门的技术化过程而言，无论是自主创新还是技术引进或是二者的结合，大都展现为渐进与飞跃两种基本形式的交替推进。同样，就宏观层面的社会技术化而言，也可以区分出技术渐变与技术飞跃两种形式。一般地说，在正常情况下，众多社会部门或单位的技术创新、扩散与引进相继发生，渐次展开，缓慢推动社会技术体系的持续进化，展现为社会技术化的渐进形式。然而，在个别特殊历史时期，某一项渗透力极强、功效显著的通用型新技术成果，往往会快速引发众多社会领域或层面的技术变革，进而演变为一股技术化潮流：即以该技术成果短期内的大面积快速推广应用为标志的社会技术化进程，往往展现为社会技术化的飞跃形式。历史上先后出现的机械化、蒸汽化、电气化、信息化、网络化、数字化、智能化等社会技术化阶段大抵如此，进而演变为一个个社会技术化的时代标志。

纵观人类社会技术化历程不难发现，社会技术化的这两种模式常常交替出现，其根源可以到技术需求与技术研发的矛盾运动中去寻找：一方面，围绕某一技术需求而展开的技术研发活动将会逐步消除相关约束因素或技术短板，改善技术效果或提高技术效率，促使该项技术不断进步。另一方面，相对独立的科学研究、技术研发乃至偶发事件，有时也会产生意想不到的新发现、新发明，进而催生新技术原理、开辟新技术领域，促使人们的潜在需求转化为现实需求，或者寻找到实现原有现实需求的新途径、新方式。其中，只有那些个别通用型或基础性技术成果才会迅速而广泛地扩散和渗透到众多

① 肖前、李秀林、汪永祥：《辩证唯物主义原理》，人民出版社 1981 年版，第 186—189 页。

社会领域或层面，促使众多技术系统中的相关技术单元更新换代，进而引发社会技术体系的飞跃式发展；而大多数技术成果往往受专业领域或应用场景所限，只能推动相关领域或部门的局部技术变革，进而促使这些社会技术体系的渐进式演进。由此可见，渐进与飞跃交替、时快时慢，也是社会技术化的基本态势或特征。

八、立体推进态势

受知识视野和阅历等因素的局限，人们通常从分析还原的微观视角审视技术运动过程，容易将社会技术化过程碎片化、孤立化，忽视技术运动与社会相关事物演进之间的深层次联系。事实上，在具体的社会技术化进程中，无论是内生的技术创造或改进成果，还是从外部引进的新技术成果，对社会演进的推动作用都是全方位、深层次、多渠道、立体展开的，展现为“一因多果”的辐射状衍生链条形式。同时，人们对技术作用机理、衍生链条及其效应的认识，往往也需要经历一个漫长而曲折的发展过程。

一般地说，由于社会需要与相关技术功能上的对应性，使新技术成果容易在现有社会生产与生活场景中寻找到它的切入点或生长点，即经济学上所谓的应用“市场”或现实“需求”。如第二章“社会技术体系的开放式建构”一节所述，当拥有效果或效率优势的先进技术成果进入某一社会领域后，常常会以替换原有同类落后技术形态或构成单元的方式，展开对原有技术形态的改造或重塑，进而打破当时相对稳定的传统生产与生活状态，使之跃升为新型的高级生产与生活形态，从而引发生产方式、生活方式、组织体制、社会制度，乃至人们世界观、价值观、思维方式等上层建筑层面的一系列变革。正如波斯曼所言：“每一种技术都有一套制度，这些制度的组织结构反映了该技术促进的世界观，其生存竞争反映出来的世界观的竞争就更不用说了。因此，一种新技术向一种旧技术发起攻击时，围绕旧技术的制度就受到威胁。制度受威胁时，文化就处在危机之中。”[1]此后，根源于新技术成果渗透或楔入的这一系列衍生效应或社会变革，将由点及面、从小到大、由浅入深地逐步扩展至其他社会领域或层面。这就是社会技术化的立体推进态势，可视为描绘和反映复杂的社会技术化进程的一个粗线条“图像”。

我们可以将社会技术化进程置于多重理论视野或框架下进行剖析和描述，但不论是哪一种研究进路，都展现出“一因多果”的多传递路径、长衍生链条、多层级复杂效应的立体演进图景，呈现出开放多元的衍生扩张状态，犹如“一石激起千层浪”一般样态。在现实生活中，来自不同领域或层面的众多不同技术成果，往往同步扩散和推广应用，展现出更为复杂的“多因多果”样态，可视为前者的多重叠加或融合。如第二章“社会技术体系的开放式建构”一节所述，由于技术的系统存在方式，其中某一单元、结构或功能上的改进都会向外辐射或传递，牵动其他单元或子系统做出相应的调整或配套性革新，以便使该技术系统的结构与流程优化或者效果与效率提升。同时，由于社会技术体系的层次结构，某一层次上的技术改进还会向上或向下传导，推动社会技术体系上下层次或者上下游技术系统结构与单元的相应改进。这里就包括了自然技术的发明创造推动社会技术变革，生产力技术的改进推动生产关系技术的变革等多种复杂情况，在此不再一一分析和赘述。

技术是现代社会的最大内生变量，如果超越技术维度或层面，沿着众多社会效应的衍生链条“由果溯因”式地反向回溯，不难发现，当初不经意间的技术革新常常正是引发后来诸多社会文化效应的重要源头。同时，在现实生活中，某一结果往往又是由一系列直接或间接的原因共同促成的，展现为“多因一果”的非线性复杂样态，人们常常难以从中辨识、分离或度量某一因素的贡献。分析和揭示社会技术化进程中产生的众多社会文化效应及其因

---

① ［美］尼尔·波斯曼：《技术垄断：文化向技术投降》，何道宽译，北京大学出版社 2007 年版，第 10 页。

果链条或环节，是一项复杂而艰巨的科学研究任务，已演变为技术评估与决策过程的基础性环节。

新技术成果常常拥有不同的结构、功能、属性与特点，进入社会生活领域产生的第一层次效应就是它所带来的新效果。这些新效果多是以往的旧技术形态所不具备的，有助于实现人们的潜在需求，提高生活质量，同时也会催生新的行业门类以及新标准、新职业、新生活方式等。例如，当初的照相技术、留声技术、X 射线透视技术、无线电通信技术、航空技术等成果的推广应用就属于这一类。第二层次效应就是新技术所带来的高效率。这一效应有助于推动同类技术族系的更新换代，降低社会运行成本、提高经济社会乃至生态效益，同时也有利于改善产业结构、劳动力结构、社会运行机制等。例如，喷气式飞机替代螺旋桨飞机，电力机车淘汰蒸汽机车或柴油机车，5G 网络取代 4G、3G 网络等都属于这一类。第三层次效应就是新技术所派生的一系列深层次社会文化效应。新技术的广泛应用还会催生新知识、新学科、新专业、新机构、新观念等一系列新生事物，往往还会打开实现人类梦想的新大门或新进路，甚至影响人们的思维方式、价值观念乃至思想上层建筑。只不过这一层面的影响机理或衍生链条更为复杂，多是开放的、长远的、潜在的、间接的，常常不为人们重视以及展开广泛而深入的探究。麦克卢汉“媒介即讯息”、波斯曼“媒介即隐喻”的著名论断就是基于这一认识而提出的。“新技术改变我们的‘知识’观念和‘真理’观念，改变深藏于内心的思维习惯，一种文化对世界的感觉就是这种思维习惯赋予的。”①

事实上，在社会技术化进程中，新技术引发人们思想观念改变的效应最为隐匿无形，其因果链条也最为复杂难辨。“技术引起的变革即使并非绝对神秘，也至少是难以细察的，甚至可以说是难以预料的。最难以预料的后

① ［美］尼尔·波斯曼：《技术垄断：文化向技术投降》，何道宽译，北京大学出版社 2007 年版，第 6 页。

果可以说是技术引起的意识形态变革。”① 人们的思想观念不仅能反映客观现实，而且还能根据对客观现实的反映，为实践活动塑造观念性的或理想化的对象和愿景，以便作为实践活动的奋斗目标。这也是主观能动性的具体表现。例如，当年的“会聚技术”构想、今天的“量子计算机”原理与“元宇宙”理念等，都为相关领域的技术研发指明了方向，也成功地起到了吸引资本投入、汇聚研发力量、引领科技发展的作用。其实，技术引发的多层次效应是逐步转化为社会现实的，反映到人们的意识中就容易形成一种新观念或新构想的萌芽。此后，随着时间的推移和技术效应的扩大，这些萌芽状态的新构想又会得到不断强化，进而升华为一种清晰而确定的新观念。源于社会技术化进程的诸多新观念是时代脉搏的反映，也是引领时代前进的“指南针”或“火车头”，容易演变为催生新技术或文化创造的新元素。例如，无线电通信、桥梁、GPS 全球定位和互联网等技术的推广应用，逐步消除了人们彼此之间的时间和空间阻隔，进而改变了人们的时空观、世界观、价值观以及筹划各类社会事务的思维场域或平台等。

在社会实践活动中，进入现代社会生活场域的新技术成果并不是孤立的、单一的或一次性的，而往往是成群结队地相继涌入，其间还会产生叠加和耦合效应，进而对社会生产与生活产生广泛而深刻的复杂影响，由此就容易出现所谓的“技术垄断”局面：即越来越多的新技术成果逐步代替我们的思考和行动，一切形式的文化生活都自觉或不自觉地臣服于技术的统治，进而侵蚀人们理解世界的经济、政治、历史、思维、逻辑和精神的基础，动摇人类历史文化的根基。“技术垄断并不使其他选择不合法，也不使它们不道德，亦不使之不受欢迎，而是使之无影无踪，并因而失去意义。为此目的，技术垄断重新界定宗教、艺术、家庭、政治、历史、真理、隐私、智能的意义，使这些定义符合它新的要求。换句话说，技术垄断就是极权主义的

① ［美］尼尔·波斯曼：《技术垄断：文化向技术投降》，何道宽译，北京大学出版社 2007 年版，第 6 页。

技术统治。"[1]海德格尔、马尔库塞、温纳等哲学家也是以此批判现代科学技术的。正是基于这一认识，我们才说现代社会技术化是深层次、全方位、立体推进的，对社会生产与生活的影响也是全面持久的和根深蒂固的。这就是社会技术化进程中的立体推进态势。如果只看到社会技术化的直接的、积极的、近期的、浅层次效应，那么就是一种理论上的近视或盲目乐观情绪的反映，既不利于全面揭示社会技术化进程的本质，也容易使人类逐步蜕变为技术上的附庸或持存物。

总之，本章所概括和讨论的七条社会技术化的基本定律大致可以划分为三种类型：第二、三、四节所述法则或态势是对社会技术化内部机理与演进特征的揭示，第五、六节所述法则是对社会技术化外部社会机制与属性的阐释，第七、八节所述态势则是对社会技术化展开方式及其总体特征的概括性描绘。关于社会技术化的这七条由大量经验事实归纳而来的唯象性经验法则或态势能否成立？它们之间是否是独立的和完备的？是否还存在其他重要法则或态势？探究社会技术化规律的方法与进路还有哪些？等等，这一系列问题还有待于我们进一步分析和讨论。

---

① ［美］尼尔·波斯曼：《技术垄断：文化向技术投降》，何道宽译，北京大学出版社2007年版，第28页。

第八章　社会技术化的价值审度

技术的价值就在于能够促使人类诸多梦想变为现实，推动人们需求或目的的实现更加高效、便捷，建构起璀璨夺目的人类文明。在社会技术化进程中，不同的需求、目的或价值诉求必然会促使人们创造、改进或引进不同类型甚至彼此对立的技术形态。社会本身就是一个多重矛盾的复合体，人们的需求、目的、意志、价值诉求或认识上的差异与矛盾俯拾即是，从而催生了社会技术化进程中的多重博弈或冲突。社会技术化是在社会历史场景下展开的一种技术的社会运动过程。由于技术类型、创建时机、社会体制、文化生态、历史语境等众多因素上的差异，社会技术化维度上的利益博弈“剧情”往往丰富多彩，且各具时代、地域、行业、民族、意识形态等特色。从价值论视角客观公正地审视和评判社会技术化进程，揭示其功过是非、利弊得失，是规范和引导社会技术化进程的逻辑前提和实践依据。

一、价值审度中的认识难题

认识是实践的基础，对社会技术化及其效应的认识与评价是推动社会持续健康发展的着力点，也是人文社会科学领域的一项重大历史性课题。功效是技术追求之目标，也是技术功能或价值之所在。在追求功效的技术创造、改进、引进与应用的社会实践过程中，人们普遍同时面临着事实判断（fact judgement）与价值判断（value judgement）两类基本命题。前者只陈述客观事实，表明“是什么”；后者主要讨论行为的准则，表明“应该做什么”。这两类命题的区分肇始于休谟有关事实与价值的划分。休谟在《人性论》一书中指出，纯粹的事实描述只能引起或者包含其他事实的描述性说明，而决不是做什么事情的标准、规范或道德准则。因此，人们不能从“是”直接推导出“应该”。[①] 这一观点后来被称为“休谟铡刀”。

然而，将事实与价值截然二分的合理性也受到许多现代学者的质疑。例如，普特南就指出：“事实与价值的二分至少是极为模糊的，因为事实陈述本身，以及我们赖以决定什么是、什么不是一个事实的科学探究惯例，就已经预设了种种价值。”[②] 此外，石里克、罗蒂、麦金太尔等人也反对对事实与价值的这种简单二分。其实，事实与价值之间存在着一定的逻辑关联和内在张力，相互影响或牵制；事实判断与价值判断之间也形成了你中有我、我中有你、难解难分的熔融状态。

第五章与第九章所述的“文化嬗变”或“文化疾患”及其种种表现，既是一个事实判断，同时也是一个价值判断。后者是在探究文化体系结构及其演变过程的基础上做出的，离不开对文化演变态势进行客观分析和描述的事实判断。其实，在社会文化生活演进过程中，人们并非难以评判其中具体事物的价值，而更多的困难在于认识不清楚相关事物及其演变过程或态势，即始终面临着价值评判与抉择上的一系列认识难题。例如，面对评判可持续发展进程中的代际公平问题时，人们常常很难全面准确地预知下一代人的生存状况。我们要么把自己当下的生存状况简单地“平移”到下一代人身上，要么以“儿孙自有儿孙福”的托词来夸大后代人解决未来难题以及应对不确定性的能力。这其中既有来自人们认识能力层面的主观原因，也有来自技术与文化演进的不确定性，以及事态显现的滞后性或不充分性等层面的客观原因。人们通常“对多样技术的发展和应用的考虑都目光狭隘，这些技术以无

① ［英］休谟：《人性论》，关文运译，商务印书馆1980年版，第509—510页。

② ［美］希拉里·普特南：《理性、真理与历史》，童世骏、李光程译，上海译文出版社1997年版，第139页。

数方式发挥作用和相互影响，出乎所有人或制度的预料。……随着技术革新的速度和广度的增加，社会面临着显而易见的可能性，即在一个‘非故意的后果’的浩瀚海洋中随波逐流。”①

对现代社会技术化问题的价值判断与事实判断也是如此。追求社会效果，提高社会运行效率，是推进技术研发与推广应用的根本动力。但是在社会技术化进程中，现行社会发展状态下的技术体系结构与运转流程是什么，它的优点和缺陷何在，如何创建新技术系统，应该怎样改进旧技术系统，新技术系统运行的效果与效率如何等一系列问题都需要人们花时间和精力进行探究和评判，而且常常会遇到多重认识困难。正如贝克在论及技术风险及其规避困难时所指出："因为在很多领域，没有适当的技术知识，风险以及规避它们的可选择的方法都是不可能被认识到的。"②这里仅以电视技术的创造与推广应用为例，试图说明随着对电视技术认识的深化，人们的价值判断是如何逐渐改变和清晰起来的。

电视就是利用电讯号方式传送视觉图像的技术系统，被公认为是 20 世纪最重要的技术发明之一。电视系统由若干技术单元和环节构成，发送端把景物转换为电信号，顺次传送，接收端同步接收和重现景物图像。其实，电视技术的创造是时代的产物和集体智慧的结晶，没有单一的发明者，而是不同时期和不同国家的许多人共同参与创造的。人们通常把苏格兰人约翰·洛吉·贝尔德(John Logie Baird) 1925 年 10 月 2 日在伦敦的一次实验中"扫描"出木偶图像作为电视技术诞生的标志，他也因此被誉为“电视之父”。同年，美国人斯福罗金（Vladimir Zworykin）在西屋公司（Westinghouse）也展示了他的电视系统。尽管时间大致相同，但是两者的图像传输和接收原理却有所不同，前者被称为机械式电视，后者则被称为电子式电视。1928 年，美国 RCA 电视台率先播出了第一套电视片《Felix the Cat》。从此，人类开始

① Langdon Winner, *Autonomous Technology: Technics-out-of-Control as a Theme in Political Thought*, Cambridge: The MIT Press, 1977, p.89.

② ［德］乌尔里希·贝克：《风险社会》，何博闻译，译林出版社 2004 年版，第 291 页。

迈入电视文化时代。处于不断改进之中的电视技术及其推广应用，也在逐步影响和改变着人们的信息传播方式、生活方式乃至思维方式。

正如波兹曼在《娱乐至死》一书中所指出的，在信息技术发展的推动下，现代人正处于从以文字为中心向以形象为中心的文化模式转换过程之中，读写文化时代正在被视听文化时代所取代。“印刷术时代步入没落，而电视时代蒸蒸日上。这种转换从根本上不可逆转地改变了公众话语的内容和意义，因为这样两种截然不同的媒介不可能传达同样的思想。随着印刷术影响的减退，政治、宗教、教育和任何其他构成公共事务的领域都要改变其内容，并且用最适用于电视的表达方式去重新定义。”① 而在电视文化时代，“一切公众话语都日渐以娱乐的方式出现，并成为一种文化精神。我们的政治、宗教、新闻、体育、教育和商业都心甘情愿地成为娱乐的附庸，毫无怨言，甚至无声无息，其结果是我们成了一个娱乐至死的物种。”② 由此可见，根源于技术创新的社会文化变迁正在改变或重塑人们的生活方式、价值观念、精神文化生活面貌乃至人性，这也是当初人们所始料未及的。

电视文化是在电视技术基础上孕育和成长起来的，并随着电视技术的发展而演变。从电视技术到电视文化，再到人们生活方式、思想观念和思维方式的演变，其间的互动模式、因果链条及其环节异常复杂。在这一技术认识与价值评判过程中的每一个阶段，人们普遍面临着一系列认识问题：如何实现图像的传送和接收？如何提高图像传送和接收的质量？电视文化怎样影响人们的生活、观念和思维方式？等等，这一系列问题都需要专业人员进行深入细致的分析和探讨。从认识论视角看，价值审度中需要澄清的这些问题的认识困难主要来自三个层面：一是认识主体本身的物种、生理与心理感知能

---

① [美] 尼尔·波兹曼：《娱乐至死》，章艳、吴燕莛译，广西师范大学出版社 2009 年版，第 9 页。

② [美] 尼尔·波兹曼：《娱乐至死》，章艳、吴燕莛译，广西师范大学出版社 2009 年版，第 6 页。

力等方面的先天局限性。除受培根所谓的“四种假相”的影响外，人们还普遍受到认识能力、知识背景、研究手段，以及情感、偏见、价值观念、地方性、民族性等多重因素的限制，因而一时难于客观、全面、准确地描述和认识清楚这些问题。

二是社会技术化与社会文化演变进程的制约。上述这一系列认识问题是在电视技术与电视文化的发展进程中派生和演变的，人们难于超越这些问题萌发与演变的客观进程和时代背景。事实上，事物的历史与现实并不总是清晰明了的，其未来也常常是动态的和不确定的。我们很难准确地预知明天究竟会发生、发现或发明什么？即使在对事物现实与历史的认识中也会出现种种偏差、错误和争论，需要不断修正和完善。例如，电视技术与电视文化影响社会文化生活的链条长、环节多，涉及领域、层次和因素众多，作用机理复杂多元，许多效应往往需要经过长时间的积累或发酵才能充分显现，但当初却难以认识清楚。再如，从 1931 年使用新型制冷剂——氟利昂-12 的电冰箱问世算起，到 1985 年英国科学家法曼（Joseph Farman）等人首次发现南极上空的“臭氧洞”及其成因，其间就经历了长达 50 多年的时间。至于现代社会技术化进程中出现的环境污染、生态危机、核扩散、城市病、黑客攻击等困扰当今人类的诸多挑战，都渊源于当初人们在技术效果预测与评估（价值判断）上的认识局限。这也是“科林里奇困境”（Collingridge's Dilemma）的具体表现。[①]

三是事实判断与价值判断之间的相干性。人们的认识活动与价值评判、抉择相互缠绕，互动融合。“疑邻偷斧”“情人眼里出西施”“历史的辉格解释”等现象，都反映了价值判断对事实判断的干扰。这也是“利令智昏”一词的

① 一项技术的社会后果不能在技术生命的早期被预料到。然而，当不希望的后果被发现时，技术却往往已经成为整个经济和社会结构的一部分，以至于会有失控的风险。概而言之，当改变轻而易举之时，我们无法预见对改变的需求；当改变的需求显而易见之时，改变已然变得昂贵、困难、耗时。（详见 David Collingridge, *The Social Control of Technology*, London:Frances Pinter Ltd., 1980, pp.13–20。）

具体所指。一般地说，人文社会科学领域的大多数研究成果，往往都带有一定的意识形态色彩或价值取向的印记；反过来，认识成果又是形成价值评判或抉择、影响人们采取对策与措施的主要因素或依据。为此，波普尔曾“建议把预测对被预测事件的影响（或者更一般地说，某条信息对该信息所涉及的境况的影响）称为‘俄狄普斯效应’。这种影响或者会引起被预测的事件，或者会防止这种事件的发生。……假设人们预测股票行市三天看涨，然后看跌。显然与市场有联系的每个人都会在第三天抛售股票，这造成了当天股票行市下跌，从而否证了这个预测。简言之，精确而详尽的社会事件日历这种观念是自相矛盾的；所以精确而详尽的科学的社会预测是不可能的。”① 由此可见，在价值判断及其干预行为的影响下，社会事物演变的动态性与不确定性特征更加明显，演进过程也将更趋复杂曲折，人们对它的认识和把握也将更为困难和艰辛。

二、社会技术化的方向性

源于热力学的“不可逆性”“不可逆过程”等概念，以及“熵增原理”“进化论”“耗散结构理论”“自组织理论”等科学理论，都反映了自然事物演变过程中的趋势性或方向性特征。我国学者也从中进一步提炼和概括出了反映自然事物演变特征的“方向原理”。② 由于多元主体价值观或意志之间的分歧与博弈，导致社会事物演变的选择性与方向性问题更趋复杂多样。源于启蒙运动的社会进步信念、社会达尔文主义者的社会进化论等，都屡屡遭到许

---

① ［英］卡尔·波普尔：《历史决定论的贫困》，杜汝楫、邱仁宗译，华夏出版社 1987 年版，第 10—11 页。

② 舒炜光、杨敏才、林立：《自然辩证法原理》，吉林人民出版社 1984 年版，第 465—489 页。

多学者的质疑和反驳。[①②] 然而，作为人类活动的基本模式，技术进化与社会技术化的方向性或不可逆性却拥有充分的历史与逻辑根据，不容置疑。

（一）技术进化根据

如前所述，追求技术功能的拓展与完善、效率的提升以及形态的多样化，是技术进化的基本方向。技术进化论就是在归纳和概括大量技术演进史实的基础上形成的，[③④] 具有充分而坚实的经验基础与事实依据，业已成为学术界的共识，后来也演变为技术自主论的重要佐证。从逻辑的视角看，技术是人类应对挑战、满足欲望的基本手段，而来自自然与社会诸多层面的挑战却层出不穷，不同群体的欲望又多种多样且快速膨胀，迫切需要不断创造新技术或者改进现有技术。与第一章“技术创造及其基本原则”一节相对应，支持技术进化论的证据主要有：

第一，在认识与实践过程中，人类会遇到诸多新困难、新问题或新挑战，萌生许多新欲望、新需求、新梦想，技术研发过程中也会派生一系列新的技术需求，进而转变为各种各样的新目的，而已有技术形态却往往难以有效实现这些新目的。这就迫使人们必须通过不断创造新技术形态和提升技术功效的方式，逐步有效地实现不断涌现的新目的，从而推动经济社会的持续发展。在这里，新技术形态要么是以往不曾出现过的具有新原理、新结构、新功能的全新技术形态，要么就是对原有技术形态的重大改进或完善。这一技术演进趋势与技术的效果原则相对应，可视为技术进化的第一层含义。

第二，随着社会实践领域的拓展，现有技术形态常常难以持续满足社会生

---

① 罗力群：《“社会达尔文主义”的由来与争议》，《自然辩证法通讯》2019 年第 8 期。

② 田洺：《未竟的综合——达尔文以来的进化论》，山东教育出版社 1998 年版，第 84—106 页。

③ ［美］乔治・巴萨拉：《技术发展简史》，周光发译，复旦大学出版社 2000 年版。

④ ［英］约翰・齐曼：《技术创新进化论》，孙喜杰、曾国屏译，上海科技教育出版社 2002 年版。

产与生活需求的演变与扩张，加之技术活动模式及其路径依赖，都要求人们必须不断改进和优化现有技术形态的结构与流程，拓展其功能或提高其效率，进而推动技术的持续进步。在这一技术创新过程中，生产与生活的新需求，同类技术形态之间的竞争、互动与交流等，都可视为促进技术进化的外部因素。这一技术演进态势与技术的效率原则相对应，可视为技术进化的第二层含义。

第三，在社会实践过程中，人们并不满足于实现同一目的的个别技术形态及其功能，而总是从各自实际出发，设法探寻实现同一目的的其他技术原理、方案或样式，从而不断发明和创造出更多的新型技术形态，促使技术族系与技术世界的扩张。这一技术演进趋势与技术的多样化原则相对应，可视为技术进化的第三层含义。

正是从这三个层面上说，作为人们应对挑战、满足欲望的基本手段，技术总是处于扩张和进化之中的；同样，技术进步与社会技术化进程不可逆转，已演变为推动社会发展的原动力。技术活动的基本原则既揭示了技术演进的本质与规律，也指出了技术进化的历史必然性与基本方向。如第七章“累积加速态势”一节所述，在技术研发实践中，与技术进化并存的还有技术的停滞和退化现象，这两个方面完整地反映了社会技术体系新陈代谢、吐故纳新的生长发育特征。事实上，某一具体技术路径、原理和结构所容许的功能或效率提升空间总是有限的，该条进路上的技术改进最终将会陷于停滞状态。同样，众多技术路线上的探索与尝试也常常以失败而告终，或者因技术功效低下、缺乏实用性等原因，一时难于发育成长为现实技术形态。这些都是技术进化的不同侧面或复杂表现形态，也应当纳入社会技术化问题群加以分析和讨论，但并不构成对技术进化论的否定。

（二）社会技术化方向

从长过程、大趋势来看，社会变迁与技术进化方向一致，社会技术化也沿着技术功能扩张、效率提高、形态多样的方向演进。然而，从社会演变的微观机理来看，这一方向性态势根源于其背后多元主体或多方力量之间的选择、博弈或协同，其中的偏离、曲折甚至倒退也时有发生。技术一开始就是围绕具体目的的实现而创造和应用的，离不开多重社会文化因素的参与和塑造。这也是技术社会建构论的出发点。在这里，解决实际问题、有效实现不同目的也是技术价值的展现方式。如第三章“社会技术化的路径与层次”一节所述，新技术的发明创造是社会技术化的逻辑起点。技术功能的通用性、结构的层次性，以及社会结构与运行、历史进程、生产与生活之间的相似性等，也为社会技术化的全面展开提供了有利条件。

从逻辑的视角看，社会技术化是技术进化的社会表现形态，其方向性或不可逆性根源于技术进化。在社会历史场景下，上述技术进化的根据也容易过渡或转化为支持社会技术化的证据，进而形成社会技术化的基本方向，恕不赘述。此外，我们还可以从社会遗传与选择机制中，寻找到支持社会技术化方向性的其他根据或因素：

1. 竞争选择

如第七章“竞争牵引法则”一节所述，在经济扩张的背景下，资源短缺已然是一种社会常态，制约着经济社会的均衡快速发展。争夺资源是确保个体或组织生存与发展的基础，优胜劣汰是竞争的基本法则，而研发、引进和采用先进技术又是增强竞争实力、提高资源利用率的主要途径。因此，作为人们选择技术的一种社会机制，社会竞争必然推进各类技术创新、改进、引进以及更新换代。这一选择机制一方面推动了先进技术的研发与推广应用，另一方面又会拒斥或淘汰现有的落后技术形态，进而不断提高社会各领域或层面的技术水平和竞争实力。

2. 价值选择

社会各个领域或层面的技术研发与推广应用，都是在当时的政治、法律、道德、宗教等社会体制及其规范下进行的。凡是与社会主流价值观念一致、符合社会规范的技术研发与推广应用，都容易得到许可或支持，反之则会受到限制或阻止。如此就形成了主流价值观念对社会技术化的选择或塑造作用，抑恶扬善，促使社会技术功效逐步提高。当然，其他次要价值观念的选择作用尤其是微观层面的影响机制亦不容小觑。如第三章“社会技术化的基本特征”一节所述，在以资本运作为轴心的现时代，资本对社会技术化的刺激、选择和引导作用，也主要是通过其追逐利润的价值选择及其相应的社会运行机制实现的。

3. 多样化选择

在社会实践过程中，除功效维度上的考量和评估外，技术上的选择往往还要考虑其适用性等因素，因而呈现出多样化态势。在社会竞争并不激烈的领域或地区，人们总是从各自的特殊需求、所处的社会或自然资源禀赋、规模与经营状况、成本与收益、可能性与现实性等因素出发，研发、选择和应用不同技术形态的，境遇或需求上的差异性、特殊性导致技术选择上的多样性。这既是技术多样化原则的现实基础，也是落后技术形态在所处技术族系中消亡迟缓的主要原因。舒马赫所倡导的“中间技术”路线就是这一技术选择特征的具体体现。①

芬伯格从技术社会建构论立场出发指出，技术设计、建构与推广应用上存在着多种多样的选择。②技术的多样化意味着选择发展模式的合理性，后者也为丰富的现代性开辟出多种可能样态。在这里，以强调功效和控制为特征的西方现代性并不是唯一的发展模式，建立在技术多样化发展基础之上的可选择的现代性是完全可能的和可行的。这种可选择的现代性表明西方现代性的霸权并不具有历史必然性，而只是偶然的历史塑造和选择的产物；地域、文化、民族或发展程度不同的国家完全可以从各自的实际情况出发，实现技术研发及其推广应用选择上的多样化。反过来，多样化的技术形态有助于世界各国、各民族探索更加适合自身特点和意愿的现代化道路，进而也为不同的民族或国家提供了有别于西方的可选择的现代性。可选择的现代性不

① ［英］E. F. 舒马赫：《小的是美好的》，虞鸿钧、郑关林译，商务印书馆1984年版，第108页。

② ［美］安德鲁·芬伯格：《可选择的现代性》，陆俊、严耕等译，中国社会科学出版社2003年版，第1—17页。

仅拓展了社会合理化的多条可能进路，更促进了全球社会文化的多元共存、共生与演进。这可能就是人们拟议和憧憬的后现代文化："现代化是必要的，但这并不是强迫人们以唯一的技术导向的方式去回应现代化。后现代文化毋宁是这样一种社会的文化，它能够用人道的、符合人们意愿的方式实现现代化，同时又保持与往昔、传统的平衡。"[①]

（三）逆社会技术化因素

从历史演变视角来看，尽管追求技术功效及其先进性一直是社会技术化的主流或大趋势，但这并不等于说其中不存在阻滞社会技术化的因素或力量。事实上，人们的价值观念各异，文明冲突不断；同时，社会技术化都是在复杂的社会历史场景及其诸多复杂矛盾运动中展开的，既有积极的促进因素及其机制，也存在着消极的抵制因素及其机理，二者共同塑造和决定着社会技术化的历史轨迹。例如，政治生态、军事斗争、经济发展、科学研究、文化教育、宗教信仰、风俗习惯、地理环境等因素对技术的实际需求和社会选择，都影响着社会技术化的方向、进程和轨迹。

1. 抵制技术对人文价值的侵袭

如第五章"技术文化的勃兴"一节所述，技术价值并非人类追求的唯一价值或最高理想，而只是依附和从属于人文价值的低阶价值。当技术理性的膨胀、先进技术拒绝不熟悉其操作规则的人士使用时，[②]以及技术进化以及社会技术化排挤人文价值或者践踏人类精神家园时，就容易激起人们对社会技术化的反思、矫正或抵制。有时有些人会反感或拒绝采用先进技术，自觉抵制先进技术对人文价值或精神生活的销蚀，但往往难以演变为全社会的共同行动，因而抗拒社会技术化进程的作用有限。《庄子·天地篇》

---

① ［德］彼得·科斯洛夫斯基：《后现代文化：技术发展的社会文化后果》，毛怡红译，中央编译出版社 2011 年版，中文版前言。

② 孙恩慧、王伯鲁：《新技术时代中的拒绝主体困境及其超越》，《天津社会科学》2021 年第 4 期。

中老丈对挈水机械的抵制、清末国人对西方铁道技术的拒斥、“爱心斗士”原理的应对策略、[①] 手工艺运动对工业产品的拒斥、“不插电”音乐会的倡议等，都是抵制社会技术化倾向的具体表现。

2. 敌对力量的阻遏

在社会矛盾运动中，处于彼此对立之中的一方往往会阻止或打压另一方研发、改进、引进或采用先进技术，以便从根本上削弱对方的竞争实力，进而延缓其社会技术化进程。这可视为前述“竞争牵引法则”的特殊表现形态。鲁德运动中工人捣毁机器、特朗普政府打压华为公司 5G 技术的推广应用、日本和韩国互相将对方移出贸易“白色清单”、拜登政府出台《芯片和科学法案》等举措，都根源于社会现实矛盾或利益冲突，在一定程度上都迟滞了有关方面的技术化进程。至于竞争、对抗、制裁、禁运、战争等行为对敌对双方社会技术化进程的破坏或阻滞作用则更为明显。

总之，从上述两个层面的分析中不难看出，社会技术化既有内在的驱动力，也离不开外在社会文化因素的塑造与规约，并非一直都是按计划推进或一帆风顺的。为此，哈贝马斯才指出：“今天，技术进步的方向在很大程度上仍然是由那些从社会生活的强制性的再生产中自发产生出来的社会利益决定的：人们对技术进步的方向本身并没有加以反思，也没有把它与社会集团所宣布的政治的自我理解相对比。因此，新的技术能力不知不觉地闯入到现今的生活方式之中。今天，(技术) 所拥有的新的潜力，把最广泛的理性结论和没有加以反思的目的、僵死的价值学说即脆弱的意识形态之间的不协调关系公开化了。”[②] 由此不难理解，社会技术化进程也是社会矛盾运动的具体表现，因而往往是曲折的和多样化的，带有鲜明的地域性、民族性和时代性印记。

---

① ［美］尼尔·波斯曼：《技术垄断：文化向技术投降》，何道宽译，北京大学出版社 2007 年版，第 109—111 页。

② ［德］尤尔根·哈贝马斯：《作为“意识形态”的技术与科学》，李黎、郭官义译，学林出版社 1999 年版，第 94—95 页。

三、社会技术化的测度与评估

在现实生活中，人们普遍感受到了现代社会诸领域的快速变化，通常使用“高速”“飞速”“加速”“日新月异”“百年未有之大变局”等词汇来描述社会变迁的速度或态势。严格地说，这些主观感受或生动刻画尚停留在感性认识阶段，这种经验性描述或文学化表达既缺乏深刻洞悉或理论根基，也不够科学和严谨。现代社会的高速和加速演进现象已进入社会学、管理学等学科视野，维希留（Paul Virilio）的竞速学、哈维（David Harvey）的时空压缩理论和罗萨（Hartmut Rosa）的社会加速批判理论等，都从不同研究进路就该问题展开了分析和讨论。[①] 社会技术化是社会演进的动力之源和主要维度，如何科学准确地描述、衡量和评估社会技术化进程，是探究和评价现代社会体系结构与社会技术化进程中的一个基础性问题。正如拉普所言：“由于今天的技术化具有十分深远的影响，人们已经不得不超出眼前的技术考虑，进行技术评估和技术评价了。”[②]

（一）参照系的构建与测度指标的选取

虽然事物的运动是客观的、绝对的，但是不同的观察者对于同一事物运动状况的感知或描述却往往各不相同，这主要与他们观察事物的角度或立场相关联。正如对机械运动的描述离不开参照系一样，对社会技术化过程的描述同样也需要选择和确定恰当的参照系。所谓参照系就是观察和描述事物的角度与尺度，它有助于消除和统一或消除不同观察者之间的主观感知和描述差异，进而在认识共同体内部展开观察、交流和达成共识。描述和衡量社会技术化过程的参照系的建构就是在这一理念的基础上展开的，有利于形成相

---

① 郑作彧：《社会速度研究：当代主要理论轴线》，《国外社会科学》2014 年第 3 期。

② ［联邦德国］F. 拉普：《技术哲学导论》，刘武等译，辽宁科学技术出版社 1986 年版，第 153 页。

对稳定、连续可比的描述、测度和评估框架。

在某一历史时期，人们通常会选择一些标志性（划时代、里程碑）事件的发生时刻，作为观察或描述事物的时间基点；以反映社会状况的多项指标作为基本维度，构成描述或评估社会演变的参照系。以该参照系为基础，某一时刻社会各主要指标及其变化幅度就可以直接或间接地反映该时刻社会技术化的程度。在这里，反映社会技术化的主要指标既是参照系的维度，也是社会技术化的具体表现形式。在实际的描述和评估过程中，能够反映社会技术化的指标多种多样，其中既有单项指标也有复合（或综合）指标、既有直接指标也有间接指标等类别。如果选择的指标（或维度）不同，得到的描述和评估结果就会有差异。这也是描述和评估主观性的具体表现。在参照系构建过程中，时间基点的选择比较简单，容易达成共识。例如，当今我们通常采用的"战后""新中国成立以来""改革开放以来""党的十八大以来"以及"同比""环比"等描述模式已渐趋一致和成熟。但是究竟应该选择哪些衡量社会技术化的具体指标（或维度），却是一个容易引起争议的重要问题，应当先在学术共同体内部展开充分酝酿和讨论，以便形成共识。

在这里，直接指标是指那些能够直接反映某一项技术研发与推广应用状况的指标，通常围绕该技术成果（产品）的扩散与使用状况而设定。例如，座机、手机、互联网用户、信息流量等数值，都可以作为反映通信技术推广应用程度的直接指标；汽车保有量、高速公路通车里程、高铁或地铁运营里程等数值，也可以作为反映运输技术推广应用状况的直接指标。间接指标则是指那些能够间接反映某一项技术推广应用状况的指标，通常围绕该技术成果（产品）的使用效果来设定。例如，研发经费投入、电商营业额、网银资金周转量、信息产业产值等数值，都可以作为反映信息技术研发与推广应用状况的间接指标；货运量、客运量、集装箱周转量、运输业产值等数值，则可以作为反映运输技术推广应用状况的间接指标。由于技术体系结构的层次性，直接指标与间接指标之间的区分多是相对的、可变的，往往随评估对象或要求的变化而改变。

一般地说，所选择的测度指标（或维度）越多，对社会技术化状况的描述就越精细、全面和可靠，但描述和评估的工作量也会随之放大，反之亦然。因此，在测度指标筛选问题上应当周密论证，按照如下5项基本原则展开筛选：(1) 通用指标原则。应尽量选择那些通用性或普适性较强的指标，以便实现在不同历史时期或不同地域对同一社会技术化进程的纵向比较，以及不同地域社会技术化程度之间的横向比较。(2) 易得指标原则。应尽可能利用诸如World Bank Open Data、[①]国家统计局的各类统计数据[②]等系统、权威、连续的大型数据库，从中挖掘、筛选和提取相关测度指标及数据。(3) 精简指标原则。应根据评估目标、任务或时限的实际要求精选尽可能少的代表性指标，力求既能在一定精度上反映社会技术化进程，又比较容易操作，以便减少测度和评估的工作量、复杂度或成本。(4) 特殊指标原则。为了准确地描述或评估某一领域的社会技术化程度，通常还需要筛选一些具有行业、领域或地域特色的标志性指标，以便更直观、简洁、准确地反映该行业、领域或地域的技术化状况。(5) 稳定指标原则。在长周期、连续性评估过程中，应当尽可能少地改变或调整测度指标。因为只有相对稳定的测度指标及其参照系，才能客观、准确地对某一社会技术化进程展开持续的监测、评估和比较，也更有利于学术交流和达成共识。

在实际的社会技术化评估过程中，我们可以通过多种方式描述和评估社会技术化进程。这里主要借鉴描述企业经营状况的雷达图分析法的思路，[③]选择测度指标和构建参照系，并通过EXCEL软件中的“图表”功能，完成社会技术化进程图形的自动绘制。雷达图犹如雷达的放射波形状，直观简约。雷达图分析法是对企业财务状态和经营现状进行直观、形象的综合分析与评价的一种有效方法，从中可以鸟瞰企业经营状况的概貌，迅速找出经营上的薄弱环节，进而给出改进经营现状的方向。只要对雷达图分析法稍加改

① 世界银行 · 数据：https://data.worldbank.org.cn/。

② 国家统计局 · 统计数据 · 数据查询：http://data.stats.gov.cn/。

③ 张鸿杰、贾丛民：《中国审计大辞典》，辽宁人民出版社1990年版，第76页。

造，就可用于分析和描绘社会技术化进程。

描绘社会技术化进程雷达图的手工绘制步骤是：首先，从圆心出发，分别以放射线形式画出多条测度指标（维度）线；同时，这一簇放射线等分 360°，并在其上标明各个指标的名称、刻度和次序，如图 8—1 中 a、b、c、d、e 五维蛛网经线所示。然后，将反映某一时刻社会技术化状况的各指标值分别标示在相应的指标（维度）线上，再以线段形式依次连接相邻放射线（维度）上的各个数值点，形成折线闭环多边形，其面积即可直观地表示该时刻社会技术化的实际状况。其实，利用 EXCEL 软件绘制雷达图更为便捷，只需将各项指标对应的不同时刻的测度值依次输入 EXCEL 的相应表格中，在“插入”栏目下选择“其他图表”中的“雷达图”图标按钮，即可自动生成上述雷达图。或许 Photoshop、Adobe image、Auto CAD、Illuststudio、Open Canvas 等专业绘图软件，有望描绘出更为清晰准确的社会技术化图形。

这里需要强调的是，雷达图各维度上的刻度是统一标示的，但度量单位

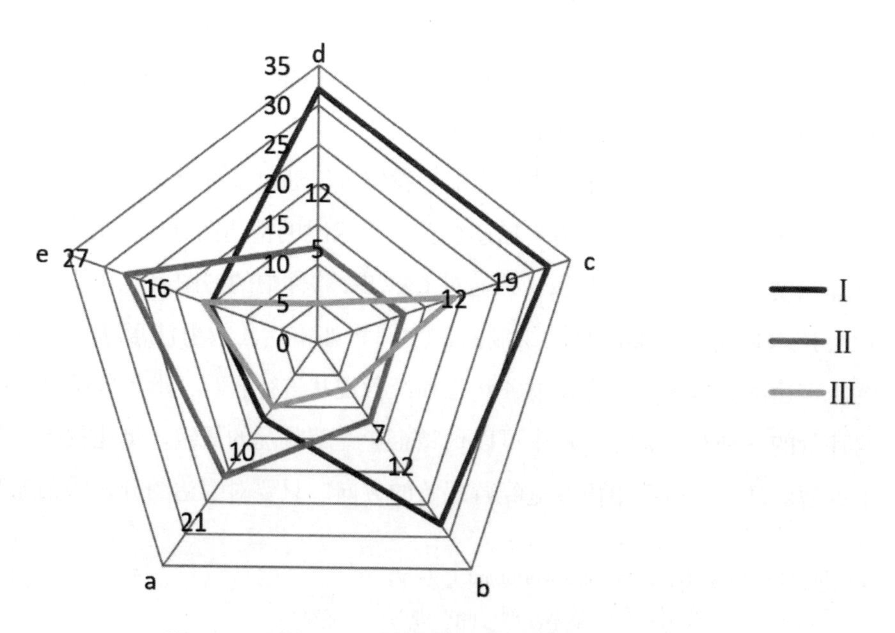

图 8—1 社会技术化进程测度与评估简图（叠加式）

各异。为了使所绘出的多边形不致过于狭长或怪异，可适当调整各维度上的度量单位，进而缩小各维度上测度数值之间的差异，以便使所形成的多边形趋于规整、协调和美观。还有，折线所围成的多边形面积 S 的大小可以粗略表示该时刻社会技术化的实际状况，即多边形面积 S 越大表示该时刻社会技术化的程度越高，反之则越低。至于多边形面积 S 的测定与计算问题，则可以借助“多边形面积计算器”软件①和 Python 语言工具等加以解决。

同样，我们也可以在一维时间轴上将不同时刻的雷达图（标尺刻度不同）依次并列，各中心与所测度或评估的具体时刻相对应，如此即可直观地展示出同一社会技术化过程在不同时刻各项测度指标的变化量及其态势，如图 8—2 所示。当然，我们也可以在同一张雷达图上，采用不同颜色标示不同时刻社会技术化的各指标值，并用该颜色线段依次连接同一时刻不同维度上的各指标值，构成多个多边形，以便更直观、清晰地展示不同时刻社会技术化各项测度指标的数值及其整体演进趋势，如图 8—1 中系列Ⅰ、Ⅱ、Ⅲ三色所示多边形。只不过随着测度时刻的增多，这一叠加式雷达图上的多个多边形之间往往容易交错重叠，凌乱难辨，也难以展开精确比较。

当然，我们还可以根据单项指标与综合指标、评估经验或学术共同体共识等，给每一项测度指标赋予不同的权重 A_n，然后通过加和各个测度指标的修正值 A_nM_n，即可得出反映某一时刻、某一社会领域技术化状况的综合性评价指标 M，如公式 1 所示。

$$M=A_1M_1+A_2M_2+A_3M_3+\cdots\cdots A_nM_n \qquad \text{（公式 1）}$$

式中 n 表示测度指标的具体编号，通过计量和比较不同时刻或不同社会的 M 值，即可对该社会技术化进程进行量化评估和分析比较，恕不赘述。至于这一理想化的通用型测度标尺如何具体标定或提炼，还有待于学界的充分论证以及评估实践过程中的反复检验和不断修正，最终形成统一标尺。

此外，我们不仅可以给出某一时刻各个测度指标的数值，而且还可以模

① 《多边形面积计算器 v2.5》，2022 年 6 月 20 日，http://www.downza.cn/soft/292116.html。

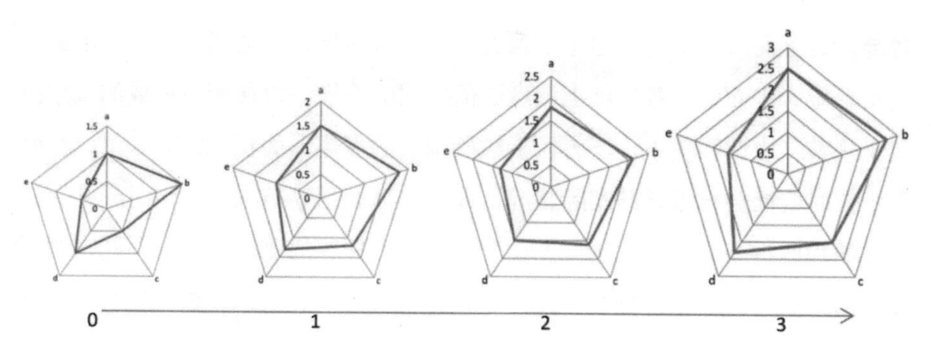

图 8—2　社会技术化进程测度与评估简图（分列式）

仿运动学对机械运动的描述形式，进一步推演出该时刻每一项指标变化的瞬时速度 V_t（即该指标变化的快慢程度）或加速度 a_t（即该速度变化的快慢程度）、某一时段的平均速度 $\bar{V}$ 或平均加速度 $\bar{a}$ 等二级指标。当然，我们也可以通过某一时刻某一种技术成果应用的绝对数量、市场容量，或者同一技术族系中不同技术形态（种类）之间的数量比例关系等数值，推算出该技术种类的市场覆盖率 F（占有率）等评估值。如此等等。不难理解，这些衍生性的二级指标也能够从一个侧面反映出某一时刻某一项技术成果，在某一社会领域或地域扩散或推广应用的程度及其演进趋势等，这也可以作为评估社会技术化进程的重要补充。

（二）测度与评估的改进方向

对社会技术化进程的描述、测度或评估，本质上是一种反映社会技术化状况的认识活动，其中的事实判断与价值判断交织缠绕，其主观性主要表现在测度指标的选取及其参照系的建构等方面。为了尽可能客观、全面、准确地反映社会技术化的真实状况，在实际操作中至少还应当考虑从如下 4 个层面入手加以改进：

1. 指标的筛选

评估或测度指标的筛选是衡量社会技术化的基础环节。应当从评估工作的实际需要出发，在广泛征求同行专家意见的基础上，精选和确定测度指标，尽量消除指标选择上的偏见与随意性。必要时，也可以采用德尔菲法（Delphi Method）筛选测度指标。[①] 只有经过反复论证、集思广益与归纳提炼等环节，才能增强测度指标筛选和参照系建构的科学性、权威性和共识性。同时，测度的时间间隔（或周期）也需要仔细斟酌和考量。一般地说，时间间隔越短，描述和评估的精细程度就越高，但是工作量或评估成本也就越大，反之亦然。

2. 技术扩散的复杂性

社会技术化进程是一个复杂的技术社会运动过程：一方面，众多先进技术成果在各自的适用范围内、沿着不同的路径同步梯次推广应用，既彼此竞争又互动协同，渐次渗入社会生产与生活的广阔领域或层面。其中还会出现技术汇聚与扩散之间的多重干涉、耦合或衍生效应，进而孕育下一轮的技术创新及其推广应用。另一方面，在某一历史时期、地域或领域，众多先进技术成果的创造与推广应用并非同等程度地齐头并进，往往会出现以某一普适性或通用性先进技术成果的快速创造与推广应用为主导，而其他技术成果的扩散与应用处于从属地位的社会技术化基本格局。历史上曾经出现过的机械化、蒸汽化、电气化、自动化、信息化、数字化、智能化等社会技术化浪潮都是如此。这一点也是判定某一项技术成果的推广应用能否引发产业革命的必要条件，即它对社会演进所产生的辐射范围、深度、强度或推动作用的大小。只有那些基础性或通用性、渗透性或关联性极强的重大技术发明或改进，才有可能演变为一场产业革命。技术发展史也表明，历次技术革命或产业革命大多发生在材料、能源（动力）、信息（控制）等基础性技术领域或层面。

事实上，任何技术形态都具有一定的生命周期，它在社会诸领域或层面的推广应用，也展现出导入期、成长期、成熟期和衰退期四个演进阶段，应用数量先升后降，呈倒 U 型形状，如图 8—3 所示。在同一技术族系中，随

① 刘蔚华、陈远：《方法大辞典》，山东人民出版社 1991 年版，第 457—458 页。

着新的先进技术形态的扩张以及对旧的落后技术形态的渐次替代，一些旧技术形态将会走向衰落，逐步退出历史舞台；众多先进技术形态相继进入相关社会领域或层面，渐次推广应用，彼此叠加、交错融合的状况，如图 8—4

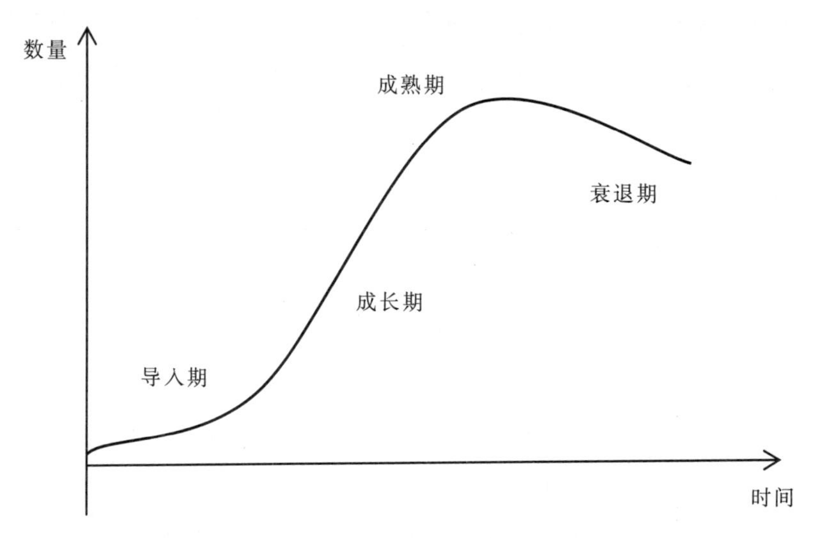

图 8—3　单项技术成果推广应用的生命周期示意图

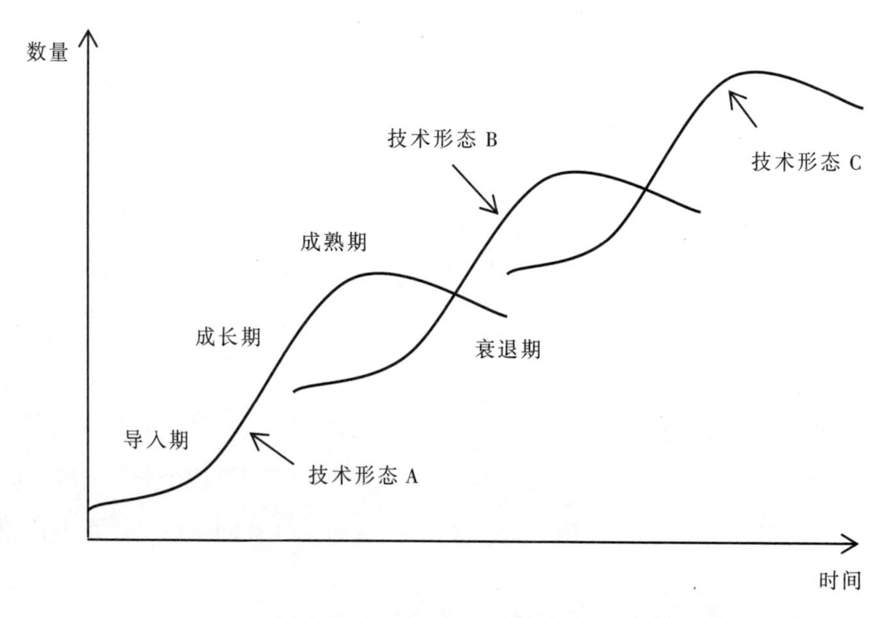

图 8—4　多项技术成果相继推广应用的生命周期重叠示意图

所示。至于那些来自不同技术领域、层次或族系的众多先进技术成果的同步推广应用情形及其效果则更为复杂，需要仔细辨别、描绘、测度与评估，其中的许多问题还有待于进一步分析和讨论。

3. 测度指标的甄别与增减

在技术进化的历史背景下，随着时间的推移，先前以落后技术形态的推广应用状况为背景所设定的测度指标，可能会随之消失或失去意义。这就需要与时俱进，及时引入一些以先进技术形态的属性、功能或效果为基础的新的测度指标，从而促使描述或评估参照系发生改变，给大时间跨度视野下的社会技术化的历史评估或纵向比较带来一些实际困难，导致评估的可比性、连续性下降。例如，在有线通信技术阶段，座机及其数量可以作为衡量有线通信技术推广应用状况的一个测度指标，该指标的变化能够直接反映有线通信技术的推广应用状况。但当移动通信技术登上历史舞台后，座机数量指标就逐步丧失了测度意义，并不能准确反映通信技术尤其是移动互联通信技术的推广应用状况。有时候，甚至座机数量的减少反倒与移动互联通信技术的扩张之间，存在着一定程度的负向相关性。

4. 社会技术化的综合性测度

一般地说，某一种技术成果的推广应用、某一领域或某一时期社会技术化的测度都比较容易实施，因为测度指标的设定相对简单，参照系也比较稳定，争议也相对较少。然而，众多先进技术成果的同步或相继推广应用，或者多社会领域、长时间跨度视野下的社会技术化的综合性测度与评估就相对复杂和困难得多。因为直接性、贯通性或共识性指标难觅，参照系的稳定性变弱，评估的可比性、精准度下降，争议也随之增多。

因此，对某一社会技术化的综合性测度与评估多是粗略的、宏观的和趋势性的，只能在由少数贯通性、共识性或综合性指标构成的简化参照系中展开，即以牺牲评估上的精确性、细致性和全面性，以换取评估上的简洁性、可比性或趋势性。在社会技术化综合性测度与评估实践中，人们通常以间接指标替代直接指标、以综合指标替代单项指标等方式，对社会技术化趋势进行宏观综合测度，力图给出争议较少的趋势性描述和评估。在这一综合性评估情境下，反映某一具体技术成果推广应用的众多单项指标或直接指标，大多并不适合于这一类综合性评价；而反映众多技术成果推广应用复合效果的少数综合性、间接性或标志性指标，就逐步演变为这一类社会技术化测度和评估的主要指标。

为了具体贯彻和展示上述社会技术化的描述、测度和评估理念、原则与方法，下面以现代中国民用航空业技术化过程为例展开具体讨论。需要说明的是，从严格意义上说，民用航空业并不属于社会学意义上的典型社会形态，这里之所以以民用航空业的技术化为例，主要是基于两点考虑：其一，民用航空业是现代社会生活的重要领域，可视为构成社会机体的“细胞”或“器官”形态，它的技术化能够折射、反映或表征现代社会的技术化进程；其二，民用航空业的历史统计数据比较系统完整，可比性、连续性较强，描述、测度和评估起来相对容易。

（三）中国民用航空业技术化的测度与评估

民用航空是现代运输行业的主要门类，其快速成长得益于众多现代航空技术的持续创新与推广应用，可作为分析现代社会技术化进程的一个标本或维度。新中国的民航业起步于1949年11月2日成立的民用航空局（受空军指导），当时仅有30多架小型飞机，年旅客运输量仅1万人次，运输总周转量仅157万吨公里。鉴于改革开放之前，我国民航业体量小且发展缓慢，历史统计数据不完整，缺少系统性和连续性，难于展开民航业技术化进程的精确测度和系统评估工作。因此，我们仅以1979—2019年之间民航业的统计数据，作为描述和评估民航业技术化的依据。这一时期正好是我国民航业快速成长的历史时期，也可以视为改革开放以来中国社会技术化的一个缩影或样板。

以下所有数据均采自国家统计局官网的公开数据，[1] 这里需要说明的是：

---

① 国家统计局·年度数据·运输和邮电：http://data.stats.gov.cn/easyquery.htm?cn=C01。

1. 统计数据的选取

反映民航业发展状况的现行统计数据有48项之多，但考虑到评估的工作量、趋势性描述等要求，我们仅选择了其中的7项综合性、通用性指标，作为反映民航业技术化的测度指标和参照系维度，具体数值如表8—1所示。不难看出，上述7项指标多是众多航空技术持续创新与推广应用综合的结果，通用性或普适性较强，可广泛适用于不同时期、不同国家或地区航空业技术化的测度与评估。

表8—1　1979—2019年中国民航业发展的主要数据

指标（单位）＼年份	1979	1989	1999	2009	2019
民用航空航线数（百条）	1.74	3.78	11.15	15.92	55.21
定期航班航线里程（万公里）	16	47.19	152.22	234.51	948.22
民用航班飞行机场数（个）	80	88	142	165	237
民用飞机架数（百架）	3.80	4.13	9.49	21.81	61.34
民用航空旅客运输量（百万人）	2.98	12.83	60.94	230.52	659.93
民用航空货物运输量（万吨）	8	31	170.40	445.53	753.10
民用航空飞机通用飞行时间（万小时）	3.80	3.45	4.01	12.38	106.50

2. 个别数据的推定

民航业脱胎于军事航空运输领域，由于机型更迭、统计口径变化、统计制度不健全等复杂的历史原因，表8—1中尚缺少3个历史数据：① 1979年的民用航空飞机通用飞行时间。笔者根据20世纪80年代民用航空飞机通用飞行时间与民用航空货物运输量之间的相关性，推断出1979年的民用航空飞机通用飞行时间约为3.80万小时。② 1979年的民用航班飞行机场数与民用飞机架数。笔者根据1981年的民用飞机架数与定期航班航线里程之间的相关性，以及1984年以后民用航班飞行机场数的变化趋势等因素，推断出1979年的民用航班飞行机场数约为80个、飞机架数约为380架。

3. 测度周期的设定

为了简化中国民航业技术化描述和评估的工作量，我们设定的数据提取时间间隔为 10 年，以便给出改革开放以来我国民航业技术化的基本趋势。当然，我们也可以以 5 年、1 年甚至 1 季度的时间间隔展开更为细致的描述和评估，以便提高描述与评估工作的准确性和精细程度，只是后者的工作量和评估成本将会随之成倍增加。

4. 其他备选指标

在反映民航业发展状况的 48 项统计数据中，直接涉及飞机的指标就有 14 项。其中，民用运输飞机架数、民用大中型运输飞机架数、民用大中型波音 737 运输飞机架数、民用大中型 A320 运输飞机架数、民用小型运输飞机架数等统计指标的时间跨度长、连续性较好，且多属于直接指标，也可以作为备选的测度和评估指标。此外，民用大中型 MD90 运输飞机架数、民用大中型 MD82 运输飞机架数、民用小型 ARJ21-700 运输飞机架数等统计数据及其数量变化，虽然连续性差、时代特征明显，但也能反映出民用飞机技术更新换代、吐故纳新的独特历史面貌。

同样，我们也可以采用图 8—2 的呈现方式，对改革开放以来我国民航业技术化进程展开粗略分析、描述和评估。根据表 8—1 的统计数据，我们可以分别绘制出各测度年份民航领域技术化状况的雷达图，如图 8—5 所示。

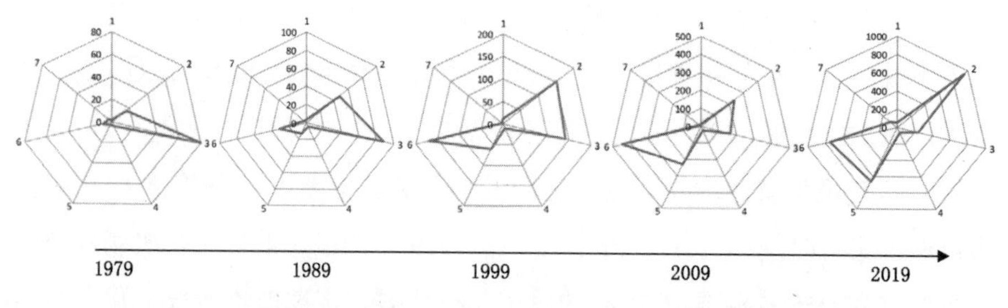

图 8—5　1979—2019 年民用航空业技术化示意图（分列式）

*1. 民用航空航线数（百条）；2. 定期航班航线里程（万公里）；3. 民用航班飞行机场数（个）；4. 民用飞机架数（百架）；5. 民用航空旅客运输量（百万人）；6. 民用航空货物运输量（万吨）；7. 民用航空飞机通用飞行时间（万小时）。

自左至右依次为1979年、1989年、1999年、2009年和2019年的雷达图（测度标尺不同）。同样，我们也可以将这5个年份的统计数据绘制在同一张雷达图上(测度标尺相同)，如图8—6所示。不难看出，由于系列1(1979年)、系列2（1989年）、系列3（1999年）的数值太小而图形显得模糊或被遮蔽，难以分辨，这也是前述叠加式雷达图描述方式的主要缺陷。

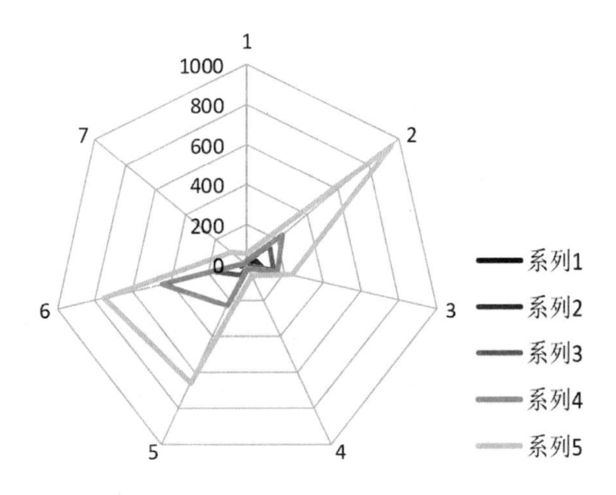

图8—6　1979—2019年民用航空业技术化示意图（叠加式）

* 系列1：1979年；系列2：1989年；系列3：1999年；系列4：2009年；系列5：2019年。

这里需要指出的是，民航业技术化主要体现在飞机、机场、飞行组织与调度三大组成部分上，这里所选择的7项指标多属于间接性、综合性指标，即只能宏观、间接地反映众多民航技术持续创新与推广应用的总体效果，未能从中观或微观层面准确、细致地直接刻画和呈现民航业技术化进程的具体细节。这也是上述描述、测度与评估模式的主要缺陷，还有待于其他描述、测度和评估方法以及更低层次上的细节补充、修正和完善。例如，单就机场技术化而言，无论是新机场设计与建构上的创新，还是旧机场的升级改造，都是以通信、建筑、安检、应急救援等众多领域先进技术的不断创造与及时引入为基础的。在现代中国民航业技术化进程中，从候机楼的设计、客运与货运组织，到飞机起降调度、地勤保障、气象预报等组成部分或运营环节的单元性技术更新换代都十分明显。这里仅以一个“民用航班飞行机场数”指标及其递增量来描述，显然难以准确刻画机场技术化进程的具体细节与丰富内涵。同时，由于缺乏必要的评估经验积累、学界共识和辅助工具等原因，上述所给出的多边形面积 S 的测定以及综合性评价指标 M 的计算等构想，在此一时还难于具体实现，只得留待后续研究工作中进一步补充和完善。

从模糊走向精确、由定性走向定量是认识发展的内在要求与基本趋势，对社会技术化进程的描述、测度与评估就是这一认识规律的具体表现。然而，由于受社会技术化进程及其机理本身的复杂性、多层次性、长链条性，以及人们认识这一现象的主观性、多视角性、多用途性等复杂因素的限制，致使社会技术化进程的测度与评估问题一直未能得到圆满解决。社会技术化既是推动社会变迁的原动力，也是一种重要的社会文化现象，属于计量社会学、科技管理学、技术哲学等学科领域的共同研究对象。不难看出，这里给出的雷达图示法、综合评估指标 M 的加权求和公式等探索性的工作还相当粗糙，尚处于研究的初级阶段。在描述、测度和评估社会技术化的实践中，仍有许多具体工作需要去做。因此，应当从评估工作的实际需求出发，借助典型案例解剖等方法，多从微观或中观层面深入分析和细致描绘典型样本的技术化进程，以弥补上述宏观层面粗略描述与综合评估上的种种欠缺。

四、社会技术化的理性根基

理性是一个内涵丰富且处于发展演化之中的古老哲学范畴，在不同时代、流派或学者的论域中，“理性”概念的具体含义各有不同。一般地说，理性可以理解为人们推演出逻辑结论的认识能力、精神机能，是人类安身立命之根本，也是人有别于其他物种的重要标志。事实上，认识理性化的重要成果之一就是科学的产生与发展，实践或行动理性化的成果主要表现为技术体系的建构与运作。近代以来，理性的演进走过了启蒙、独立和崇拜三个历史阶段。伴随着工业化、现代化、全球化的时代步伐，理性主义的霸权地位也得以确立。为此，科学主义批判“理性的狂妄”，人本主义批判“理性的冷酷”，西方马克思主义批判“理性的异化”，等等。

（一）工具理性批判

启蒙理性原本是人们在摆脱恐惧、反对神话中发展起来的，但是启蒙理性的成长却压抑了价值理性、助长了工具理性，并使其异化为支配和控制人的力量。“就进步思想的最一般意义而言，启蒙的根本目标就是要使人们摆脱恐惧，树立自主。但是，被彻底启蒙的世界却笼罩在一片因胜利而招致的灾难之中。”[①] 理性的工具化是启蒙精神的张扬、科学技术的扩张与理性自身的演进三者共同作用的必然结果。“工具理性”概念渊源于韦伯的“合理性”概念，由法兰克福学派的霍克海默和阿多诺最先提出，后来得到了马尔库塞、哈贝马斯等人的进一步发展和完善。在他们看来，理性曾作为文艺复兴、启蒙运动的一面旗帜，把人们从封建神学的统治下解放出来，历史功绩不容抹杀。但是随着资本主义的快速发展，服务于资本与科学技术扩张需求的理性，却被片面地等同于纯粹的科学技术方法，沦为达到资本扩张或众多实用目的的手段，进而异化为奴役人的工具。这就是所谓的工具理性。

对工具理性主义的批判是法兰克福学派的理论贡献之一，这可视为对技术理性主义批判的先声或早期表现形态。他们认为在发达的工业社会，由于理性的辩证发展，使其蜕变为纯粹的研究方法，规范和指导科学研究与技术开发，进而转变为达到实用目的的工具或手段，异化为统治人的强大力量。在近现代社会技术化进程中，“理性自身已经成为万能经济机器的辅助工具。

---

① ［德］马克斯·霍克海默、西奥多·阿道尔诺：《启蒙辩证法：哲学断片》，渠敬东等译，上海人民出版社 2006 年版，第 1 页。

理性成了用于制造一切其他工具的工具一般，它目标专一，与可精确计算的物质生产活动一样后果严重。而物质生产活动的结果对人类而言，却超出了一切计算所能达到的范围。它最终实现了其充当纯粹目的工具的夙愿。”①工具理性主义者将技术进步及其功效提升作为理性活动的主要目标，把理性当作人们控制自然的精神支点或得力工具，并通过理性迫使自然界为人类服务。因此，工具理性已演变为统治现代社会生活的主导性理性形式。法兰克福学派的工具理性批判理论，与其说是针对晚期资本主义社会或发达的西方工业社会制度的，倒不如说是矛头直指现代科学技术进步本身。

例如，霍克海默指出，工具理性支配着人们的思想与文化发展，现代精英文化正在逐步衰落，大众文化却越来越商业化、世俗化、技术化，严重制约着人们的思想、想象力和审美选择自由等。马尔库塞则认为，在发达的西方工业社会，理性物化为科学技术，直接组织和操纵工业生产、行政管理和生活方式，科学技术已取代经济基础而成为控制人的新形式。同时，科学技术与行政机构的结合，国家对经济过程干预的强化，以及利用先进技术及其高效率征服了诸多社会的离心力量，进而建构起一种“合理的”官僚主义的极权社会。哈贝马斯进一步指出，在现代工业社会，科技理性已沦为工具理性，演变为资本主义社会占统治地位的“意识形态”；科技由人类解放的工具嬗变为统治社会、控制文化和奴役人的工具。工具理性扩张将人贬低为工具，压抑人文精神，导致人丧失主体性，沦为工具的奴隶，进而使人的判断力、想象力、创造力和自由精神逐步退化，以至于导致人性异化和人的自我毁灭。由此可见，法兰克福学派把工具理性视为科技理性的异化，揭示了它对价值理性的排挤，以及对人文精神、创造精神和审美情趣的全面压抑。前辈先贤对工具理性的这些分析与批判切中时弊要害，为我们认识现代社会技术化的理性根基提供了可资借鉴的思想资源。

---

① ［德］马克斯·霍克海默、西奥多·阿道尔诺：《启蒙辩证法：哲学断片》，渠敬东等译，上海人民出版社 2006 年版，第 23 页。

（二）技术理性扩张

如第七章“立体推进态势”一节所述，社会技术化带给人们的绝不仅仅是外在的器物层面的功效与实际利益，更为重要的是它还传递着一种价值观念、思维模式和行为习惯，从根源上左右着人类文明的演进。“在技术格局里发展出来的各种思想模式，也把它们自己强加于与它们并不合宜的各种非技术的格局中。这一点必须要指出来——这个事实本身就标明了我们对现实的构思方式所经历的内在转变的深度。”① 事实上，技术扩张及其功效优势会在人类灵魂深处播下“机心”“功利”“效率”的种子，促使现代人走上了追求“投机取巧”“高效省力”“多快好省”的技术化道路，率先致力于技术的创造、改进、引进、应用与维护，从而分流或分散了人们守望精神家园和人文价值的注意力。“分离、任性、统治的冲动以及权力的分化，这些都击中了自身不受任何约束的理性弊病。当理性一边舍弃价值、一边在工具合理性的坦途上发足狂奔的时候，它同时还养成了高高在上、惟我独尊、宰割一切的品格。”② 在各类竞争日趋激烈的现代社会，技术理性正在嬗变为现代人的主导性思维模式，从而使人类理性处于畸形演化之中。

作为工具理性发展的高级形态，技术理性渊源于人们以理性方式或途径对技术活动模式、效果及其效率的自觉追逐，即理性在技术或功利维度上的会聚与发力，展现为目的与手段的合理设计、建构与选择。由于目的与手段划分上的相对性，对手段的追求也会不断转化为人们新的行动目的，从而促使众多技术链条的延伸与技术族系的扩张。在社会技术化进程中，各类技术形态的创建、改进、引进、运行与维护日渐演变为现代社会生活展开的基础或背景，已成为一项日益繁重的社会任务，正在耗费着现代人越来越多的精力与时间。当今社会生产与生活完全依赖于不断更新换代的庞大社会技术体

① ［德］阿诺德·盖伦：《技术时代的人类心灵——工业社会的社会心理问题》，何兆武、何冰译，上海科技教育出版社 2008 年版，第 39 页。

② 李公明：《奴役与抗争——科学与艺术的对话》，江苏人民出版社 2001 年版，第 90 页。

系运作，激烈竞争、技术风险、自然与社会环境的不确定性等使人们的孤独感、恐惧感和无力感加剧，间接地导致反科学与反技术倾向、邪教与迷信等非理性或反智活动盛行。

技术理性在众多文明发展的早期就有程度不同的反映，其核心就在于以理性方式对各类目的性活动效果与效率的不懈追求。“理性最终被当作一种合作协调的智力，当作可以通过方法的使用和对任何非智力因素的消除来增加效率。”①技术理性是当今人类理智的主要表现形态之一，也是促进社会物质文明昌盛的精神支柱。技术活动原则是处于强势地位的当代技术文化的行为规范，技术理性则是技术文化展开的思维模式与理智基础，也是技术精神与功利价值观在思维活动中的具体贯彻。作为理性的一种具体形式，技术理性有助于社会实践手段或流程的快速建构、精准评估与选择以及相关目的的有效实现，是理性在功利或经济维度上的张扬或会聚发力，本身无可厚非。但是问题就在于技术理性的过度膨胀却在压制、排斥、窒息甚至吞噬价值理性，使人类理性处于失衡、畸形或病态嬗变之中，逐步丧失了它原初的反思性、批判性和超越性品格。在第九章“技术理性的野蛮生长”一节将就此问题展开讨论。

技术理性就是以理性方式对目的性活动模式、效果与效率的自觉追求，可视为与技术建构和运行过程相匹配的思维流程或“应用软件”。在这里，技术活动与技术理性互为表里，联为一体，协同共进：一方面，人们的精力总是有限的，技术的发展势必促使理性的专业分化，催生技术理性形态；另一方面，技术理性的扩张又为技术研发活动提供了智力支撑或基础条件，促进了技术的专业化发展。在技术实践活动中，围绕“如何有效地实现目的”的现实课题，人们总是在已有知识、技能、经验、设备、资源等条件的基础上，凭依技术理性禀赋，想方设法地开展探索、构思、设计与建构活动，进而创造、改进或引进实现各自目的的具体技术形态。这种理性上的创造、尝

① 陈振明：《法兰克福学派与科学技术哲学》，中国人民大学出版社 1992 年版，第 51 页。

试、算计、模拟与建构，不仅本身就是以经验为基础、带有个性特色的“准技术”或“元技术”性的思维模式或流程，而且已演变为当今理性的主要类型。技术性思维正在扩张和演变为当代大众化的主导性思维模式，不断侵占和蚕食人类的价值理性与意义世界。同时，技术理性还导致人的非人性化，使现代人沦为巨型社会机器上的一个合格零件，进而在自身身份感、自我认同和生存价值等问题上陷入迷茫。为此，韦伯才指出启蒙在现代社会中不是“理性”的胜利，而是“工具理性”的胜利；工具理性不是导向普遍自由的实现，而是导致理性“铁笼”（iron cage）的出现，将现代人困在基于理性算计、目的论功效和官僚控制的系统中，资本主义的理性秩序、资本逻辑已经成为囚禁人性的铁笼。① 以海德格尔、温纳、波兹曼等为代表的人文主义技术哲学家，对技术理性扩张与社会技术化浪潮也表现出惊讶、担忧与焦虑的思想情绪。

五、社会技术化的价值冲突

目的性活动的功效或功能是技术价值的集中体现，也是技术创造与运作追求的基本目标。单就这一点而言，技术文化不仅无可厚非，而且对于人类的生存与发展不可或缺，业已演变为众多人文价值与社会目标实现的基础或前提。然而，问题就在于急剧膨胀的技术文化功高盖主或反客为主，开始销蚀或吞噬人类的终极目的、意义与价值，危及人类生存与发展的文化根基。“在锤子的眼中，一切都是钉子”。在技术文化与技术理性的视野中，一切都变成了“持存物”以及能够加以改造与控制的对象，都可以纳入技术体系的建构与运行之中。在现代社会技术化进程中，强势扩张的技术文化尤其是取

---

① ［德］马克斯・韦伯：《新教伦理与资本主义精神》，于晓、陈维纲译，生活・读书・新知三联书店 1987 年版，第 143 页。

得优势地位的技术理性、技术原则、功利价值观与技术精神，正在排挤、压制和统摄其他文化价值观念，挤压、兼并或侵蚀人文精神、多元价值以及众多社会文化形态，已蜕变为现代文明机体上的一颗“毒瘤”，阻碍于人类文明的持续、协调和健康发展。这正是导致现代社会文化嬗变乃至社会机体病变或畸形的价值论根源。

如第五章“技术文化的勃兴”一节所述，技术理性与功利价值观都是伴随着技术进化而形成和扩张的，构成了技术文化的核心。从认识论层面看，技术理性是技术活动展开的思维模式或理智根基；从价值论层面看，功利价值观则是技术活动展开的灵魂所在或信念基石，两者相互依存，互动并进，统一于具体技术实践活动之中。人类众多目的性活动序列、方式或机制的确立，离不开理性的支持、运作与建构，这就是技术理性；同样，也离不开灵魂或信念的主宰、选择与引导，这就是功利价值观。发达的技术理性必然带来功利价值观的强化，反过来，功利价值观的强化也势必推动技术理性的扩张。因此，技术文化在理性层面上的缺陷，也必然会投射或转移到价值观层面上。技术理性的膨胀对价值理性的排斥，与功利价值观对其他社会文化观念的挤压，以及技术文化对人文文化的侵蚀是内在一致的、同步的，容易导致人类文明与社会文化生态的畸形或嬗变。这就是技术理性、功利价值观乃至当代技术文化的现实危害。

人文文化是人生意义与价值之源，健康向上、丰富多元的人文文化必将带来社会文化生活的和谐、丰富、繁荣与活力，而不断扩张的技术文化容易导致意义世界的衰落、精神之花的凋敝、生活的单调沉闷。人类的物质与精神需求是多种多样的，而以功利形式实现的只是其中的一些基础部分，同时也离不开非功利性的人文文化的参与、支撑和引领。由此可见，人们仅仅拥有强大的技术文化是远远不够的，把追求功利当作社会文化生活的唯一目标，有悖于人类生活的本质与初衷，容易导致精神文化的枯萎，也与文明发展史不相符合；反过来，离开了多元人文文化的滋养，技术文化的源头也会枯竭，绚丽的技术文化之花也会凋谢。其实，历史上的许多技术发明创造都源于人们的好奇心、求知欲和探索精神等人文文化因素。正如汤因比所言："人在想象到关于星辰的知识可以对农民或航海者具有任何实际用途之前很久，早就已经对星辰怀有好奇心了。假如他没有这种无私的好奇心，没有这种显然是人的、超越于动物之上的对待宇宙万物的态度，那末功利也就不会接踵而来。"①可见，人并不是只以功利追逐作为生活的唯一目标，也不是只会算计利害得失的冰冷的"算盘"或"计算器"，而是知情意的统一体，也是拥有需求多样、价值诉求多元、充满激情与梦想的活生生的生命体。求知欲、好奇心、急公好义、抑恶扬善、仰望星空、真善美圣追求等优秀品格，就展现了人性的多面性、丰富性和非功利性。可见，不断强化的功利价值观的引导与规训，容易把人的本质简单化、片面化和凝固化，难以涵盖和替代丰富多彩的精神文化生活以及多元人文价值。这也是功利价值观在价值论与认识论上的缺陷。

在社会分工日趋细密的时代背景下，"目的—手段"链条的不断派生和延伸，既促进了技术族系的发育和进化，也把现代人越来越牢固地"捆绑"在社会分工体系或技术之网中。如第一章"技术世界的网状结构"一节所述，从人类技术活动模式的内在矛盾运动来看，目的与手段一直处于派生、转化和延伸之中；手段不仅可以转化为目的，而且也会走向目的的对立面（如对立技术形态的建构与对峙）。源于物质与精神文化需求的原初目的一开始可能与技术本身并无直接关系，但是围绕原初目的的实现而渐次展开的技术表达、构思、设计、建构与运作过程，却会不断派生和分化出一系列次级技术目的，进而将人们纳入追求这些复杂的衍生目的链条及其实现其功效的技术研发与推广应用活动过程之中。在社会技术化进程中，现代人与万事万物都一起被转化为技术"持存物"或"构件"，不得不跟随外在的技术研发、建构或运行节奏"起舞"。现代技术文化逐步走向社会生活的中心地带，占据

① ［英］A.汤因比、G.厄本：《汤因比论汤因比——汤因比与厄本对话录》，王少如、沈晓红译，上海三联书店1989年版，第63—64页。

了人们越来越多的时间、精力和生活空间，使现代人距离人生的远大理想、终极意义与多元价值追求越来越遥远。这也是人文主义技术哲学批判现代技术的一个立足点。

在现代社会技术化进程中，多种多样的新技术形态充斥社会生产与生活的各个角落或环节，职业与非职业的技术活动正在消耗现代人越来越多的时间和精力，而日趋激烈的社会竞争又加剧或强化了这一演变态势。人们的眼界和心胸也因此而变得越来越狭窄，追求专业精深上的脑力与体力付出也越来越多、越来越急迫，人性也越来越片面化、碎片化、功利化，距离人的自由和全面发展的目标以及远大的社会理想和崇高的精神境界也越来越遥远。事实上，在现代社会技术化进程中，人类面临的众多严峻挑战、难题或困境都根源于此。功利性、尝试性、建构性技术活动有余，而反思性、人文性、批判性的人文追求却明显不足，是现代社会技术化进程的基本文化特征。正是从这一意义上我们才说，技术价值只是相对独立的低层次（依附）价值，又容易使人陷入“只拉车不看路”，或者“见利忘义、不择手段”，或者“急功近利、目光短浅”的生活状态，从根源上离不开人文价值与远大理想的召唤、引导和校正。这也从一个侧面说明了历史上的众多技术活动与工匠传统，为什么长期为上流社会所鄙视的原因。技术的工具理论也正是以此为出发点的，强调技术价值对于主体及其多元目的或价值的从属性。①

六、现代社会技术化困境

“困境”就是所谓的困难处境，即进退两难、难以自拔的无奈境地。困境反映了人类生活的一种矛盾状态，如“囚徒困境”“逻辑悖论”“道德困

---

① [美]安德鲁·芬伯格:《技术批判理论》，韩连庆、曹观法译，北京大学出版社 2005 年版，第 4 页。

境”“两难抉择”等处境。这里所谓的“社会技术化困境”，泛指社会技术化进程给人类生活带来的困难境地。正如A.佩切伊(Aurelio Peccei)所言：“在这里，我们看到的是自相矛盾的人：人陷入被他的非凡的能力和成就所设置的陷阱之中，正如他陷入流沙一样——他越是利用他的力量，他就越需要力量，如果他不知道如何利用这种力量，他只能成为这种力量的俘虏。”①他还进一步强调指出：“我们虽然拥有可以自由驱使的庞大的知识量和技术手段，但经常感到无能为力。它慢慢地在动摇我们凭靠独自的力量和纵横的机略在最近所获得的信心，甚至产生了不可能克服的危机感。”②事实上，随着高新技术数量的激增及其功能的快速提升，社会技术化进程不断向纵深推进，现代人反倒在技术化困境中越陷越深。

第二次世界大战以来，以产业技术扩张为核心的工业化、信息化、现代化、全球化进程的弊端日益凸显，从而引发了学术界对社会技术化困境问题的深刻反思。例如，罗尔斯顿在批判现代技术异化现象时就曾指出：“现代人虽然有巨大的技术力量，却发现自己远离了自然；他的技艺越来越高超，信心却越来越少；他在世界上显得非同凡响，非常高大，却又是漂浮于一个即使不是敌对的，也可以说是冷漠的宇宙之中。”③同样，爱因斯坦也看到了现代人文价值沦落式微带来的严重后果。我们“这个爱好文化的时代怎么可能腐败堕落到如此地步呢？我现在越来越把厚道和博爱置于一切之上……我们所有那些被人大肆吹捧的技术进步——我们唯一的文明好像是一个病态心理的罪犯手中的一把利斧。”④由此可见，社会技术化困境早已危及人类生存与发展的文化根基，是现代人面临的严峻挑战之一。

---

① 王兴成、秦麟征：《全球学研究与展望》，社会科学文献出版社1988年版，第2页。

② ［日］池田大作、［意］奥锐里欧·贝恰：《二十一世纪的警钟》，卞立强译，中国国际广播出版社1988年版，第3页。

③ ［美］霍尔姆斯·罗尔斯顿：《哲学走向荒野》，刘耳、叶平译，吉林大学出版社2000年版，第32页。

④ ［美］海伦·杜卡斯、巴纳希·霍夫曼：《爱因斯坦谈人生》，高志凯译，世界出版社1980年版，第78页。

（一）困境的类型

尽管持不同技术观念的学者对社会技术化困境的理解不尽相同，但是后者的存在却是不争的事实，大致可以概括为四种类型：

1. 效应困境

按照技术功效的价值属性，技术所产生的后果可以划分为正效应与负效应两大类。如第五章“技术异化之源”一节所述，技术负效应的发生具有深刻的社会文化根源，难以根除。在社会实践活动中，技术正效应与负效应的时空显现或社会分担多是不平衡的，二者如影随形，同步发生，同时并存，唯一的区别就在于许多负效应或衍生效应一时难以得到人们及时充分的认识和高度重视而已。“在今天的生产方式中，面对自然界和社会，人们注意的主要只是最初的最明显的成果，可是后来人们又感到惊讶的是：取得上述成果的行为所产生的较远的后果，竟完全是另外一回事，在大多数情况下甚至是完全相反的”①。这也是价值审度中的认识难题的具体表现。在这里，那种企图将技术负效应剥离乃至根除，独享技术正效应的幻想在理论上是不成立的，在实践中也是行不通的。这就意味着人们在享受技术正效应的同时，还必须忍受技术负效应的折磨。这也是各类技术研发与推广运用所必须付出的代价。在社会技术化进程中，就技术所有者或操控者而言，尽管技术的负效应往往小于正效应，一些人过多地分享了技术的正效应，而另一些人则过多地承担了技术的负效应，但是两种技术效应的同步发生却是确定无疑的，总是直接或间接地影响着社会演变的轨迹，一直困扰着社会技术化进程。这就是社会技术化的效应困境。

2. 风险困境

技术风险就是技术创建与运行过程中可能发生的种种危险，即技术故障发生的不确定性。技术实践表明，任何技术系统中都潜伏着结构失稳、部件

① 《马克思恩格斯选集》第3卷，人民出版社2012年版，第1001页。

失效、操作失当的可能性，进而导致技术运行失灵或失控，诱发种种技术灾害。“技术丰富了我们的生活，同时也带来了风险——特别是那些未知的风险。这是一个令人不安的利弊共存的问题。”①就不同的技术系统而言，技术风险转化为技术灾害的条件、机理、途径、概率各不相同，其中的许多具体问题还有赖于专门的科学研究。单从理论上说，导致技术系统运行失控的内部与外部、微观与宏观、整体与部分因素及其发生渠道或时机众多，技术风险难以避免。② 如第九章“技术风险增大”一节所述，一般地说，技术体系越复杂、层次或等级越高、功能越强大，技术风险所带来的灾害也就越严重。例如，独轮车相撞的损失小于汽车相撞的损失，车祸的损失又小于空难的损失等等。技术风险的独特性表明，只要人们从事技术活动，享受技术带来的实际利益，就必然会生活在技术风险的阴影之下，就必须时刻防范和应对各种技术风险的威胁。这就是社会技术化的风险困境。

3. 技术理性困境

如前所述，技术理性的核心就是以理性方式对人类目的性活动模式、功效或样式的自觉追求，即理性在功利维度上的会聚与展现，表现为技术体系（手段）的合理建构、评估、选择与应用。在社会竞争环境中，技术理性比价值理性拥有更多更大的潜在功利优势和生长空间。由于个体的精力、寿命、学习能力等方面的有限性，技术理性的膨胀往往会排斥、挤压甚至吞噬价值理性，抑制人们对人文价值、人生意义或远大理想的追求热情，从而使理性、人性、文化与社会处于畸形演变之中。

在社会技术化进程中，一方面，技术理性的迅速扩张提高了人类目的性活动的功效，推进了社会的合理化进程与物质财富的增长；另一方面，价值理性正在持续萎缩，人类精神家园与意义世界逐渐沦陷。野蛮生长的技术文化已演变为当今的一种强势文化形态，技术与资本已成为推动现代社会加速

---

① ［美］H.W. 刘易斯：《技术与风险》，杨健、缪建兴译，中国对外翻译出版公司 1994 年版，第Ⅸ页。

② 王伯鲁：《技术运行风险与社会控制机制问题初探》，《科学管理研究》2005 年第 6 期。

演变的两股主要力量。在日趋激烈的现代社会竞争中，人们只有借助发达的技术理性，才可能赢得眼前的竞争。然而，技术理性的盲目扩张又会导致理性、文化、灵魂与社会的畸形发展，危及人类的文化根基、福祉与文明进程。这就是社会技术化的技术理性困境。

4. 人类解放困境

无论是技术负效应、技术风险还是技术理性，最终都将威胁到人类的生存与发展。在这一问题上，技术工具论与技术实体论之间是有分歧的。前者认为，技术是人类改造自然的工具，多处于被动的从属地位，本身并不负载价值。他们相信随着技术的进化以及人类对技术有节制地合理使用，技术负效应或消极影响是可以得到控制或减轻的，其中的乐观主义色彩鲜明。后者则认为技术拥有自主性和客观性，而且遍及人类活动的各个领域，本身就渗透和负载着价值；随着技术的进步以及人类对技术依赖程度的加深，技术对人类的全面统治或奴役将得以强化，其中的悲观主义情绪明显。这两种技术观念之间的争论已成为诸多现代学术思潮分野的根源之一。

随着社会技术化进程的加快，现代人也越来越遭受到了外在的、异己的、强大的技术力量的统治、塑造和压迫，对技术的依赖程度也日益加深，进而沦为技术的奴隶。人类的“自由不仅受到各种统治者的威胁，而且更多地受着一切我们认为我们所控制的东西的支配和对其依赖性的威胁”①。同时，社会技术化也使现代人的个性、自由意志、价值观念、思维方式、道德情感、本能需求等方面都遭受到全面冲击，受到了全方位的技术奴役或控制。事实上，“科学与技术在生活中的存在与实现恰恰起到这样一种作用：它先是通过有形的制度把人束缚在机器的生产线上，继而是以无形的精神教唆使人产生虚假需求，前者越合理，生产力就越发达，制造和满足虚假需求的能力就越强，人反抗这种奴役的可能性就越小。”②

① [德]伽达默尔：《科学时代的理性》，薛华等译，国际文化出版公司1988年版，第132页。
② 李公明：《奴役与抗争——科学与艺术的对话》，江苏人民出版社2001年版，第104页。

技术的负效应、奴役性表明，技术是套在人类身上的一副无形枷锁，将会不断转变为人类解放的重要对象；然而，人类解放又是直接或间接地通过技术进步途径实现的。由此可见，一方面，技术是限制人类自由的桎梏；另一方面，技术又是人类冲破种种束缚，获得自由与发展的基本路径。这就是社会技术化的人类解放困境。为此，马尔库塞曾明确指出："政治意图已经渗透进处于不断进步中的技术，技术的逻各斯被转变成依然存在的奴役状态的逻各斯。技术的解放力量——使事物工具化——转而成为解放的桎梏，即使人也工具化。"① 同样，舒马赫也发现："一个社会所享受的真正空暇时间往往与它所使用的节约劳力的机器数量成反比。"② 这里需要说明的是，人类解放困境并不是独立存在的，而是社会技术化的效应困境、风险困境与技术理性困境的折射与复合，是人类所处多重社会技术化困境的集中体现。

（二）困境的特点

社会技术化困境由来已久，人们对它的意识或觉察可以追溯至历史的"轴心期"。然而，与社会技术化进程相伴随，技术化困境问题也处于发展演变之中，不同时代技术化困境的表现形态或影响程度也各不相同。与以往其他历史时期相比，现代社会技术化困境展现出一系列新的特点：

1. 涉及领域广泛

在新科技革命的推动下，技术已全面介入人与自然、人与人、人与社会诸领域或层面的建构与运行之中；同时，技术体系的复杂化、巨型化、微型化、信息化、数字化、智能化发展以及不断涌现的新型技术形态，也使社会技术化困境的具体内容与表现形态不断翻新，众多技术系统的作用错综交织，影响范围更加广泛。例如，源于工业技术扩张的资源短缺、环境污染、

---

① Herbert Marcuse, *One-Dimensional Man: Studies in the Ideology of Advanced Industrial Society*, Boston: Beacon Press, 2002, p.163.

② ［英］E.F. 舒马赫：《小的是美好的》，虞鸿钧、郑关林译，商务印书馆 1984 年版，第 100 页。

温室效应、生态危机等问题已波及全球的各个角落，影响的深度与广度前所未有。

2. 影响程度加深

随着现代技术功能的拓展与功效的提升，技术风险与负效应也随之增强。根源于社会矛盾的对立技术形态之间的对峙与冲突全面升级，社会技术化困境趋于深化。例如，在冷兵器时代，即使爆发大规模的战争，武器的杀伤力也是非常有限的。然而，进入核武器时代，现代军事技术的破坏力空前扩大，随时都有可能上演亡种、亡国、亡地球的惨剧。正是从这个意义上说，在现代社会技术化进程中，人类所处技术化困境的严重性、危害性趋于增强，对人性、文化与社会发展都提出了更加严峻的挑战。

3. 技术依赖性增强

研发和引进高新技术是现代人提高自身生存能力或竞争实力的基本途径。为了参与和应对激烈的社会竞争，人们总是被迫研发和采用更为先进的高新技术；而处于加速发展之中的现代技术的更新换代周期缩短，不仅使技术研发的难度与成本倍增，而且也使研发、引进和应用新技术的社会技术化活动常态化，广大民众和社会组织大多处于焦虑和被动的追赶状态，生存压力陡增。今天，人们对技术的依赖性增强，人工自然更趋复杂和脆弱，对生态系统的干预或影响也更深更广，从而使人类面临毁灭的风险陡增。为此，斯蒂芬·威廉·霍金才提出了这样的疑问："在一个政治、社会、环境动荡的世界里，人类如何才能继续生存 100 年？"①

进入 21 世纪以来，以人口爆炸、资源枯竭、环境污染、地区冲突、恐怖袭击、瘟疫流行、军事冲突等全球性问题形式呈现的当代社会技术化困境，依然严重威胁着现代人的生存与发展。新一轮科技革命的酝酿并未使人类看到摆脱社会技术化困境的曙光，反倒有可能使人类在未来新的时空场景

① How can the human race survive the next hundred years? http://answers.yahoo.com/question/?qid=20060704195516AAnrdOD.

或新的社会技术化困境中愈陷愈深。社会发展史表明，技术化困境的发生与演变有其深刻的社会历史文化根源，仅仅依靠社会技术化维度上的持续推进，并不能促使人类从根本上摆脱社会技术化困境。因此，我们不能为新一轮科技革命的诱人前景或辉煌成就所遮蔽，而无视或忘却社会技术化困境的长期性和危害性，更不能放弃从根本上消除社会技术化困境的种种努力。

七、社会技术化的价值博弈与嬗变

社会文化形态千差万别、多姿多彩，价值观念与行为规范是其中相对稳定的内核。虽然影响文化生活变迁的因素众多，但是技术创造、改进与推广应用却愈来愈演变为其中不容忽视的基础性因素。在技术实体理论与社会建构理论视野中，技术负载着多重价值诉求，所谓的社会技术化其实就是其中多重价值诉求之间博弈、妥协的产物。芬伯格的技术代码理论就是在这一见解的基础上形成的。①这些价值诉求之间以及与众多社会文化价值之间常常抵牾，发生冲突，或者出现多元价值之间博弈、互补、协同的复杂格局，进而导致社会变迁或文化嬗变。

最早察觉到技术价值与文化价值之间冲突的思想家，当数春秋时期的著名思想家庄子。他认为，对先进技术更高功效的追逐会分散人们的注意力，腐蚀纯洁的灵魂，进而远离人生根本和远大理想，激起人们更大的物质贪欲，不利于人们修身养性，安身立命。《庄子·天地篇》中记述的这一个故事，就从一个侧面反映了低阶的技术价值追求对人类高贵品格与终极价值的销蚀作用。"子贡南游于楚，反于晋，过汉阴，见一丈人方将为圃畦，凿隧而入井，抱瓮而出灌，搰搰然用力甚多而见功寡。子贡曰：'有械于此，一

① [美]安德鲁·芬伯格：《技术批判理论》，韩连庆、曹观法译，北京大学出版社2005年版，第90—96页。

日浸百畦，用力甚寡而见功多，夫子不欲乎？’为畦者卬而视之曰：‘奈何？’曰：‘凿木为机，后重前轻，挈水若抽，数如泆汤，其名为槔。’为圃者忿然作色而笑曰：‘吾闻之吾师，有机械者必有机事，有机事者必有机心。机心存于胸中，则纯白不备；纯白不备，则神生不定；神生不定者，道之所不载也。吾非不知，羞而不为也。’”①这一故事所揭示的正是当时的汲水灌溉技术革新与人们德行、信念之间的背离与冲突。

事实上，上述故事中并存着两种原始灌溉技术形态及其多重价值诉求，它们拥有不同的技术模式或流程。从技术视角看，“抱瓮出灌”技术形态“用力多而见功寡”，灌溉效果差、效率低下。如果进行技术革新，创建“操槔挈灌”的先进技术形态，那么就会“用力寡而见功多”，提升灌溉效果及其效率。但从道德层面看，“抱瓮出灌”的技术形态更原始自然，清静无欲，虽然劳筋动骨、耗时费力，但却有助于人们专心致志，返璞归真，陶冶情操，获得内心的安宁平静。而“操槔挈灌”技术形态有悖自然之嫌，虽然省时省力，但却容易使人们滋生投机取巧之意向，在技术革新上耗费更多的时间、精力与心思；同时，也会激起人们对技术功效的贪婪追逐，进而腐蚀灵魂，导致人性堕落。也就是说，前一种灌溉技术形态与道德价值、高尚品格兼容匹配，更容易相互协调融合，而追求后一种灌溉技术形态却容易与人们的道德价值和纯真人性发生背离，排斥或挤压后者。卢梭等后世的西方人文主义思想家也正是从这一视角反思和批判技术进步的。②

从表面上看，在社会文化生活的建构或形成阶段，多种新技术成果被纳入其中，服从并服务于该文化形态核心价值的有效实现。事实上，这一过程多是在人们充分调研、论证和试验的基础上，在多元价值观念或价值追求的博弈中展开的。如第五章“技术与文化的矛盾运动”一节所述，在近代之前的社会文化生活中，文化与技术的主次地位、隶属关系或先后顺序明确，形

---

① 《庄子》，孙通海译注，中华书局 2007 年版，第 203—204 页。

② ［法］卢梭：《论科学与艺术》，何兆武译，商务印书馆 1963 年版。

成了价值上的协调或平衡状态。即技术效果与该文化形态的主导价值目标的实现相匹配或协调，技术运行的高效率进一步促进和强化了该价值目标的有效实现。例如，将电子计票技术应用于选举投票过程，虽然传统的制票、投票、监票、计票环节和流程都需要做出相应的变革，但是却并未撼动选举文化追求公平公正的价值目标或选举制度本身。准确无误、简洁快速、可监督、可复查的电子计票技术流程，选举文化所追求的价值目标一致，快速、省力、成本低廉的电子计票技术效率促进了选举过程的高效实现。如此一来，以电子计票技术为标志的新型选举文化形态得以确立，而以手工计票技术为标志的旧的选举文化形态被逐步淘汰。

其实，在现代技术进步与社会技术化进程中，社会变迁或文化嬗变的机理更为复杂，这主要归因于文化价值的多元性、丰富性和矛盾性。一般地说，具体文化形态的功能或价值追求是多维度、多层次的，而源于技术进步主导下的社会变迁，往往强化了其中的某一些功能或价值，而淡化甚至削弱了另一些功能或价值，使传统社会文化体系发生失衡、扭曲或变形，进而导致社会变迁或文化嬗变。其间，各方力量、价值观念之间常常展开较量或博弈，所谓的行业规范、规则、标准、协议、方案等都是社会建构的产物，是经过利益相关者之间你争我夺、彼此妥协或退让才最终达成的。在技术文化与人文文化分裂的时代背景下，人们的知识结构与价值观念往往是残缺的或碎片化的，因而对技术的认识、评判或抉择容易出现偏颇。“在我们这个时代，任何一个发达的工业社会的最不寻常的特征之一，就是不得不由少数人秘密地但又是以合法的形式做出那些最根本性的选择。然而，做出这些选择的人不可能对做出这些选择所根据的因素或它们导致的结果都具有第一手的知识。”①同样，受社会分工和信息不对称的限制，普通大众的专业知识匮乏与价值观缺陷，也是导致文化嬗变的重要因素，即容易出现所谓的迷信专

① ［英］C.P. 斯诺：《对科学的傲慢与偏见》，陈恒六、刘兵译，四川人民出版社 1987 年版，第 123 页。

家、从众心态或盲目选择。“想想人类漫长而阴暗的历史，你就会发现，以服从的名义犯下的骇人听闻的罪行远比以造反为名所犯下的要多得多。”①

在社会技术化进程中，技术的建构与运作总是在具体的社会历史场景下展开的，势必关涉社会正常秩序与有关各方利益，因而理应自觉或不自觉地接受政治、法律、道德、宗教、习俗等社会意识形态的规约和引导。然而，这些社会意识形态又是统治阶级或集团意志和根本利益的体现，也必然会在统治阶级与被统治阶级之间，以及统治阶级集团内部各派别之间等层面上展开博弈，涉及多种价值观念、利益诉求之间的较量与妥协。受历史局限性的影响，这种博弈必然带有时代、地域、阶级、民族的价值观念与利益诉求局限性的痕迹。因而社会的政治、法律、道德、宗教、教育、媒体等上层建筑对社会技术化的规范和约束作用有限，并不能从根本上抑制技术异化、消除社会技术化困境；有时甚至还会激化社会矛盾，加剧技术异化。事实上，当今人类面临的诸多根源于技术进化或社会技术化的社会问题与挑战，当初大多都是在合理、合法、合乎道德规范的情况下发生的。核武器的研发与核战争的威胁、工业技术的扩张与环境污染等莫不如此。

技术进化不断催生新兴文化形态，改造或重塑原有文化形态，同时也会加快许多落后文化形态的衰变。因此，人们才会将一些过时的传统文化形态送进博物馆或者纳入文化遗产保护名录等。正可谓“沉舟侧畔千帆过，病树前头万木春”。尽管技术形态丰富多彩、千变万化，但蕴含于其中的技术原则、功利价值观、技术理性以及技术精神却始终如一。同时，以功效卓越为标志的新兴文化形态，并不比落后的旧文化形态的价值负载更丰富、合理或珍贵，也难以满足人们多样化、多层次的文化需求。例如，以批量建造高楼大厦为标志的城市化，虽然带来了城市扩容、交通便捷、快节奏、高效率等特征的新型生活模式，但也抹去了人们对往昔城市文化生活的美好记忆，丢

---

① ［英］C.P. 斯诺：《两种文化》，纪树立译，生活·读书·新知三联书店1994年版，第217页。

失了众多城市历史文化信息与价值载体。现代体育竞技比赛项目大多拥有各自的历史文化渊源，可视为人们对业已消亡的古老文化形态的眷恋与重现，是一种远古文化生活体验与价值补偿现象。例如，赛跑、射箭、投掷标枪或铅球等田径项目就源于原始的狩猎文化，早已为以今天的猎枪、步枪、望远镜、导航仪等先进现代技术为标志的现代狩猎文化所淘汰。但是赛跑、射箭、投掷标枪或铅球所具有的原始自然、锻炼臂力、磨炼意志，增进彼此交流、协作和友谊的文化功能，以及征服感、成就感、自我实现所带来的心境愉悦，却是现代狩猎文化所不具备的。还有，语言是人类文明的“活化石”，记录和保存着丰富的历史文化信息。在日趋频繁的国内外文化交流活动中，推广使用普通话或英语，虽有利于提高交往效率，但也会促使众多民族语言文化形态的衰亡，后者所承载和保留的文化信息、历史记忆与人文价值等也会随之消逝。这些文化嬗变现象也表明，许多古老文化形态的独特功能或价值不可复制，难以替代。

如前所述，作为一种特殊的文化类别，技术文化的功能与价值也是多层面的：一方面，技术的文化存在方式表明，功能日趋强大的现代技术仍依赖于其他社会文化形态的支持，离不开众多社会文化价值的约束和引导。失去政治、法律、道德、宗教、习俗等价值观念的约束，任性随意的技术研发与推广应用及其后果是不可想象的。另一方面，在技术理性的扩张或渗透威力面前，价值理性难以有效抵御其功利优势的诱惑与挤压，展开各自丰富多元、独立自主的价值创造活动。具有内在扩张冲动与自我繁衍能力的现代技术，正在不断侵袭和蚕食其他社会文化形态的功能与价值，消解人生意义、精神世界的丰富性与价值平衡格局，把人类带入了一个前所未有的危险境地。例如，基因编辑技术容易诱发严重的伦理挑战与一系列社会问题，民间组织、政府与国际社会反对基因编辑婴儿的呼声此起彼伏，但基因编辑技术研发与推广应用的步伐却并未因此而停歇。在高新技术基础上展开的社会竞争、军事冲突的后果更为可怕，核武器、生化武器、太空战等将会给人类文明带来毁灭性的打击。同时，由于技术设计、建构与控制上的固有缺陷，社会技术化进程与技术负效应、技术风险同步扩大，将从根本上直接威胁众多传统文化形态的生存及其功能与价值的顺利实现。例如，在工业技术基础上展开的工业化进程，就加快了以手工业技术为基础的众多传统手工业文化形态的消亡，带来了生活同质化、消费主义文化、环境污染、资源耗竭、生态危机等恶果，严重威胁着人类的生存与持续发展。正是从这个意义上说，当今人类面临的诸多危机与挑战都根源于技术进化与社会技术化。

第九章　现代社会技术化的多重效应

社会技术化进程与技术的发生和进化过程同步展开，源远流长，既是人类技术理性扩张的必然结果，也是现代性的主要表现形态。在当今科学技术加速扩张的推动下，现代社会技术化进程随之加快，正在向纵深全面快速推进。技术在助推经济社会发展，给现代人带来诸多实际利益的同时，也催生和衍生出一系列复杂的自然与社会文化效应，使人类深陷技术化困境之中。[①] 由此也引发了人文主义者的普遍忧虑，以至于末世论等悲观主义情绪蔓延，甚至出现了反对科学、抵制高新技术研发、对抗现代化与全球化潮流的极端反智主义倾向。如何全面认识和公正评价现代社会技术化的多重衍生效应，是规范和引导当代高新技术研发与社会技术化健康发展的逻辑前提。

一、社会文化生活的丰富与提升

在社会演进历程中，围绕现实问题的解决或社会目标的有效实现，在社会生活各个领域、层面或环节上展开的技术创造、改进与推广应用，将会全面提升社会生产技术水平以及社会生活的技术化程度，产生一系列积极的社会效应。这也是社会技术化存在与发展的合理之处，必须肯定。技术决定论观念就是基于这一认识而产生的，技术立国、科技强军、科技强警、创新驱

① 参见王伯鲁:《技术困境及其超越》，中国社会科学出版社 2011 年版，第 124—129 页。

动等领域或层面的发展战略，都是基于技术的这一原动力角色而制订的。

（一）不断派生新领域、新业态、新职业

在社会技术化进程中，技术创造与改进将不断开辟实现众多社会需要和目的的新路径或新流程，所产生的新功效有助于人们潜在需要或现实目的的有效实现。同时，由于技术上的内在关联性，当某一层级的新技术成果尚处于推广应用初期时，它对未来诸多社会领域新技术系统中相关配套技术单元性能的需求，就会沿着“目的—手段”转化链条传导，牵动上下层次技术系统或上下游技术链条的相关技术单元，尤其是新型社会组织技术与流程技术的一系列创建或重塑，进而派生出相应的新兴社会生活领域或组织机构。当与该技术成果的推广应用配套的高层次社会组织技术与流程技术趋于成熟时，它在空间上的横向扩散或整体转移就会步入加速通道或规模化阶段，进而推动社会生产与生活相关领域的快速扩张，提高社会生产或生活品质。历史上的机械化、电气化、自动化、信息化、数字化等社会技术化过程都是如此展开的。

如第二章“社会技术体系的开放式建构”一节所述，局部的技术创造或改进成果是社会技术化的源头。与生产力在社会体系结构中的基础性、根源性以及活跃度相一致，产业技术自下而上的传导与扩散是社会技术化的主导模式，也是学术界最为熟悉、关注和讨论最多的一种技术社会化现象。例如，1903 年，莱特兄弟发明了飞机，随后围绕飞机技术的不断改进、产业化或商业化，许多个人和企业又做出了大量的创造性贡献。飞机拥有滞空和快速飞行两大功能，由此派生出飞机设计与制造、民用航空和空军、客运与货运组织、地勤保障服务等新型产业链条、社会部门以及一系列新业态、新职业，也催生了相关领域社会技术系统的建构与运作，进而推动了社会分工以及以航空产业为轴心的社会技术化进程，将人类带入了航空技术时代。

与上述演变过程相比，人们对自上而下的社会技术化现象的关注和讨论却相对较少。这一状况一方面是由于狭义技术观念在作祟，看不到社会领域

或层面的技术创造以及社会技术需求向自然技术层面的传导与转化；另一方面，以个体或组织为建构单元，以社会体制、机制、流程、方案、对策、制度等的创建为轴心的社会技术形态，不同于功能单一、棱角分明、刚性可触的自然技术形态，客观上也不易为人们觉察和认知。事实上，围绕社会问题的解决，除及时吸纳自然技术成果外，社会组织结构与运转流程层面的技术创造、改进与推广应用从来就没有停止过。社会革命、改革、改良、变法和进化过程的基础就是社会技术的创造、改进与扩散，但这一层面的工作常常容易为人们所忽视，或者看不到其中的技术成果及其扩散。同样，社会技术成果也会向自然技术层面传导和扩散，进而形成这两个层面之间的双向互动、协同并进格局。芒福德甚至认为，以王权为核心的"看不见的机器——巨型机器"的发明创造，是近代机器技术设计与发明创造的原型或模板。"当代的非人力机器，虽使用超级动力，还能节省劳动，若无各机械部件首先'社会化'的历史渊源，随之才会有整个机器本身的充分机械化……若无这一历史背景，当代那些变化万千，奇妙无比的机器，怎能最终发明出来呢?"[①] 如第一章"技术活动模式的确立"一节所述，卡普有关技术起源的器官投影说、马克思关于技术的器官延长说以及麦克卢汉关于技术本质的媒介即讯息说等，也从不同侧面反映了这种自上而下的技术传导路线。可见，社会层面的技术创造、改进以及向自然技术层面的传导与转化，必然会催生新型自然技术形态及其相应的社会组织、部门或领域，进而丰富了人们的物质与精神文化生活。

（二）提高社会运行效率

在社会技术化进程中，各个领域或层面的技术创造、改进和推广应用，不断改变传统的社会结构，重塑社会运转流程及其规则。由此拓展了社会生

---

① Lewis Mumford, *the Myth of the Machine: Technics and Human Development*, New York: Harcourt, Brace & World, Inc.1967, p.194.

活领域，不断实现新的社会目标，促使社会体系的结构与功能日趋复杂多样，同时也为人们越来越多潜在需要的外化与实现创造了条件。可惜人们通常只看到其中自然技术形态的新功能，以及给人类带来的诸多便捷和经济效益，而看不到自然技术运行背后相关社会技术体系的同步建构、匹配与运作。这无疑是一种学术上的短视行为和狭隘性。例如，人们往往只看到手机可以实现即时通信的神奇功效，而看不到手机背后运营商的组织架构、规章制度、业务流程、技术协议或标准、资本运作等社会技术体系的建构与运行，以及作为一个产业部门或经济组织，运营商的经营活动必须按照相关法律法规、行政许可、行业规范等社会技术体系的相关要求有序运作。事实上，离开了运营商的社会技术系统以及作为其运行环境的社会技术巨系统的支持、配合与运转，手机是不可能实现其通信技术功能的。

以新工具、新方法、新产品的创造与推广应用为标志的社会技术化进程，不仅能促使人们的许多梦想变为现实，而且也会不断改善社会运行效果，提高社会运行效率。新技术的创造与引入常常会改进或重塑原有的社会技术体系及其运作模式，压缩社会事务流程或环节，节约时间，降低成本。这一方面的技术功效体现在社会生产与生活的各个层面或环节上，不容抹杀。例如，将视频监控系统安装在交通要道、停车场等位置，可以发挥违章拍照、智能调度、停车自动收费等职能；电子出版物不仅能节省储藏空间，而且还便于阅读、查阅、眉批、复制、传递等，提高了学习效率。至于电子商务、电子政府、智慧城市、物联网、人工智能等技术成果的推广应用，以及对社会生产方式与生活方式的塑造作用所带来的诸多便利更是不胜枚举。

以技术创造、改进与推广应用为轴心的社会技术化，所创造的价值或带给人们的实际利益显而易见，这一点容易得到人们的充分认识和肯定，也是社会各界愿意接纳和大力推动社会技术化的立足点。然而，社会技术化所引发的复杂社会文化效应却绝不仅仅限于这一个层面，它对人性、精神生活乃至社会发展的衍生效应和消极影响是多方面、长链条、深层次的，更应当受到广泛关注和深入探究。

二、自由的获得与丧失

纵观社会发展史，技术的解放作用以及带给人类的自由和福利是不言而喻的。例如，正是电灯的发明把人们从黑暗的束缚中解放出来，发动机技术将人类从繁重的体力劳动中解放出来，电话、电视、互联网等信息技术发明将人们从信息的空间阻隔与禁锢中解放出来等。正如马克思所言："只有在现实的世界中并使用现实的手段才能实现真正的解放；没有蒸汽机和珍妮走锭精纺机就不能消灭奴隶制；没有改良的农业就不能消灭农奴制；当人们还不能使自己的吃喝住穿在质和量方面得到充分保证的时候，人们就根本不能获得解放。"① 造福社会，促进人类的自由与解放，进而使人类获得自由而全面的发展，原本就是技术进步与社会发展的终极目标。然而，社会技术化进程中的种种矛盾运动与异化现象，却往往导致技术异化为一种奴役和压迫人类自身的异己力量，促使人从属或依附于技术体系及其进化，蜕变为技术体系及其运转流程的构件或环节，在一定的场合或某种程度上又束缚和限制了人的自由。正如别尔嘉耶夫在论述文明与自由的关系时所指出："任何人都知道，在人的日常生活中遍布着的大量物品是如何使之感到困难并奴役的，他是如何难以摆脱物品的统治。复杂化的文明把这一切加给人。人被束缚在文明的规范和习俗之中。他的整个生存都被客体化于文明之中，就是说被向外抛出，被外化。人不但被自然世界压迫和奴役，而且还被文明世界所压迫和奴役。文明的奴役是社会的奴役的另外一面。"② 当然，这里的文明也包括技术文明。

如第八章"现代社会技术化困境"一节所述，虽然新技术有助于把人们从原有的种种束缚或奴役下不断地解放出来，扮演着解放者的角色，但是新

① 《马克思恩格斯选集》第 1 卷，人民出版社 2012 年版，第 154 页。

② [俄]尼古拉·别尔嘉耶夫：《论人的奴役与自由》，张百春译，中国城市出版社 2002 年版，第 140—141 页。

的技术形态又会派生出新的运作方式，给人们带来新的束缚或奴役，剥夺了人们原有的自由。正如麦克卢汉所指出："由于不断接受各种技术，我们成了它们的伺服系统。所以说，如果要使用技术，就必须为它服务，就必然要把我们自己的延伸当做神祇或小型的宗教来信奉。印第安人成为他的独木舟的伺服系统，同样，牛仔成为其乘马的伺服系统，行政官员成为其钟表的伺服系统。"① 例如，在当今的经济活动中，由于资本技术构成比例的提高，直接从事体力劳动的人数减少，体力劳动强度减轻，而从事技术研发以及技术系统操控、维护或保养的人数却在逐步增加，脑力劳动强度随之增大。日趋激烈的社会竞争环境以及日益复杂的社会技术体系，又使这一趋势得到不断强化。特别是在阶级斗争、国际矛盾激化与冲突不断的背景下，统治阶级或上流社会总是力图凭借其技术优势或霸权，通过研发或引进先进技术形态的途径，不断强化其军事实力、国家机器功能等，加强对落后国家或被统治阶级的压迫和剥削、监听和监控，使他们失去了越来越多的自由和发展机会，国家之间、阶级或阶层之间的技术鸿沟也进一步扩大。

如前所述，社会分工是人们应对个体能力有限性与欲望不断膨胀之间矛盾的技术路径，愈来愈精细是社会分工的大趋势。在社会加速发展和社会分工日趋细密的时代背景下，人们总是被分工技术体系剪裁成"专业化""岗位型"的各级各类专门人才，被塑造成社会"巨型机器"上的一颗颗合格的"螺丝钉"或"持存物"。社会分工限制了人们的自由学习和全面发展，在个人所从事的专业领域内，现代人可能个个都是"行家内手"，而一旦超出该领域他可能就变成了"技术盲""局外人"。在结构愈来愈复杂、庞大全能、运行节奏加快的现代社会技术体系中，人们常常感到精神紧张，精疲力竭、单调无聊，主动性、求知欲、好奇心、敏锐性、批判力等人性品格日渐丧失。同时，现代技术的应用与操作日趋自动化、无人化、智能

① [加]马歇尔·麦克卢汉：《理解媒介——论人的延伸》，何道宽译，商务印书馆 2000 年版，第 79 页。

化（傻瓜化），也使操作者越来越不需要了解技术原理与技术系统的内部构造。在与外在的物化技术系统或单元的互动协同中，作为“局外人”的现代人往往对众多技术形态一无所知，只知道按照外在的技术模式与运行节奏被动精准动作。因此，现代人越来越像机器一样机械而现代机器却越来越像人一样灵活，即人们的思维越来越程序化，行动或操作越来越标准化或凝固化；反倒现代机器却越来越拟人化，拥有更多的智能、自主性和判断力等人性品格。

在现代社会技术化进程中，技术越来越展现为一种异己的强制性力量。人创造和建构了技术世界，但却为社会技术体系及其运行模式所统摄和控制，让渡出更多的自由与生活空间。技术政治学“将现代世界中自由的丧失主要视作一种状态，即人们陷入了关系网络之中，而这一网络具有病态的完整性。所有人的生活状况最后都不可避免地依赖于运输、通信、物质生产、能源和食品供应系统，关于它们没有别的备用选择。”① 面对四通八达的交通网络，高耸入云的摩天大楼，随处可见的“电子眼”以及多如牛毛的电气化、自动化、数字化、智能化装备等，现代人常常会涌起孤独、渺小、压抑、无力、落伍的感觉，若有所失。全球化、信息化、数字化、智能化的快速推进，使人们在强大的外在技术力量和丰富的物质生活面前趋于萎缩、疏离和失落；人本身的存在及其个性特征却被忽视或掩盖了，失去了成就感、安全感、稳定感和归属感，从而陷入焦虑、苦闷和被动之中，进而影响到身心健康与生活质量。这也许正是现代人“烦”与“忙”、浮躁、疲惫或焦虑的技术根源，也是技术实体论的立足点。

从根源上说，在技术活动过程中，人们受到外在技术体系的压迫和限制是客观的、多层面的：作为技术体系的创造者，人们的技术构思、设计与建构并不是随心所欲的，既要受客观规律与技术认识的约束，又要受到现有技

① Langdon Winner. *Autonomous technology: Technics-out-of-control as a theme in political thought*. Cambridge: The MIT Press, 1977，p.194.

术条件的限制。此外，作为技术体系的建构单元或作用对象，人们必须按照技术系统运行的模式或节奏行事，被动地接受外在的、异己的技术力量的调制。还有，作为技术体系的操纵者，人们对技术系统的操控也不是任性随意的，必须严格遵循既定的技术规范或规则，误操作、失当操作、监控不到位或保养维护不及时等，都可能引发技术事故或灾难，进而剥夺人的自由与幸福。这些都是人的技术受动性或被动性的表现，正可谓“人在江湖，身不由己；情仇难却，恩怨无尽”。为此，拉普才指出：“现代技术的高度专门化的复杂系统却是有自己规律的封闭领域。只有在人们愿意服从它本身固有的规律时，它才会产生预期的结果。这个仪器、装置和机器的世界远远不是中立的手段，它已与人相分离，表现为一种独立的力量，正在决定着现代社会的面貌。”①

阿诺德·盖伦看到了资本驱使下的现代工业技术体系演进的自主性——相对于社会需求的独立性或超前性，现代人越来越被动地服从和服务于技术与资本演进的逻辑，后者会不断地创造出新的社会需求，引领经济潮流、消费时尚或未来发展。他还从现代社会工业生产角度出发，剖析了当代人类自由丧失的社会技术化根源。“毫无疑问，当工业生产按照它自己的精神不受干扰而运作时，它并没有朝着传统的、定型的需要而定向，但它在造成对产品的需求上却起着作用，它首先是根据自己的主动而研制出产品的。这一过程是不可逆转的。人们只能力求为不断增长的人口——他们的期待也在持续增长——提供日益增多的货品数量。但是人们也应当注意到这种过程在思想上和道德上的代价。这一体系不只以追求福祉的权利为前提；它也倾向于排斥它的反面，亦即放弃福祉的权利，尤其是就这一体系制造并且自动化了消费的需要而言。这里或许就是当前一切不自由的主要形式的根源。”②

① ［联邦德国］F. 拉普：《技术哲学导论》，刘武等译，辽宁科学技术出版社 1986 年版，第 49 页。

② ［德］阿诺德·盖伦：《技术时代的人类心灵——工业社会的社会心理问题》，何兆武、何冰译，上海科技教育出版社 2008 年版，第 100 页。

在现代社会信息化进程中，网络技术把各种各样的网站、数据库连接起来，实现了多种信息资源的有效共享。网络技术的信息传播速度快、覆盖面宽广、检索便捷，给人们的工作、生活带来了诸多便利，但这些成就却是有代价的，也导致人们在网络世界受到了更多新的限制。一方面，信息控制技术促使人类的控制欲望不断膨胀，人们反而为控制欲与控制技术所驱使或奴役，丧失了人们原本拥有的行动自由与灵魂安宁。另一方面，在信息技术尤其是大数据技术面前，现代人无异于“裸奔”或“裸泳”，完全暴露在技术的“聚光灯”下，已无多少隐私或秘密可言。当人们在使用手机、互联网、APP 等电子产品时，也就被纳入了这些巨型信息技术体系之中，被迫接受后者的运转流程、规范、节奏、信息搜集与审查，演变为信息技术体系中一个个新的“节点”；在享受诸多信息便利或福利的同时，人们也失去了原本的无拘无束、自由自在状态，不得不随信息技术而起舞，为技术创造、改进、引进、升级与维护而奔走和忙碌。

其实，现代人都是信息技术帝国里的“囚徒”，手机号码、IP 地址或账号就是他们的“狱中”编号，电磁信号或信息流量就是捆绑他们的无形“绳索”，他们随时随地都会被定位、拍照、“捕捉”或遭受信息“盘查”或“透视”。在危机四伏的网络世界，监听、监视、监控、黑客攻击与“病毒”传播横行，信息安全堪忧，机密资料与个人隐私时常遭窃或被搜集。还有，今天沉迷于虚拟世界或网络游戏的青年人越来越多，“网瘾”犹如“毒瘾”一般，已经侵入了许多青少年的心灵，使他们嬗变为新型的网络“奴隶”。今天，手机占据了人手，电脑与电视屏幕占据了人眼，耳机占据了人耳，资讯占据了人脑，流行观念占据了人的思考空间。沉浸于世俗生活技术喧嚣之中的现代人，已难以获得片刻的心灵宁静，越来越找不到灵魂、自我和精神家园。

在社会技术化进程中，人们一旦踏上技术这一条不归之路，就难以摆脱技术及其演进逻辑的束缚与奴役。“我们踏上了再也下不来的踏车（从前罚囚犯踩踏的一种车子），再也不会回到过去那种安全时期了，但愿这是由于过去(有时是颇为像样的）比我们了解到(或许是可以了解到）的糟得多。”①事实上，现代人拥有根据各自需要与境遇选择和使用多种技术形态的自由，但却没有不选择技术形态的自由。企图放弃使用技术，逃避技术约束，只是暂时的、罕见的个别极端行为，最终注定是没有出路的。如同病人对药物的依赖、吸毒者对毒品的依赖一样，现代人也产生了对技术的过度依赖，以及对高功效或高新技术形态的贪婪追逐。正是基于这一认识，马尔库塞才明确指出:“在这个宇宙中，技术也给人的不自由提供了巨大的合理性，并且证明，人要成为自主的人、要决定自己的生活，在‘技术上’是不可能的。因为这种不自由既不表现为不合理的，又不表现为政治的，而是表现为对扩大舒适生活和提高劳动生产率的技术设备的屈从。因此，技术的合理性是保护而不是取消统治的合法性，而理性的工具主义的视野展现出一个合理的极权的社会。”② 这也正是社会技术化进程中人类自由渐逝之源。

三、生存压力激增

社会竞争加剧，劳动强度提高，生活节奏加快，生活压力增大是现代人共同的切身感受，究其根源就在于现代社会技术化的深度加速推进。

（一）社会竞争加剧

根源于各种社会矛盾运动的各类社会竞争随处可见，直接关系到现代人的生死存亡，它既是社会演进的动力，也给人们的日常生活带来了压力。“更快、更高、更强”的奥林匹克运动精神既是体育竞技的真实写照，也是社会

---

① ［美］爱德华·特纳:《技术的报复——墨菲法则和事与愿违》，徐俊培、钟季康、姚时宗译，上海科技教育出版社 1999 年版，“序言”。

② 转引自［德］尤尔根·哈贝马斯:《作为“意识形态”的技术与科学》，李黎、郭官义译，学林出版社 1999 年版，第 41—42 页。

竞争所追求的境界或目标。如第七章“竞争牵引法则”一节所述，技术竞争既是社会竞争的主要战场，也是众多其他社会竞争展开的基础或路径。优胜劣汰的竞争法则迫使人们必须不断创造、改进或引进更为先进的适用技术形态，以便谋求技术上的竞争优势。为此，社会竞争必然推动新技术的研发与引进，反过来技术进步与社会技术化又势必加剧社会竞争，二者之间形成了正反馈机制。正如马克思在剖析资本家追逐超额剩余价值的经济竞争时所指出的，“在这种新生产费用的水平上，同样一场角逐又重新开始：分工更细了，使用的机器数量更多了，利用这种分工的范围和采用这些机器的规模更大了。而竞争又对这个结果发生反作用。”① 由此可见，以技术竞争为轴心的现代社会竞争加剧，工作与生活节奏加快，致使人们的肉体与精神承受着巨大的双重压力。这也是为什么海德格尔将现代技术特征概括为“促逼”、将现代技术体系本质归结为“座架”的根本原因。

强大的社会竞争压力给现代人带来了压迫感，迫使人们必须及时全力应对来自各个方面的竞争压力，如果稍有懈怠就会丧失有利时机或竞争优势。因为人们的任何竞争优势都不是永恒的，都面临着随时被对手超越的可能性，进而使其所凭依的先进技术沦为人人可及的普通技术。“不管一个资本家运用了效率多么高的生产资料，竞争总使这种生产资料普遍地被采用。”② 正是在激烈的社会竞争环境中，现代人的身心长期处于高度紧张的应激状态，备受煎熬和折磨。人们既要投入大量的人力、物力和财力，全力应对技术研发与引进过程中各类难题的挑战，又要密切关注时局的变化，寻找有利时机，盘算如何战胜对手，同时还要处处提防遭人暗算。一轮又一轮不断强化的社会竞争犹如一道道催命符，致使现代人陷入紧张、焦虑、压抑和焦躁不安之中，逐步失去了生活的乐趣、享受和幸福感；同时也导致心理与精神疾病蔓延，进而导致不婚率、离婚率、低生育率、自杀率、非正常死亡率不

① 《马克思恩格斯选集》第1卷，人民出版社2012年版，第353页。

② 《马克思恩格斯选集》第1卷，人民出版社2012年版，第354页。

断攀升。

（二）劳动强度提高

与社会技术功效的提升相比，社会的复杂程度与事务总量的递增更加明显。今天，社会技术化促使一线劳动者所承担的工作量激增，劳动强度和工作压力增大，经常不得不加班加点地赶进度。然而，人的精力与生理、心理节律毕竟是有限的，难以适应工作与生活节奏的不断加快，因而导致肢体与器官疲惫，精神日趋紧张，心理压力激增，浮躁之风蔓延，进而滋生了一系列生理和心理疾病，也使“亚健康”演变为现代人的一种生活常态，中青年人猝死、累死的案例时有发生。为此，尼采才无奈地指出：“由于劳动者的匆忙，一切礼仪和礼仪情感也消亡了，根本无暇顾及动作的节奏了。现在到处要求做事要粗略而明晰，便是明证。在希望与别人真诚相处的一切场合，在与亲朋、妇孺、师生、上司和王公贵族的交往中，人们既无精力又无时间来考虑仪式、烦琐的礼节、交谈的睿智，更谈不上安详了。”①

新技术研发与推广应用，一方面把人们从以往繁重的体力或脑力劳动中解放出来，另一方面也促使人们的工作种类与活动范围扩大、社会体系复杂化以及运行速度与节奏加快。同时，人们必须处理的社会事务数量陡增、紧急程度提高，需要学习的知识量与掌握的新技术数量以及必须及时掌握的信息量激增。因此，“文明的急剧膨胀”与“个体的相对渺小”之间形成了越来越鲜明的对比。事实上，现代人正在被卷入越来越多技术体系的建构与运行之中，需要出演的社会角色倍增；他们的上下班界限趋于模糊，工作场所扩大或延伸，实际工作状态及时间延长，劳动负荷加重。然而，人的精力和时间总是有限的，除过加班加点外，要在有限的时间里完成不断膨胀的紧急工作任务，势必就要提高劳动强度，进而压榨和透支体力与智力。正如马克

---

① ［德］弗里德里希·尼采：《快乐的科学》，黄明嘉译，华东师范大学出版社 2007 年版，第 302 页。

思当年在反思机器技术相对于手工技术的效率优势时所指出的："毫无疑问，机器完成的工作，代替了成百万人的肌肉，但是，机器也使受它可怕的运动支配的人的劳动惊人地增加了。"①

今天，"时间就是金钱，效率就是生命"的功利价值观念开始主导和支配一切，众多社会技术系统运行的时间节点彼此交织，如雨点般密集和急促的各种"deadline"，压迫得现代人透不过气来。与先辈们悠闲的慢节奏的生活状态相比，拥有或掌控高新技术的现代人的工作强度不减反增，压力更大。当今社会的信息化尤其是移动互联技术、人工智能技术、人体增强技术的出现，使得白领的工作场所内外、上下班、工作与休息之间的界限趋于模糊。"知识爆炸""信息爆炸"正在挑战人们感官的生理极限与学习能力，刷不完的"朋友圈"，接不完的骚扰电话，看不完的新文献，杀不完的新病毒，打不败的"Alpha Go"等文化现象，使现代人陷入了无根、无力、无助、失落和焦虑的情绪之中。难怪"996 ICU""白 + 黑""5+2""居家办公"等玩命的工作模式或"加班"文化流行，工作狂们常常分身乏术，恨不得一天能有 25 个小时，自己能长出四只手脚来！这也是当今浮躁之风盛行的社会技术根源。马克思很早就发现，在资本主义条件下，机器技术进步与社会的机械化进程，必然导致工人工作日延长、劳动强度增大的奇特现象。"最发达的机器体系现在迫使工人比野蛮人劳动的时间还要长，或者比他自己过去用最简单、最粗笨的工具时劳动的时间还要长。"②与此相比较，在当今社会的信息化、数字化、智能化进程中，现代人劳动强度的提高有过之而无不及。

（三）生活节奏加快

社会生产与生活总是在人们建构的社会技术体系中展开的，以追求独特效果及其高效率为基本目标的技术研发活动，必然会不断创造出众多更加快

---

① 《马克思恩格斯全集》第 44 卷，人民出版社 2001 年版，第 475 页。

② 《马克思恩格斯全集》第 31 卷，人民出版社 1998 年版，第 104 页。

捷高效的新型技术形态，进而产生时空压缩效应。这既是技术活动基本原则的体现，也是社会技术化的大方向。现代人通过微信、推特、手机、电脑、互联网、公路、铁路、航线等技术系统与外部世界连为一体，感受时代脉搏跳动，同步响应外部世界的快速变化，因此复杂世界的加速演变势必促使现代人生活节奏加快。随着交通、通讯、能源等公共技术体系更新换代周期的缩短以及各类产业技术系统运行速度的加快，作为这些技术系统的操控者、构成单元或作用对象，现代人的工作与生活节奏势必也随之加快。当今的快餐、快递、出租车、高铁、私人飞机、外卖、钟点房、攻略、机经、速成班、直播、搜索引擎、语音或视频设备的倍速快进等服务种类或产品功能的兴起，都是社会运行速度或生活节奏加快的标志。正如马克思在分析工业革命后果时所指出的："蒸汽机推动机械织机快速运动，迫使在织机上操作的工人用同样的速度才能跟上它；而在家里干活的织工则不受这个自动发动机的不停的动作的约束，他们自由自在地投着梭子和蹬动踏板，完全随心所欲。"[①] 今天，日出而作，日落而息，随春夏秋冬的季节变换而作息的农业文明的慢生活节奏，早已为以钟表为时间基准的社会技术运行节奏所替代。由此不难理解，技术的加速发展必然促使现代生活节奏不断加快。

不断解决新派生的社会问题，提高实现社会目标的效率，是技术创新以及社会技术化的两大任务。如第七章"省力多事法则"一节所述，新型社会技术系统的创建、改进以及原有社会技术系统功能的拓展，都会全面加大技术研发力度，拓展技术领域，从而增加社会事务的种类及其工作数量。同时，社会技术效率的提高，即单位时间内处理社会事务数量的增加，又必然会加快社会运行速度或生活节奏，促使众多社会事务变得越来越急迫。例如，能源、材料、交通、通讯、信息等通用技术或社会基础设施技术领域的快速发展，促使社会的人、财、物、能源、信息流动量增大，流动速度加快或周期缩短，工作效率明显提高，进而不断改变社会技术体系与社会文化生

---

① 《马克思恩格斯全集》第 47 卷，人民出版社 1979 年版，第 580 页。

活面貌，也导致了当代文化的快节奏、碎片化和娱乐化。还有，随着信息技术的快速发展，多媒体实时通信技术代替了传统的单一媒体延时通信技术，使现代人犹如生活在一个“地球村”之中；基于多种通信软件技术的语音、视频通信取代了面对面的直接交流，火星文、表情包、订制贺卡、语音留言、短视频等“快餐文化”替代了直接书写文字等，改变了人们的传统交流方式，扩大了信息流量，消除了空间阻隔，反过来也加快了现代人的生活节奏。

新技术的研发、引进与推广应用把现代人卷入了各种社会技术体系的建构与运行之中。社会技术体系运行速度的加快，裹挟和推搡着现代人快步前行，进而破坏了昔日宁静、悠闲、从容、安详的慢节奏生活状态。在技术原则的规约下，现代生活节奏的加快已成为勒死人性修养和高尚情趣的绳索，不断加快的社会技术化进程导致学习异化为应付考试，用餐蜕变为加注营养，休闲旅游演变为跑路打卡（在尽可能短的时间内跑完更多的景点）等。“在当今，速度被认为其本身就是一种令人赞叹的特性。更快的就是更优越的，不管它可能是什么。”① 因此，人们越来越无暇品味和享受生活的乐趣，思考、体验和创造人生的意义或价值，从容不迫地应对各类生活挑战或社会问题，进而激起了人文主义对技术变革的抵制。“更为彻底的批判观点则认为，要用保持现状和保护传统的方式来抵制不断加速的技术变革。由于变革总是在传统与革新有矛盾的地方发生，因此变革的范围和速度就是关键性的因素。在这方面，保护生物圈和保留各种生活方式以及个人习惯，同不断追求最快最根本变革和全球统一技术思维方式是相抵触的。”② 与加速扩张的社会技术化进程相比，现代人犹如正在拼命追赶一列越开越快的时代列车，累得上气不接下气，身心俱疲。正是在现代社会技术化的时代背景下，人们常

① Langdon Winner, *Autonomous Technology: Technics-out-of-Control as a Theme in Political Thought*, Cambridge: The MIT Press, 1977, pp.229–230.

② ［联邦德国］F. 拉普：《技术科学的思维结构》，刘武等译，吉林人民出版社 1988 年版，第 153 页。

常怀念昔日“慢节奏生活”的恬淡、从容、悠闲和充实，发出“让我们停下来，等一等跑丢了的灵魂吧”的时代呼喊！

这里值得指出的是，社会竞争加剧、劳动强度提高与生活节奏加快之间并不是孤立的，而是前后呼应、彼此关联和相互转化的，分别从不同侧面反映了社会技术化进程加剧了对人类生存的全面压迫，使现代人的生活压力陡增，与人们追求美好生活的初衷或愿望相左，应当引起现代人的深思与警惕。

四、技术理性的野蛮生长

文艺复兴特别是启蒙运动以来，技术理性主义与科技文化日趋膨胀，逐渐凌驾于价值理性与人文精神之上，进而催生了技术理性霸权。一方面，技术理性的扩张直接推动了科学技术进步，促使人类社会从农业文明步入工业文明；另一方面，技术理性的膨胀也导致了人与自然、人与人之间关系的嬗变，带来了生态危机与技术化困境等文化疾患。由此也引发了学术界对以科学技术、工业文明为表征的技术理性的反思与批判潮流。

（一）技术理性的竞争优势

如第八章“社会技术化的理性根基”一节所述，作为技术研发活动的智力支点，理性与技术之间互动并进：一方面，技术是人类智慧的结晶，得益于目的理性的进化与创造；另一方面，技术的演进又反作用于理性活动，成为理性创造的一个“会聚点”或“生长点”，刺激、选择和引导着理性的分化与演进。在近代工业技术加速扩张的推动下，技术理性从理性中分化和派生出来的，俨然成为当代理性的典型代表或总体化身，已演变为现代社会文化图景的浓郁“底色”。技术理性着力于工具和手段建构、追求功能及其效率的快速提升，正在消解人类生存的价值基础与意义世界，造成了对自然、社会与人性的多重奴役。

技术自从来到人间，它的每一根毛孔里都浸透着功利的汗液，并为不断提高技术功效而全力求索和创造，力图将整个世界都并入自己的势力范围或版图中。技术承诺将自然与文化的力量纳入可控范围，将人类从贫困和辛劳中解救出来，不断丰富社会文化生活。在竞争的社会环境中，技术理性比价值理性拥有更多的实用性、潜在功利优势和扩张空间。正如波斯曼所指出的："在技术统治文化里，工具在思想世界里扮演着核心的角色。一切都必须给工具的发展让路，只是程度或大或小而已。社会世界和符号象征世界都服从于工具发展的需要。工具没有整合到文化里面去，因为它们向文化发起攻击。它们试图成为文化，以便取而代之。于是，传统、社会礼俗、神话政治、仪式和宗教就不得不为生存而斗争。"① 如前所述，单调乏味、格调低下、一路狂奔的技术文化已演变为当今的强势文化形态，技术与资本也演变为气势恢宏的现时代乐章中两个最强的音符。

技术理性之所以能迅速膨胀并君临天下，原因之一就在于人类生活在一个资源相对匮乏的星球上，相对于现代社会的高速发展而言，人类欲望的膨胀又是无止境的。这就注定会发生激烈的利益或生存空间争夺。社会发展史表明，价值理性虽然有助于人的全面协调发展、精神境界的升华、社会的稳定和谐，但与社会竞争力之间并不存在必然的内在关联，而技术理性与社会竞争力之间却存在着直接的正向相关性。即技术理性愈发达则愈有利于社会竞争力的提升，反之亦然。"优胜劣汰，适者生存"是社会的竞争法则与悲惨结局，也是任何个人、团体乃至国家都不得不面对的残酷现实。在社会各个层面展开的激烈竞争中，人们迫切需要不断增强自身的竞争实力，而技术理性与社会技术化正好迎合了这一迫切的现实需求。因此，与价值理性相比，技术理性理所当然地得到了优先选择、重视和发展。正如T. 科塔宾斯基所指出的，"想延缓工具化的进程是徒劳无益的，而想要废弃已经实现的工具化

① ［美］尼尔·波斯曼：《技术垄断：文化向技术投降》，何道宽译，北京大学出版社 2007 年版，第 15 页。

简直就是反动的。……一个社会若胆敢拒绝工具化带来的进步，那它很快就会面临邻国入侵的危险。”① 其实，这里的工具化就是技术化，正是以技术理性为支点和驱动引擎的。在近代以来的社会技术化进程中，技术理性与资本扩张之间形成了正反馈机制，呈现野蛮生长状态，在理性王国中展现出明显的竞争优势。这也是现代经济社会发展环境对理性类型定向选择的结果。

（二）技术理性的排他性

从人类理智演进角度看，作为理性的一种具体表现形态，早期的技术理性（或工具理性）与其他理性形态和谐共生并存，无可厚非。因为它是人类赖以生存和发展的智力支点之一，有其存在与发展的历史文化根据。这就是技术的合理性与统治逻辑。但是，由于人类的寿命、精力、学习能力的有限性，技术理性的膨胀势必会排斥、挤压甚至吞噬价值理性的生长空间，抑制人们对其他人文价值与意义的追求，从而使理性、人性、文化与社会处于畸形演变之中，危及人类生存的根基与文明进程。在资本的驱使下，当今技术理性主义就像理性“苗圃”中一株疯长的“魔苗”，侵占了其他理性之“苗”的生长空间，抢夺了它们生长发育所需要的“阳光、水分和养料”等条件，排斥和吞噬着价值理性形态，从而使理性世界处于畸形和病态演化之中。

在现代社会技术化进程中，技术研发与推广应用已演变为现实生活的基础或轴心，技术文化已上升为主流文化形态。技术文明的扩张是现代社会演进的基本特征，它所彰显的技术理性越来越多地耗费着人们的时间与精力，同时也在逐步强化功利价值观念与技术精神，不断地销蚀人类的远大理想、终极目的与价值理性，进而统治和挤占现代人的精神世界。在现实生活中，诗歌、绘画、音乐、戏剧等传统高雅艺术的衰落，文学、历史学、哲学、逻辑学、宗教学等人文学科的萎缩，理想、信念、正义、至善、唯美、神圣、

① ［联邦德国］F. 拉普：《技术科学的思维结构》，刘武等译，吉林人民出版社 1988 年版，第 172 页。

崇高等人文价值的消逝，就是这一文化嬗变态势的具体表现。因此也就不难理解舒尔曼的评论："必须生活于只相信技术、不相信任何其他东西的状态之中的人，失去了他的意义。'因此，我们所生活于其中的这些年，虽说是人类历史所已经知道的最为技术化的年代，同时也是最为空虚的。'"①

技术理性的恶性膨胀导致人文价值与意义世界的失落，使人类陷入深度的精神迷惘与文化危机之中。正如曼海姆所分析指出的，"功能的方法不再把观念和道德标准看作是绝对价值观，而是视为这样一种社会过程的产物，如果有必要的话，其能够为与政治实践相结合的科学指导所改变。……功能的方法只是人类精神所创造的许多方法之一，如果它将代替我们探究实在的更为真实的方式，那么世界将是十分贫乏的。"② 这里"功能的方法"就是以技术理性为根基的技术方法。今天，技术理性驱使人类生活在精神家园与意义世界越来越衰落破败的多重危机之中，而单纯依靠技术文化是不可能拯救现代人的。因此，必须依靠价值理性，在人文文化中寻找和创造人类的未来。这也正是海德格尔关于现代技术本质的"座架说"以及摆脱技术"天命"的诉求所在。③

技术理性主义是现代工业文明的思想基础，给我们描绘了一幅科学至上、技术万能的理想世界图景。④ 它坚信理性万能、至善、圆满、乐观的人本主义，认为人类可以通过理性方式把握宇宙万物的结构与规律，通过技术创造途径完全可以征服自然，解决人类面临的几乎所有问题，进而为人类建构起自由而全面发展的"自由王国"。即"一切问题都是可以由人解决的。……许多问题可以由技术解决。那些不能由技术或者不能只由技术解决

① ［荷］E. 舒尔曼：《科技文明与人类未来——在哲学深层的挑战》，李小兵等译，东方出版社 1995 年版，第 363 页。

② ［德］卡尔・曼海姆：《重建时代的人与社会：现代社会的结构研究》，张旅平译，生活・读书・新知三联书店 2002 年版，第 224 页。

③ ［德］海德格尔：《海德格尔选集》（下），孙周兴译，上海三联书店 1996 年版，第 937—946 页。

④ ［英］弗・培根：《新大西岛》，何新译，商务印书馆 2012 年版。

的问题，可以在社会领域（政治、经济等）找到解决办法。”[①] 然而，在社会技术化进程中，科学理性与技术理性却一直都在排挤价值理性，科学精神与技术精神也在遮蔽和淹没人文精神与崇高理想的光辉。在日趋富裕、繁忙疲惫的物质文化生活中，现代人逐渐丧失了对人生意义的追寻，人文价值体系日渐分崩离析，一个协调统一的精神世界逐步瓦解为一块块“文明的碎片”。例如，在现代生产实践活动中，原本丰富统一、兼具人文意蕴的劳动过程却被精确地分解、表征和设计，所有的环节或细节都在技术理性的规划中被明确，所有的偶然因素都在技术理性的逻辑中被排除，进而转变为纯粹的技术性活动，人文意境荡然无存。

（三）人性的扭曲

技术理性野蛮生长的恶果之一还在于导致人类社会价值体系的单一化与人性的单向度化或扁平化。在技术理性主义的支配下，技术的加速扩张正在侵吞和泯灭人性中最可贵和最本质的创造性、异质性和批判性品格，而当初正是依靠这些天赋品格、价值理性与人文精神，人类才逐步踏上了文明发展之路。技术的广泛渗透性以及步伐不断加快的现代社会技术化进程，推进了技术理性对人类理想、信念和价值的吞噬与消解，长期的功利算计使人们疏远甚至忘却了对原初目的或终极价值的追求，而陷入精神空虚状态。正如尼采所言：“追逐利润的生活总是迫使人们费尽心机，不断伪装，耍尽阴谋，占得先机。要比别人在更短的时间内成事，时下已成为特殊的美德。于是，允许人们恢复诚实本性的时间实在少得可怜，就在这少有的时间里，人们也是疲累不堪，要尽量伸展四肢百体呀。”[②] 今天流行的所谓“精致的利己主义者”就是技术理性主义对个体塑造的具体表现。

---

① ［美］戴维·埃伦费尔德：《人道主义的僭妄》，李云龙译，国际文化出版公司 1988 年版，第 14 页。

② ［德］弗里德里希·尼采：《快乐的科学》，黄明嘉译，华东师范大学出版社 2007 年版，第 303 页。

例如，人们之间的交往具有偶然性、建构性，感情自然流露、真挚淳朴。然而，对人际交往模式、人类性格类型、人性弱点与行为心理等交往活动的科学分析，以及由此而派生出来的交际礼仪、交往技巧甚至各种诈骗话术等技术形态，就呈现出明显的目的导向和功利主义特点。如果按照交往技术规范的要求交朋友，就会使纯真的友情中渗入技术成分或功利因素，侵蚀情感价值；按照接待礼仪流程技术培训服务员，就容易使口头上的“欢迎光临”“您好”“谢谢”等礼貌用语以及鞠躬、点头、微笑等礼仪姿态，与服务员内心的真实情感相背离，催生“精神分裂”现象。再如，资本家把每一位员工的生日录入电脑，并与鲜花店、礼品店、物流企业联网和订立协议，以便在员工生日当天及时送上一束鲜花和礼品，以激励员工创造更多的剩余价值。在他们看来，这是一笔收益率颇高的小投资。但是，这种技术化、程序化的做法却散发着肮脏的铜臭味，早已玷污了礼送鲜花原本所要表达的圣洁情感。“这种极端的理性主义不仅完全占据了西方人的心灵，而且更扩张到了全世界、全人类。极端的理性主义就像遮天蔽日的蝗虫，它们飞到哪里，哪里人们的精神的嫩芽就都全部被啃光，啃得连根都不剩。失去了精神性的人类的心目中只有金钱、金钱、金钱，而金钱之下覆盖的却是完完全全赤裸裸的人类的动物本性。”①

在技术理性主义的王国里，人类逐步失去了想象、幻想、探索、反思和批判能力，将不再顾及人文价值与人生意义层面上的判断，代之而来的则是低层次的、带有强烈利益诉求或功利主义色彩的技术理性判断。如此一来，在技术文明的发展进程中，人们很可能只重视短期的经济收益与功效追求，而容易忽略人类社会的长远发展、人文价值与理想追求。韦伯正是基于这一忧虑才指出：“没人知道将来会是谁在这铁笼里生活；没人知道在这惊人的大发展的终点会不会又有全新的先知出现……完全可以，而且是不无道理地，

---

① 黎明：《道德的沦陷——21 世纪人类的危机与思考》，中国社会出版社 2004 年版，第 18 页。

这样来评说这个文化的发展的最后阶段：‘专家没有灵魂，纵欲者没有心肝；这个废物幻想着它自己已达到了前所未有的文明程度。’”①

总之，技术理性的竞争优势构成了对人类众多高阶价值或远大理想的排挤与侵蚀。当代价值理性与技术理性之间的张力趋于弱化，难以有效对抗、遏制或引导技术文化的快速扩张，这就为非理性主义的疯长提供了适宜的土壤。第二次世界大战以来，西方世界出现的以反理性、反科学、反技术为底色的非理性主义思潮，就是对技术理性主义专制统治的一种抗争与反动。非理性主义在一定程度上张扬了人性，抵制了技术理性主义恶性膨胀对健全人性和人文价值的吞噬与挤压，这是应当肯定的；然而，非理性主义本质上也是抵制价值理性、排斥多元文化的，这一点又是我们需要警惕和加以反对的。

五、技术风险增大

在社会技术化的时代背景下，现代技术研发与推广应用活动的不确定性及其引发的风险增多、增大，对人类生存与发展构成了严重的威胁。为此，德国社会学家乌尔里希·贝克才指出，西方发达国家正在从“工业社会”转向“风险社会”。风险社会是一个充满不确定性因素、个人主义日益明显、社会形态发生本质变化的社会。风险社会的两个突出特征是：(1) 具有不断扩散的人为不确定性逻辑；(2) 导致现有社会结构、制度以及多重关系，向更加复杂、偶然和分裂的状态转变。应当强调的是，技术在给人类带来诸多实际利益的同时，也伴随着一系列不确定性因素的滋生、技术风险的增大以及技术负效应的发生，业已演变为当今全球性问题的重要根源。同时，随着社会技术体系结构的复杂化、功能的不断增强以及大面积的推广应用，技

① [德] 马克斯·韦伯：《新教伦理与资本主义精神》，于晓、陈维纲译，生活·读书·新知三联书店 1987 年版，第 143 页。

术失灵、失控或被滥用的风险也在同步增大，将人类带入了风险社会。

技术是现代社会建构与运行的重要基础。与外在的自然风险不同，社会风险源于技术建构、运行及其技术化进程，其中蕴含着诸多不确定性。技术控制就在于消除社会生产与生活中的不确定性，然而，有时这一过程本身却是不可控制的，面临着来自技术系统内外众多不确定性因素的干扰。这也是技术有限性的具体表现。“由于科学技术的飞速发展和技术资本主义各种门类的防范和化解风险的专业系统程序的日益复杂化，各个领域都存在危及全人类生存的混乱无序的不确定性，都存在危及全人类生存的巨大风险。人类为了防范和化解风险而不停地忙于改进和更新各种专业系统程序，忙于解决各种问题。可是旧的问题解决了，新的问题又出现了，各类问题花样翻新层出不穷。这就是风险文化时代，人们的主要任务就是防止和排除诸如生物技术、空间技术等飞速发展后所造成的包括生态风险、核风险在内的各种可以危及人类毁灭人类的巨大风险。”①切尔诺贝利核事故、福岛核泄漏事故、美国次贷危机、“8・12”天津滨海新区爆炸事故、“9・11”事件等都是这一见解的生动脚注。

拓展和强化技术功能，提高技术性能指标，是技术进化与社会技术化的基本方向。然而，在技术功能扩张的同时，技术风险也往往随之增大，技术灾难的破坏作用也趋于扩大。任何技术系统都是人工建构的体系，都是在复杂多变的自然与社会环境中运行的。从理论上说，导致复杂技术系统运转失灵与失控的内部与外部、微观与宏观、主观与客观因素及其作用渠道、环节、时机众多，技术故障及其风险难以避免。正如让-保罗・萨特所指出：“我们行动的结果最终总是摆脱了我们的控制，因为每项商定的事情只要一经实行，就会进入与整个宇宙的联系之中，而且这种无限多重的联系超出了我们意图能控制的范围。”②从技术系统建构角度看，由于人们在技术认识、

① ［美］斯科特・拉什：《风险社会与风险文化》，《马克思主义与现实》2002年第4期。

② Jean-Paul Sartre，Search for a method, trans，Hazel E. Barnes，New York: Alfred A. Knopf, 1963，p.47.

构思、设计与建构等环节上的历史局限性，许多技术系统往往先天不足，存在着诸多缺陷或薄弱环节，难以适应时代快速发展的需要。这一现象在一次创新阶段或前期投入不足的情况下较为常见。例如，在许多早期公共建筑技术系统中，往往缺少消防、抗震、防雷、防盗、停车位、无障碍通道、备用通道、网络布设等技术设施，不仅建筑功能不完善，而且也潜伏着一系列技术风险或安全隐患。

从技术系统运行角度看，操纵者是技术系统的灵魂，违反规则的误操作也是导致技术灾难的直接诱因。在技术实践中，由于生理与心理、体力与智力等方面的阈限或缺陷，人们难以始终如一地保持良好的工作状态，因而误判或误操作的技术风险难以避免。正如墨菲法则所概括的："凡事可能出岔子，就一定会出岔子。"[①]一般地说，操纵者在技术体系中所处的地位或扮演的角色越重要，误操作所导致的危害就越大。同时，在社会矛盾与利益冲突广泛存在的现时代，滥用或恶意使用技术的现象屡见不鲜，人为制造的技术灾难层出不穷，人类控制技术研发与新技术扩散或使用的难度越来越大。强大的现代技术系统一旦失灵、失控或被滥用，其破坏作用将是灾难性的。[②]由此可见，伴随着社会技术化进程的加快，现代人日益生活在多重技术风险交织的阴影之下，来自核战争、恐怖袭击、网络攻击、环境污染、安全事故、基因编辑等层面的技术风险，以及工业技术活动所催生或诱发的温室效应、厄尔尼诺现象、拉尼娜现象等自然灾害，正严重威胁着当今人类的生存与发展。

不难理解，物化技术是技术系统的骨骼与肌肉，它的病害或故障也是导致技术灾害的重要根源。局部的或低层次的物化技术单元（或子系统）的老化、磨损、失灵，必然会导致整个技术系统的失控、失效或崩溃。应当指出的是，由于技术系统及其构成单元的非齐一性，即使在平均寿命期限内，也

① [美] 爱德华·特纳：《技术的报复——墨菲法则和事与愿违》，徐俊培、钟季康、姚时宗译，上海科技教育出版社 1999 年版，第 21 页。

② 刘益东：《试论科学技术知识增长的失控》(上、下)，《自然辩证法研究》2002 年第 4、5 期。

难以避免因个别技术单元运转失灵、失效而导致整个技术系统瘫痪甚至酿成灾难的可能性。从工程技术视角看，绝对安全的技术系统是不存在的，其安全性与造价或成本之间呈指数级正向相关性；技术系统的结构层次越多、越复杂，物化技术单元数目越多，其结构或稳定性就越脆弱，发生故障的概率也就越大，技术失控或被滥用的风险也会随之增大。

系统科学研究发现，在日趋庞大而复杂的技术体系中潜伏着一种被称为“体系效应”或“蝴蝶效应”的危机，只要其中某一个单元或子系统发生故障，就可能引发“多米诺骨牌效应”，进而导致整个技术系统崩溃或瘫痪。“这些复杂的技术程序和技术系统使我们的世界变得如此不堪一击：一个出其不意的变化就可能导致一场灾难。”[①] 蝴蝶效应、黑天鹅事件、灰犀牛事件等概念就是对现代社会技术系统的脆弱性、不确定性和体系效应特点的生动反映。例如，2003 年 8 月的北美大面积停电事件、2008 年 9 月的全球金融危机、2011 年 3 月的日本福岛核事故、2017 年 5 月的“勒索”病毒暴发事件等，都根源于技术系统内外某一因素的微小异动，但最终却造成了难以估量的重大损失。正可谓“千里之堤，溃于蚁穴”。

此外，复杂多变的外部环境扰动也是导致技术灾难的直接诱因。事实上，技术运行环境因素的变化总是通过向技术系统结构或内部因素渗透、转化的途径，导致其中某些技术单元失效或操作者失误，进而酿成次生技术灾害的。例如，大雾、雨雪天气导致交通事故，地震、海啸造成核电站运行故障乃至核泄漏，COVID-19 病毒传播致使多国医疗技术体系崩溃等。反过来，在自然环境中展开的人类技术活动及其扩张，往往也会干扰或破坏原有的自然平衡，进而导致自然灾害频发，危及人类的生存与发展。例如，大型水库的修建容易诱发地震，CO_2 等温室气体的排放导致全球气候变暖、气象灾害频现等。尽管自然灾害都有各自发生的内在机理，但是人类技术活动的确是

① ［联邦德国］F. 拉普：《技术哲学导论》，刘武等译，辽宁科学技术出版社 1986 年版，第 152 页。

干扰自然平衡、诱发或催生自然灾害的重要因素。所谓的“人类圈”“智慧圈”“人类世”“生态圈”概念就是在此基础上形成的。[①] 一般而言，社会越繁荣发达，技术灾害以及技术活动所诱发的次生自然灾害的损失就越惨重。这也是为什么许多国家或国际组织限制某些技术研发及其推广应用的根本原因。

恐怖主义是威胁当今国际社会安全的一大“毒瘤”。现代社会潜伏的众多技术风险客观上为恐怖分子制造事端、实施恐怖袭击提供了可乘之机，从而催生了所谓的“非传统安全威胁”。恐怖袭击的思路之一就是立足于攻击与防御之间的非对称性，即通过对某些重要社会技术系统薄弱环节或关键单元的攻击，以微小的代价将潜在的技术风险转化为现实的巨大技术灾难。例如，暗杀领导人，劫持飞机，攻击水库大坝、电站、通信枢纽、机场、地铁，破坏桥梁、水源、通信设备、军事设施等。恐怖主义的可怕之处就在于容易造成人人自危、草木皆兵、防不胜防的恐怖氛围；形成到处都是战场，万物皆为武器，随时随地都可以发动袭击，但却看不见对手的新型武装斗争技术形态。这是当今社会敌对矛盾演变与社会风险的最新表现形式，也是现代社会技术化加速推进带来的恶果之一。

由此可见，在社会技术化进程中，环境因素的波动、构成单元的失灵或失效、操作者的人为失误、敌对力量的破坏等内外多重因素，都可能诱发技术系统故障甚至酿成重大事故；新技术、新功能与新风险同步扩张，如影随形，将人类带入了危机四伏的风险社会。更为可怕的是，人们往往为新技术功效所陶醉，而对众多高新技术风险却视而不见，既不自觉也不重视。强大的现代技术系统一旦失灵或失控，所引发的灾难将是空前的或毁灭性的。生活在多重技术风险阴影之下的现代人，应当树立忧患意识，未雨绸缪，有效预防和时刻提防各类技术灾害的发生，积极防范和化解各类技术风险，引导社会技术化向善。

---

① 陈之荣：《人类圈 · 智慧圈 · 人类世》，《第四纪研究》2006 年第 5 期。

六、文化生活的趋同化

如第五章“技术与文化的矛盾运动”一节所述，在社会技术化进程中，由于技术的功效性、基元性与渗透性，相对独立的新技术成果容易渗入相关社会文化领域，导致旧文化形态的改造、重建或衰亡以及新型文化形态的创建和兴盛。同时，技术文化的快速膨胀又促使社会技术化处于加速扩张之中。“在日常生产、生活中，文化与技术存在着过密的包裹和渗透，技术有着强大的改造世界和积聚能源的力量，但在具体文化场景之下，却为规则或某种精神所支配；文化每时每刻都在用传统塑造或复制着群体或个人，并留下各种各样的文化遗存，但自身却时常淹没于‘技术物化’的洪流中，为技术所推动或左右。”[①] 社会的技术化与文化的趋同化是内在关联、同步展开的社会演进过程，相同的技术形态往往会塑造出相似或相近的社会文化生活形态。在社会发展进程中，机械化、信息化、智能化、城市化、现代化、全球化等历史过程，都是在相关通用技术成果的基础上展开的，都是社会文化生活技术化、趋同化的具体表现，带有鲜明的时代印记。

（一）生产活动的同质化

尽管现代技术族系枝繁叶茂，技术文化兴旺发达，新型社会文化形态大量涌现，但是在技术进化与社会技术化潮流的冲击下，众多传统文化形态却在加速凋敝、衰亡。如第三章“社会技术化的基本特征”一节所述，社会文化生活的技术化在给人类带来巨大利益的同时，也造成了当代文化的趋同化或同质化，导致传统文化“基因”流失、多样性丧失、人文精神衰落等弊端，使人类陷入了功效优先的深度的文化同质化危机之中。与技术理性主义的膨胀相对应，社会的技术化也催生了社会文化生活的单向度化。马尔库塞最先

---

① 曾鹰：《技术文化意义的合理性研究》，光明日报出版社 2011 年版，第 49 页。

觉察和剖析了源于技术理性主义扩张与社会技术化的政治、文化、话语等社会生活领域的单向度化，并指出了这一趋势的严重后果。即发达工业社会已演变为现代版本的“达玛斯提斯之床”，① 导致社会的政治、经济、文化、教育、新闻等生活领域，只剩下了一个肯定与维护的单一向度或模式。现代技术“统治（以富裕和自由为伪装）便扩展到一切私人的和公共的生活领域，使一切真正的对立达到一体化，同化一切替代品。随着技术合理性成为更好的统治的巨大载体，便创造了一个真正极权主义的世界，使社会和自然、心和身为维护这个世界而处于长期动员状态，技术合理性也就显示出它的政治特点。” ②

文化的趋同化根源于技术文化的强势崛起，而技术文化最初又是从生产与生活实践活动中发育、成长和分化出来的。如第五章“技术文化及其流变”一节所述，近代以来，与资本主义生产方式的形成相适应，以改进产品及其生产工艺流程为核心的技术设计与研发，逐步从生产实践活动中分离出来，形成了相对独立的技术文化形态。在资本扩张的牵引、技术科学与工程科学发展的推动下，专业化的技术研发活动加速推进，新技术成果不断涌现。新技术以其功效优势逐步替代和淘汰了传统技术，从而使先进技术成果及其产品成为生产实践活动竞相追逐的对象，也促使社会生产与生活开始全方位建立在技术研发的基础之上。工业化生产方式替代手工业生产方式，蒸汽力淘汰人力与自然力，内燃机、电动机又淘汰了蒸汽机等生产变革，都是通过产业技术的不断创新完成的。同时，产业技术的大规模扩散、转移与复制阻力小、速度快，更助推了经济生活的趋同化，即众多企业采用相同的工艺流程技术生产相同种类或规格的产品，广大消费者使用同一种类甚至同一品牌的

---

① 达玛斯提斯是一个杀人狂。他有一张床，每一个到他家借宿的人都要睡这张床。而这张床的用处在于，如果一个人长得高，睡不下，他就把他的腿砍短，直到他刚好能睡下；如果他长得矮，他就把他的腿拉长，直到足够长为止。

② Herbert Marcuse, *One-Dimensional Man: Studies in the Ideology of Advanced Industrial Society*, Boston: Beacon Press, 2002, p.20.

产品等。

在现代社会技术化进程中，一方面，产业技术进步催生新兴产业部门和改造传统产业部门，创造出丰富多彩的商品文化和经济繁荣；另一方面，现代生产活动却趋于标准化、同质化、同步化，促使经济生活的民族性、地方性、传统性、人文性特色渐逝，千城一面、千厂一面、千店一面的现象十分普遍。经济生活的趋同化主要体现在两个层面：一是标准化的新产品、新工艺、新业态迅速扩张，形成了仅有技术或时代特征，而无地域或民族印记、无个性特色的整齐划一的经济文化现象。例如，火车、飞机、高速公路、互联网、石油开采、股票交易等现代产品及其工艺流程高度相似，容易扩散、转移和复制。二是个性化、差别化的传统产品、工艺和产业，因功效低下等原因而受到排挤，逐渐在市场上和社会生活中销声匿迹，其中所承载的丰富历史文化信息也随之消失。在以信息技术为核心的现代技术革命的推动下，技术进步对经济增长的贡献率不断提高，已上升为决定现代经济发展的第一要素，标志着人类已进入知识经济时代。这一特征表明现代技术文化塑造经济生活的能力越来越强大，全球经济文化生活的趋同化、同质化是大势所趋，锐不可当。

（二）文化生活的趋同化

生产力是经济与社会发展的原动力，而自然技术形态又是一种与生产力诸要素密不可分的直接的现实的生产力。因此，新技术成果必然会通过生产力与生产关系、经济基础与上层建筑之间的社会基本矛盾运动，传导到社会文化生活的各个领域或层面，进而对社会文化生活以及社会演进产生广泛而深远的影响。经济活动是社会物质文化生活的基础，是塑造社会生活面貌的主导力量，经济生活的趋同化必然带来物质文化生活的同质化。在这里，物质文化生活的趋同化容易理解。因为同一时代的物质生活资料大多源于同一行业标准与工艺流程技术相似的生产线，相似的产品、功能、产业必然带来相似的物质文化生活模样。例如，大多数年轻上班族的生活模式趋于一致：

上下班时间都是“早9晚5”，中午吃同样的快餐盒饭，居住结构差不多的高层公寓，乘坐相同的交通工具，使用配置相差无几的手机或个人电脑，闲暇时都在上网或观看娱乐视频，关注同一热点事件，等等。

虽然社会精神文化生活具有相对独立性，但是在技术、经济与物质文化生活趋同化的牵引下，精神文化生活的趋同化现象也日渐明显。一是社会意识是社会存在的反映，精神生活是物质生活的折射或延伸。同质化的技术、经济与物质文化生活，遭遇相同或相似的时代问题，势必促使精神文化生产和生活的主题、内容和形式趋于相近或相似。二是新技术成果为精神文化活动提供了新平台或新载体，在提高精神生产与生活功效的同时，也促使精神文化生活的流程与样式趋于一致。例如，电影、电视、电脑、互联网、微信、短视频、电子图书等信息技术形态，为文学艺术创作、思想交流、艺术传播与欣赏等精神生产与生活提供了大致相同的可能路径或形式，催生了众多流行的现代文化样式。一方面，以落后技术形态为基础的具有地方性或民族性的传统文化样式日渐衰落；另一方面，以先进技术形态为基础的新兴的精神文化作品和样式却大行其道，广泛传播甚至流行，从而带来了精神文化生活的趋同化。在信息化、数字化、智能化、全球化的时代背景下，在现代社会技术化进程中，精神文化生活的同质化现象日趋明显，人们常常同时收看同一场春节晚会，关注同一届奥运会，谈论同一件新闻事件，评论同一位影视或体育明星，哼唱同一首流行歌曲……

当今以信息技术为基础的视听文化，具有现场性、参与性、通俗化、大众化等特征，对传统的读写文化的生存与发展构成了威胁和挤压，也加剧了人文文化与技术文化之间的裂痕。例如，2013年中央电视台和国家语言文字工作委员会联合举办的“中国汉字听写大会”的现实背景，就是信息技术的发展尤其是火星文、表情包等网络语言的流行，以及语音、图像或视频通信、多种文字输入方法、计算机语言等技术的扩张，导致人们遗忘了许多汉字的读法和写法。然而，最具讽刺意味的还是该项活动又必须借助电视传媒技术，传播重视汉字文化的理念与价值诉求。“图像技术带来的首先是直接性占统治地位，换句话说就是拒绝抽象和中介：重要的是具体，是图像，而从这个充斥着图像的世界上消失的是想象。图像技术是直接的技术，然而只有在时间的差距中才会有文化的存在。”①因此，不难理解，视听文化的进入门槛低，人人都可参与、交流和创造，几乎不存在传统意义上的“文盲”。但与此同时，视听文化的扩张却在挤压着读写文化的生存空间，淡化了后者高雅、深邃、精致、理性、从容的魅力，以及留给人们的丰富想象与创造空间等。

这里需要说明的是，任何社会文化生活都是在所处时代的技术平台上或者相关社会技术体系中进行的，文化生活的技术建构也是在当时的技术世界或社会技术体系中展开的。归属于工程技术范畴之下的产业技术，虽然它在社会生活中举足轻重、不可或缺，但却并不是技术的唯一形态，技术对社会文化生活的影响也不一定都是通过单一的产业技术进步或经济路径实现的。来自实验室技术、军事技术、医疗技术、教育技术、传媒技术等社会领域或层面的众多新技术成果，也可以直接进入社会文化生活领域，全方位参与众多文化技术形态的建构与运行。事实上，在许多产业或行业的孕育初期，它所对应的经济、文化活动的技术基础，多是结构松散的实验室技术或专业技术。后来才在强大社会需求的牵引下，逐步研发、整合和生长出成龙配套的成熟产业技术形态，进而形成规模化、标准化的系列产品技术形态及其工艺流程技术形态。同样，在特殊的、具体的社会文化生活中，来自不同领域、层次的多项新技术成果常常依次替代其中的落后技术单元或薄弱环节，推动该文化技术形态不断吐故纳新、升级换代；或者被集成、会聚、综合在一起，创建新一代的文化技术形态，支撑和服务于多种具体文化目的的高效实现。因此，文化生活的技术基础总是在不断更新和进步的，随时代与技术文化的发展而演进的特征明显。这也是文化趋同化的另一个面相。

① [法] R.舍普等：《技术帝国》，刘莉译，生活·读书·新知三联书店1999年版，第196页。

第十章　现代社会技术化的善治之道

技术既是塑造现代社会生活面貌的强大力量，也是诱发诸多社会问题的根源与枢纽。如何重建现代社会文化体系、重塑人性及其价值观念，规范、引导和驾驭高新技术研发与推广应用，抑恶扬善，促使社会技术化更好地造福人类，既是当今人类面临的重大挑战，也是现代社会治理的一项重要任务。从历史视角看，高新技术研发是现代社会技术化之“源”，其推广应用则是现代社会技术化之“流”或展开过程。作为当代技术研发的前沿领域，高新技术的许多属性与特征尚处于形成之中，未来可能催生的一系列问题尚处于萌芽状态，因而高新技术治理也处于酝酿和摸索阶段，应当面向未来。随着高新技术属性与效应的不断显现以及向通用技术形态的蜕变，相对稳定的高新技术治理模式才会逐步成型。现代社会技术化的善治目标就是追求技术治理的理想境界，离不开以政府负责、社会协同、公众参与、法治保障为轴心的现代社会治理体制建设，以及以社会化、法治化、智能化、专业化为指向的治理能力的提升，展现为一个随高新技术研发与推广应用活动而渐次展开的历史演进过程。

一、高新技术治理的层次与模式

当今人类正在从信息技术时代走向生物技术时代、走向科技创新的新时代。AI、大数据、物联网、量子计算、深空探测、基因编辑、人体增强等高新技术日新月异，源于这些技术成果推广应用的元宇宙、智慧城市、无人驾驶、无人机战争、社会计算、社会物理学、基因治疗等现代社会技术化正在向纵深加速推进，全面而深刻地塑造着未来社会生产与生活面貌。高新技术是当代技术发展的前沿领域和科学技术的制高点，现代社会技术化也主要表现为高新技术的研发与推广应用，以及高新技术成果与社会生产和生活诸领域或层面的深度融合。作为现代社会的新生事物，以技性科学为基础的众多未来高新技术形态尚处于孕育和成长初期，许多功能、属性、特点和规律尚未得到充分显现。高新技术的成长性及其伴生的不确定性或风险性，以及世人对它认识的肤浅性、短视性，带来了高新技术治理上的诸多困难。

（一）技术治理矛盾及其层次

在现实生活中，人们对高新技术功效、经济价值、军事用途等层面的认识较为充分，期望值也比较高。大力发展高新技术已成为世界各国政府、社会各界的普遍共识，但是人们对高新技术风险、负效应以及衍生效应却缺乏全面而深入的认识和预见，更没有充分的思想准备和周密的应对方案。在高新技术研发的前沿领域，新技术上的可能性众多，既隐含着重大技术发明或文明跃迁的历史机遇，也潜伏着众多不确定性或技术风险。这是当今技术研发领域派生的一对基本矛盾。该矛盾往往又进一步转化为技术研发冲动与社会文化规约之间的对立。在这里，不受社会文化规约的技术研发冲动是危险的，可能给人类带来灾难性的后果；同样，强势的社会文化规约又容易限制技术研发上的自由探索与创新尝试，也会使人们错失技术发明机遇及其潜在的巨大经济效益或社会价值，进而在未来社会竞争中走向衰落。因此，在技术研发冲动与社会文化规约之间保持必要的张力，强化高新技术治理，可能才是化解技术研发基本矛盾的现实路径或可行方案。

与传统社会的专制统治或万能的政府管制模式不同，治理（governance）理念源于西方政治学，后来演变为 20 世纪后期兴起的新公共管理理论的一个重要概念。它是一种由共同目标支持的新型管理模式，参与此类活动的主体多元，展现为一个既彼此博弈，又相互依存、互动共生、联合行动的持续改进过程，促使众多不同的或相互冲突的利益诉求得以调和和实现。其中，既包括迫使人们服从的正式制度和规则，也包括人们接受或以为符合其利益的各种非正式制度和规则。“从统治、管理到治理，言辞微变之下涌动的，是一场国家、社会、公民从着眼于对立对抗到侧重于交互联动再到致力于合作共赢善治的思想革命。”① 可见，在社会实践中，治理不只是一套规则或一种活动，而是一个持续推进的社会协同进化过程。治理过程的基础并不是控制，而是彼此沟通、协调与共存，既涉及公共部门也包括私人部门。

“技术治理”一词至少包含两个层面的含义：一是指以技术为内容或对象的社会治理活动；二是指将新技术成果或手段广泛运用于社会治理之中，以提高社会治理能力和水平的过程。所谓的技治主义就是在第二个层面的含义上形成的，而这里主要是从第一个层面的含义上展开讨论的。即将治理的理念贯彻到技术研发与推广应用领域，或者说以社会技术化进程为对象的治理活动就是技术治理。由于技术在社会生产与生活中的基础地位，以及技术创新对经济社会发展的基础推动作用，技术研发及其推广应用已演变为现代公司治理、社会治理、国家治理、全球治理等领域的重要对象或内容。在这里，承认技术的社会建构或可塑性，以及将技术运动现象从社会体系运行中相对地区分开来，是技术治理展开的逻辑前提。不难理解，技术治理过程是所有技术利益攸关方的“议会”或“战场”，是一个多元主体参与、多方力量博弈、多条路径协同并进的技术向善建构及演进过程。社会技术化过程中所涉及的个人、企业、组织、政府等主体，都是参与技术治理的社会行动者。

在现实生活中，许多社会问题的发生都根源于技术进化，许多技术问题最终也表现或转化为社会问题，进而演变为社会治理的对象。“随着技术进步本身在社会和文化方面所造成的意想不到的后果，现在，人类不仅在咒骂

---

① 《习近平主持政治局集体学习：以更大的政治勇气和智慧深化改革》，《人民日报》2013 年 1 月 2 日。

自身的社会命运，而且也学会了掌握自身的社会命运。技术（向人类提出的）这种挑战是不可能仅仅用技术来对付的。确切地讲，必须进行一种政治上有效的、能够把社会在技术知识和技术能力上所拥有的潜能同我们的实践知识和意愿合理地联系起来的讨论。”①在这里，随着参与主体的增多或技术影响范围的扩大，技术治理可分别视为公司治理、社会治理、国家治理、全球治理的分支领域或特殊形态。例如，以相关技术研发与推广应用为背景的朝核问题、伊核问题、生物武器、网络攻击、温室效应、福岛核污染水排海等问题，就离不开全球治理的理念及其框架。作为社会生产与生活的构成要素或基本格式，众多技术研发与推广应用过程都是在具体社会历史场景下展开的，关涉社会多方利益或多重矛盾，进而形成了一个多元、开放和演进的社会技术治理体系。

在社会技术化实践中，技术治理的内容主要体现在三个层次上：一是以具体技术研发与推广应用过程为对象的管理活动，主要涉及科技管理学领域。例如，从技术研发项目的申报、审批、立项、中期考核、成果鉴定、专利申请、技术转让，到中试、产业化、质量监控、商标注册、用户投诉受理等诸多并联或串联路径及其环节，逐步形成了一套相对完备的技术管理体制与规范。这可视为狭义技术视野下的技术管理或治理。

二是以高新技术为基础的新兴社会事务管理。技术发明创造是催生新兴产业、文化形态或社会事务的源头，对这些新兴社会事务的管理离不开对相关技术的管理或治理。例如，以自媒体、互联网、人脸识别、无人机、无人驾驶、大数据、物联网等先进技术为核心，催生出众多新业态以及社会文化生活的新形态，由此派生的新兴社会事务管理也主要是围绕着相关技术的治理展开的。从社会技术视角看，新兴社会事务的出现往往伴随着新型社会技术体系的建构与运作，二者互为表里，难解难分，社会治理与技术治理常常

① ［德］尤尔根·哈贝马斯：《作为“意识形态”的技术与科学》，李黎、郭官义译，学林出版社 1999 年版，第 95 页。

融为一体，互动共进。

三是高新技术成果广泛渗透和应用于社会生产与生活诸领域或层面，有助于推动相关领域社会技术形态的创新与升级换代，进而提升相关领域社会治理效果及其效率。这也是社会治理体系建设与治理能力现代化的必由之路。以新技术要素替换旧技术要素，推进相关领域技术形态的升级改造，也是社会技术化的基本方式或路径。例如，将远程视频监控、手机定位、大数据技术、人脸识别、指纹识别、基因比对等高新技术成果引入刑事侦查过程，正在改进和重塑传统的刑事侦查流程技术形态，大幅度提高了侦查、甄别和抓捕犯罪嫌疑人的能力与效率，也降低了缉捕嫌犯的难度。在这里，应用新技术的条件、场合、限度、合法性等问题将会转化为技术治理的轴心。

（二）技术治理模式

在社会技术化进程中，通过先进技术研发与推广应用途径实现各自利益的最大化，是参与技术治理有关各方的立足点。由于技术性质及其演进阶段的不同，从而形成了合作、对抗等技术治理模式。从技术成长阶段看，一般地说，处于研发阶段的技术形态的社会辐射面或影响范围小，利益格局比较简单，多限于研发部门或项目承担机构的内部治理。尽管技术研发过程中也存在诸多分歧或争议，但是有关各方之间的目标或利益基本一致，容易形成合力推进技术研发的团结协作机制与利益分配方案。这一类技术治理可称为协作型治理模式。在这里，社会基础设施、公共产品或民用产品等技术形态直接服务于社会各界或普罗大众，其研发与推广应用过程中关涉的众多社会群体之间的利益大体一致。虽然相关主体在技术利益分享或负效应分担上存在一些分歧，但大多容易通过沟通、协商、补偿等形成共识和合作，也可以归入协作型治理模式之列。

在社会技术体系中，人们总是通过建构、拥有、操控或利用众多具体技术系统的方式直接或间接地交往，这些技术系统几乎遍及所有社会领域。以某一项技术研发与推广应用过程为轴心，容易形成以该技术为治理对象、相关主体共同参与的微观结构：一方面，该项技术的研发与推广应用应当符合行业标准、行政许可、法律条款或道德规范等，不违背公序良俗和公众意志，否则将会遭受道德谴责、法律惩处或行政处罚等多重干预。另一方面，当该技术给某些主体带来实际利益时，就会得到他们的肯定、支持或拥护，反之则会遭受质疑、反对或抵制，需要通过沟通、对话、补偿谈判、谅解、妥协等方式促使该项技术的改进。众多技术治理的微观结构在纵向上的延伸和交织融合，就汇聚构成了社会技术化的宏观治理体系。例如，广大客户根据自己的判断和意愿选择与购买某一种产品的市场行为，就形成了优胜劣汰的产品技术治理机制；同时，工商行政管理、产品质量监督、消费者协会、媒体等部门都是参与产品技术治理的社会主体。此外，除设计、生产和销售环节外，企业的产品售后服务体系还承担着产品技术咨询、维修、退货、理赔等后续技术服务职能，并及时吸纳广大用户的意见和建议，也是该技术治理体系的重要组成部分。

在技术治理实践中，社会层面的互动、交流、协调、斗争与对抗，也是促进技术健康发展或技术生态系统进化的主要手段，即社会矛盾运动是化解技术矛盾的重要路径。如第二章“社会技术的矛盾运动”一节所述，单就对立技术形态的演进而言，某一新兴技术形态的出现往往会引发对抗或反制它的一系列对立技术形态的创建。当然，后者反过来又会推动前者的升级改造，或者诱发与后者相抗衡的其他新型对立技术形态的创造与改进。[①] 如此你来我往，交替争锋，传导衍生，滚动递进，推动着相关技术进化与社会演进。尤其是在军事技术领域的对抗与竞争中，对立技术形态之间容易形成暂时的均势或相互牵制的局面，有助于抑制冲突与战争、维护和平。这一类技术治理可称为对抗型治理模式。例如，二战以后，以先进军事技术研发为基础，“北约”与“华约”两大军事集团之间的对峙以及美苏两霸之间的长期军备竞赛，给世界和平带来了严重威胁。在联合国等国际组织的斡旋下，经

① 王伯鲁：《技术化时代的文化重塑》，光明日报出版社2014年版，第51页。

过长期较量和艰苦谈判，先后达成了《苏联和美国消除两国中程和中短程导弹条约》《不扩散核武器条约》《削减战略武器条约》等重要协议，有效降低了军事技术对抗及其恶性竞争的强度，避免了双方的军事冲突和财力耗竭，促进了世界和平。由此可见，技术治理多是在社会治理框架下展开的，离不开社会层面的利益博弈、谈判、协调与妥协等治理机制与手段。

二、技术权力的控制机制

现代性是现代西方文化的内核，它以技术为杠杆，片面追求功效以及对自然与社会的全面控制，抑制了人们对多元价值的追求。作为这种控制的基本手段，技术的普遍性似乎也证明了西方现代性的普遍性。如第五章“技术权力及其规约”一节所述，技术功能在社会层面就外化为技术所有者或操控者的技术权利或权力。正如马尔库塞所言：“今天，政治权力表现在它对机械过程、对设备的技术组织的权力上。已发达的和正在发达的工业社会的政府，只有当它成功地动员、组织和开发适合工业文明的技术的、科学的和机械的生产力时，它才能维持和保护自身。……机器的物质的（只是物质的?）力量超过了个人的力量和任何特殊的个人集团的力量，这一残酷的事实在任何其基本组织是机械过程的组织的社会里，使机器成了最有效的政治手段。”①随着高新技术研发及其推广应用的加速扩张，技术权力或权利以及对社会发展的影响作用也越来越大，对技术权力或权利的控制与规约已演变为技术治理和政治生活的主要内容之一。由于认识水平、价值观念、技术利益上的差异，人们在技术效果评判上的分歧明显，在技术建构与运作上也难于达成共识、协调一致，因而在技术权力归属以及使用规范上明争暗斗、争权

① Herbert Marcuse, *One-Dimensional Man: Studies in the Ideology of Advanced Industrial Society*, Boston: Beacon Press, 2002, pp.5–6.

夺利的现象司空见惯。这就要求代表公众与社会长远利益的政府、社会团体或国际组织，建构技术权力的社会控制机制、法律与道德规范体系，约束和引导技术研发及其权力运作。

（一）外部控制机制

作为技术治理的主要任务之一，技术权力的社会控制是一项复杂的系统工程。从组织结构上看，技术权力的社会控制往往与现行的政权运行机制合而为一，也容易转化为经济或政治权力。“假如当今世界能有一个真正的社会控制系统的话，那么最有可能行使控制权的便是政治机构。”①一般地说，技术权力的社会控制体系本身也是一个结构更为复杂的高一级社会技术形态，形成了一个金字塔型的等级层次结构，其中的低层次技术系统总是按照高层次技术系统创建者和操控者的价值观念、意志或指令运行的；或者说由于高层次技术系统拥有对低层次技术系统的控制权，因而也拥有对后者技术权力的调控和支配机制与能力。社会的行政、立法、司法、海关、税务、财政等政治权力机关，教会、行会、协会、基金会、媒体等非政府组织以及思想上层建筑各部门，都可以作为这一控制体系的建构单元或子系统而被纳入其中，进而参与、引导或控制低层次技术系统的创建与运作。这就是技术权力的外部控制机制。

从前述对社会技术体系或技术世界层次结构的分析中不难看出，对技术权力的社会控制体系的最高掌控权，最终将落入社会政权体系核心成员的手中。而后者又总是归属于一定的时代、民族、阶级、国家，难于超越所属政治集团的价值观念、现实利益、认识水平以及所处时代的历史局限性等。他们对技术的调控势必带有明显的阶级、价值观、所处社会历史阶段甚至个人性格的印记，因此对这一控制机制及其引导向善作用不应估计过高。同

---

① Daniel Bell, *the Cultural Contradictions of Capitalism*, New York: Basic Books, Inc. Publishers, 1978, p.xxx.

时，独裁或集权制领导核心成员的活动大多游离于社会运行体制之外，凌驾于任何外在的控制机制之上，仅依靠他们自身的个性修养、道德自律、相互监督、低层次组织的牵制以及敌对力量的抗衡来约束，对他们的外部控制作用及其功效微弱。由于贪婪、懒惰、非理性、认识局限、生理或心理阈限等人性缺陷，这一最高级别的技术控制模式或机制也不可能摆脱人性、价值观与社会发展阶段的历史局限性，往往潜伏着巨大的技术风险或社会危机。为此，温纳才指出："人类在多大程度上控制技术？如果控制被理解为支配性影响力的运用，或是约束力的保持，那么大多数现代文献会认为控制这件事往好里说也就是一个悖论。……技术系统完全排除了外部管理对其施加影响的可能性，而仅仅对其自身的内部运行做出反应。换句话说，正是那些延伸了人类对世界的控制力的技术，其自身却难以被控制。"①

正是基于这一原因，拉什才指出："我们也应该看到，用技术手段来防范和化解风险、危险和灾难的风险预警与控制机制，又必然会导致另一种我们所不愿意看到的结果，那就是，这种风险预警与控制机制可能会牵扯出新的进一步的风险，可能会导致更大范围更大程度上的混乱无序，可能会导致更为迅速更为彻底的瓦解和崩溃。"② 由此可见，控制技术权力或风险的社会技术体系及其基础是脆弱的，源于技术研发与推广应用的社会风险难以避免，风险社会的前景令人担忧。历史上频繁上演的战争、种族屠杀、安全事故、环境污染事件等社会灾难，无一不反映出这一外部控制机制的基本缺陷和先天不足。因此，顶层政治权力的分散化、决策的民主化、外部多元国际力量的监督或制衡以及高层核心成员认识与道德水平的提升等，无疑将有助于约束和改善现代技术权力的滥用或作恶。事实上，核战争之所以不易爆发的主要原因就在于拥核国家之间形成了彼此牵制或制衡关系，进而有效限制了滥用核武器的权力。

---

① Langdon Winner，*Autonomous Technology: Technics-out-of-Control as a Theme in Political Thought*，Cambridge: The MIT Press, 1977，p.28.

② ［美］斯科特·拉什：《风险社会与风险文化》，《马克思主义与现实》2002 年第 4 期。

（二）内部控制机制

与外部控制机制不同，技术权力的内部控制机制则是以理性、意志、情感、法律、道德、价值观、风险意识等文化因素为基础的社会个体或组织，对各自技术研发与应用行为的直接调节和控制。例如，对技术研发者法治观念、道德责任感、行为规范的强化教育，旨在通过这一控制机制达到技术研发者或操控者对自身技术行为的规约或管控。这里需要强调的是，基于科学技术知识、人文精神、价值观念、道德责任感而展开的技术反思与批判，可视为这一控制机制的理性源头或价值根基。正如乌尔里希·贝克所言："所有垄断者都把持着的自我控制的可能性，必须通过自我批判的可能性加以补充。……只有当医学反对医学，核物理学反对核物理学，人类遗传学反对人类遗传学或信息技术反对信息技术的时候，在试管中酝酿的未来对于外部世界才会变得可理解和可评价。促进所有形式的自我批判不是某种危险，而可能是事先探知那些迟早要破坏我们这个世界的错误的唯一方式。"① 正是从这一认识出发，我们才说对技术权力的控制必须锚定人类德性与智慧、怀疑与批判精神等。

这里不难理解，技术权力的内部控制也是外部控制机制展开的基础和核心。按照个体在社会生活或技术体系结构中所处的地位，这一控制既可以是低层次的，如战士对手中枪械的控制；也可以是高层次的，如总统对国家机器、武装力量、核按钮等巨型技术体系运作的掌控等。事实上，这种以人性、信念、法律与道德责任感等为基础的内部控制机制，是随着人性的完善与精神境界的提升而演进的。在社会实践中，人们一时难于超越时代与社会现实，也很难摆脱认识局限、价值观念束缚以及现实利益纠缠；同时，人又是一种未完成或有缺陷的存在，是知、情、意的统一体，也难以完全排除非理性因素的干扰，因而误用、滥用或恶意使用技术的现象时有发生。可见，

① ［德］乌尔里希·贝克：《风险社会》，何博闻译，译林出版社 2004 年版，第 290 页。

技术权力的内部控制机制也是不完善、不健全的。正如拉普所言："同从前的时代相反，现代科学技术赋予人类的力量，需要人有一定程度的自我控制。而这完全超出了人类的能力，这就是现实让人进退两难的地方。"[①]正是基于对技术权力社会控制体系缺陷和局限性的这一认识，我们才说合理研发和使用技术，摆脱社会技术化困境，归根结底有赖于人性的提升、社会制度的完善与精神文明建设的成功等多重努力。

由此可见，无论是技术权力的哪一种控制机制，最终都离不开人的直接或间接操控，而人又总是一定时代的、集团的、利益的、文化的、生理的多面人，也是具有先天缺陷和历史局限的具体的、社会的、平凡的人。因此，从根源上说，人类对技术权力控制的基础是脆弱的，体制与机制也是有缺陷的或不完备的。同时，人类对技术的控制也总是有条件的、相对的、有限的，技术的失灵、失控、滥用随时随地都有可能发生。[②]至于未来人类到底能不能合理驾驭技术功能与权力日趋强大的复杂技术体系，目前尚难给出确定性的答案。因为这些完全取决于未来人性的完善、社会制度的完备、精神文明的发达程度以及全人类的共同努力，仍存在着诸多不确定性因素。但是，对这一问题的分析与讨论却有助于唤醒当代人的危机意识，居安思危，遏制不断膨胀的技术权力欲望，更加合理地研发和推广应用高新技术，更加理智地使用和规约不断增强的技术权力。

三、技术的文化塑造

如第五章"技术与文化的矛盾运动"一节所述，作为社会文化生活的基

① ［联邦德国］F. 拉普：《技术哲学导论》，刘武等译，辽宁科学技术出版社1986年版，第46页。

② ［美］凯文·凯利：《失控：机器、社会与经济的新生物学》，陈新武等译，电子工业出版社2016年版，第55—60页。

础、构成要素或运转流程，技术对社会文化生活的支持与推动作用不言而喻。反过来，每一种新的政治运动、社会思潮、消费时尚、文化理念、价值观念的兴起，都容易传导到技术研发环节，刺激新技术的研发与推广应用，进而改变社会技术化进程或轨迹。在技术与文化的互动演变过程中，我们既要重视技术的支撑与建构作用，但又不能漠视文化生活对技术进化的调制与塑造作用。这也是技术社会建构论的基本观念。即众多社会文化因素及其作用机制犹如一枚巨大而无形的“模具”或一把锋利的“雕刻刀”一样，形塑着众多技术形态乃至社会技术化进程。反过来，受到文化调制的技术演变过程也可视为社会文化的技术投影或表达形式。技术的社会塑造理论(SST)①、技术的社会建构理论(SCT)以及技术代码理论的合理之处就在于，它们全面揭示了社会文化因素对技术潜在的、间接的或多层次影响及其机制，也为我们探讨技术的文化塑造机理提供了可资借鉴的思想资源。这也是技术治理理论与实践的立足点。

从根源上说，技术是为了适应和满足社会生产与生活发展需求而创建的。而这些需求又总是在一定的历史背景与文化环境中萌生的，因而带有鲜明的时代、地域或文化印记。从文化视角看，技术的社会塑造其实就是社会文化因素对技术发展的综合调制，带有潜移默化、无形而又多变等特点。在社会文化环境中展开的技术研发及其推广应用活动，不可避免地会受到包括政治、经济、军事、宗教、美学在内的众多社会文化因素全方位、多层次、多渠道地调制与塑造，这里至少可以从四个层面展开说明：

1. 社会文化发展需求推动技术发明创造

在社会文化变革与扩张进程中，对新的文化目的、效果及其效率的追求，都会促使人们不断地创造出新的技术形态。一般地说，技术的发明创造多是围绕着人们的现实或潜在物质文化需求展开的，不同的文化需求呼唤着

① Donald MacKenzie, Judy Wajcman, *The Social Shaping of Technology: How the refrigerator got its hum*, Buckingham: Open University Press, 1999, p.18.

不同的技术实现方式。我们可以从历史上找出无数的事例来说明，众多技术成果最初都直接或间接地根源于社会文化发展需求的刺激。例如，服饰文化需求的演变推动了纺织、印染、裁缝、贸易等产业技术的发展；为了提高印刷效果与效率，古代的毕昇发明了活字印刷工艺技术，近代的古腾堡发明了印刷机技术，现代的王选又创造出激光照排技术等。

2. 文化因素助推技术构思与设计

技术构思与设计者总是出生和成长于一定的社会文化环境之中，自觉或不自觉地继承了所属文化体系的价值观念、民族心理、审美情趣与行为规范等，因而他们的技术构思与设计中往往携带着各自文化的基因或特征。不同时代、地域、民族的技术活动，总是被打上了鲜明的文化印记。例如，在建筑技术领域，巴洛克式建筑、哥特式建筑、洛可可式建筑、后现代主义建筑、“大屋顶”式建筑等设计理念或风格以及建筑技术，都是建筑设计者所处时代与文化的产物，即是当时的宗教、伦理、审美、艺术、历史、风俗等文化因素综合塑造的结果。

3. 文化因素影响技术选择

如第六章“竞争与选择机理”一节所述，选择总是在评价的基础上，依据可能性、可行性等因素而做出的采取哪一种方案或行动的决定。评价的依据是价值标准，价值标准又是价值观念的具体体现，而价值观念则是构成文化的核心要素。可见，技术选择是文化塑造作用的基本机制或途径。从技术研发过程来看，重大技术方案的构思、设计、论证、研制、试验与推广应用等环节，都是在反复比较、多轮评估精挑细选中推进的。这些环节往往关涉社会多方面的利益，由多重社会文化因素共同决定，容易引发复杂的利益争夺或价值冲突，最终需要通过多方博弈、谈判、妥协与平衡的方式或路径，实现对技术方案的选择、修改或优化。这也是下一节“技术民主化及其局限”展开讨论的出发点。当代人虽然无法自由选择现时代的技术现状或基础，但是现时代的技术基础却是前一代人创造和选择的产物，而当代人的技术创造与选择也会奠定未来人类文化生活的技术基础。

4. 文化因素干预技术的推广应用

如果说技术创造过程各环节上的选择主要是在技术研发共同体内部进行的，那么技术推广应用过程各环节上的选择则是在一定的社会历史场景下，由多元主体通过市场、行政、媒体、文化交流等渠道或机制展开的。这也是行动者网络理论（ANT）的基本观点。① 从推广应用过程来看，技术提供了社会生产与生活上的多种可能性，然而人们总是从各自目的、处境、标准、经济条件等因素出发，自觉地评估和选择适用技术形态的。这种技术选择活动是以各自的价值观念为基础，以技术原则与适用性为指针，通过市场交易、谈判、政策激励、制度约束等社会机制实现的。具体技术形态及其技术族系的历史演变，总是与社会文化的选择或干预作用密切相关。此外，作为新生事物的新兴技术有时也会与传统文化相抵触，一开始容易受到人们的质疑、排斥或抵制，需要经过一段时间的熟悉、磨合或适应才可能为社会体系逐步接纳。现代"试管婴儿"辅助生殖技术的推广应用、清末西方铁道技术进入中国的曲折历程等案例都生动地说明了这一点。②

不同文化之间的交流、冲突、渗透、融合是文化演变的外部动力机制。在文化塑造技术的过程中，文化因素是原因，新技术形态的研发与推广应用是结果，因此文化因素的革新可以直接或间接地推动技术形态的优化与进化。这一塑造过程多是在不自觉的状态下以潜移默化的方式展开的，以往也很少为人们所关注和重视。如第五章"技术与文化的矛盾运动"一节所述，在现代社会技术化进程中，技术文化的昌盛以及对众多传统社会文化形态的侵袭或蚕食，打破了技术与文化之间良性互动、张弛有度的原有格局，导致技术与文化之间的裂痕扩大、张力失衡。当代人文文化普遍落后于技术文化的快速扩张，难以有效引导和驾驭功能日趋强大且处于加速扩张之中的当代技术文化。因此，技术异化及其所引发的一系列严峻挑战，归根结底都根源

① Bruno Latour, *Reassembling the Social: An introduction to Act-Network-Theory*, New York: Oxford University Press, 2005, p.15.

② 夏东元:《洋务运动史》，华东师范大学出版社 1992 年版，第 354—369 页。

于当代社会文化机体自身的失调、疾患与危机。

然而，技术对文化的侵袭、人文文化的衰落态势并非不可逆转，现代人应当也能够有所作为。面对技术文化的扩张以及文化嬗变的残酷现实，技术的文化塑造是扭转这一被动局面、引导技术健康发展的基本路径，肩负着驾驭和校正当代技术进化以及社会技术化的历史使命，可视为现代技术治理的一条主要战线。文化创新与精神文明建设既是当代社会协调发展的重要任务，也是应对现代社会技术化挑战的着力点。技术的文化塑造就是要让技术回归人文，技术活动从属和服务于人文价值，进而重建现代人的精神家园与社会文化大厦。我们应当诉诸一系列精神文明建设行动计划，遏制技术霸权的任性以及资本与人性的贪婪，战胜或超越自我，重铸人类灵魂，重建精神家园，自觉自为地参与人文文化的拯救与复兴运动；应当立足技术与文化矛盾运动的时代特征，积极探索重建现代文化体系的路径与模式，探寻通过人文文化发展校正或引导当代技术演进尤其是社会技术化的切入点与机理；应当充分发挥人文文化的引领与规约作用，弱化和消解社会技术化对传统文化生活的冲击与消极影响，力求使现代技术皈依人文精神，更富有人性和文化内涵，更能全面有效地支撑和推进现代人的自由而全面发展。

四、技术民主化及其局限

民主是一种古老的政治理念，也是人类最为持久的价值诉求之一，更是当代社会价值体系的核心要素。民主是集体追求自身利益的阵地，技术民主化就是民主精神在技术活动领域或层面的渗透、贯彻与拓展，也是现代技术治理的一种重要形式。哈贝马斯、芬伯格、温纳等技术哲学家都曾主张通过技术民主化途径化解诸多技术与社会难题。虽然技术民主化有助于抑制技术霸权或滥用技术现象，以及消解现代社会技术化进程中暴露的诸多缺陷或弊端，但它却并非包医所有技术文化疾患的灵丹妙药，更不是解决所有社会技术化问题的唯一路径或最佳方案，其技术治理功效的显现往往是有条件的、相对的和有局限的。事实上，由于技术的专业性、复杂性、保密性等特点，当代的技术民主化进程既面临着诸多现实困难，也潜藏着一系列缺陷乃至陷阱。

作为人类目的性活动的基本格式或文明建构的元素，技术的设计、建构与推广应用一开始就是在一定的社会历史场景下展开的，其中必然交织着特定的社会关系，渗透着多种价值指向或利益诉求，直接或间接地关涉有关各方的利益，进而侵入社会的政治生活领域。正如芬伯格所指出的："资本主义的技术代码现在可以定义为一种联系社会关系网图和技术关系网图的一般的规则。……技术的社会特点不在于内部运作的逻辑，而在于这种逻辑与社会情境的关系。"① 事实上，在社会实践活动中，人们之间的差异、分歧或对立，不仅反映在相关技术体系的设计、建构与应用上，而且还会通过技术活动本身得以转化、传递、放大或强化，加剧社会竞争和两极分化。在社会技术体系中处于主导或优势地位者，往往也会因此而获得更多更大的技术权力或权利，进而累积演变为技术霸权，反之则处于技术上的从属或劣势地位，形成技术鸿沟。这就是体现在社会关系层面上的技术的马太效应，也是诱发众多社会问题的技术根源。

（一）技术民主化的三种基本形式

在近代以来的社会合理化进程中，技术的发展主要体现了资本与专制的价值诉求，理应成为民众抗争和技术民主化革新改造的对象。今天，众多技术领域的民主意识正在逐步觉醒，"人们越来越看到，技术不仅具有为人们更有效地控制自己的生活和环境提供多种方法的使命，而且对许多问题、不良后果和越来越多的失控负有重大责任。针对污染、数据库导致的失密、自动

---

① ［美］安德鲁·芬伯格：《技术批判理论》，韩连庆、曹观法译，北京大学出版社 2005 年版，第 95 页。

化导致的失业、自然资源被破坏和耗竭、核战争的威胁等问题的批评，就是例证。"①一般地说，民主制度按照少数服从多数的原则推进社会治理或决策，是与专制统治相对立的一种政治体制，被认为是对抗政治专制与霸权的利器。如前所述，技术权力是形成政治权力的基础，技术霸权是政治霸权的建构要素、核心或转化形态，可以通过引入大众参与技术设计、评估、决策、运行监督等环节或机制加以消解，从而使技术活动更多地体现大众的意志或利益。在社会技术化进程中，通过技术民主化途径可以有效遏制技术霸权的扩张，进而部分地消除政治专制与强权带来的社会不公正、不公平现象。

在社会技术化实践中，按照人们对技术的熟悉程度或参与技术活动的深浅程度，可以将技术民主形式划分为三大类：

1. 专业圈的内部民主

尽管许多技术创意或构想最初可能源于少数核心成员的自由创造，但是此后该技术的设计、论证、研制、试验等环节，大多离不开团队或课题组成员之间的分工协作，越来越展现为一种集体劳动方式。技术研发过程诸环节的设计或实施方案常常需要在课题组内部展开多轮讨论，相互激励，集思广益，不断修正和优化。同时，在贯彻保密原则和确保知识产权的前提下，研发者通常还会广泛征求同行专家甚至用户的意见，对技术方案进行反复论证、评估和改进。总之，只要是有助于实现该技术目标、改进和完善技术设计方案的意见或建议，研发者都乐于倾听和采纳。需要说明的是，至于技术设计与建构中所遵循的各类技术规范、规则与标准等，其实既是以往众多技术历史经验教训的总结，也是许多代前辈同行专家集体讨论、争论和反复磋商达成的结果，可视为以往技术民主化成果的历史结晶。由于处于研发阶段的新技术效应尚未真实发生或外溢，加之作为外行的普通大众并不了解新技术形态的原理、结构、功能与效应，难于直接参与新技术形态的塑造过程，所以这一阶段的技术民主化程

① ［英］R. 库姆斯、P. 萨维奥蒂、V. 沃尔什：《经济学与技术进步》，中国社会科学院数量经济技术经济研究所技术经济理论方法研究室译，商务印书馆 1989 年版，第 233 页。

度较低，相对狭隘和有限，可视为有限的技术共同体内部的民主。

2. 专业圈的外部民主

与大众关系最为密切的技术形态大致可以划分为公共产品技术与私人产品技术两大类。公共产品技术是指能够提供教育、医疗、交通、通讯、安全等方面公共服务的技术形态，通常采用招投标的方式由政府或社会组织授权设计、建造与运营。公众可以通过问卷、访谈、信访、议案、提案、请愿、征询意见等多种渠道或方式，表达各自意愿或诉求，间接选择或塑造该类产品技术形态，有时甚至可以通过票选方式直接参与选择各自喜爱的技术设计方案。事实上，由政府或社会组织实施公共产品技术的招标、评标方式，在一定程度上也能够反映和代表民众的意愿或利益诉求，是一种有限的间接（或代理）民主的表现形式。与公共产品技术相对立，私人产品技术是指能够满足个人或家庭日常生活需要的产品技术形态，主要由竞争性的市场供给。如第七章“多方博弈法则”一节所述，社会大众通过购买行为选择产品技术，用钞票直接“投票”，从而推动产品技术形态的优胜劣汰，可视为直接的开放式技术民主形式。同时，企业通过市场调查、征询用户意见、受理投诉等方式获取市场需求及其变化信息，有针对性地改进产品技术，使之更加符合不同消费群体的多层次需求。这一机制也是技术民主化的具体表现，可视为广泛的外部技术民主。

3. 民主代理机制

在现代社会生活中，受社会分工、科技专业化、大众科技素质低下等因素的影响，人们一时难于充分意识和自主表达多种潜在的或衍生的社会需求，对相关专业技术形态也缺乏必要的认知。因此，通常需要政府、党派、团体等社会组织或精英人士充当中介或桥梁，代理相关专业领域的社会事务。由他们发现问题，挖掘和归并多种需求，并以技术诉求的方式展现或表达，或寻找、评估和选择技术方案等。这些组织或精英人士按照民主集中制的原则，通过授权或委托方式表达公众的意愿或利益诉求，主动前瞻性设置议题，直接参与相关技术的规划、设计、评估与决策。同时，作为社会中介组织的专业技术研发、咨询、评价机构等，可以为上述社会组织或精英人士的技术诉求或选择等需求，提供检测、咨询、论证、评估等方面的专业服务或智力支持等。需要说明的是，这些社会组织或精英人士的代理行为往往也带有狭隘性，容易为各自的视野或私利所左右。“的确，有些人对他们自己的利益是什么是不清楚的。但是别的人们要自称知道他们‘真正的’利益是什么，或应有什么利益，那就太放肆了。”[①] 因此，代理人不一定能够充分、准确地表达大众的意愿，所参与制定的技术方案也不一定都是最优的或最恰当的。这一运作机制可视为现阶段的一种初级技术民主模式。

事实上，在社会技术化进程中，因时、因地、因事制宜而灵活展开的技术民主的具体形式还有很多。例如，罗尔斯的“无知之幕”构想就有助于平衡技术利益与危害之间的冲突，[②] 赋予专家与民众不同权重的投票权，建立各类技术专家智库组织等设想，都是技术民主化改革的有益尝试。这些民主形式虽然在一定的程度上能够反映民意、集思广益，但多是初级的、间接的或狭隘的，也存在着诸多缺陷。因此，我们既要鼓励在条件成熟的技术领域、项目或环节上积极推进技术民主化，促进技术的健康发展；又要反对不顾国情或社会发展实际，不审时度势或创造必要条件而一味强调加快技术民主化步伐的偏激行为。尤其要警惕假借推进技术民主化之名，干扰或阻碍技术创新或社会技术化进程，甚至干涉别国内政的“左”倾盲动倾向或激进主张。

（二）技术民主化的多重困难

由于技术民主化的固有缺陷，在社会技术化进程中，全面推进技术民主化将会遇到来自多方面的阻力或障碍，面临着一系列实际困难。

---

① ［美］悉尼·胡克：《理性、社会神话和民主》，金克、徐崇温译，上海人民出版社1965年版，第292页。

② ［美］约翰·罗尔斯：《正义论》，何怀宏、何包钢、廖申白译，中国社会科学出版社1988年版，第131—136页。

1. 专业化与民主化的对立

如前所述，为了化解个体需求的多样性与精力或能力有限性之间的矛盾，人类一开始就踏上了社会分工技术的道路。随着社会的加速发展，分工愈来愈精细，专业化程度也越来越高。在社会实践活动中，人们对于自己职业领域之外的众多专业技术几乎一无所知，不得不依赖或盲从各类技术专家。这也是技治主义或专家治国论（technocracy）兴起的社会历史根源。例如，在 2018 年末贺建奎基因编辑婴儿事件中，且不说绝大多数人都属于“吃瓜群众”，就连科技工作者又有几个人能真正理解基因编辑技术及其风险，或者准确判断其中的功过是非呢？因此，如果不设前提条件地让普罗大众广泛参与各类专业技术的规划、设计、决策、建构、运作与推广应用诸环节，必将面临着外行干涉内行的尴尬。由于缺乏必要的专业技术知识，大众对许多新技术项目难于做出科学、客观、公正、有效的评判或选择，难以合理行使法律或制度所赋予的民主权利。因此，在众多专业技术领域盲目广泛地推进技术民主化理念，是一种不科学、不现实、不合理的技术治理模式。在社会技术化实践中，由于缺乏必要的专业技术素养、基本认知和相关信息，大众的意愿反而更容易为资本或利益集团操纵和利用。因此，以民主名义所形成的最终技术决策或设计方案，往往不一定都是最合理或最优化的。

2. 保密与公开之间的矛盾

对技术及其效应的全面透彻了解与爱憎态度的自由表达，是技术民主化的前提条件。要让大众广泛参与某一项技术的规划、设计、论证或决策过程，并对该技术做出客观、公正、准确的评判与选择，就必须使大众事先全面了解该技术的原理、结构、功能、运行与效应等诸多细节，因而事先公开该技术的详尽资料就成为必不可少的前提条件。然而，出于保密、竞争、知识产权等方面的顾虑，技术研发者或推广者往往并不愿意公开相关技术资料。但为了寻求政府或民众的理解与支持，进而从新技术研发与推广应用中谋求自身利益的最大化，技术研发者或推广者往往不得不在保密与公开之间寻求平衡或妥协。被迫公开的技术资料常常经过了精挑细选或剪裁，有意隐瞒了一些特例、缺陷、风险或危害等细节，从而容易误导大众或利益相关者，使缺乏专业技术知识的大众难以做出全面、客观、准确的评判或选择。

3. 决策的短期性与衍生效应的远期性之间的差异

实践经验表明，技术效应的充分显现以及人们对它的全面认识，往往要经历一个漫长而曲折的过程。受主客观多重因素的影响，技术研发者容易识别和评估短期或直接效应，而难于准确预测或评估远期或衍生效应，因而常常导致技术评估上的误判或决策失误。这也是诱发诸多技术灾害的认识论根源。一般地说，技术的远期效应或衍生效应复杂多样，专业特征明显，认识难度较大，而大众并不具备全面认识和准确评估这些技术效应的专业知识、手段或条件。因此，在具体技术项目的评估、选择或决策问题上，大众通常缺乏辨别是非的能力，容易出现“从众”“盲从”或“被带节奏”现象。在社会技术化进程中，仅以技术的短期效益或直接效应为依据，就要求大众通过民主的方式尽快接受或许可某一项新技术，是一种不科学、不合理、不负责任的技术治理模式或制度安排。同时，由于大众对新技术及其效应的认识或接受往往需要较长的时间或漫长的曲折过程，而他们又对现行的通用或传统技术及其效应比较熟悉，所以在相关技术方案的民主选择或决策上大多倾向于后者，以求稳妥、保险，从而容易演变为一种阻碍技术进步的社会保守倾向或势力。

4. 利益分歧与成本壁垒

现实生活中的社会大众并非铁板一块，常常因处境、利益、地域、文化、认识等方面的差异而分化为不同的阶层、派别、团体等。从价值论视角看，任何技术形态总是展现为正负“双重”效应，后者也并非毫无差别或同等程度地施加于所有群体。面对同一技术项目或方案，有些人可能从中获取更多的利益而分担较少的危害，反之亦然。因此，在社会技术化进程中，大众也容易因同一技术项目而分化为多个团体或派别，其间的利益争执或冲突时有发生，难于化解或妥协。所谓的“邻避效应”就是在此背景下出现的。正如悉尼·胡克所指出的：“国家或社会永远也不是一个同质的整体。那里也许有共同的利益，但对共同利益的概念却永远不会是共同一致的。在这个世界上也从来不会一切的利益事实上是共同一致的。……始终会发现有利益的多样性，那就必须使任何一种利益都不会被排除不得表达其各种要求，纵使这些要求在民主的评议过程中也许会取得妥协或是被拒绝。”[①] 同时，为了消除或弥合利益集团之间的多重分歧，又必须冲破资金、时间、精力等因素所形成的成本壁垒，因而常常困难重重，举步维艰。

事实上，正是由于众多社会矛盾与困难形成的多重阻力，才导致在现实生活中推进技术民主化的前提条件欠缺，进程迟缓、曲折坎坷，对此我们应当保持客观清醒的认识。这里需要强调的是，民主并非人类追求的唯一价值目标，民主化也不是解决所有社会问题的万能钥匙。同样，技术民主化也总是在一定的社会历史条件下或一定的技术领域内缓慢推进的，幻想通过它迅速摆脱人类陷入的诸多社会技术化困境也是不现实的。如果不顾及技术民主化的历史条件、现实困难与种种局限，盲目扩大实施技术民主化的社会领域或规模，人为加快技术民主化进程，反而会阻碍社会技术化进程以及社会生活的持续健康发展，甚至还会掉入技术民主化所形成的多重“陷阱”。

五、社会高新技术化的法治轨道

如第四章“社会运行的法制化”一节所述，法制化可视为社会理性化、技术化的特殊表现形态。将社会技术化过程的诸领域、层面和环节纳入法治轨道，既是社会技术化演进的内在逻辑，也是社会文明进步的重要标志，影响广泛而深远。法制化就是通过高一层级的社会法制技术体系的设计、建构与运作，力图达到调节和控制整个社会生产与生活尤其是低一层级社会技术

① ［美］悉尼·胡克：《理性、社会神话和民主》，金克、徐崇温译，上海人民出版社 1965 年版，第 287 页。

系统建构与运行的目的。技术研发是一个从无到有或从低级到高级的探索与创建过程，技术的推广应用也展现为一个由点及面或由单一领域、层面到众多领域、层面的扩散与拓展过程，这就使社会技术化的法治进程也呈现为一个逐渐发育成熟的历史过程。正是在这一历史进程中，高新技术及其治理过程展现出一系列新特点、新属性，而传统的法律与道德等治理手段一时又难于有效发挥应有的规范和引导作用。这就需要人们在传统技术治理模式的基础上，根据各类高新技术研发与推广应用的不同阶段及其特点，具体探寻不同高新技术领域的治理策略及其方案，进而规范和引导现代社会的高新技术化进程，造福人类社会。

（一）立法的滞后性

技术治理是现代社会治理体系的组成部分和展开基础。作为当代技术发展的前沿，高新技术研发与推广应用是当代技术治理的重点领域。法律是对人们社会行为的一种他律性强制规约，建构与运行的社会成本较高，扮演着社会治理体系的核心或支柱角色。一般地说，法律的制定程序严谨烦琐、周期漫长，经常滞后于社会实践的发展。例如，先有网络"黑客"横行、"病毒"蔓延、窃取保密或隐私资料等行为的肆虐，而后才有认定和惩处"黑客"行为的具体法律条款出台等。立法实践表明，只有当社会领域的某一类新事物、新行为发展到一定的程度，并且出现危及社会公平正义或有序运行的混乱局面时，国家才会启动相关立法程序，以便加以引导、规范和矫正。社会的高新技术化是当今技术研发与推广应用的前沿领域，潜藏着众多可能性、不确定性或技术风险，迫切需要法律上的刚性约束或调节。然而，立法上的滞后性却常常导致相关法律缺位，难以及时有效地发挥应有的引导和规约职能。可见，尽管法律上的正义最终不会缺席，但却迟迟不出场。近年来，基于高新技术成果的非接触式犯罪的种类与数量的递增就是这一态势的具体表现。

一般地说，法律是对常见社会活动或行为的引导和规范，而新事物、新现象、新行为往往超出了已有法律的覆盖范围，有时相关法律仅能给出一些原则性、方向性的模糊界定或规约。由于立法上的滞后性，现行的相关法律对高新技术研发与推广应用活动的引导和规范作用往往失效、失灵，或者过于笼统、原则或乏力，这就容易导致高新技术研发以及社会的高新技术化成为"法外之地"。"法无禁止即可为"原则也常常使高新技术研发与推广应用暂时处于一种"无法无天"的特殊状态，进而演变为众多新型技术风险或危机的一大策源地。例如，人工合成毒品或芬太尼类药物、鉴定胎儿性别、偷拍他人影像、盗取他人银行卡信息、研发或贩卖考试作弊器材等行为，起初并不被认定为违法犯罪，也没有得到相关法律及时明确的禁止或惩罚。此外，"法不溯及既往"的法治原则，又为不法之徒在高新技术研发与推广应用领域的肆无忌惮或胆大妄为，提供了方便之门或可乘之机。

在技术研发基础上涌现的新构思、新设计、新方案、新试验等，一开始仅限于实验室规模或者研发者可控制的有效范围之内，且一直处于试验演进之中；加之，新技术研发风险或负效应也多处于潜在的或萌芽状态，尚未出现祸害社会的严重后果。有些技术的衍生效应往往需要经历数十年的时间才会逐步显现，起初常常很难引起社会大众甚至同行专家的关注或重视。因此，在很长一段时间内，高新技术研发与推广应用活动大多并未进入法律的视野，尚处于立法上的"空档期""边缘或空白地带"，更无从谈及法律规约问题。例如，直到今天，世界各国有关规范人工智能、基因编辑、大数据、物联网、深空探索、人脸识别等高新技术研发与推广应用的专门法律，都迟迟未能出台。这一状况就充分显示了相关高新技术领域立法的难度及滞后性特征。

还应当强调的是，法律的稳定性也导致现行的法律常常落伍于社会发展现实，难以引导和规范处于探索和加速推进之中的高新技术研发与推广应用行为，反倒有可能转变为限制技术创新的桎梏，阻滞有关技术研发活动的展开。例如，随着人工智能技术的快速发展，无人驾驶、无人机、机器人等自主性技术系统逐步演变为法律意义上的"类主体"。如何界定或规范机器"类主体”的法律地位和责任？对法学界来说是一大理论挑战，也需要对现行法律做出适当的修订或补充。然而，在正式修订之前，《道路交通法》《民用航空法》等现行法律，有可能成为限制无人驾驶、无人机等人工智能技术研发、试验与推广应用的法律“障碍”。

（二）法律的修订与制定

面对超越现行法律管辖范围的新技术、新事物、新行为，一方面，应当有针对性地出台高一层次法律的司法解释，或适当修订同一层次法律的相关条款，适度拓展现行相关法律的管辖范围；[①] 更加灵活地通过现行法律、法规、实施细则等他律手段，适时规约高新技术研发与推广应用行为。另一方面，鉴于高新技术的重大社会影响，有时则需要尽快制定专门法律。只有加快新的专门法律的立法步伐，才能有针对性地引导和规范该领域的技术研发和推广应用实践，下一步再根据高新技术的发展状况做出适时修订和完善。

在社会分工日趋细密的现时代，技术上的事情首先应当由技术共同体来说明和协商，因为他们最了解技术研发动态、技术功效及其效应，也最有发言权，是参与高新技术治理的中坚力量。从有关技术的立法实践来看，许多技术领域的专门法律文件都是由业内人士参与起草的，随后才在广泛征求行业内外意见的基础上逐步修改完善的。“法律是最低层次的道德，道德是最高层次的法律”。在这里，高新技术研发领域的前期行业共识、伦理原则、道德规范等，都为后期的立法进程奠定了良好的基础，许多内容有望转化为现成的法律条文。例如，近年来，欧盟委员会发布的《人工智能道德准则》，国际人工智能与教育大会的《北京共识》，在“Beneficial AI”会议研讨基础上形成的《阿西洛马人工智能原则》[②]《谷歌 AI 人工智能：我们的原则》，北

① 张根大：《法律效力论》，法律出版社 1999 年版，第 180—181 页。

② ASILOMAR AI PRINCIPLES, https://futureoflife.org/ai-principles/，https://wenzhou.house.qq.com/a/20160623/027711.htm.

京智源人工智能研究院联合多家机构发布的《人工智能北京共识》，以及国家新一代人工智能治理专业委员会发布的《新一代人工智能治理原则——发展负责任的人工智能》等文件，① 下一步都有望转化为制定人工智能技术领域专门法律条款的重要基础。

在高新技术研发与推广应用领域，滞后的法律虽然难以达到"先发制人"的规约效果，但是其"后发制人"的功效却不容小觑。随着时间的推移和技术进步，不断修订完善的已有专门法律会日趋成熟、成型，将继续发挥规范和引导相关社会领域技术行为的功能。例如，《民用航空法》《计算机软件保护条例》《电子商务法》《网络安全法》等专门法律，当初都是为了规范和引导这些领域的高新技术研发与推广应用活动而制定的。随着当初的高新技术逐渐蜕变为今天的通用技术，这些趋于成熟的专门法律在相关技术领域或社会领域仍将继续发挥"稳定器"或"压舱石"的重要职能。

技术研发是一个开放性的探索和试验过程，原则上应当鼓励研发者穷尽技术上的各种可能性，经受多次失败的折磨，以便创建新型高效技术形态，抢占技术竞争的制高点。作为社会的"守夜人"，政府在高新技术治理中扮演着组织核心或引领者角色。代表公众利益的政府或社会组织应将高新技术研发与推广应用活动置于法律和道德框架之下，实行分级分类管理，强化监管职能；必要时应设立技术准入"门槛"或"禁区"，审查技术研发者的入场"资质"。应通过伦理委员会、专家咨询委员会等第三方组织机构或调查研究途径等，广泛征集和吸纳社会各界乃至国际社会有关高新技术治理的意见、对策与建议，有针对性地适时出台行政法规或临时管制措施，为后期的正式立法积累经验与奠定基础。对于关系国计民生、国防建设等敏感领域的技术研发，政府应实行审批和管制，从严审核，抑恶扬善；而对于通用技术研发则应适度放宽限制，鼓励市场竞争，从严管控推广应用环节，由小乱达

① 《发展负责任的人工智能：新一代人工智能治理原则发布》，http://www.most.gov.cn/kjbgz/201906/t20190617_147107.htm。

到大治，逐步建立和完善相关专业技术标准、行业规范和专门法律。总之，调动社会各方参与高新技术治理的积极性，多渠道、多层次推进现代社会高新技术化的持续健康发展。

六、高新技术治理中的道德规约

道德以善恶为评价标准，依靠人们内心的信念、传统习惯和社会舆论调节现实生活中人们之间的利益关系。作为一种实践精神，道德兼具调节、认识、评价和教育等多重伦理职能，是调节社会关系、发展个人品质、提高精神境界等活动的方向与准则。在高新技术治理实践中，道德发挥着基础支撑与价值引导功能。因此，伦理学有许多事可以做，也有潜力做很多有益的事。这可视为一种内部的自觉自律状态。正如习近平所指出的："科技是发展的利器，也可能成为风险的源头。要前瞻研判科技发展带来的规则冲突、社会风险、伦理挑战，完善相关法律法规、伦理审查规则及监管框架。要深度参与全球科技治理，贡献中国智慧，塑造科技向善的文化理念，让科技更好增进人类福祉，让中国科技为推动构建人类命运共同体作出更大贡献！"①

（一）道德自律的特殊地位

作为高新技术风险和负效应的始作俑者，技术研发者对所创造技术形态的结构与功能最为清楚；同时，作为最先打开高新技术"潘多拉魔盒"的人，他们又是该技术新风险、新危害的最早察觉者，负有不可推卸的道德、法律和历史责任。为此，在高新技术研发与推广应用的早期阶段，在法律暂时缺位或笼统模糊的背景下，研发者的责任意识、道德自觉、行业自律就显得尤

① 习近平：《在中国科学院第二十次院士大会、中国工程院第十五次院士大会、中国科协第十次全国代表大会上的讲话》，人民出版社 2021 年版，第 15 页。

为重要和弥足珍贵，在这一特殊历史阶段扮演着确保技术向善的主导力量角色。近年来，欧美学术界和政府部门重点讨论和推行的负责任研究与创新（Responsible Research and Innovation，简称 RRI）政策理念，[①] 就是在此基础上形成的。RRI 以尊重和维护人权、增进社会福祉为价值导向，对技术创新过程与方向进行规范和引导，追求技术成果的绿色化和普适性。RRI 强调技术研发者的道德自觉和责任意识，要求他们充分考虑创新过程及其成果的可接受性、可持续性和社会满意度，进而使研发活动展现为一个多方互动协商的良性建构过程。其中，研发者与社会行动者之间内外协同，共同探寻最佳技术创新方案，促使科技发展恰当地嵌入社会生产与生活之中。

事实上，有责任感的科技工作者会自觉反思自己研究工作的意义或技术创新的社会影响，不断自觉地校正各自的科研方向。例如，约里奥—居里（Jean Frédéric Joliot-Curie）在发现铀裂变的链式反应之后，出于对人类的道义责任，就曾与助手认真讨论过继续进行该项研究是否违背社会道德？再如，当今 YOLO、SSD 等知名 AI 算法的发明者 Joseph Redmon 就声明："我现在已经停止了计算机视觉研究，因为我看到了自己工作造成的影响。我热爱自己的作品，但我已经无法忽视它在军事领域的应用以及给个人隐私带来的风险。" [②] 事实上，在科研实践中，"科学家的事业所具有的意义，使科学家们能事先预见到由自然科学的发展所产生的危险性，并能清楚地想象出同自然科学发展相联系的远景。他们在这方面对解决我们时代目前最紧要的问题具有特殊的权利，同时肩负特殊的责任。" [③] 正是在对现代科技风险与消极影响的不断反思、审度和批判中，处于发展之中的科技伦理学才开始关注和

---

① Jack Stilgoe, Richard Owen, Phil Macnaghten, *Developing a Framework for Responsible Innovation*, Research Policy, 2013（9）.

② 《YOLO 之父宣布退出 CV 界，坦言无法忽视自己工作带来的负面影响》，https://new.qq.com/omn/20200222/20200222A0A6E700.html。

③ ［德］弗里德里希·赫尔内克：《原子时代的先驱者——世界著名物理学家传记》，徐新民等译，科学技术文献出版社 1981 年版，第 350 页。

探讨科技活动的伦理原则与规范等重大现实问题。

（二）道德防线的脆弱性

高新技术研发与推广应用涉及领域广泛，量大面宽，已演变为现代社会的建构基础和最大变量。在研发阶段，高新技术形态尚处于孕育和成形之中，各种路径的探索或尝试渐次展开。在现代社会高度分工、高新技术严格保密的条件下，社会大众、组织机构甚至相关领域的众多技术专家，对某一项高新技术结构与功能的具体细节，所产生的负效应、衍生效应以及所蕴含的技术风险样式等都知之甚少，在认识和评估上需要经历一个较长的过程。这里且不论技术风险与衍生效应认识上的诸多困难，单从道德觉悟层面看，如何辨别技术善恶？如何实现技术向善？这也是许多研发者尤其是社会大众所困惑的。

一般地说，在高新技术研发过程中，新生代研发者群体阅历有限，其责任意识、伦理规范和道德标准尚处于接受和觉悟之中，一时难以有效发挥道德自律功能。同时，早期个别领域的地方性伦理理念或准则及其之间的差异，以及向一般性、共识性道德标准的转化尚需时日，其道德规约作用有限。同时，如何将普遍性的道德原则贯彻到技术研发领域，仍有许多具体工作要做。“各大国际组织和企业都在竞相制定全球人工智能（AI）道德准则，各种宣言、声明和建议遍布网络。然而，如果在制定准则时没有考虑到AI应用的文化和地域背景，这些努力将会徒劳无功。”[①] 此外，由于分工和保密等方面的限制，技术共同体和社会大众的道德监督也难以及时介入，常常迟滞或流于形式。例如，近几年，围绕中国是否应该建造大型对撞机的争论，真可谓是“神仙打架”。[②] 高能物理学领域之外的绝大多数知识分子都是“吃

---

① 《新一代信息科技战略研究中心：专家担心当前人工智能道德准则制定工作恐将徒劳无功》，https://mp.weixin.qq.com/s/BEJJg7lJQXzGlUEXK1EIdQ。

② 《王贻芳：中国今天应该建造大型对撞机》，https://zhuanlan.zhihu.com/p/22312293；《杨振宁：中国今天不宜建造超大对撞机》，https://zhuanlan.zhihu.com/p/22312239。

瓜群众”，普罗大众更是难辨真伪、是非，所谓的技术民主化、道德规约、社会监督等都无从谈起。因此，在高新技术研发阶段，研发者自身的责任自觉、道德检视、共同体自律等伦理约束就显得尤为重要，弥足珍贵。因为这既是人类抵御技术负效应、技术风险与灾难的第一道单薄而脆弱的道德防线，也是高新技术治理的基础环节。

然而，在社会竞争、军事对抗、资本扩张、私欲膨胀、功利主义盛行的现时代，技术研发者的责任意识和法律观念日渐淡薄。他们往往急功近利，唯利是图，屡屡突破道德底线，经常游走在法律的边缘或空白地带。因此，高新技术研发者道德责任感的提升、共同体自律的约束等都面临着诸多严峻挑战。人们通常将技术比作一把“双刃剑”，一旦被滥用或恶意使用将会造成严重的社会后果；而且技术越先进，这种消极后果的危害程度也就越严重。正如亚里士多德所指出：“人一旦趋于完善就是最优良的动物，而一旦脱离了法律和公正就会堕落成最恶劣的动物。不公正被武装起来就会造成更大的危险，人生而便装备有武器，这就是智能和德性，人们为达到最邪恶的目的有可能使用这些武器。所以，一旦他毫无德性，那么他就会成为最邪恶残暴的动物，就会充满无尽的淫欲和贪婪。”[①] 在现实的高新技术研发与推广应用活动中，公然违背法律常识和基本伦理原则的“奥步”行为比比皆是，技术向善的理想任重而道远。例如，自动获取 500 米范围内用户手机号码的“天下客盒子”、随意修改电话号码的 NZT 软件、破解银行卡密码软件、计算机“病毒”、考场作弊设备、胎儿性别鉴定、人工合成新型毒品等“缺德”“违法”的技术研发及其产品销售行为性质恶劣，后果严重，但是此类技术研发及其产品销售活动却屡禁不止，花样不断翻新。至于将高新技术成果应用于违法犯罪、恐怖袭击、军事入侵等方面的作恶行为，给社会稳定与发展带来的威胁将是毁灭性的，远远超过了传统技术的破坏力。正是基于道德防线的脆弱性，日前出台的《关于加强科技伦理治理的意见》、组建的国家科技伦理委

① 《亚里士多德全集》第 9 卷，苗力田译，中国人民大学出版社 1994 年版，第 7 页。

员会等举措，将有助于强化这一道德防线及其规约作用。①

（三）高新技术治理的道德路径

作为当今技术研发的前沿领域，快速成长的高新技术展现出巨大的发展潜力、更多的易变性（或不确定性）和复杂的衍生效应等特点。因此，高新技术治理已演变为当今技术治理乃至社会治理的重点领域，需要有针对性地探寻应对之策和制定治理方案，并在高新技术演进及其治理实践中不断完善和优化。

首先，应大力加强技术研发者职业道德的教化力度，筑牢抵御技术负效应、风险与灾难的第一道道德防线。要积极倡导和推行负责任创新，强化研发者的道德修养、责任意识、行业自律，促使更多的研发者认同和接受相关领域的基本道德准则，进而自觉调节和规约各自的技术研发行为。作为负责任的技术研发者，不关注和评估其技术创新成果的风险、负效应与衍生后果，显然是轻率的和不合格的。早在技术规划、立项和预研阶段，研发者就应当自觉检视和全面评估该技术项目的道德与法律风险，肩负起自身的法律义务和伦理责任，按照法律精神和道德原则自觉规约技术研发行为；也可以通过行业科技伦理委员会、第三方技术评估机构等社会组织，强化对技术研发活动的伦理审查、风险评估和道德监督。同时，还应当密切关注和跟踪技术研发进展与推广应用效果，不断修正前期的技术评估结论以及完善所制定的预防或改进措施，进而为相关技术领域制定行业规范、道德准则以及修订法律或启动立法积累经验。

其次，受社会制度、文化背景、价值观念、认识水平、发展阶段等多重因素的影响，许多法律条款、道德规范都不是普适的或凝固不变的。因此，应当立足高新技术研发实际与社会需求变化，密切关注和综合评估高新技术

① 《关于加强科技伦理治理的意见》，《人民日报》2022 年 3 月 21 日。《科技伦理的底线不容突破》，http://scitech.people.com.cn/n1/2019/0726/c1007-31257810. html。

的成熟程度、安全性、有效性等指标，恰当处理技术研发的基本矛盾。在后果可控的条件下，适时适度放松对相关技术试验与推广应用的限制，并持续跟踪和综合评估技术应用的实际效果，促进高新技术不断完善，造福人类社会。在高新技术治理实践中，应反对从抽象的哲学命题、原理、信念以及陈规陋俗出发，将法律条文与道德准则绝对化，而无视技术进步与社会需求变化的现实，一味强调约束或限制高新技术研发与推广应用的"右倾"保守主义倾向。

总之，在高新技术治理问题上，道德并不是万能的，但是离开了道德的规约又是万万不行的。因此，在高新技术研发阶段，一方面，道德发挥着独特的规约作用，是促使技术向善的基础性力量，应当重视和强化；另一方面，我们又不能过高地估计道德的力量，而放弃其他技术治理路径的探索或治理手段的综合运用。

七、现代社会技术化向善的多条路径

在社会技术化实践中，就规范和引导现代技术的健康发展而言，仅有以外部干预为特征的技术治理是不够的，还应当充分发挥作为技术治理第一主体或责任人的技术研发者自身的积极性、主动性，将强化责任意识、道德自律、法律义务的抽象概念具体化为可操作的规范与措施；不断优化和改进各类高新技术研发与推广应用方案，积极寻找高新技术功效与负效应、风险之间的平衡点，促进高新技术更好地服务于经济社会的持续健康发展。正如亚里士多德所指出："一切技术，一切规划以及一切实践和抉择，都以某种善为目标。因为人们都有个美好的想法，即宇宙万物都是向善的。"① 从全面优化和改善社会技术化过程视角看，推进技术的科学化、人性化、生态化、艺

① 《亚里士多德全集》第8卷，苗力田译，中国人民大学出版社1997年版，第3页。

术化等层面的努力，也有助于从根本上消解社会技术化的消极影响。这也可视为推进高新技术治理的内部机理与现实路径。

（一）技术的科学化

近代以来，生产实践活动中产生的众多技术问题被逐步纳入科学研究领域，形成了工艺学、技术科学、工程科学、技性科学等科学形态，开启了技术发明创造的科学化进程，即在科学理性和科学研究的引导下，技术研发与推广应用活动有序展开，促使技术创新的方向性与目的性增强、效率与成功率提高。与此同时，人们还将技术研发与推广应用过程置于未来学、生态学、环境科学以及相关社会科学的视野下审视；不断强化对新技术项目的科学论证与动态评估，以及对技术风险、负效应或衍生效应的科学预测和对策制定，力图消除技术研发认识上的盲目性、片面性和滞后性，进而不断改进技术设计，优化技术结构与流程，弱化技术负效应，降低技术风险。

在社会技术化进程中，强调技术的科学化还有助于提高技术研发规划、选择与应用等环节的科学性、合理性，自觉抵制盲目追逐技术上的“高、精、尖、洋、大、全”或者过度技术化倾向。在技术推广应用阶段，应鼓励人们从各自目的、地域、资源、生态环境等特点出发，展开科学谋划和论证，灵活选择、引进或创建适用技术形态。正如恩格斯所指出的：“自本世纪自然科学大踏步前进以来，我们越来越有可能学会认识并从而控制那些至少是由我们的最常见的生产行为所造成的较远的自然后果。……我们也经过长期的、往往是痛苦的经验，经过对历史材料的比较和研究，渐渐学会了认清我们的生产活动在社会方面的间接的、较远的影响，从而有可能去控制和调节这些影响。”[①] 同时，技术的多样化发展以及众多社会实践目的之间的差异性，为选择和建构适用技术形态提供了坚实的基础。循环经济、生态农业、太阳能集热、风力发电、沼气利用等技术形态的性能指标，在各技术族系中不一定

---

① 《马克思恩格斯全集》第 26 卷，人民出版社 2014 年版，第 769—770 页。

都很高，但它们往往却是适合不同地域、资源和生态特点的高效绿色技术形态，有效实现了技术与自然环境和社会需求之间的无缝衔接。

（二）技术的生态化

任何技术系统总是在一定的自然与社会环境中建构与运行的，总会对生态系统产生直接或间接的影响。人类是地球生态系统的构成单元和协同进化者。在社会技术化进程中，技术的生态化要求注重技术活动的生态效应，研发和推广应用有助于减轻生态环境的消极影响，或者能提升生态系统修复和承载能力的绿色技术形态，如清洁生产技术、环保技术、原材料节约与废物回收再利用技术、绿色产品技术等。技术的生态化是建设生态文明的基础和内在要求，即围绕维护区域或全球生态系统平衡的目标，重塑产业技术活动模式；在技术规划、设计、研制、运行乃至废弃物降解的各个环节，全方位、多层次、多渠道立体推进和贯彻生态化理念。它要求生产流程技术向生产过程的清洁化、能源与原材料的低耗化、工业“三废”的循环（或综合）利用以及减少生态负效应的方向拓展；产品技术朝着高效低耗、长寿命、易回收、易降解、无污染的绿色产品方向发展。

当今生态自然观的确立、生态文明意识的觉醒以及绿色产品消费时尚的兴起，是推进技术生态化的社会文化基础。事实上，今天注重环境与生态效益的技术生态化趋势，早已经超越了产业技术范畴，逐步扩展到人类技术活动的众多社会领域或层面，已演变为走可持续发展道路、建设生态文明的价值观基础。

（三）技术的人性化

在社会技术化进程中，从服务于人类自由而全面发展的根本宗旨出发，围绕技术异化的消解，技术的人性化致力于削弱技术对人性的奴役与压抑。它要求重新审视和优化技术的构思、设计、建构与运行诸环节，使技术活动更加符合人体工程学原理，与人的生理与心理节律协调匹配，人机交互界面友好，更好地服务于人的自由而全面发展。技术的人性化强调以人为本，主张研发者应当把人从技术扩张的挤压与奴役状态中解放出来，使人工自然界更富有人情味和人文关怀，以及技术活动中人的情感更加丰富、心理更趋健康、人性日渐完善和完美。

技术的人性化还要求将人性因素注入技术的设计与建构之中，促使技术形态及其运作兼具个性、情趣、情感等人性化品格，与人友好融洽相处；在完善技术结构与功能的基础上，促使技术运作尽量同步满足人们的多重精神文化需求，给人以自然、清新、亲切与温馨的使用体验或心理感受。此外，它还要求改进和完善技术体系结构及其建构流程，使之更安全、可靠、舒适、清洁、高效、美观，尽量减少对建构者、周边居民以及生态环境的消极影响。同时，技术系统的运行既能满足使用者的实际需要，又不对利益相关方造成危害，促使技术建构与运作无缝隙地嵌入自然环境和社会文化体系之中。

（四）技术的艺术化

在社会技术化进程中，面对现代技术演进对人性的全面挤压或强力促逼，海德格尔曾指出艺术可能是人类自我救赎的一条路径，可惜他并未就此观点展开细致分析和充分论证。① 也许艺术鼓励人们幻想或想象，而幻想和想象正是超越现实或既定事实的行为，展现为一种否定性思维。在这里，技术的艺术化旨在强化技术的美学价值，为技术寻求更具审美表现力的新形态、新模式；以艺术形式重塑技术内容，促使技术形态更完备、完善和完美，达到经济、实用、美观、舒适等多重价值的有机统一，以提升技术的实用价值和审美品位。与技术研发同步展开的艺术化进程立体推进，贯穿于技术构思、设计、建构、改进与运行的各个环节，力图运用艺术原则、审美理念对技术研发与推广应用过程进行全方位调制或塑造；在确保技术功效充分

① 《海德格尔选集》（下），孙周兴译，上海三联书店 1996 年版，第 952—954 页。

实现的基础上，促使技术系统兼具形式美、形象美、规整美、舒适美等多重美学价值，达到艺术性与技术性的和谐统一。

现代技术设计力求实现技术与艺术、科学与人文之间的有机融合。技术与科学带给研发者的设计与建构活动以坚实的逻辑基础与理性支点，而艺术和人文则促使技术活动更富有情趣、活力和美感，业已转变为人与技术和谐相处、互动融合的纽带。不断创新的现代技术设计理念不仅促使人工物外形优美，风格自然清新，更具艺术或审美价值，而且也促使它的生产与运行过程向艺术化方向迈进，形成了符合艺术原则、兼具审美价值的工艺流程技术形态。同时，艺术化的工业产品或公共产品的市场竞争优势明显，反过来又促进了技术的艺术化进程，已演变为现代社会技术化的重要方向与基本趋势。

（五）技术善治的多元协同模式

上述四个层面的努力主要是从技术运动内部视角改善社会技术化进程的，这对于社会技术化的善治是必要的，但又是不充分的，还需要考虑从外部对社会技术化过程加以规范和引导。在社会技术化实践中，种种社会矛盾往往转化或表现为技术矛盾：一方面，技术矛盾运动是解决社会矛盾的基础和着力点，通过技术研发路径可以有效化解诸多社会矛盾；另一方面，作为技术治理的基本手段，社会层面的互动、沟通、协调、抗争等活动，也是促进技术健康发展或技术生态系统优化与进化的主要路径。“多样性导致稳定性”的生态学原理亦适用于现代技术治理领域。多元主体或多方力量之间的对话、协作、博弈与牵制，有助于人们从多维度、多视角、多层面审视技术研发与推广应用过程；也有利于整合和协调多方力量，发挥各自优长，实行多元共治，促进社会技术体系各层次或单元之间的反馈协同、进化迭代，共同推进技术向善的历史进程，促使社会技术化沿着合乎人性和价值理性的方向发展。正如食物链各环节之间的依存、争斗与制约机理促使生态系统充满活力一样，众多技术形态之间的相互依存、彼此对抗以及多元主体之间的博弈与协同机制，也能够促进技术生态系统的优化，推动社会技术化的持续健康发展。

在高新技术的现代社会治理体系中，只有多元力量之间的协同配合、多条路径之间的并行推进，持续发力，才可能合情、合理、合法地化解社会技术化进程中遇到的诸多现实问题，达到技术的善化目标与善治境界，促进当代技术研发与推广应用诸环节之间的互动协调，更好地服务于人的自由而全面发展。如本章四、五、六节所述，在法律缺席或政府管制乏力、道德防线脆弱的高新技术研发与推广应用领域，应当吸引和鼓励尽可能多的治理主体介入；将多元社会干预力量或措施尽量前移，形成引导和规约高新技术研发与推广应用的社会合力，以及齐抓共管的技术治理新格局。应当充分调动政府、社会团体、NGO、教育、宗教、传媒、国际组织等多元主体参与现代技术治理的积极性、主动性。虽然面向未来的高新技术研发活动尚未引发重大的社会现实危机，但是它的潜在风险、消极影响或衍生效应却不会自动消解。因此，社会各界应当树立忧患意识，未雨绸缪，密切关注高新技术研发及其推广应用动态，加强技术预测与评估，提前谋划应对策略及其干预措施，积极参与当代社会的高新技术化治理。

总之，现代社会技术体系的结构与演进机理愈来愈复杂，且广泛融入社会生产与生活的众多领域，日渐演变为社会各领域竞争的主“战场”或关键环节。因此，现代社会的技术治理是一项长期而复杂的系统工程，关涉社会生活的众多领域、层面以及多方利益，每一个主体、每一条路径、每一种方案的规约与引导作用都是有限的。应当广泛动员社会各界的多元主体积极参与现代技术治理活动，聚焦问题，凝心聚力，协同合作，多措并举，持续发力。正如芬伯格在论及中国现代化进程时所言：“只有全体人民丰富多样的互动才能创造出一种适合于中国的可选择的现代性。而中国也确实应该这样。”① 中国式现代化道路的探索与成就为芬伯格“可选择的现代性理论”做

① ［美］安德鲁·芬伯格：《可选择的现代性》，陆俊、严耕等译，中国社会科学出版社 2003 年版，第 7 页。

了一条最好的注释。作为中国式现代化道路的基础或轴心，我们还应当立足所面临的现实问题或时代挑战，不断优化各类先进技术研发与推广应用方案，努力探寻高新技术功效与负效应、风险之间的平衡点，促进高新技术更好地服务于社会各项事业的持续健康发展以及当代人的自由而全面发展，进而全面推进中华民族的伟大复兴。

结 束 语

社会技术化是一种源远流长的技术的社会运动现象，也是一部人类文明史的“索引”。近代以来，在产业技术快速发展与资本扩张的推动下，社会技术化进程也随之加快。虽然先哲前贤对社会技术化现象早已有所觉察、关注和讨论，但他们的认识或洞察大多停留在零散的、片段性、经验性的描述阶段，个别性的反思、批判与解释时断时续，缺乏学术自觉、研究深度和理论高度上的审视。问题是研究的起点，发现问题、提出问题、分析问题、解决问题是学术研究的基本流程，其中任何一个环节上的突破都有助于推动学术进步。笔者在前人学术探索的基础上，以社会技术化现象及其问题群为研究对象，力图展开较为系统深入的分析和讨论，初步形成了社会技术化的理论体系。

一、研究进展

社会技术化是指社会生产与生活按照技术精神、原则和规范设计、建构、改进、拓展与运行的历史进程，既是技术进化与扩张的内在要求，也是社会发展的主要动力和基本趋势。现代社会技术化是一场涉及领域和层次广泛、途径和环节众多、立体滚动递进的复杂的技术社会运动，对这一历史进程的剖析与探究必然是一个宏大、开放的大课题，派生问题能力极强，离不开大题小作、提纲挈领的驾驭功夫。概而言之，社会技术化问题的提出与自觉探索也只是近年来才零星出现的。笔者的这一探究工作以现代社会技术化进程为中心线索，以自然技术及其演进、技术形态及其分类、社会技术形态及其建构和运行、社会技术化模式与机理以及衍生效应等相关问题为分析重点，着力探索现代社会技术化的路径、特征、机理、规律、衍生效应、治理与矫正策略等问题，致力于打开现代社会技术化“黑箱”，初步取得了如下10个层面的研究进展。

（一）广义技术研究范式

技术的划界问题是技术哲学的基本问题，对技术的不同界定决定了探究技术现象的不同理论思路或视野，也催生了不同的技术哲学流派。笔者立足于对技术的广义理解，力图在更为宽广的学术视野下，对现代社会技术化过程进行系统全面的审视与剖析，并将前辈学人的许多见解统一起来，形成了广义技术研究范式。笔者从技术起源的历史追溯入手，指出技术是人猿揖别的分水岭，技术活动模式是有别于本能活动模式的另一种人类活动的基本格式。效果原则、效率原则与多样化原则是技术活动展开的基本原则。技术发明创造是技术运动的逻辑起点，技术扩散与吸纳是技术运动的基本形态，也是社会技术化展开的微观基础。实物、操作与知识是构成现实技术形态的三种基本要素；人工物技术形态与流程技术形态是技术存在的两种基本方式。技术族系是技术发育和成长的“母体”或“温床”，不同的人类基本需求或目的催生不同的技术族系，众多技术族系之间既相对独立，又彼此关联、交织、融合，由此派生出错综复杂、不断膨胀的立体网络状的技术世界。

（二）社会技术形态及其特征

在广义技术视野下，按照由低到高或由简单到复杂的逻辑顺序，可以将技术形态划分为思维技术、自然技术、社会技术三大类型。其中社会技术是技术发育成长的高级形态，也是技术的现实存在形态和运作方式，负载着设计者、使用者和所有者的价值诉求或意志指向；思维技术与自然技术是参与社会技术体系建构的要素或单元，层次相对较低。社会是一个处于演变之中的多重矛盾的复合体，人们的需求、目的、意志或个性上的差异与对立俯拾即是，从而催生了社会技术建构与运行上的种种冲突或博弈，对立目的的实现也展现为对立技术形态的建构与对峙。一般地说，在社会技术体系中，单元性、基础性的低层次技术系统比高层次技术系统的通用性更强、独立性或自由度更高；或者说单元技术比系统技术、简单技术比复杂技术更容易适应多种建构和应用场合，也更容易扩散、转移、复制或者被纳入更高层次技术系统的建构与运行之中。

（三）社会技术化的孕育及发生

社会技术化源于众多新技术成果在社会生产与生活中的创造、扩散与应用，可以追溯至原始劳动过程中的简单协作方式。一般地说，在社会实践活动中，局部的、个别性的技术创造或引进率先在某一社会领域或层面发生，随后按照社会技术体系的内在逻辑关联由近及远渐次传导，进而引发连锁反应或扩张效应，推动社会生产与生活多领域、多层次的技术建构、更新、改造或重塑。简言之，社会技术化及其成果主要体现在生产力、生产关系（经济基础）和上层建筑三个层面及其之间的互动演进上。

个体的技术化与组织的技术化是社会技术化的标本、片段或缩影，也是剖析社会技术化的微观基础和逻辑起点。人们通过建构或塑造各种社会事务流程技术形态，把原本原始的、自发的、无规则的社会生产与生活逐步纳入技术轨道，走向合理化、秩序化、定型化模式，提高了社会生产与生活效果及其效率，从而演变为孕育新型社会技术形态的温床。社会技术化是由技术创造与扩散驱动，在社会生产与生活诸领域或层面渐次展开、互动共生、立体推进的，涉及社会的组织结构、制度规范、运行程序等层面的演进过程与环节，呈现出彼此协同、有机联动的多样化发展态势。同时，社会技术化也展现出政治支配、与资本共舞、技术理性膨胀、社会单向度化、生活节奏加快、技术风险增大等基本特征或态势。

（四）现代社会技术化的多维形象

在社会生产与生活的广阔领域或层面渐次展开的社会技术化进程，可视为现代社会发展的内生变量与基本趋势，体现在现代社会生产与生活的众多方面：

1. 科学的技术化

现代科学研究越来越按照技术精神和原则构思与推进，强调科学研究的目标、规划、计划、方法和流程设计，自觉追求科学研究活动的功效。除过揭示自然奥秘、满足人们的求知欲望外，自觉服从资本扩张的逻辑与政治权威的意志，服务于技术研发需要或者主动为技术研发活动探路，已演变为当代科学研究的核心理念与发展取向。

2. 艺术的技术化

以追求艺术活动效果、效率和多样化为轴心的技术研发活动，为艺术活动提供了越来越多的新工具、新手段和新样式。新技术成果在艺术创作、传播与欣赏等领域的广泛应用，往往还会孕育和催生出艺术活动的新载体、新样式、新生长点，或者衍生出原有艺术形式的新变种。

3. 资本的技术化

资本是驱动现代社会演进的主要动力，资本运作的各条途径或各个环节不断吸纳新技术成果，并按照技术理念、原则与规范配置和高效运作，已成为提高资本运作效率的主要方式，有助于获取更多更大的利润或剩余价值。

4. 社会的信息化

充分利用信息技术成果，开发利用信息资源，促进信息交流和知识共享，提高社会经济增长与文化生活质量，是推动现代经济社会转型的主要路径。社会的信息化展现为一个由物质生产向信息生产、由工业经济向信息经济、由工业社会向信息社会转变的渐进历史进程。

5. 社会运行的法制化

将人们日常的社会事务或行为纳入法律的轨道，把法律规范的推广应用体制化、制度化、程序化，由相应的制度及其组织机构和运作流程对其进行规约和引导，有利于提高社会运行效率与社会生活质量，保障公民的合法权益和社会的平稳有序健康运转。

6. 发展规划的机制化

预测和谋划未来是人类目的性或行动合理化的体现：一方面，规划或计划是目的的分解形式和实现流程，有助于分工协作和分步骤有序实施；另一方面，规划的修订或计划的调整又是一个应对不确定性、以修正或纠偏为轴心的动态优化调整过程，有助于目的的实现策略、规划、方案、流程、步骤、措施更切合实际，也更合理、更有效和更有针对性。

（五）社会技术化的矛盾运动

近代以来，在历次技术革命和社会分工的推动下，伴随着生产实践的发展以及众多新“技术目的”的大量派生或涌现，逐步分化出了专门从事技术研发的社会部门和职业，形成了相对独立的技术文化形态。技术文化的加速扩张是现代社会变迁的内生动力，也是探究现代社会技术建构与运行奥秘的一把钥匙。在社会文化与技术文化的矛盾运动中，双方既相对独立、界限分明，又彼此依存、相互渗透、互动共生。

第一次技术革命以来，科学技术的价值观念与技术精神逐步渗入了社会文化生活的中心地带，构成了对人文文化的侵袭与排挤，科学文化、技术文化与人文文化之间的对立与撕裂日趋明显。技术进化在功效的维度上、在“逐利”的旗帜下，也展现出祛除传统文化魅力的倾向，不断抢夺社会文化生活的主导权、话语权。导致技术异化的因素、途径、时机众多，至少可以发现和概括出目的之间的差异、技术系统的蜕变、人性的贪婪、社会制度的缺陷等四个因素。技术进化赋予了人类越来越多、越大、越危险的权力，这些权力的运作应当服务于人类自由而全面发展的终极目标，应该置于人文文化的控制和驾驭之下，从而循规蹈矩、慎重合理地运用，而不应该为所欲为、不受节制。

（六）社会技术化的内在机制

社会技术化是在现实社会体系的各领域、层面以及社会运动的各环节立体展开的，是技术社会运动的高级形态，主要由两个侧面（或阶段）、四个环节构成，即新技术供给者一侧的创造与扩散环节，新技术接受者一侧的吸纳与本土化改造环节。以社会技术系统的创建、改造、引进与运作为轴心的社会技术化进程，经历了一个从无到有、由弱到强、从小到大的发育成长过程，以及从“尝试—选择”型机制经由“设计—改进”型机制，再到“外推内驱”型动力机制的历史演进。

新型社会技术系统的构思、设计、建构、引进与运作过程，离不开相关领域、部门或层次的各构成单元乃至各个人之间的通力协作。这就是社会技术化的协同机制。社会系统内外多重矛盾的演变容易转化为阻碍自身乃至社会技术进步的约束力量，形成社会技术化的约束机制。技术革命或重大技术发明将会不断滋生新的技术“縻母”，原有的落后技术“縻母”也会伴随技术升级换代步伐的加快而被逐步淘汰，进而促使技术“縻母库”的丰富、更新或新陈代谢节奏的加快。社会评价与选择是社会技术化的基础环节，人们总是自觉地选择、引进和应用性价比更高或更适合自己的技术形态，由此汇聚成一股强大的社会选择力量，进而加快了技术优胜劣汰的进化步伐以及社会技术化进程。

（七）社会技术化的法则与态势

规律是一种重要的认识成果和理论体系的构成单元。社会技术化进程是有规律的，可以从众多社会技术化进程的案例和历史经验中，初步归纳概括出七条基本法则与态势：

1. 功效导向法则

对技术功效的追求既是微观层面技术进化的方向，也是宏观层面社会技术化追求的基本目标。

2. 省力多事法则

新技术形态功效的提升必然会降低成本，节省人力；同时，新技术形态的建构又会派生新的社会领域、部门或组织形态，催生一系列新事务、新业态、新职业，吸纳更多的劳动力，“省力”与“多事”效应并存互补，滚动递进。

3. 累积加速态势

后人总是在前人研发成果的基础上解决技术难题的，逐步累积起越来越丰富的技术成果。技术累积是技术加速发展的基础，技术的加速发展反过来又会加快技术累积速度，二者相互促进、正向反馈。

4. 竞争牵引法则

关乎人们生存与发展的各类竞争是社会发展的原动力。在社会生产和生活众多领域或层面展开的竞争，迫使人们不断改进现有技术形态、引进或研发新的先进技术形态，从而多渠道、多层面地推进社会技术化进程。

5. 多方博弈法则

任何技术系统总是在一定的社会历史场景下设计、建构、引进、改进和运行的，或直接或间接地关涉社会多方利益，容易引发有关各方的关切、支持或反对，从而影响社会技术化的方向、道路与进程。

6. 渐变飞跃态势

一般地说，个别通用型技术成果能够快速渗入众多社会领域，促进相关技术系统的更新换代，引发社会技术化的飞跃式发展；而大多数技术成果的地方性强、扩散性差，往往只能进入相关的特定社会领域或部门，促进局部技术变革，推动社会技术的渐进式发展。

7. 立体推进态势

从宏观视角看，现代社会技术化是全方位、多层次、多渠道立体展开的，既带来了社会生产与生活的新效果、高效率和多样化，也衍生出一系列复杂的社会文化效应，展现出“一因多果”的复杂形式。

（八）社会技术化的价值审度

社会技术化是在一定的社会历史场景下展开的技术社会运动过程，牵动着社会生产与生活的众多领域和层面。从价值论视角审视社会技术化现象，客观公正地评价现代社会技术化进程，揭示其功过是非、利弊得失，是规范和引导现代社会技术化进程的实践依据。在社会技术化过程中，人们并非难以评判其中相关事物演变的价值，而是首先难于认识清楚相关事物及其演变过程，因而始终面临着价值评判与抉择上的诸多认识难题。在多元价值评判及其干预活动的影响下，社会发展的动态性和不确定性更加明显，演变过程将更趋复杂多样，人们对它的认识也更为艰辛和耗时费力。

从社会发展的长过程、大趋势来看，社会技术化无疑会沿着功能扩张、效率提升、形态多样的方向演进。但从微观层面看，这一方向性的背后却是多方力量汇聚、选择、博弈的结果，其中的曲折、停滞甚至倒退时有发生。我们可以选择一些标志性事件的发生时刻作为时间基点，以反映社会实际状况的多项指标为向度构成参照系，以描述、比较和评估社会技术化进程。技术理性是技术进化与社会技术化的理性基础，有助于社会实践手段或流程的快速选择、建构以及相关目的的有效实现，是理性在功利或经济维度上的会聚和张扬。技术理性的膨胀压制、排斥甚至吞噬价值理性，使人类理性处于畸形或病态嬗变之中，逐步丧失了其原初的反思性、批判性和超越性品格。

在现代社会技术化进程中，强势扩张的技术文化尤其是取得了竞争优势地位的功利价值观与技术精神，容易将人性及其本质简单化和绝对化，正在排挤、压制或吞噬人文精神、多元价值以及众多社会文化形态，已蜕变为现代文明机体上的一颗“毒瘤”。随着社会技术化的纵深推进，人类陷入了技术效应困境、技术风险困境、技术理性困境、人类解放困境。现代社会技术化困境展现出涉及领域广泛、影响程度加深、对技术的依赖性增强等特点。社会技术化总是关涉有关各方利益，是多元价值或多方利益博弈、妥协的产物，社会各方力量、价值观念之间经常为此展开持续博弈和较量。

（九）现代社会技术化的多重效应

现代社会技术化不断催生新领域、新业态、新职业，提高社会生产技术水平，拓展社会文化生活领域，产生了多方面的积极效应，不容抹杀。社会技术化的快速扩张以及向纵深推进，在给现代人带来诸多实际福利或自由的同时，也派生出一系列衍生的消极影响，使人类陷入多重技术困境之中。虽然新技术扮演着解放者的角色，有助于将人们从原有的种种束缚或奴役下不断地解放出来，但是新的技术形态又会给人们带来新的束缚或奴役，进而也会剥夺人的自由。

加速推进的现代社会技术化促使现代人的社会竞争加剧，劳动强度提高，生活节奏加快，生活压力增大。同时，与技术进化和社会技术化相伴而生的则是技术理性的野蛮生长，导致人文价值衰落与现代人精神家园的失落。随着社会技术体系结构的复杂化、功能的不断增强，技术失灵、失控或被滥用的风险也在同步放大，将人类带入了危机四伏的风险社会。还有，社会技术化在给人类带来巨大利益的同时，也带来了当代文化生活的趋同化或同质化，导致丰富多样的传统文化“基因”流失、人文精神衰落、精神文化生活贫乏等，使现代人陷入深度的“精神”分裂、迷惘与价值危机之中。

（十）现代社会技术化的善治之道

高新技术是当代技术发展的前沿领域，现代社会技术化也主要表现为高新技术的研发与推广应用，以及高新技术成果与社会生产和生活诸领域的深度融合，逐步形成了合作、对抗等技术治理模式。技术权力的社会控制是一项复杂的系统工程，主要表现为内部与外部两种控制机制。在社会文化环境中展开的技术研发与推广应用活动，不可避免地会受到众多社会文化因素多层次、多渠道的全方位调制与塑造，进而影响着技术构思设计、发明创造以及推广应用等社会技术化的诸环节。

技术民主化就是民主精神与原则在技术领域或层面的具体贯彻和拓展，

也是现代技术治理的一种重要形式。虽然技术民主化有助于抑制技术霸权和滥用技术，以及消解现代社会技术化进程中出现的诸多弊端，但它却并非包医所有技术文化疾患的灵丹妙药，其功效的显现往往是有条件的、相对的和有局限的。由于高新技术发育成长的一系列新属性、新特点，法律与道德等传统社会治理手段一时难于有效发挥应有的规范和引导作用，需要有针对性地探寻高新技术治理的有效策略及其方案。推进技术的科学化、人性化、生态化、艺术化等途径，将有助于从根源上消解技术的多重消极影响。同时，多元主体、多方力量之间的博弈与牵制，有助于人们从多视角、多维度、多层面合理审视和积极干预技术研发与推广应用活动，也有利于发挥各自优长，整合多方力量，协同推进社会技术化的向善进程。

二、存在问题

现代社会技术化过程、机理及其效应极其复杂多样，如“幽灵”一般在社会的广阔领域和层面游荡，具有隐匿性、神秘学、加速扩张和挑战性，成为技术哲学、技术社会学、技术政治学等领域难啃的一块“硬骨头”。如导论“社会技术化问题群及其研究进路”一节所述，现代社会技术化是现代社会演进的内生变量或最大推手，给我们带来了一个值得认真分析和深入探讨的问题群。笔者从 10 个层面对该问题群及其结构进行了初步梳理、描述、分析和讨论，虽然取得了上述诸多方面的一些进展，初步形成了一个相对完整的理论体系，但就该问题群的澄清和解决而言，这些尝试性、探索性的工作只能算作初步的，仍存在着一系列缺陷或薄弱环节，需要进一步展开深入挖掘、剖析和讨论。

（一）社会技术形态及其建构机理问题

共性寓于个性之中，由个别上升到一般、由经验提升至理论的归纳逻辑，是人们认识事物的基本路径或流程。社会技术形态及其进化模式既丰富多样，又潜在无形、灵活多变多样，如何从异彩纷呈、千变万化的众多个别性的社会生产与生活实践中，识别、分离、抽取和剖析社会技术形态及其演进，进而归纳和提炼出一般性的社会技术形态的属性与特征，以及它们建构、改进与运行的基本模式与规律，是本书研究的立足点。由于技术社会运动以及社会技术体系结构的复杂性、多样性，加之笔者学识与精力上的有限性，这里所给出的相关归纳和概括的经验基础尚不够充分，仍有必要拓展对社会技术形态探究的范围，并借鉴模型方法、系统科学方法、谱系学方法等研究方法，进一步提炼、论证、验证和修正相关结论。

（二）社会技术化路径、模式、演进机理与基本规律问题

面对社会生产与生活实践中的诸多现实问题与挑战，在技术精神的驱使下，现代人积极创造和吸纳思维技术、自然技术等领域或层面的新成果，按照技术原则和规范构思、设计、创建和改进社会组织结构及其运转流程，追求各类社会目标的高效实现。这一社会技术化进程总是在多元主体的博弈、协作与整合中展开的，由此衍生出复杂多样的阶段、模式、机制与层次结构。揭示和概括社会技术体系结构及其演进机理与规律，是一项复杂而艰巨的研究任务。围绕这一中心问题的解决，笔者所做的这些探索性工作略显简化和粗糙，描述性、说明性内容居多，而分析性、论证性和辩护性功夫不足，有待于进一步深化、细化和系统化。

（三）现代社会技术化负效应及其消解问题

在推进社会文明进步以及各类社会现实问题有效解决的同时，现代社会技术化进程也给人们日常生活的诸多层面带来了一系列消极影响，把现代人带入了风险社会和技术化困境。在新时代中国特色社会主义建设的历史场景下，面对加速演变的百年未有之大变局，如何从错综交织的社会体系结构及其复杂多变的演进过程中，辨识和梳理各类社会技术化负效应及其发生的源

与流；如何预警和防范高新技术研发及其推广应用风险，如何评估和矫正社会技术化及其衍生效应等，都是不容回避的重大现实问题。这些问题也是笔者思考的不足之处或薄弱环节，有待于从当代中国特色社会主义现代化建设实践出发，展开进一步深入分析和细致讨论。

（四）典型案例解剖与国外前沿文献梳理不足

以科学归纳法为基础的典型案例解剖，是认识复杂事物的一条重要途径。笔者虽然对汽车技术的引进与扩散、民用航空技术化测度等社会技术化案例进行了简要剖析，又在第四章概述了现代社会技术化的多维形象，但是这些讨论大多缺少系统翔实的历史数据支撑，多以定性分析形式替代定量分析，既不深入也缺乏说服力，有理论脱离实际之嫌。同时，受语言壁垒的限制，笔者对近 10 年来国外尤其是非英语国家相关研究文献的阅读与梳理有限，尚未真正实现与当代国际学术研究前沿的对接。因此，在后续研究中，还应加大国外相关研究文献的广泛搜集、梳理与研读力度，从中汲取先进理念与方法。同时，还应积极开展深入细致的调查研究工作，尤其是针对一系列典型的社会技术化事件的历史追溯、梳理和解剖，从中厘清众多社会技术化过程发生的历史契机、具体机理、演进路径、因果链条、衍生效应等细节，为揭示社会技术化过程的属性、特点与规律，奠定坚实的经验事实基础。

（五）应对社会技术化挑战对策、方案、措施的针对性和操作性不强

关注和解决社会现实问题是理论探索的出发点和归宿，也是理论生命力之源泉；“发现问题→提出问题→分析问题→解决问题”是从认识到实践的完整逻辑链条。“哲学家们只是用不同的方式解释世界，而问题在于改变世界。”①从实践视角看，人们认知的根本目的在于求生存、谋发展，而并非单纯为了求真。人们探究社会技术化进程及其问题的目的就在于积极应对现代

① 《马克思恩格斯文集》第 1 卷，人民出版社 2009 年版，第 506 页。

社会技术化的挑战，规避和化解技术风险，走出技术化困境。因此，仅有对社会技术化进程的分析、描述和解释是不够的。虽然笔者在第十章集中讨论了现代社会技术化治理策略等问题，但是这些治理对策或方案大多停留在学理或方向性探究层面上，针对性或操作性不强，距离现代社会技术化善治目标的实现仍有较大差距。在后续研究中，还应强化理论联系实际，扎根当代科技研发现实，聚焦高新技术研发与推广应用的现状、趋势与问题，与时俱进。应以典型案例剖析或实际问题解决为抓手，突出应对社会技术化挑战的对策、方案与措施的针对性、时效性和可操作性；既要注重微观层面的具体方案与对策措施的设计，也要关注宏观层面的策略、政策和制度架构，为推进现代社会技术化相关问题的解决献计出力。

科学性与意识形态性的统一是人文社会科学的基本特征。按照当初的课题构思与设计，笔者展开了多层面的探究工作，力图为现代社会技术化进程开辟出一条有光明前景的坦途，其中的价值诉求、意识形态色彩与实践指向明显。因此，这些分析、论证和批判的科学性与真理性是存疑的，既不够严密也不够充分，甚至还有自相矛盾之处，愿意虚心接受学界的批评与质疑。研究工作中存在的这些不足与问题将会转化为笔者后续理论探索的内容与努力的方向。本书的意义之一也许就在于提出了一些值得关注和探讨的新领域、新问题，展示了社会技术化问题群的开放性、复杂性和动态性，希望能够产生抛砖引玉之功效，成为学界同仁批判的对象或进一步探索的起点。

三、研究展望

在回顾社会技术化进程以及梳理大量相关经验事实的基础上，笔者重点描述和分析了以信息技术为轴心的现代社会技术化进程的特点、属性和问题。从社会技术化“问题群”的内容与结构来看，这里可以相对地区分出内外两个层面的问题：一是社会技术化本身的结构、过程、机理与属性问题，指向社会技术化过程内部，具有历史性、层次性和封闭性；二是社会技术化进程引发的诸多社会文化问题，指向社会技术化进程外部，具有因果性、衍生性和开放性。如上所述，从本书的研究进展来看，虽然笔者对这两个层面的问题都有所涉猎和讨论，但仍处于认识的初级阶段，远未穷尽该“问题群”中的所有问题，所探究的主要问题还有待于进一步深化和拓展。因此，在后续研究过程中，一方面要加大研究力度，逐步消除和弥补这些不足或薄弱环节；另一方面也需要将已触及问题的研究引向深入，推进对社会技术化内部问题分析的深化、细化和系统化，拓展和延伸对外部问题的梳理和剖析，进而将对现代社会技术化问题群的探究推进到一个新的更高的层次。

社会技术化是技术运动的高级阶段，它所产生的问题既有超越所有社会、时代和技术类别的共性，也带有各自社会、时代和技术成果的个性印记；前者蕴含于后者之中，对后者的具体分析是逼近前者的认识论基础。社会、时代与技术的演变特点就决定了社会技术化问题必然是一个处于发展演化之中的“新问题”，对这些问题的分析和讨论也应当理论联系实际，重视新属性、新特征，与时俱进。因此，对现代社会技术化问题的探究必然是一项长期的历史任务，相关认识活动永远在路上，应注重不断拓展研究视域。

目前，以互联网和个人计算机为标志的信息技术革命尚未完成，正在向以大数据、物联网、脑机接口、量子计算和人工智能为标志的高级阶段迈进。当下火热的智能技术革命其实就是信息技术革命的延续和高级阶段。以基因工程技术为标志的生命科学技术后来居上，已迫不及待地登上了历史舞台，新一轮科技革命的曙光初现。这两次科技革命的浪潮交错重叠，正在上演一旧（老）一新（少）“双主角”互动对唱的科技大戏，以往历次科技革命之间的间歇期或过渡期已不复存在。生命科学技术的发展即将驶入快车道，将逐步演变为新一轮科技革命的轴心或领头羊。展望未来，以替代脑力劳动为目标的智能技术革命与以创造和重塑生命为指向的生物技术革命，将是未来社会技术化进程的轴心，必将极大地提高人类改造和控制自然的能力与本领，拓展社会实践活动的深度与广度，显现出社会未来发展的一系列新路径、可能性空间以及独特属性，也必将带来一系列新的严峻挑战或值得关注的新问题。

（一）高新技术风险威胁问题

如第十章所述，高新技术治理是人类未来面临的一大挑战。在资本扩张、军事对抗、气候变化、竞争加剧、人性贪婪的时代背景下，现行社会体制和文化体系将越来越难于控制或驾驭加速扩张的高新技术，高新技术研发与推广应用面临着多种失控的多种可能性。在高新技术功效不断提升的同时，它所带来的风险及其危害也正在同步扩大。今天，人类正在研发和拥有越来越多足以毁灭自身的技术形态。因此，未来人类将不仅生活在众多高新技术研发与推广应用所催生的一系列负效应之中，而且也生活在误用、滥用和恶意使用高新技术成果的多重风险威胁之下。

（二）技术与人或社会的边界问题

在现代社会技术化进程中，技术将不断深度侵入社会生活领域甚至人体之中。人工智能技术不仅不断替代人类的体力劳动，而且也会逐步替代人们的脑力劳动；生物技术从基因层面优化、设计、改良或增强生命，从根源上加快了人类的新进化进程，导致技术与人或社会之间的边界趋于模糊。在这里，未来社会技术化究竟有没有限度或边界？技术将来不能代替人或社会做什么？人体的“忒修斯之船”思想实验是否会转变为现实？[①]等等。这一系列问题势必冲击未来社会结构与秩序，演变为人们必须认真反思和积极面对的重大现实问题。

① 如果忒修斯船上的木头被逐渐替换，直到所有的木头都不是原来的木头，那这艘船还是原来的那艘船吗？如果是，但它已经没有最初的任何一根木头了；如果不是，那它是从什么时候不是的？

（三）如何应对未来社会的不确定性问题

如第四章“发展规划的机制化”一节所述，受大量确定性与随机性因素的影响，加速发展的未来社会展现为确定性与不确定性的统一体，也潜伏着众多机遇与挑战。如何及时预见和抓住有利时机，因势利导，促进社会局部或特定事件朝着有利于自己的方向发展，是一个关乎人类前途和命运的重大未来学问题。同时，在未来社会技术化进程中，如何识别和迎接各种风险、机遇与挑战，进而有针对性地制订预案，提前布局，采取措施，化危为机，也是一个不容回避的重大发展战略问题。

（四）人类社会未来的前途问题

如第八章“现代社会技术化困境”一节所述，技术的加速扩张仍然是推动未来社会演进的最大动力，在实现人类诸多梦想的同时也将人类带入了多重技术化困境。在未来相当长历史时期的社会技术化进程中，人类仍将面临技术进步所导致的生存压力激增、环境污染、资源枯竭、气候变暖、信息安全、恐怖袭击等全球性问题的挑战。然而，社会制度的完善、人性的提升、价值理性的张扬、精神文明的建设却相对滞后于技术的加速扩张，人类愈来愈难于驯服和驾驭这一匹异常亢奋、精神失常而又越跑越快的高新技术“烈马”，未来的社会技术化将直奔“盲人骑瞎马，夜半临深池”的险境。高新技术将把人类带向何处？未来社会技术化的前景如何？人类的明天会怎么样？等等。这些关乎人类前途和命运的重大理论问题，也是我们必须正视和认真对待的。

（五）社会技术化加速效应问题

如第七章“累积加速态势”一节和第九章“现代社会技术化的多重效应”一章所述，未来社会将会步入深度技术化时代。各领域或层面技术更新换代节奏的加快，将会催生一系列复杂的已知或未知效应。与以往的社会技术化效应相比，这些效应也将呈现快速放大的扩张态势，更加错综复杂，对社会、人性与精神生活领域的冲击也更为强烈：一方面，人类迫切需要更加强有力的高级的控制技术体系，以便引导和驾驭未来社会技术化进程，这是应对社会技术化效应的“解药”；另一方面，根源于技术加速扩张的社会深度技术化，又会催生更多、更大、更为紧迫的挑战、危机或威胁，这是诱发社会技术化负效应的“毒药”，从而使人类在新的未来技术困境中越陷越深。如何走出新的更为严峻的技术困境，弱化技术负效应与技术风险威胁，是人类未来必须面对的又一个重大问题。

总之，社会技术化是一个涉及领域或层次广泛、动态开放、派生问题能力很强的宏大课题。既关涉人类文明的历史演变与未来发展，又处于当代众多重大社会现实问题、中外主要哲学流派与学术思潮的交汇点上，各种思想观念之间的碰撞与交锋激烈，驾驭难度愈来愈大，需要足够的学力支撑和艰苦细致的长期探索。正是从这个意义上说，本书的探索也是开放的：一方面，随着社会发展与时代变迁，该问题群一直处于发展演变之中，还会涌现出许多新问题、新属性、新规律；另一方面，其中许多问题的答案或解决方案并不是唯一确定的，仍有大量精细的具体研究工作需要去做。由于选题宏大、知识储备不足，加之研究时间较短，笔者犹如唐吉诃德一样，不自量力，勉为其难，一时难于形成有深度、有分量、体系化的研究成果。这里给出的只是一个初步的阶段性研究成果，带有明显的探路性质和预研特征，研究的深度、广度与体系化程度都不足。学无止境，在后续研究过程中，笔者将力图展开较为系统深入的分析和讨论，以期获得更多、更有分量和价值的研究成果。

参考文献

一、经典著作

《马克思恩格斯全集》第 30 卷，人民出版社 1995 年版。

《马克思恩格斯全集》第 31 卷，人民出版社 1998 年版。

《马克思恩格斯全集》第 32 卷，人民出版社 1998 年版。

《马克思恩格斯全集》第 3 卷，人民出版社 2002 年版。

《马克思恩格斯全集》第 47 卷，人民出版社 1979 年版。

《马克思恩格斯全集》第 26 卷，人民出版社 2014 年版。

《马克思恩格斯全集》第 44 卷，人民出版社 2001 年版。

《马克思恩格斯文集》第 10 卷，人民出版社 2009 年版。

《马克思恩格斯文集》第 8 卷，人民出版社 2009 年版。

《马克思恩格斯选集》第 1 卷，人民出版社 2012 年版。

《马克思恩格斯选集》第 4 卷，人民出版社 2012 年版。

《列宁全集》第 1 卷，人民出版社 2013 年版。

二、中文著作

陈昌曙:《技术哲学引论》，科学出版社 1999 年版。

陈昌曙、远德玉:《技术选择论》，辽宁人民出版社 1990 年版。

陈琦伟:《国际竞争论：中国对外经济关系的理论思考》，学林出版社 1986 年版。

陈学明等:《痛苦中的安乐——马尔库塞弗洛姆论消费主义》，云南人民出版社 1998 年版。

陈振明:《法兰克福学派与科学技术哲学》，中国人民大学出版社 1992 年版。

范玉芳:《科学双刃剑——令人忧虑的科学暗影》，广东省地图出版社 1999 年版。

傅家骥：《技术创新学》，清华大学出版社 1998 年版。

国家教委社会科学研究与艺术教育司：《自然辩证法概论》，高等教育出版社 1991 年版。

金吾伦：《生成哲学》，河北大学出版社 2000 年版。

《老子》，饶尚宽译注，中华书局 2006 年版。

黎明：《道德的沦陷——21 世纪人类的危机与思考》，中国社会出版社 2004 年版。

李公明：《奴役与抗争——科学与艺术的对话》，江苏人民出版社 2001 年版。

刘大椿：《"自然辩证法" 研究述评》，中国人民大学出版社 2006 年版。

梅其君：《技术自主论研究纲领解析》，东北大学出版社 2018 年版。

欧阳康：《人文社会科学哲学》，武汉大学出版社 2001 年版。

舒炜光、杨敏才、林立：《自然辩证法原理》，吉林人民出版社 1984 年版。

田洺：《未竟的综合——达尔文以来的进化论》，山东教育出版社 1998 年版。

涂明君：《通往善治之路：互补系统论视角下国家治理现代化求索》，社会科学文献出版社 2017 年版。

《王弼道德经注校释》，楼宇烈校释，中华书局 2008 年版。

王伯鲁：《〈资本论〉及其手稿技术思想研究》，西南交通大学出版社 2016 年版。

王伯鲁：《技术化时代的文化重塑》，光明日报出版社 2014 年版。

王伯鲁：《技术究竟是什么——广义技术世界的理论阐释》，科学出版社 2006 年版。

王伯鲁：《技术困境及其超越》，中国社会科学出版社 2011 年版。

王兴成、秦麟征：《全球学研究与展望》（译文集），社会科学文献出版社 1988 年版。

夏东元：《洋务运动史》，华东师范大学出版社 1992 年版。

肖前、李秀林、汪永祥：《辩证唯物主义原理》，人民出版社 1981 年版。

杨清亮：《发明是这样诞生的——TRIZ 理论全接触》，机械工业出版社 2006 年版。

张根大：《法律效力论》，法律出版社 1999 年版。

甄煜炜：《专利——献给工程技术人员的书》，职工教育出版社 1989 年版。

曾鹰：《技术文化意义的合理性研究》，光明日报出版社 2011 年版。

中国社会科学院自然辩证法研究室：《国外自然科学哲学问题》，中国社会科学出版社 1991 年版。

庄子：《庄子》，孙通海译注，中华书局 2007 年版。

邹珊刚：《技术与技术哲学》，知识出版社 1987 年版。

三、外文译著

[德] C. P. 斯诺：《两种文化》，纪树立译，生活 · 读书 · 新知三联书店 1994 年版。

[德] 阿诺德 · 盖伦：《技术时代的人类心灵——工业社会的社会心理问题》，何兆武、何冰译，上海科技教育出版社 2008 年版。

[德] 彼得 · 科斯洛夫斯基：《后现代文化：技术发展的社会文化后果》，毛怡红译，中央编译出版社 2011 年版。

[德] 弗里德里希 · 赫尔内克：《原子时代的先驱者——世界著名物理学家传记》，徐新民等译，科学技术文献出版社 1981 年版。

[德]弗里德里希 · 尼采：《快乐的科学》，黄明嘉译，华东师范大学出版社2007年版。

[德] 伽达默尔：《科学时代的理性》，薛华等译，国际文化出版公司 1988 年版。

[德] 黑格尔：《小逻辑》，贺麟译，商务印书馆 1980 年版。

[德] 马克斯 · 霍克海默、西奥多 · 阿道尔诺：《启蒙辩证法：哲学断片》，渠敬东等译，上海人民出版社 2006 年版。

[德] 卡尔 · 曼海姆：《重建时代的人与社会：现代社会的结构研究》，张旅平译，生活 · 读书 · 新知三联书店 2002 年版。

[德] 哈尔特穆特 · 罗萨：《加速：现代社会中时间结构的改变》，董璐译，北京大学出版社 2015 年版。

[德] 哈特穆特 · 罗萨：《新异化的诞生：社会加速批判理论大纲》，郑作彧译，上海人民出版社 2018 年版。

[德] 海德格尔：《海德格尔选集》（下），孙周兴译，上海三联书店 1996 年版。

[德] 海德格尔：《存在论：实际性的解释学》，何卫平译，人民出版社 2009 年版。

[德] 马克斯 · 韦伯：《韦伯作品集Ⅲ——支配社会学》，康乐、简惠美译，广西师范大学出版社 2004 年版。

[德] 马克斯 · 韦伯：《新教伦理与资本主义精神》，于晓、陈维纲译，三联书店 1987 年版。

[德] 马克斯 · 韦伯：《学术与政治》，冯克利译，三联书店 1998 年版。

[德] 乌尔里希 · 贝克：《风险社会》，何博闻译，译林出版社 2004 年版。

[德] 尤尔根 · 哈贝马斯：《作为“意识形态”的技术与科学》，李黎、郭官义译，学林出版社 1999 年版。

[俄] 尼古拉 · 别尔嘉耶夫：《论人的奴役与自由》，张百春译，中国城市出版社 2002

年版。

[法] 卢梭:《论科学与艺术》，何兆武译，商务印书馆 1963 年版。

[法] 米歇尔・福柯:《知识考古学》，谢强、马月译，生活・读书・新知三联书店 2003 年版。

[法] R. 舍普等:《技术帝国》，刘莉译，生活・读书・新知三联书店 1999 年版。

[法] 让・拉特利尔:《科学和技术对文化的挑战》，吕乃基、王卓君、林啸宇译，商务印书馆 1997 年版。

[法]斯蒂格勒:《技术与时间：爱比米修斯的过失》，裴程译，译林出版社 1999 年版。

[法] 涂尔干:《社会分工论》，渠东译，生活・读书・新知三联书店 2000 年版。

[法] 西蒙娜・薇依:《扎根：人类责任宣言绪论》，徐卫翔译，生活・读书・新知三联书店 2003 年版。

[法] 西蒙・诺拉、阿兰・孟克:《社会的信息化》，施以方、迟路译，商务印书馆 1985 年版。

[古希腊] 亚里士多德:《亚里士多德全集》第 8 卷，苗力田等译，中国人民大学出版社 1997 年版。

[古希腊] 亚里士多德:《《亚里士多德全集》第 9 卷，苗力田等译，中国人民大学出版社 1994 年版。

[荷] E・舒尔曼:《科技文明与人类未来——在哲学深层的挑战》，李小兵等译，东方出版社 1995 年版。

[荷] 彼得・保罗・维贝克:《将技术道德化：理解与设计物的道德》，闫宏秀、杨庆峰译，上海交通大学出版社 2016 年版。

[加] 马歇尔・麦克卢汉:《理解媒介——论人的延伸》，何道宽译，商务印书馆 2000 年版。

[联邦德国] F. 拉普:《技术科学的思维结构》，刘武等译，吉林人民出版社 1988 年版。

[联邦德国] F. 拉普:《技术哲学导论》，刘武等译，辽宁科学技术出版社 1986 年版。

[联邦德国] 伊蕾娜・迪克:《社会政策的计划观点——目标的产生及转换》，李路路、朱晓权、林克雷译，浙江人民出版社 1989 年版。

[美] H.W. 刘易斯:《技术与风险》，杨健、缪建兴译，中国对外翻译出版公司 1994 年版。

[美] 阿尔温・托夫勒:《第三次浪潮》，朱志焱、潘琪、张焱译，生活・读书・新知

三联书店 1984 年版。

[美]埃·弗洛姆:《为自己的人》，孙依依译，生活·读书·新知三联书店1988年版。

[美] 爱德华·特纳:《技术的报复——墨菲法则和事与愿违》，徐俊培、钟季康、姚时宗译，上海科技教育出版社 1999 年版。

[美] 安德鲁·芬伯格:《技术批判理论》，韩连庆、曹观法译，北京大学出版社 2005 年版。

[美] 安德鲁·芬伯格:《可选择的现代性》，陆俊、严耕等译，中国社会科学出版社 2003 年版。

[美] 布莱恩·阿瑟:《技术的本质: 技术是什么，它是如何进化的》，曹东溟、王健译，浙江人民出版社 2014 年版。

[美] 戴维·埃伦费尔德:《人道主义的僭妄》，李云龙译，国际文化出版公司 1988 年版。

[美] 道格拉斯·C. 诺思:《经济史中的结构与变迁》，陈郁、罗华平等译，生活·读书·新知三联书店 1994 年版。

[美] 弗雷德里克·杰姆逊:《语言的牢笼: 结构主义及俄国形式主义述评》，钱佼汝译，百花洲文艺出版社 1997 年版。

[美] 海伦·杜卡斯、巴纳希·霍夫曼:《爱因斯坦谈人生》，高志凯译，世界出版社 1980 年版。

[美] 霍尔姆斯·罗尔斯顿:《哲学走向荒野》，刘耳、叶平译，吉林大学出版社 2000 年版。

[美] 凯文·凯利:《技术元素》，张行舟、余倩等译，电子工业出版社 2012 年版。

[美] 凯文·凯利:《科技想要什么》，熊祥译，中信出版社 2011 年版。

[美] 凯文·凯利:《失控: 机器、社会与经济的新生物学》，陈新武等译，电子工业出版社 2016 年版。

[美] 兰登·温纳:《自主性技术——作为政治思想主题的失控技术》，杨海燕译，北京大学出版社 2014 年版。

[美] 刘易斯·芒福德:《机器的神话 (上): 技术与人类进化》，宋俊岭译，中国建筑工业出版社 2015 年版。

[美] 刘易斯·芒福德:《技术与文明》，陈允明、王克仁、李华山译，中国建筑工业出版社 2009 年版。

[美] 尼尔·波斯曼:《技术垄断: 文化向技术投降》，何道宽译，北京大学出版社

2007 年版。

[美]尼尔·波兹曼:《娱乐至死》，章艳、吴燕莛译，广西师范大学出版社2009年版。

[美] 乔治·巴萨拉:《技术发展简史》，周光发译，复旦大学出版社 2000 年版。

[美] 乔治·里茨尔:《社会的麦当劳化——对变化中的当代社会特征的研究》，顾建光译，上海译文出版社 1999 年版。

[美] S. 阿瑞提:《创造的秘密》，钱岗南译，辽宁人民出版社 1987 年版。

[美] 唐·伊德:《技术与生活世界》，韩连庆译，北京大学出版社 2012 年版。

[美] 希拉里·普特南:《理性、真理与历史》，童世骏、李光程译，上海译文出版社 1997 年版。

[美] 悉尼·胡克:《理性、社会神话和民主》，金克、徐崇温译，上海人民出版社 1965 年版。

[美] 约翰·罗尔斯:《正义论》，何怀宏、何包钢、廖申白译，中国社会科学出版社 1988 年版。

[日] 仓桥重史:《技术社会学》，王秋菊、陈凡译，辽宁人民出版社 2008 年版。

[日] 池田大作、[意] 奥锐里欧·贝恰:《二十一世纪的警钟》，卞立强译，中国国际广播出版社 1988 年版。

[日] 富田彻男:《技术转移与社会文化》，张明国译，商务印书馆 2003 年版。

[日] 竹内敏雄:《艺术理论》，卞崇道译，中国人民大学出版社 1990 年版。

[英] A. 汤因比、G. 厄本:《汤因比论汤因比——汤因比与厄本对话录》，王少如、沈晓红译，上海三联书店 1989 年版。

[英] C.P. 斯诺:《对科学的傲慢与偏见》，陈恒六、刘兵译，四川人民出版社 1987 年版。

[英] E. F. 舒马赫:《小的是美好的》，虞鸿钧、郑关林译，商务印书馆 1984 年版。

[英] 边沁:《道德与立法原理导论》，时殷弘译，商务印书馆 2000 年版。

[英] 查尔斯·辛格、E.J. 霍姆亚德、A.R. 霍尔:《技术史（第 1 卷）：远古至古代帝国衰落(史前至公元前 500 年左右)》，王前、孙希忠译，上海科技教育出版社 2004 年版。

[英]戴维·麦克莱伦:《卡尔·马克思传》，王珍译，中国人民大学出版社2005年版。

[英] 费比恩:《进化》，王鸣阳译，华夏出版社 2006 年版。

[英] 弗·培根:《新大西岛》，何新译，商务印书馆 2012 年版。

[英] 卡尔·波普尔:《历史决定论的贫困》，杜汝楫、邱仁宗译，华夏出版社 1987 年版。

[英] 迈克尔·吉本斯等:《知识生产的新模式: 当代社会科学与研究的动力学》,陈洪捷、沈文钦等译,北京大学出版社 2011 年版。

[英] R. 库姆斯、P. 萨维奥蒂、V. 沃尔什:《经济学与技术进步》,中国社会科学院数量经济技术经济研究所技术经济理论方法研究室译,商务印书馆 1989 年版。

[英] 休谟:《人性论》,关文运译,商务印书馆 1980 年版。

[英] 亚当·斯密:《国民财富的性质和原因的研究》(上册),郭大力、王亚南译,商务印书馆 1972 年版。

[英] 约翰·齐曼:《技术创新进化论》,孙喜杰、曾国屏译,上海科技教育出版社 2002 年版。

四、外文著作

Andrew Feenberg, *Between Reason and Experience: Essays in Technology and Modernity*, Cambridge: The MIT Press, 2010.

Carl Mitcham, *Thinking Through Technology: The path Between Engineering and Philosophy*, University of Chicago Press, 1994.

Daniel Bell, *the Cultural Contradictions of Capitalism*, New York: Basic Books, Inc. Publishers, 1978.

David Collingridge, *The Social Control of Technology*, London:Frances PinterLtd., 1980.

Donald MacKenzie, Judy Wajcman, *The Social Shaping of Technology: How the refrigerator got its hum*, Buckingham: Open University Press, 1999.

Ernst Kapp, *GrundlinieneinerPhilosophie der Technik*, Braunschweig: George Westermann, 1877.

Friedrich Dessauer, *Streit um die Technik*, Frankfurt: Verlag Josef Knecht, 1956.

Herbert Marcuse, *One-Dimensional Man: Studies in the Ideology of Advanced Industrial Society*, Boston: Beacon Press, 2002.

Hubert L. Dreyfus, *On the Internet: Thinking in Action*, New York: Routledge Press, 2001.

Jacques Ellul, *the Technological System*, New York: the Continuum Publishing Corporation, 1980.

Jacques Ellul, *The Technological Society*, Trans.by John Wilkinson, New York: Vintage Books, 1964.

John Ziman, *Technological Innovation as an Evolutionary Process*, Cambridge University

Press, 2000.

Jürgen Habermas, *Toward a Rational Society: Student Protest, Science, and Politics*, Boston：Beacon Press, 1970.

Langdon Winner, *Autonomous Technology: Technics-out-of-Control as a Theme in Political Thought*, Cambridge: The MIT Press, 1977.

Lewis Mumford, *the Myth of the Machine: Technics and Human Development*, New York: Harcourt, Brace & World, Inc., 1967.

Nathan Rosenberg, *Inside the Black Box: Technology and Economics*, Cambridge University Press, 1982.

Richard Dawkins, *the Selfish Gene*, Oxford University Press, 2006.

Walter Benjamin, *the Work of Art in the Age of Its Technological Reproducibility, and Other Writings on Media*, Cambridge: Belknap Press of Harvard University Press, 2008.

五、中文论文

陈之荣：《人类圈 · 智慧圈 · 人类世》，《第四纪研究》2006年第5期。

关锋、龙柏林：《社会技术概念的历史图谱》，《科学技术哲学研究》2015年第1期。

关锋、谢超：《社会技术：一种概念史的考察与梳理》，《洛阳师范学院学报》2016年第6期。

金吾伦、张华夏：《哲学宇宙论论纲》，《科技导报》1997年第6期。

李河：《从“代理”到“替代”的技术与正在“过时”的人类?》，《中国社会科学》2020年第10期。

刘益东：《试论科学技术知识增长的失控》（上、下），《自然辩证法研究》2002年第4、5期。

罗力群：《“社会达尔文主义”的由来与争议》，《自然辩证法通讯》2019年第8期。

王伯鲁：《技术地域性与技术传播问题探析》，《科学学研究》2002年第4期。

王伯鲁：《技术运行风险与社会控制机制问题初探》，《科学管理研究》2005年第6期。

王伯鲁：《技术需求及其规约问题》，《自然辩证法研究》2016年第1期。

王伯鲁：《旧技术衰亡问题探析》，《自然辩证法研究》2012年第1期。

王伯鲁：《约束技术与企业技术进步方向》，《科研管理》1997年第3期。

郑作彧：《社会速度研究：当代主要理论轴线》，《国外社会科学》2014年第3期。

[美] 斯科特 · 拉什：《风险社会与风险文化》，《马克思主义与现实》2002年第4期。

六、外文论文

Carl Mitcham, Types of technology, Research in Philosophy & Technology, Vol.1, 1978.

Jack Stilgoe, Richard Owen, Phil Macnaghten, Developing a framework for responsible innovation, Research Policy, 2013（9）.

后 记

拙作即将付梓，责任编辑毕于慧女士非常负责，打电话提醒我应当增补一个“后记”。她解释说，“后记”是学术著作的一个基本构件；通过阅读“后记”，读者可以了解作品的由来，以及作者的写作背景、意图、心路历程等相关信息，更好地理解作品所表达的思想观念、价值诉求等。在毕编辑的催促下，笔者仓促凑出了以下文字，勉强算作“后记”吧！

笔者出生在乡下，从小就跟随大人参加生产队的各种农牧业生产劳动，熟悉多种农业生产技术流程；大学毕业后，曾在陕西省渭南地区环境保护监测站从事过三年环境监测工作，对不同类型企业的生产工艺流程及产品了解较多；硕士毕业后，又在中国科学院西安光学精密机械研究所从事科技成果管理工作四年，熟悉科研运作、技术研发及其成果推广应用过程。一路走来，坎坷跌宕，但这些生活阅历与实际工作经验却为日后探讨社会技术化问题奠定了实践基础。从 1994 年开始，笔者一直在高校从事科学技术哲学的教学与研究工作，在技术哲学领域用功较多。

早在 2000 年前后，笔者就注意到在技术与社会的互动共进过程中，人们的行为方式、社会组织结构、运行机制及其流程的技术化趋势与特征，并实现了由狭义技术观念向广义技术观念的转变，还提出和讨论了社会技术形态概念。在《技术困境及其超越》（中国社会科学出版社 2011 年版）、《技术化时代的文化重塑》（光明日报出版社 2014 年版）及相关论文中，开始关注、分析和讨论社会技术化问题。但由于该问题群的开放性、动态性和复杂性，一时难于分析和解释清楚，相关讨论大多浅尝辄止，视野窄、层次低，带有入门、预研和以偏概全特征，尚未真正展开深入系统的探究。

转机发生在2016年，笔者尝试以“现代社会技术化问题研究”为题，申报了当年的国家社会科学基金重点项目，有幸得到了评审专家的认可，获得了国家社会科学基金重点项目资助（立项号：16AZX007），为笔者推进社会技术化问题的专题研究创造了条件。经过三年多的不懈努力，该课题终于在2019年底如期提交结项，并获得了“优秀”等级，实属不易。课题虽然结项了，但笔者对于社会技术化问题的探究却并未终止。在中国人民大学“双一流”建设基金的支持下，笔者对当初提交课题结项时的“研究报告”进行了深度拓展和全面修改，仅篇幅就增加了10万字左右，最终形成了此书稿。正如拙作“结束语”中所述，社会是一个巨系统，社会技术化问题是一个问题群，已有讨论仍需深化和完善，未触及的许多领域或层面还有待拓展。事实上，学无止境，笔者一直都在学术探究的路上，拙作勉强可视为探究社会技术化问题的一个阶段性成果。

拙著原定名为《社会技术化的幽灵》，意在强调社会技术化进程的潜在性、神秘性和人们的无意识性特征，即社会技术化无时不在、无处不在，而又隐匿无形，难显真容，犹如幽灵一般神秘莫测。后来考虑到“幽灵”一词生僻及其贬义词底色容易引起误解，且有故弄玄虚、哗众取宠之嫌。笔者在听取多位学界同仁的批评意见后，最终决定将书名更改为《社会技术化问题研究》。该书名虽然略显笼统和俗气，缺乏特色，但传递的信息量更大，既能概括本书主题，又通俗易懂，希望更容易得到社会各界的关注和接受。

笔者一直主张学术应当植根于社会实践与时代演变之中，理论研究应当观照现实生活，理论联系实际始终是学术生命力之源。因为实践是认识的目的、源泉、动力和检验标准，能够促进和完善理论，使理论更加贴近实际，更具有实用价值；同时，理论又是对实际问题深入思考、分析和提炼的产物，能够指导实践，促使实践更加科学、理性、高效地展开。可见，在理论与实践之间形成了相互依存、互动并进的良性共生关系。

当今的全球化、现代化、信息化、数字化、智能化等社会浪潮，必然伴随着社会技术化进程以及众多社会技术形态的创建；在推进社会物质生活极大丰富的同时，也必然会引发人们思维方式、价值观念、精神文化生活等领域的一系列变革，进而催生众多社会问题。显而易见，如何说明、理解和引导当代科学技术与社会的加速发展，如何贯彻落实创新驱动发展战略，如何科学应对百年未有之大变局加速演变，如何以中国式现代化全面推进中华民族伟大复兴等一系列重大现实问题，早已超出了本书的讨论范围和笔者学识，迫切需要理论界给予积极的探讨和回应，以推动社会进步和理论研究的深化。但愿拙作的出版能转化为分析和讨论重大现实问题的一块基石，为推动社会发展和繁荣理论研究尽绵薄之力。

王伯鲁

2023 年 4 月 16 日

于荞馨园陋室